"十三五"国家重点出版物出版规划项目

地球观测与导航技术丛书

国家科学技术学术著作出版基金资助出版

下一代卫星重力反演理论、方法与关键技术

郑 伟 著

科 学 出 版 社

北 京

内 容 简 介

本书是一本较系统和翔实地论述下一代卫星重力反演理论、方法与关键技术的科学专著。全书共19章，主要内容包括：基于Lagrange和Taylor星间速度插值法反演GRACE Follow-On重力场；NGGM重力场反演和我国下一代卫星重力计划最优轨道设计；基于残余星间速度法反演120阶GRACE Follow-On重力场；基于下一代Pendulum-A/B双星编队开展卫星重力反演和需求论证；基于星间速度插值法反演下一代三向车轮双星编队ACR-Cartwheel重力场；联合串行式和钟摆式卫星编队精确建立下一代HIP-3S重力场模型；基于下一代四星转轮式编队反演FSCF重力场；基于GRACE Follow-On卫星重力梯度法反演下一代重力场；基于时空域混合法反演250阶GOCE重力场；卫星重力梯度一维垂向分量和三维全张量对250阶GOCE重力场反演精度影响；基于解析法和功率谱解析误差模型估计下一代GOCE Follow-On重力场精度。

本书可供地球科学领域从事与卫星重力反演相关科学研究的科研人员参阅，亦可作为卫星重力学、空间大地测量学、地球物理学等相关专业本科生和研究生的教学参考书。

图书在版编目（CIP）数据

下一代卫星重力反演理论、方法与关键技术/郑伟著. —北京：科学出版社，2019.6

（地球观测与导航技术丛书）

ISBN 978-7-03-059848-6

Ⅰ.①下… Ⅱ.①郑… Ⅲ. ①卫星重力学–重力反演问题–研究 Ⅳ.①P312

中国版本图书馆CIP数据核字(2018)第265005号

责任编辑：苗李莉 / 责任校对：何艳萍

责任印制：张 伟 / 封面设计：图阅社

科学出版社出版

北京东黄城根北街16号

邮政编码：100717

http://www.sciencep.com

北京九州迅驰传媒文化有限公司 印刷

科学出版社发行 各地新华书店经销

*

2019年6月第 一 版 开本：787×1092 1/16

2020年1月第二次印刷 印张：16 1/2

字数：400 000

定价：108.00元

(如有印装质量问题，我社负责调换)

“地球观测与导航技术丛书”编委会

“地球观测与导航技术丛书”编写说明

地球空间信息科学与生物科学和纳米技术三者被认为是当今世界上最重要、发展最快的三大领域。地球观测与导航技术是获得地球空间信息的重要手段，而与之相关的理论与技术是地球空间信息科学的基础。

随着遥感、地理信息、导航定位等空间技术的快速发展和航天、通信和信息科学的有力支撑，地球观测与导航技术相关领域的研究在国家科研中的地位不断提高。我国科技发展中长期规划将高分辨率对地观测系统与新一代卫星导航定位系统列入国家重大专项；国家有关部门高度重视这一领域的发展，国家发展和改革委员会设立产业化专项支持卫星导航产业的发展；工业和信息化部、科学技术部也启动了多个项目支持技术标准化和产业示范；国家高技术研究发展计划(863 计划)将早期的信息获取与处理技术(308、103)主题，首次设立为“地球观测与导航技术”领域。

目前，“十一五”规划正在积极向前推进，“地球观测与导航技术领域”作为 863 计划领域的第一个五年计划也将进入科研成果的收获期。在这种情况下，把地球观测与导航技术领域相关的创新成果编著成书，集中发布，以整体面貌推出，当具有重要意义。它既能展示 973 计划和 863 计划主题的丰硕成果，又能促进领域内相关成果传播和交流，并指导未来学科的发展，同时也对地球观测与导航技术领域在我国科学界中地位的提升具有重要的促进作用。

为了适应中国地球观测与导航技术领域的发展，科学出版社依托有关的知名专家支持，凭借科学出版社在学术出版界的品牌启动了“地球观测与导航技术丛书”。

丛书中每一本书的选择标准要求作者具有深厚的科学研究功底、实践经验，主持或参加 863 计划地球观测与导航技术领域的项目、973 计划相关项目以及其他国家重大相关项目，或者所著图书为其在已有科研或教学成果的基础上高水平的原创性总结，或者是相关领域国外经典专著的翻译。

我们相信，通过丛书编委会和全国地球观测与导航技术领域专家、科学出版社的通力合作，将会有一大批反映我国地球观测与导航技术领域最新研究成果和实践水平的著作面世，成为我国地球空间信息科学中的一个亮点，以推动我国地球空间信息科学的健康和快速发展！

李德仁

2009 年 10 月

序

卫星重力测量技术的实现是继美国 GPS 星座成功构建之后在空间大地测量领域的又一项创新和突破。目前国际科研机构共实施了四期地球卫星重力测量计划[德国 CHAMP（2000～2010）、美德 GRACE（2002～2017）、欧空局 GOCE（2009～2013）和美德 GRACE Follow-On（2018～）]和一期月球卫星重力测量计划[美国 GRAIL（2011～2012）]。我国首期自主卫星重力测量计划已于 2017 年正式立项。基于当前卫星重力测量计划的局限性以及相继结束测量使命的原因，国际众多科研机构正积极寻求和论证下一代新型卫星重力计划。国外卫星重力测量计划的成功实施对我国既存在机遇又不乏挑战，我国应尽快汲取国外长期积累的成功经验，加快我国自主研制重力卫星的步伐，旨在通过卫星重力计划的实现带动相关科学和国防领域的发展。

该书开展了下一代卫星观测模式、载荷指标和轨道参数的需求论证，突破了我国下一代重力卫星顶层设计的一系列关键技术，研究成果有力支撑了我国下一代精密卫星重力测量立项规划。主要研究内容包括：基于 Lagrange 和 Taylor 星间速度插值法反演 GRACE Follow-On 地球重力场；NGGM 地球重力场反演和我国下一代卫星重力计划最优轨道设计；基于残余星间速度法反演 GRACE Follow-On 地球重力场；基于下一代 Pendulum-A/B 双星编队开展卫星重力反演和需求论证；基于星间速度插值法反演下一代三向车轮双星编队 ACR-Cartwheel 地球重力场；联合串行式和钟摆式卫星编队精确建立下一代 HIP-3S 地球重力场模型；基于下一代四星转轮式编队反演 FSCF 地球重力场；基于 GRACE Follow-On 卫星重力梯度法反演下一代地球重力场；基于解析模型和数值模拟对比论证卫星重力梯度的一维垂向分量和三维全张量对 GOCE 地球重力场反演精度影响；基于解析法估计下一代 GOCE Follow-On 地球重力场精度；基于功率谱原理解析误差模型开展下一代 GOCE Follow-On 需求论证。

该书不仅为我国卫星重力学与相关学科的交叉研究做出较大贡献，一定程度上提升了我国在该领域的研究水平和国际影响力，为解决我国下一代重力卫星系统的关键技术难题提供了科学依据和理论方法应用服务，还为满足空间大地测量学、地球物理学、国防建设等交叉研究领域对重力场精度进一步提高的迫切需求奠定了理论和技术基础，具有重要的经济价值和社会效益。

由于我与作者具有相同的研究方向和工作往来，我们武汉大学测绘学院的专家、教师，包括我本人也曾经参加过我国前期卫星重力计划的论证工作，对该计划也进行过若干研究。为此，作者在该书完成之后，即寄来给我审阅，我有幸对其能先睹为快。读过此书之后，我感觉这本书内容新颖，理论严密清晰，实践方法可靠可行。该书在国家自然科学基金重点项目、国家重点研发计划、国家 863 计划等国家和省部级项目的支持下，主要围绕“下一代卫星重力反演理论、方法与关键技术”开展了系统研究工作，旨在为我国下一代地球卫星重力测量计划的成功实施提供可行性的理论基础和应用支持。该书研究内容属于空间大地测量学、卫星重力学、地球物理学等多学科交叉前沿领域。该书作者及其所在单位积累了十多年的研究成果，这些对下一代地球卫星重力计划和将来月球、火星、金星等天体卫星重力探测具有重要的科学意义、经济价值和社会效益。该书紧跟国际卫星重力测量的最新热点，以解决空间大地测量等交叉研究领域的前沿性科学问题为导向，以满足我国迫切提出的科学和国防需求为牵引，提出了一系列具有我国特色和科学适用的技术方案，培养了一批相关交叉研究领域的优秀青年科技人才。该书研究成果为推动“我国首期卫星重力计划正式立项”起到重要作用，为“航天强国”建设提供了有力支撑，读后受益匪浅。为此，将我的读后感受写成“序”供作者和读者参考。如有不妥之处，请不吝赐教。

我殷切希望此书能对在卫星重力领域读者的学习和科研提供有力帮助，并能对我国下一代卫星重力反演研究领域的快速发展起到促进作用。衷心祝愿作者在今后的下一代卫星重力反演研究工作中取得更大进步，同时祝愿所有从事卫星重力学研究的学者们为我国对地观测和国防建设做出更大贡献。

宁津生

中国工程院院士

2018 年 8 月 8 日于武汉大学测绘学院

前　言

德国 CHAMP（2000-07-15～2010-09-19）、美德 GRACE（2002-03-17～2017-10-27）、欧空局 GOCE（2009-03-17～2013-11-10）和美德 GRACE Follow-On（2018-05-22～）重力卫星各有所长，它们的相继发射不是相互竞争而是相互补充；另外，中国首期卫星重力测量计划已于 2017 年正式立项。CHAMP（challenging minisatellite payload）是卫星重力测量计划成功实施的先行者，GRACE（gravity recovery and climate experiment）和 GRACE Follow-On 的优越性体现于可高精度探测地球重力场的中长波信号及时变，而 GOCE（gravity field and steady-state ocean circulation explorer）擅长于感测地球中短波静态重力场。联合上述四期卫星重力计划虽然可以精确测量重力场，从而获得地球总体形状随时间变化、地球各圈层物质的分布和变化、全球海洋质量的分布和变化、极地冰川的增大和缩小，以及地下蓄水总量信息的特性，但仍无法满足 21 世纪相关学科对全频段地球重力场精度进一步提高的迫切需求。因此，当前国际众多科研机构正积极寻求新型、高精度、高空间分辨率和全频段的下一代卫星重力测量计划：①双星重力计划：串行编队（如 NGGM 计划、Cartwheel-A/B 计划等）、钟摆编队（如 E.MOTION 计划等）；②三星重力计划：串行-钟摆组合编队（如 HIP-3S 计划等）；③四星重力计划：车轮编队（如 FSCF 计划等）。国际大地测量学界众多科研工作者经过 40 多年的探索终将卫星跟踪卫星（SST）和卫星重力梯度（SGG）计划推向实际操作阶段。我国众多学者在基于卫星重力测量技术反演地球重力场的理论和方法方面已开展了广泛研究。国外 GRACE Follow-On 卫星重力测量计划的成功实施对我国既存在机遇又不乏挑战，机遇是指我国应尽快汲取国外长期积累的下一代卫星重力测量技术的成功经验，积极推动我国下一代自主卫星重力测量计划的实施，加快研制重力卫星的步伐，通过下一代卫星重力测量计划的实现带动相关科学和国防领域的快速发展；挑战是指我国对下一代星载仪器的研制、观测手段的研究和卫星数据的处理尚处于跟踪阶段，而且对于下一代卫星重力反演方法以及观测结果地球物理解释的基础相对薄弱。基于以上原因，本书开展了下一代卫星重力测量计划的研究论证，旨在为我国下一代卫星重力测量计划的成功实施提供可行性的理论依据和应用保证。

为了适应卫星重力学、空间大地测量学等交叉学科的发展，我国很多高等院校都为大地测量专业的本科生和研究生开设了“卫星重力学”或与空间大地测量相关的其他课程。本书是为满足此方面的教学和科研需要撰写而成，全书共 19 章。第 1 章基于卫星跟踪模式的优化选取、关键载荷的优化组合、轨道参数的优化设计、仿真模拟的先期启动和反演方法的优化改进，开展了我国下一代 CSGM 卫星重力测量计划实施的研究论证；第 2 章基于新型能量插值法，利用美国喷气推进实验室公布的 2008 年的 GRACE-Level-1B 实测数据，反演了 120 阶 GRACE 地球重力场；第 3

章基于6点Lagrange星间速度插值法和Taylor星间速度插值法开展了下一代GRACE Follow-On地球重力场反演的研究论证；第4章采用不同轨道高度、不同轨道倾角，以及不同星间距离反演了120阶NGGM地球重力场，并提出我国下一代卫星重力计划的最优轨道参数设计；第5章基于新型残余星间速度法反演了120阶GRACE Follow-On地球重力场；第6章基于下一代Pendulum-A/B双星编队开展了卫星重力反演和需求论证研究；第7章基于星间速度插值法开展了利用下一代三向车轮双星编队ACR-Cartwheel提高地球重力场空间分辨率的可行性研究论证；第8章开展了联合串行式和钟摆式卫星编队精确建立下一代HIP-3S地球重力场模型研究；第9章开展基于下一代四星转轮式编队系统精确和快速反演FSCF地球重力场研究；第10章基于GRACE Follow-On卫星重力梯度法开展了精确和快速反演下一代地球重力场的可行性论证研究；第11章综述了重力梯度测量原理、重力梯度仪研究历程、卫星重力梯度仪技术特征、卫星重力梯度测量特点，以及卫星重力梯度反演法研究进展；第12章基于时空域混合法，利用Kaula正则化反演了250阶GOCE地球重力场，旨在研究卫星重力梯度技术对中高频地球重力场反演精度的影响；第13章分别基于解析模型和数值模拟，对比论证了卫星重力梯度的一维垂向分量和三维全张量对250阶GOCE地球重力场反演精度的影响；第14章基于解析法有效和快速估计下一代GOCE Follow-On地球重力场精度；第15章基于功率谱原理精确建立了卫星重力梯度反演解析误差模型和开展了下一代GOCE Follow-On需求论证研究；第16章开展了基于激光干涉星间测距原理的下一代月球卫星重力测量计划需求论证研究；第17章开展了国际火星探测计划进展和我国将来火星卫星重力测量计划研究；第18章开展了国际金星探测计划进展和我国金星重力梯度计划实施研究；第19章进行全书总结，并提出下一步工作计划。

本书是作者在十多年（2002～2018年）从事卫星重力学和空间大地测量学的科研［以第一作者在国内外权威学术期刊 *Surveys in Geophysics*（IF=3.761）、*IEEE Geoscience and Remote Sensing Letters*（IF=2.892）、*Journal of Geodynamics*（IF=2.142）、*Astrophysics and Space Science*（IF=1.885）、*Planetary and Space Science*（IF=1.82）、*Advances in Space Research*（IF=1.529）等发表研究论文70余篇（SCI收录31篇）；以第一发明人授权国家发明专利16项和受理9项］和教学工作总结的基础上扩充整理而成。作者诚挚感谢中国科学院测量与地球物理研究所许厚泽院士，国家自然科学基金委侯增谦院士，北京卫星导航中心杨元喜院士，武汉大学宁津生院士和李建成院士，西安测绘研究所魏子卿院士，中国测绘科学研究院刘先林院士，解放军信息工程大学王家耀院士，中科院力学所胡文瑞院士，中国航天科技集团包为民院士、范本尧院士、吴宏鑫院士和王巍院士，北京航空航天大学房建成院士，中国科学院地质与地球物理研究所万卫星院士等对本书的撰写和出版给予的大力支持；衷心感谢我的博士研究生导师——中山大学校长罗俊院士和博士后导师——日本京都大学徐培亮教授等在博士研究生和博士后科研启蒙阶段的悉心指导。本书的出版获得了国防科技创新特区钱学森空间技术实验室创新工作站项目、中央军委科技委前沿科技创新项目（17-H863-05-ZT-001-022-01），国家自然科学基金重点项目（40234039，41131067）、面上项目（41574014，41774014）和青年项目（41004006，结题特优），国家高技术研究发展计划（863 计划）（2006AA09Z153，2009AA12Z138），日本学术振兴会（JSPS）基金项目（B19340129），中国科学院知识创新工程重要方向青年人才项目（KZCX2-EW-QN114），中国科学院卢嘉锡青年人才和青年创新促进会基金（2012），中国空间技术研究院杰出青年人才基金（2017～2018 年），中国科学技术协会学术会议示范品牌建设工程项目（2017XSHY006）等联合资助。本书的研究成果荣获中国测绘科技进步奖一等奖（2012、2018，第一完成人）、中国地球物理科技进步奖二等奖（2013，第一完成人）、湖北省自然科学奖二等奖（2012，第一完成人）、中国科学院卢嘉锡青年人才奖（2012，个人）、刘光鼎地球物理青年科学技术奖（2014，个人）、傅承义青年科技奖（2015，个人）、十佳中国电子学会优秀科技工作者奖（2018，个人）、中国青年测绘地理信息科技创新人才奖（2018，个人）、湖北省新世纪高层次人才工程奖（2012，个人）、领跑者 5000——中国精品科技期刊顶尖论文奖（2013、2014、2016，排名第一）、中国惯性技术创新优秀论文奖（2018，排名第一）等 30 余项。本书的技术成果获测绘、航天、海洋、地震、国防等 15 个部门的应用和好评（应用证明），具有重要的应用前景、经济价值和社会效益。书中的获奖成果受到《中国测绘报》《长江日报》《中国航天》等媒体的跟踪报道。

由于作者的科研和教学水平有限，书中不足之处在所难免。如发现不妥之处，恳请广大读者批评指正，并与本书作者联系（Email：zhengwei1@qxslab.cn），作者将不胜感激。

郑　伟

2018 年 8 月 1 日

目　录

第 1 章　我国下一代高精度 CSGM 卫星重力测量计划

本章基于卫星跟踪模式的优化选取、关键载荷的优化组合、轨道参数的优化设计、仿真模拟的先期启动和反演方法的优化改进，开展了我国将来 CSGM（China's satellite gravity mission）卫星重力测量计划实施的研究论证。第一，由于卫星跟踪卫星高低/低低（SST-HL/LL）模式对地球中长波重力场的探测精度较高、技术要求相对较低，而且可借鉴当前 GRACE 卫星的成功经验，所以建议将来 CSGM 卫星重力测量计划采用 SST-HL/LL 模式；第二，建议开展激光干涉星间测距仪、复合 GPS（global positioning system）接收机、非保守力补偿系统、卫星体和加速度计质心调节装置等关键载荷的先期研制；第三，建议将来 CSGM 卫星的轨道高度（300～400 km）和星间距离[（100±50）km]选择在已有重力卫星的测量盲区；第四，建议将仿真技术应用于 CSGM 卫星的方案论证、系统设计、部件研制、产品检验、空中使用、故障分析等研发和运行的全过程；第五，对比分析了卫星轨道摄动法、动力学法、能量守恒法和加速度法的优缺点，建议寻求新型、高精度、高效率和全频段的卫星重力反演方法；第六，提出将来 CSGM 卫星重力测量计划的预期科学目标：在 300 阶处，累计大地水准面精度和累计重力异常精度分别为 1～5 cm 和 1～5 mGal（郑伟等，2014b）。

1.1　国际卫星重力测量计划研究背景

地球重力场及其时变反映地球表层及内部物质的空间分布、运动和变化，同时决定着大地水准面的起伏和变化。重力卫星在重力场作用下绕地球作近圆极轨运动，若精密定轨必须知道精确的地球重力场参数；反之，精确测定卫星轨道摄动，利用摄动跟踪观测数据又可以提高地球重力场参数的精度，两者相辅相成。因此，确定地球重力场的精细结构及其时变不仅是大地测量学、固体地球物理学、海洋学、冰川学、水文学、空间科学、国防建设等的需求，同时也将为寻求资源、保护环境和预测灾害提供重要的信息资源。

自伽利略于 16 世纪末第一次进行重力测量以来，国内外众多科研机构在全球范围内的陆地、海洋和空间采用多种技术和方法进行了大量的地球重力场测量。1966 年 Kaula 首次利用卫星轨道摄动分析理论和地面重力资料建立了 8 阶的地球重力场模型，奠定了卫星重力学的理论基础。21 世纪是人类利用卫星跟踪卫星高低/低低技术（SST-HL/LL）和卫星重力梯度技术（SGG）提升对“数字地球”认知能力的新纪元。如图 1.1 和表 1.1 所示，地球重力测量卫星 CHAMP、GRACE 和 GOCE 的成功发射昭示着人类将迎来一个前所未有的卫星重力探测时代。

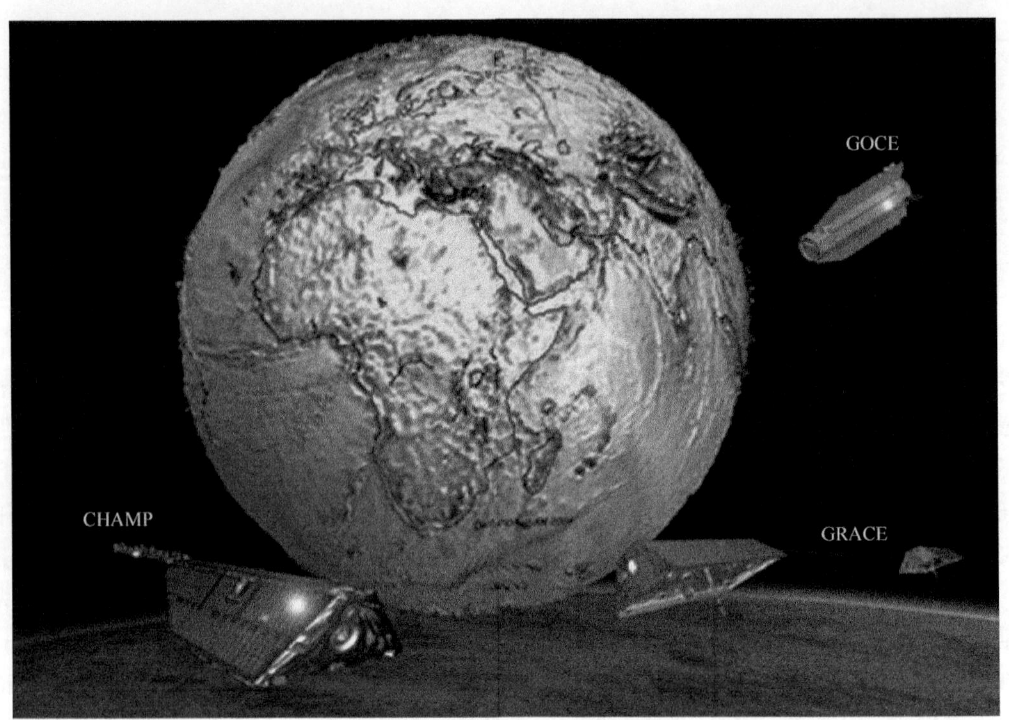

图 1.1　国际三期卫星重力测量计划

表 1.1　地球重力卫星参数对比

参数	重力卫星		
	CHAMP	GRACE-A/B	GOCE
研制机构	德国 GFZ①	美国 NASA②，德国 DLR③	欧洲 ESA④
飞行时间	2000-07-15～2010-09-19	2002-03-17～2017-10-27	2009-03-17～2013-11-10
卫星寿命/年	10	15	4
轨道高度/km	454～300	500～300	～250
轨道倾角/（°）	87	89	96.5
轨道离心率	< 0.004	< 0.004	0.001
星间距离/km	—	220±50	—
跟踪模式	SST-HL	SST-HL/LL	SST-HL/SGG
空间分辨率/km	285	166	80

①GFZ：Deutsches GeoForschungsZentrum；
②NASA：National Aeronautics and Space Administration；
③DLR：Deutsches Zentrum für Luft- und Raumfahrt；
④ESA：European Space Agency

CHAMP、GRACE 和 GOCE 卫星各有所长，它们的相继发射不是相互竞争而是相互补充。CHAMP 是卫星重力测量计划成功实施的先行者，GRACE 的优越性体现于可高精度探测地球重力场的中长波信号及时变，而 GOCE 擅长于感测地球中短波静态重力场。联合上述三期卫星重力计划虽然可以精确测量重力场，从而获得地球总体形状随时间变化、地球各圈层物质的分布和变化、全球海洋质量的分布和变化、极地冰川的增大和缩小，以及地下蓄水总量信息的特性，但仍无法满足 21 世纪相关学科对全频段地球重力场精度进一步提高的迫切需求。因此，当前国际众多科研机构正积极寻求新型、高精度、高空间分辨率和全频段的下一代卫星重力测量计划。①双星重力计划：串行编队［如 GRACE Follow-On 计划（Loomis et al.，2012；Zheng et al.，2014）、NGGM（next-generation gravimetry mission）计划（Cesare and Sechi，2013）等］和钟摆编队［如 E.MOTION（earth system mass transport mission）计划（Sneeuw et al.，2008；Panet et al.，2013）等］；②三星重力计划：串行-钟摆组合编队［GRACE-Pendulum-3S 计划（Elsaka et al.，2009）等］；③四星重力计划：车轮编队［如 FSCF（four-satellite cartwheel formation）计划（Wiese et al.，2009；Zheng et al.，2013b）等］和不同倾角组合编队（Bender et al.，2008；Zheng et al.，2008a）。

国际大地测量学界众多科研工作者经过 40 多年的探索终将 SST 和 SGG 计划推向实际操作阶段。我国众多学者在基于卫星重力测量反演地球重力场的理论和方法方面已开展了广泛研究。国外卫星重力测量计划的成功实施对我国既存在机遇又不乏挑战，机遇是指我国应尽快汲取国外长期积累的卫星重力测量的成功经验，积极推动我国自主卫星重力测量计划的实施，加快研制重力卫星的步伐，通过卫星重力测量计划的实现带动军民融合领域的快速发展；挑战是指我国对星载仪器的研制、观测手段的研究和卫星数据的处理尚处于起步和跟踪阶段，而且对于重力场反演方法以及观测结果地球物理解释的基础相对薄弱。基于以上原因，本章开展了下一代卫星重力测量计划的研究论证，旨在为我国将来 CSGM 卫星重力测量计划的成功实施提供可行性的理论依据和应用保证。

1.2 我国将来 CSGM 卫星重力计划

1.2.1 卫星跟踪模式的优化选取

地球重力场的传统测量方法主要包括地面重力观测技术、海洋卫星测高技术和卫星轨道摄动技术。传统重力测量技术的固有局限性导致地球重力场在 100～5000 km 空间分辨率范围内的测量精度较差，因此无论是由三种传统重力测量技术单独还是联合测量建立的地球重力场模型都难以满足 21 世纪相关学科发展的需求。卫星重力测量技术的实现是继美国 GPS 星座成功构建之后在大地测量等领域的又一项创新和突破，它之所以被国际大地测量学界公认为是当前地球重力场探测研究中最高效、最经济和最有发展潜力的方法之一，是因为它既不同于传统的车载、船载和机载测量，也不同于卫星测高和轨道摄动分析，而是通过卫星跟踪卫星高低/低低技术和卫星重力梯度技术反演高精度和高空间分辨率的地球重力场（许厚泽等，2012）。

1. 卫星跟踪卫星高低（SST-HL）模式

SST-HL 测量原理如下：①通过高轨 GPS 卫星实时跟踪低轨重力卫星（如 CHAMP），

从而得到卫星轨道位置$\boldsymbol{r}$（基于微分原理可得到轨道速度和轨道加速度）；②基于星载加速度计实时测量卫星受到的非保守力$\boldsymbol{f}$（如大气阻力、太阳光压、地球辐射压、轨道高度和姿态控制力等）；③建立保守力模型$\boldsymbol{F}$（如日月引力，地球固体、海洋、大气和极潮汐力等）；④基于$\boldsymbol{g}=\ddot{\boldsymbol{r}}-\boldsymbol{f}-\boldsymbol{F}$确定地球重力场。在 SST-HL 跟踪模式中，轨道位置$\boldsymbol{r}$和非保守力$\boldsymbol{f}$是卫星的原始观测量。目前随着星载加速度计研制精度的不断提高［如法国航天空间研究局（ONERA）研制的静电悬浮加速度计 10^{-13} m/（$s^2 \cdot Hz^{1/2}$）］，非保守力的感测精度可满足高精度和高空间分辨率地球重力场反演的需求，但由于 GPS 卫星轨道位置精度（cm 级）的限制，因此基于 SST-HL 测量模式无法实质性提高地球重力场精度。另外，基于 SST-HL 模式反演地球重力场的空间分辨率依赖于卫星的轨道高度，因此仅能感测长波地球重力场的信号（低通滤波），对中波和短波信号敏感性较弱。据德国波茨坦地学研究中心（GFZ）公布的 2000-07-15～2010-09-19 约 10 年的 CHAMP 地球重力场实测数据可知，CHAMP 任务反演地球重力场的有效引力位系数的最大阶数约为 70 阶（空间分辨率 285 km），大地水准面精度约为 18 cm。因此，SST-HL 测量模式仅是地球重力场精密测量的概念性证明和技术性试验，但在精度和空间分辨率上不会对现有地球重力场模型有较大贡献。

2. 卫星跟踪卫星高低/卫星重力梯度（SST-HL/SGG）模式

SST-HL/SGG 测量原理如下：①基于高轨 GPS 卫星对低轨重力卫星（如 GOCE）实时定轨；②通过星载重力梯度仪直接测定卫星轨道高度处引力位的二阶导数；③利用非保守力补偿系统（drag-free）屏蔽重力卫星受到的非保守力；④联合上述卫星观测值基于卫星重力梯度原理感测地球重力场。重力梯度卫星 GOCE 原计划于 2004 年发射升空，但由于星载三维静电悬浮重力梯度仪（精度 $3\times10^{-12}/s^2$）和卫星整体系统研制的困难性，因此至 2009 年 3 月 17 日成功发射为止已推迟发射多次。GOCE 卫星对重力梯度仪的研制精度要求较高而中国目前对重力梯度仪的研究水平尚处于起步和跟踪阶段，因此 SST-HL/SGG 跟踪模式在现阶段暂时不符合我国的国情。但是，SGG 是国际大地测量学界创新提出的又一项探测地球重力场特性特征、精细结构和演变过程的新技术和新领域，目前已逐渐发展成为专门研究空间重力梯度测量的理论、方法、载荷和应用的新兴科学。由于地球引力位二阶微分仅与地球重力场相关，通过对引力位二阶微分的观测，可直接获得地球重力场信息，不仅有利于避免运动加速度误差的负面影响，而且可有效抑制地球重力场中高频信号的衰减效应，因此 SST-HL/SGG 模式有望成为我国将来优选和具有发展潜力的卫星重力测量模式之一。

3. 卫星跟踪卫星高低/低低（SST-HL/LL）模式

SST-HL/LL 测量原理如下：①利用高轨 GPS 卫星对低轨双星（如 GRACE）精密跟踪定位；②基于高精度静电悬浮加速度计测量作用于卫星的非保守力；③通过姿态和轨道控制系统测量卫星和载荷的空间三维姿态；④两颗低轨卫星在同一轨道平面内前后相互跟踪编队飞行，利用星间测距仪高精度测量星间距离（共轨双星轨道摄动之差），进而高精度和高空间分辨率反演地球重力场。在 SST-HL/LL 测量模式中，由于地球重力场反演精度主要敏感于高精度的星间测距ρ或星间测速$\dot{\rho}_{12}$，而且高精度星间测距仪数据的后处理可进一步改善卫星的定轨精度，所以对 GPS 定轨精度的要求可适当放宽。据德国 GFZ 公布的自 2002-03-17 至 2017-10-27 约 15.5 年的 GRACE 地球重力场实测数据可知，GRACE 双星计划反演地球重力场的有效引力位系数的最大阶数约为 120 阶（空间分辨率 166 km），大地水准面精度约为 18 cm（Zheng et al.，2009d）。SST-HL/LL 跟踪模式既包含两组 SST-HL，同时以差分原理测定两个低轨卫星之间的相互运动，因此得到的静态和动态重力场精度比 SST-HL 模式至少高一个数量级。由于 SST-HL/LL 跟踪模式对地球中长波静态及时变重力场的探测精度较高，技术含量相对较低且容易实现，全球重力场测定速度快、代价低和效益高，可满足相关学科领域对地球重力场精度进一步提高的迫切需求，而且可借鉴当前 GRACE 卫星整体系统的成功经验，所以我国将来 CSGM 卫星重力测量计划采用具有中国特色的 SST-HL/LL 跟踪模式较符合国情。

1.2.2 卫星关键载荷的优化组合

鉴于我国在激光干涉星间测距仪、GPS 接收机、非保守力补偿系统、卫星体和加速度计质心调节装置等关键载荷研制方面距离世界先进水平仍有差距，而且这些技术不可能通过从国外引进获得，必须独立自主实现，同时上述技术的实现与否直接决定了我国能否成功实现将来 CSGM 卫星重力测量计划，因此我国应先期开展重力卫星高精度关键载荷的研制工作（Zheng et al.，2009a，2010a，2010b）。

1. 激光干涉星间测距仪

在 SST-HL/LL 跟踪模式中，目前国际上通常采用微波测距或激光测距两种模式。GRACE 卫星 K 波段星间测距仪采用微波测距方式，优点是微波束宽角可在设计时进行调整，并且对卫星姿态实时控制技术和指向精度要求较低，缺点是对星间距离和星间速度（10^{-6} m/s）的测量精度较低；激光干涉星间测距仪采用的激光束方向性强，虽然对重力卫星整体系统姿态控制的要求较高，但能大幅度提高星间距离和星间速度（10^{-9} m/s）的感测精度。激光干涉星间测距仪是我国将来 CSGM 重力卫星的最重要关键载荷，测量原理如下：为了提高星间距离的测量精度以及消除电离层对信号的延迟效应，激光干涉星间测距仪采用双单向和双频段测量模式。首先，CSGM 双星的激光干涉星间测距仪分别向对方发送两种不同频率的激光信号；其次，双星各自接收的激光信号与本地超稳定振荡器（USO）产生的相应参考频率信号混频处理（信号相乘），通过低通滤波保留差频信号，并送到数据处理器；最后，利用数字锁相环路跟踪差频信号得到相位变化解，并将测量结果传回地面跟踪站综合处理。CSGM 双星的轨道除受到非保守力摄动外，主要受到地球静态和时变引力场的综合影响。由于 CSGM 共轨双星以不同的轨道相位敏感地球质量系统的影响，因此双星间将产生微小的轨道摄动差。此轨道摄动差使 CSGM 共轨双星连线方向的距离 ρ_{12} 、速度 $\dot{\rho}_{12}$ 和加速度 $\ddot{\rho}_{12}$ 实时变化，而 CSGM 星载激光干涉星间测距仪可高精度测量此距离变化 $\Delta\rho_{12}$ 、速度变化 $\Delta\dot{\rho}_{12}$ 和加速度变化 $\Delta\ddot{\rho}_{12}$ 。通过对距离差、速度差和加速度差的精密测量，地球重力场的高频信号被放大，因此有效提高了地球重力场高阶谐波分量的测量精度。激光干涉测距仪的研制和应用是今后国际上 SST-HL/LL 跟踪模式发展的主流方向，是建立下一代高精度、高空间分辨率和全频段地球重力场模型的重要保证。

2. 复合全球定位接收机

目前获得全球、规则、密集、全频段、高精度和高空间分辨率的地球重力场数据必须满足三个基本准则：第一，连续高精度跟踪卫星的三维空间分量（位置和速度）；第二，精密测量作用于卫星的非保守力和精确模型化作用于卫星的保守力；第三，尽可能降低卫星的轨道高度（200～500 km）。在三个基本准则之中，连续高精度跟踪卫星的三维空间分量是反演高精度和高空间分辨率地球重力场的必要前提和重要基础，需通过星载全球定位接收机实现。在卫星重力测量中，激光干涉星间测距仪、GPS 接收机、加速度计等关键载荷的精度指标应严格匹配（Zheng et al.，2009a，2010a，2010b）。如果某个载荷的精度指标高于其他载荷，据误差原理可知，高精度指标的载荷无法发挥自身高精度的优势，只有与其他载荷相匹配的精度部分对地球重力场反演精度才有贡献（郑伟等，2011a）。目前激光干涉星间测距仪（星间速度 10^{-9} m/s）和加速度计（非保守力 10^{-13} m/s^2）等关键载荷的精度指标均可满足将来 CSGM 卫星重力测量计划中各关键载荷精度指标匹配的要求。虽然高精度的激光干涉星间测距仪可辅助定轨，但 GPS 接收机本身动态定轨的精度指标（轨道位置 10^{-2} m）较难进一步提高，因此定轨精度将是限制下一代高精度和高空间分辨率地球重力场模型建立的关键误差源。当前 CHAMP 和 GRACE 卫星采用 GPS 接收机实现精密定轨，GOCE 卫星采用双频接收机实现 GPS 和 GLONASS 卫星星座同时对低轨卫星联合跟踪定位。对于我国将来 CSGM 重力卫星，应致力于研制能同时接收和处理 GPS、GLONASS、GALILEO 和我国北斗导航定位系统信号的复合全球定位接收机，以期进一步提高重力卫星的定轨精度。

3. 非保守力补偿系统

在卫星重力测量中，利用重力卫星作为传感器高精度感测地球重力场的最大弱点是卫星高度处的重力场成指数衰减$[R_e/(R_e+H)]^{l+1}$。为了克服上述缺点进而反演高精度地球重力场，目前最有效的办法是采用低轨重力卫星。因此，如果重力卫星受到的非保守力能被高精度扣除，在保证地球重力场反演精度和空间分辨率的前提下，可以适当降低各关键载荷（星间测距仪、GPS 接收机、星载加速度计等）研制的难度以及避免不必要的人力、物力和财力的浪费（Zheng et al.，2008b，2009e）。重力卫星非保守力的有效扣除通常包括两种方式：非保守力后期改正技术和非保守力实时补偿技术。

非保守力后期改正技术的原理如下：首先，在前期重力卫星测量地球重力场过程中，通过星载加速度计获得卫星受到的非保守力数据；其次，在后期反演地球重力场的观测方程中，将卫星受到的非保守力 $\boldsymbol{f}$ 效应从合外力 $\ddot{\boldsymbol{r}}$ 中扣除。优点是非保守力效应的扣除分前期测量和后期改正两步完成，重力卫星在飞行过程中通过加速度计仅对卫星受到的非保守力进行测量，不需要实时补偿，因此在一定程度上降低了载荷研制的难度。缺点是随着卫星轨道高度逐渐降低，作用于卫星的非保守力（以大气阻力为主）将急剧增大，重力卫星轨道高度每降低 100 km，大气阻力提高约 10 倍（郑伟等，2009）。第一，为调整卫星轨道高度和姿态需频繁进行轨道机动，不稳定的卫星平台工作环境将影响各关键载荷的测量精度；第二，由于卫星频繁喷气引起喷气燃料消耗，将导致星体质心和加速度计检验质量质心存在实时偏差；第三，卫星使用寿命极大地缩减，将影响地球静态和时变重力场的反演精度和空间分辨率。CHAMP 和 GRACE 卫星重力测量计划的缺点是未采用非保守力实时补偿技术，因此卫星轨道高度无法实质性降低（400～500 km），从而较大程度地影响了地球重力场中高频信号的感测精度。

非保守力补偿系统通常由星载加速度计、轨道和姿态微推进器，以及实时控制微处理系统组合而成。基本原理如下：首先，通过星载加速度计感测卫星体受到的非保守力；其次，实时控制微处理系统将星载加速度计测得的非保守力转换为轨道和姿态微推进器的期望推进力和力矩；最后，利用轨道和姿态微推进器实时补偿卫星体受到的非保守力。优点是影响卫星平台系统和载荷的非保守力效应被非保守力补偿系统有效屏蔽，不仅为卫星平台系统和载荷提供了安静的工作环境进而保证了测量精度，同时可有效降低重力卫星的轨道高度，有效抑制了地球中短波重力场信号的衰减；缺点是在重力卫星载荷中新增加了非保守力补偿系统，适当增加了重力卫星研制的难度。GOCE 卫星的优点是采用非保守力补偿系统实时消除作用于卫星的非保守力效应，进而有效降低了卫星轨道高度（200～300 km），提高了地球短波重力场信号的感测精度。

我国将来 CSGM 卫星重力测量计划可在 GRACE 卫星计划的基础上增加非保守力补偿系统进而弥补其缺点，优点是有效降低了卫星各关键载荷的研制难度（适当缩短测量动态范围以保证测量精度）和卫星轨道高度，有望进一步提高地球中高频重力场的测量精度。

4. 卫星体和加速度计质心调节装置

在地心惯性系中研究卫星绕地球运动的规律，通常将卫星视为质点。因此，在卫星飞行中作用于卫星的非保守力可等效为作用于卫星的质点处。在卫星重力测量中，为了将地球引力从卫星受到的合外力中有效分离，作用于卫星非保守力的实时精确扣除是反演高精度和高空间分辨率地球重力场的重要保证，因此 CSGM 星载加速度计检验质量的质心要求精确定位于卫星体的质心处。卫星在实际飞行中，卫星体的质心和星载加速度计检验质量的质心实时存在偏移，因此卫星体和加速度计质心调节装置的研制是加速度计将作用于卫星体的非保守力精确扣除的关键技术。CSGM 卫星体和星载加速度计检验质量的质心偏差源主要来自于两个方面：第一，地面安装误差源。在地面安装时卫星体质心和加速度计检验质量的质心存在偏移，导致 CSGM 卫星加速度计的静电力和作用于卫星的非保守力存在固有偏差。第二，在轨飞行误差源。空间环境（温度、压力等）的复杂性导致在轨飞行的卫星发生形变以及对卫星进行实时轨道和姿态控制引起喷气燃料消耗（每 2～3 min 喷气 1 次，每次喷气时间 200～300 ms），将会导致 CSGM 卫星体和星载加速度计检验质量的质心存在实时偏差。由于 CSGM 卫星体和星载加速度计检验质量的质心偏差与卫星姿态测量具有耦合效应，所以在反演地球重力场时会同时将卫星姿态测量误差引入卫星观测方程。CSGM 星体和加速度计检验质量的质心偏差以及卫星姿态测量误差的引入必将会在加速度计的三轴测量中附加扰动误差，从而影响地球重力场反演的精度。因此，CSGM 星体和星载加速度计检验质量质心调节装置的研制和应用是提高地球重力场反演精度的重要保证（Zheng et al.，2009c）。

1.2.3 卫星轨道参数的优化设计

卫星轨道参数（如轨道高度、星间距离等）的优化设计是成功实施我国将来 CSGM 卫星重力测量计划的关键因素和重要保证。

1. 轨道高度

由于不同卫星轨道高度敏感于不同阶次的地球引力位系数，因此 CHAMP（400～500 km）、GRACE（400～500 km）、GOCE（200～300 km）和 GRACE Follow-On（400～500 km）仅在特定轨道高度区间能发挥优越性，而在轨道空间范围之外基本无能为力。如果我国将来 CSGM 重力卫星也设计在上述四期重力卫星的轨道高度空间范围，除非反演重力场的精度高于它们，否则效果仅相当于其测量的简单重复，对于重力场精度的进一步提高没有实质性贡献。因此，我国将来 CSGM 重力卫星的轨道高度应尽可能选择在已有重力卫星的测量盲区 300～400 km，进而形成互补的态势。

GRACE 为了尽可能降低非保守力的干扰进而延长卫星的使用寿命（约 15.5 年），将轨道高度设计为 400～500 km 的空间范围。我国将来 CSGM 卫星重力测量计划虽然增加了非保守力补偿系统，但由于具有一定测量精度的非保守力补偿系统不可能将作用于卫星体的非保守力完全平衡，同时轨道和姿态微推进器的频繁喷气将导致卫星携带燃料的大量损耗。因此，适当降低卫星轨道高度有利于提高地球重力场的反演精度，代价是在一定程度上牺牲了卫星的使用寿命。据误差理论可知，如果观测数据增加了 n 倍，那么地球重力场的测量精度仅提高约 $\sqrt{n}$，因此由于适当降低卫星轨道高度而导致卫星使用寿命缩短不会对重力场反演精度产生本质影响。作者首次于 2009 年基于功率谱原理的半解析法（Zheng et al.，2009a）和 2010 年基于解析法（Zheng et al.，2010b）开展了将来 CSGM 卫星轨道高度的需求分析。在 120 阶处，基于功率谱原理的半解析法和采用平均轨道高度 350 km，估计 CSGM 累计大地水准面精度为 3.725×10^{-5} m，其较 EIGEN-GRACE02S 地球重力场模型（轨道高度 500 km）精度提高了 5082 倍，卫星关键载荷精度指标的匹配关系和相关参数请见文献（Zheng et al.，2009a）。综上所述，我国将来 CSGM 卫星轨道高度设计为 300～400 km，进而填补已有重力卫星轨道高度的测量盲区可行。

2. 星间距离

在 SST-HL/LL 跟踪模式中，适当缩短星间距离有利于地球高频重力场的反演，但如果星间距离设计太小，在抵消掉双星共同误差的同时，重力场信号也将被部分差分掉，将导致信噪比较低，因此星间距离设计太小不利于地球低频重力场的确定；适当增加星间距离有助于提高地球低频重力场的信噪比，但星间距离设计太大将导致测量噪声急剧增加以及对卫星轨道和姿态测量精度的要求提高，不利于地球高频重力场测量。因此，星间距离的优化设计是建立将来高精度和高空间分辨率地球重力场模型的关键因素。

GRACE 采用 K 波段微波测距仪感测星间距离，由于卫星轨道高度（400～500 km）的限制，GRACE 仅对地球中长波重力场信号较敏感，而对中短波信号趋于滤波。因此，GRACE 将星间距离设计为（220±50）km 有利于提高地球中低频重力场的反演精度。由于非保守力补偿系统和激光干涉星间测距仪的成功应用，CSGM 的轨道高度得以有效降低（300～400 km），因此 CSGM 将致力于反演地球中短波重力场。作者首次于 2010 年基于动力学原理的半解析法开展了将来 CSGM 星间距离的论证研究（Zheng et al.，2010a）。在 300 阶处，当星间距离设计为 50 km 时，累计大地水准面精度为 3.993×10^{-1} m；当星间距离分别设计为 110 km 和 220 km 时，累计大地水准面的精度降低了 1.259 倍和 1.395 倍，卫星关键载荷精度指标的匹配关系请见文献（Zheng et al.，2010a）。综上所述，我国将来 CSGM 重力卫星的星间距离设计为（100±50）km 较优，具体原因分析请见文献（Zheng et al.，2010a）。

1.2.4 仿真模拟研究的先期启动

随着科学技术的日新月异，特别是计算机、微电子学和各种运动模拟器的迅速发展，卫星系统仿真日趋完善。建议我国将仿真技术应用于 CSGM 重力卫星的研制和运行的全过程。对方案论证、系统设计、部件研制、产品检验、空中使用、故障分析等各个阶段，都进行不同类型的仿真实验，从而达到提高研制质量、缩短研制周期和降低研究成本的目的。

（1）必要性。在接近真空环境条件下以整星方式演示各分系统的技术性能和任务功能的有效性，能够在 CSGM 重力卫星发射之前对整体系统设计及性能上的缺陷进行检查和修改，有效降低研制过程中整星的风险性，确保在飞行前各分系统与整体的相容性以及系统参数和结构的最优化，提供有效手段进行故障分析以及研究故障对策。

（2）可行性。现代计算机技术、高水平的仿真软件（如 MATLAB 等）以及各种高精度和高可靠性的环境模拟设备可提供充足的物质条件，同时我国已具有一支从事卫星硬件研制和仿真实验模拟的科研团队。

1.2.5 重力反演方法的优化改进

卫星重力反演是指通过分析卫星观测数据（轨道位置 $\boldsymbol{r}$ 及轨道速度 $\dot{\boldsymbol{r}}$、星间距离 ρ_{12}、星间速度 $\dot{\rho}_{12}$ 及星间加速度 $\ddot{\rho}_{12}$、非保守力 $\boldsymbol{f}$、卫星姿态（$\boldsymbol{q}_{1,2,3}, q_4$）、卫星重力梯度 $\boldsymbol{V}_{ij}$ 等）和地球重力场模型中引力位系数（C_{lm}, S_{lm}）的关系，建立并求解卫星运动观测方程，进而确定地球引力位系数，最终目的是反演高精度和高空间分辨率的地球重力场。在利用卫星重力测量数据反演地球重力场的众多方法中，按地球引力位系数解算方式的差异可分为空域法和时域法。

空域法（Sneeuw，2000；Migliaccio et al.，2004；Zheng et al.，2008c，2010c）的优点是因网格点数固定从而方程维数一定，且可以利用 FFT 方法进行快速批量处理，因此极大降低了计算量；缺点是在进行网格化处理中作了近似计算，且不能对色噪声进行处理。由于空域法作了许多人为性的假设，存在许多潜在的弊端且随着近年来计算机技术的飞速发展及各种快速算法的广泛应用，计算量的大小不再是制约地球重力场反演精度的重要因素，时域法的优点正逐渐体现于地球重力场反演之中。

时域法的优点是直接对卫星观测数据进行处理，不需作任何近似，求解精度较高且能有效处理色噪声；缺点是随着卫星观测数据的增多，观测方程数量剧增，极大地增加了计算量。时域法主要包括：

（1）卫星轨道摄动法，主要包括经典 Kaula 线性摄动法（Hwang，2001；Cheng，2002）和轨道非线性摄动法（Xu，2008）。经典 Kaula 线性摄动法仅在初始值和参考平均值附近有效，存在由临界轨道倾角和随机共振引起的奇异值问题。轨道非线性摄动法成功解决了经典 Kaula 线性摄动法存在的问题，不受由临界轨道倾角和随机共振引起的奇异值影响，在整个轨道弧长范围内均有效，而且模型误差不随积分弧段的增长而增大。

（2）动力学法（Reigber et al.，2005；Tapley et al.，2005；周旭华等，2005；张兴福，2007；刘红卫等，2013）的优点是不依赖于任何先验的地球重力场模型，理论框架严密，各种地球重力场参数求解精度较高；缺点是整体解算过程较复杂，需要高性能的并行计算机支持，而且随着轨道弧长增加，解算模型误差将增大。

（3）能量守恒法（Han et al.，2002；Visser et al.，2003；徐天河和杨元喜，2004；Zheng et al.，2005，2006，2009b，2011；Wang et al.，2008；郑伟等，2013）的优点是避免了数值微分、数值积分等计算，直接利用地球扰动位和引力位系数的线性关系建立卫星运动观测方程，而且观测方程物理含义明确，易于地球重力场的敏感度分析，通常采用 PC 计算机可完成高阶地球重力场的快速求解；缺点是对卫星速度的测量精度要求较高。

（4）卫星加速度法（Rummel，1979；郑伟等，2011d；Zheng et al.，2012a，2012b，2012c；沈云中等，2005；Ditmar et al.，2006）的优点是观测方程形式简单、在保证求解精度的前提下计算量较小；缺点是采用的数值微分算法在一定程度上损失了地球低频重力场的精度。

自人类于 1957 年 10 月 4 日成功发射第一颗人造卫星 Sputnik-1 以来，国际众多科研机构通过多种卫星观测技术的联合已获得了全球、规则、密集和高精度的地球重力场信息，因此地球重力场反演方法的优劣是决定对“数字地球”认识水平的关键所在。迄今为止，国际众多科研机构基于车载、船载、机载和星载重力观测数据利用空域法和时域法已建立了不同精度和阶次的全球重力场模型，但由于目前地球重力场反演方法自身的不足和局限性，无论是各种方法单独还是联合均无法满足下一代国际卫星重力测量计划中精确和快速反演全频段地球重力场的需求，而且仅仅依靠各种方法的自我完善也无法满足 21 世纪相关学科对地球重力场精度进一步提高的迫切要求，因此寻求新型、高精度、高效率和全频段的地球重力场反演方法是 21 世纪国际大地测量和地球物理等领域正面临的挑战和亟待解决的难题之一。此科学问题的研究和解决有利于为我国将来 CSGM 地球卫星重力测量计划（图 1.2）、月球卫星重力探测计划（郑伟等，2011b，2012a，2012c）、太阳系火星（郑伟等，2011c，2012b）和金星（郑伟等，2014a）等其他行星重力探测计划中高精度和高阶次全球重力场模型的有效和快速确定提供理论基础和计算保证。目前国内外大地测量和地球物理学界紧跟国际卫星重力测量的热点和动态，正积极投身于利用卫星重力测量技术建立下一代高精度和高阶次全球重力场模型的研究当中。

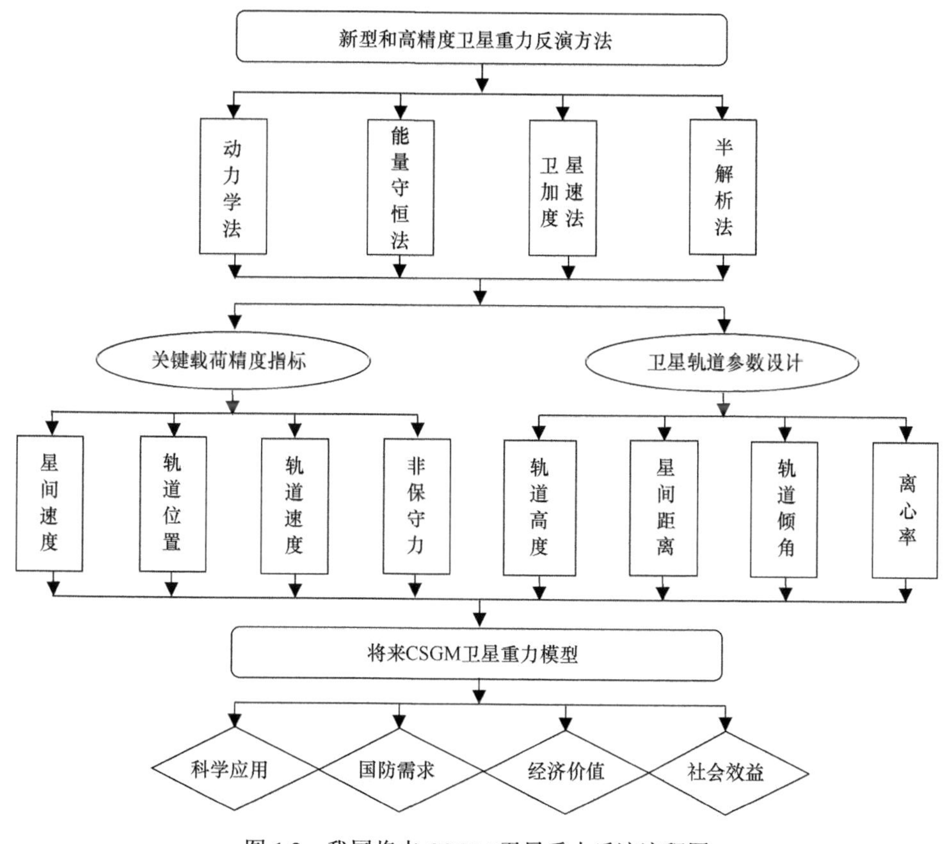

图 1.2　我国将来 CSGM 卫星重力反演流程图

1.3　本 章 小 结

我国将来 CSGM 卫星重力测量计划是国家需求，同时具有重要的科学意义和应用前景。预期科学目标如下：基于 SST-HL/LL 跟踪观测模式、采用激光干涉星间测距仪（星间测速精度 10^{-7}～10^{-9} m/s）和非保守力补偿系统（非保守力测量精度 10^{-11}～10^{-13} m/s^2）等新技术，以及利用优选的卫星轨道高度（300～400 km）和星间距离［(100±50) km］建立 300 阶次（空间分辨率 66 km）的 CSGM 全球重力场模型。在 300 阶处，预期累计大地水准面精度为 1～5 cm，累计重力异常精度达到 1～5 mGal，力争满足 21 世纪相关学科和国防建设对地球重力场精度进一步提高的迫切需求。

参 考 文 献

刘红卫，王兆魁，张育林．2013．内编队地球重力场测量性能数值分析．国防科技大学学报，35(4): 14–19.

沈云中，许厚泽，吴斌．2005．星间加速度解算模式的模拟与分析．地球物理学报，48(4): 807–811.

徐天河，杨元喜．2004．利用 CHAMP 卫星星历及加速度计数据推求地球重力场模型．测绘学报，33(2): 95–99.

许厚泽，陆洋，钟敏，郑伟，张子占．2012．卫星重力测量及其在地球物理环境变化监测中的应用．中国科学：地球科学，42(6): 843–853.

张兴福. 2007. 应用低轨卫星跟踪数据反演地球重力场模型. 上海: 同济大学博士学位论文, 1–120.
郑伟, 许厚泽, 钟敏, 刘成恕. 2014a. 国际金星探测计划进展和我国下一代金星重力梯度计划实施. 大地测量与地球动力学, 34(1): 8–14.
郑伟, 许厚泽, 钟敏, 刘成恕, 员美娟. 2012c. 月球探测计划研究进展. 地球物理学进展, 27(6): 2296–2307.
郑伟, 许厚泽, 钟敏, 刘成恕, 员美娟. 2013. 基于新型能量插值法精确建立 GRACE-only 地球重力场模型. 地球物理学进展, 28(3): 1269–1279.
郑伟, 许厚泽, 钟敏, 刘成恕, 员美娟. 2014b. 我国将来更高精度 CSGM 卫星重力测量计划研究. 国防科技大学学报, 36(4): 102–111.
郑伟, 许厚泽, 钟敏, 员美娟. 2011a. 卫星跟踪卫星测量模式中关键载荷精度指标不同匹配关系论证. 宇航学报, 32(3): 697–706.
郑伟, 许厚泽, 钟敏, 员美娟. 2011b. 基于激光干涉星间测距原理的下一代月球卫星重力测量计划需求论证. 宇航学报, 32(4): 922–932.
郑伟, 许厚泽, 钟敏, 员美娟. 2011c. 国际火星探测计划进展和中国火星卫星重力测量计划研究. 大地测量与地球动力学, 31(3): 51–57.
郑伟, 许厚泽, 钟敏, 员美娟. 2012a. 月球重力场模型研究进展和我国将来月球卫星重力梯度计划实施. 测绘科学, 37(2): 5–9.
郑伟, 许厚泽, 钟敏, 员美娟. 2012b. "萤火一号"火星探测计划进展和 Mars-SST 火星卫星重力测量计划研究. 测绘科学, 37(2): 44–48.
郑伟, 许厚泽, 钟敏, 员美娟, 周旭华, 彭碧波. 2009. 卫-卫跟踪测量模式中轨道高度的优化选取. 大地测量与地球动力学, 29(2): 100–105.
郑伟, 许厚泽, 钟敏, 员美娟, 周旭华, 彭碧波. 2011d. 基于星间加速度法精确和快速确定 GRACE 地球重力场. 地球物理学进展, 26(2): 416–423.
周旭华, 吴斌, 许厚泽, 彭碧波. 2005. 数值模拟估算低低卫-卫跟踪观测技术反演地球重力场的空间分辨率. 地球物理学报, 48(2): 282–287.
Bender P L, Wiese D N, Nerem R S. 2008. A possible dual-GRACE mission with 90 degree and 63 degree inclination orbits. In: Proceedings of the third international symposium on formation flying, missions and technologies. ESA/ESTEC, Noordwijk, 1–6.
Cesare S, Sechi G. 2013. Next Generation Gravity Mission. D'Errico M.(ed.), Distributed Space Missions for Earth System Monitoring, Space Technology Library 31: 575–598.
Cheng M K. 2002. Gravitational perturbation theory for intersatellite tracking. Journal of Geodesy, 76(3): 169–185.
Ditmar P, Kuznetsov V, Van Eck Van Der Sluijs A A, Schrama E, Klees R. 2006. DEOS CHAMP-01C 70: A model of the Earth's gravity field computed from accelerations of the CHAMP satellite. Journal of Geodesy, 79(10): 586–601.
Elsaka B, Ilk K H, Kusche J. 2009. Simulated multiple formation flights for future gravity field recovery. Poster in European Geosciences Union(EGU), General Assembly, 19-24/04/2009 Vienna, Austria.
Han S C, Jekeli C, Shum C K. 2002. Efficient gravity field recovery using in situ disturbing potential observables from CHAMP. Geophysical Research Letters, 29: 36-1–36-4.
Hwang C. 2001. Gravity recovery using COSMIC GPS data: Application of orbital perturbation theory. Journal of Geodesy, 75(2): 117–136.
Loomis B D, Nerem R S, Luthcke S B. 2012. Simulation study of a follow-on gravity mission to GRACE. Journal of Geodesy, 86(5): 319–335.
Migliaccio F, Reguzzoni M, Sanso F. 2004. Space-wise approach to satellite gravity field determination in the presence of colored noise. Journal of Geodesy, 78(4): 304–313.
Panet I, Flury J, Biancale R, Gruber T, Johannessen J, van den Broeke M R, van Dam T, Gegout P, Hughes C W, Ramillien G, Sasgen I, Seoane L, Thomas M. 2013. Earth System Mass Transport Mission(e.motion): A concept for future Earth gravity field measurements from Space. Survey in Geophysics, 34: 141–163.

Reigber Ch, Schmidt R, Flechtner F. 2005. An Earth gravity field model complete to degree and order 150 from GRACE: EIGEN-GRACE02S. Journal of Geodynamics, 39(1): 1–10.

Rummel R. 1979. Determination of short-wavelength components of the gravity field from satellite-to-satellite tracking or satellite gradiometry an attempt to an identification of problem areas. Manuscripta Geodetica, 4: 107–148.

Sneeuw N. 2000. A semi-analytical approach to gravity field analysis from satellite observations. Technical University of Munich, 1–112.

Sneeuw N, Sharifi M, Keller M. 2008. Gravity recovery from formation flight missions. In: Xu, Peiliang, Liu, Jingnan, Dermanis, Athanasios(Eds.), VI Hotine-Marussi Symposium on Theoretical and Computational Geodesy, vol. 132. Springer, Berlin, Heidelberg, 29–34.

Tapley B, Ries J, Bettadpur S, Chambers D, Cheng M, Condi F, Gunter B, Kang Z, Nagel P, Pastor R, Pekker T, Poole S, Wang F. 2005. GGM02—an improved Earth gravity field model from GRACE. Journal of Geodesy, 79(8): 467–478.

Visser P N A M, Sneeuw N, Gerlach C. 2003. Energy integral method for gravity field determination from satellite orbit coordinates. Journal of Geodesy, 77(3): 207–216.

Wang Z T, Li J C, Jiang W P. 2008. Determination of Earth gravity field model WHU-GM-05 using GRACE gravity data. Chinese Journal of Geophysics, 51(5): 1364–1371.

Wiese D N, Folkner W M, Nerem R S. 2009. Alternative mission architectures for a gravity recovery satellite Mission. Journal of Geodesy, 83: 569–581.

Xu P L. 2008. Position and velocity perturbations for the determination of geopotential from space geodetic measurements. Celestial Mechanics and Dynamical Astronomy, 100(3): 231–249.

Zheng W, Lu X L, Xu H Z, Shao C G, Luo J, Wang N C. 2005. Simulation of Earth's gravitational field recovery from GRACE using the energy balance approach. Progress in Natural Science, 15(7): 596–601.

Zheng W, Shao C G, Luo J, Xu H Z. 2008a. Improving the accuracy of GRACE Earth's gravitational field using the combination of different inclinations. Progress in Natural Science, 18: 555–561.

Zheng W, Xu H Z, Zhong M, Liu C S, Yun M J. 2013b. Precise and rapid recovery of the Earth's gravitational field by the next-generation four-satellite cartwheel formation system. Chinese Journal of Geophysics, 56(9): 2928–2935.

Zheng W, Xu H Z, Zhong M, Liu C S, Yun M J. 2014. Precise and rapid recovery of Earth's gravity field from next-generation GRACE Follow-On mission using the residual intersatellite range-rate method. Chinese Journal of Geophysics, 57(1): 31–41.

Zheng W, Xu H Z, Zhong M, Xu H Z. 2006. Numerical simulation of Earth's gravitational field recovery from SST based on the energy conservation principle. Chinese Journal of Geophysics, 49(3): 712–717.

Zheng W, Xu H Z, Zhong M, Yun M J. 2008b. Physical explanation on designing three axes as different resolution indexes from GRACE satellite-borne accelerometer. Chinese Physics Letters, 25(12): 4482–4485.

Zheng W, Xu H Z, Zhong M, Yun M J. 2009a. Accurate and rapid error estimation on global gravitational field from current GRACE and future GRACE Follow-On missions. Chinese Physics B, 18(8): 3597–3604.

Zheng W, Xu H Z, Zhong M, Yun M J. 2009b. Physical explanation of influence of twin and three satellites formation mode on the accuracy of Earth's gravitational field. Chinese Physics Letters, 26(2): 029101-1–029101-4.

Zheng W, Xu H Z, Zhong M, Yun M J. 2010a. Research on optimal selection of orbital parameters in the Improved-GRACE satellite gravity measurement mission. Journal of Geodesy and Geodynamics, 30(2): 43–48.

Zheng W, Xu H Z, Zhong M, Yun M J. 2011. Efficient calibration of the non-conservative force data from the space-borne accelerometers of the twin GRACE satellites. Transactions of the Japan Society for Aeronautical and Space Sciences, 54(184): 106–110.

Zheng W, Xu H Z, Zhong M, Yun M J. 2012a. Efficient accuracy improvement of GRACE global gravitational field recovery using a new inter-satellite range interpolation method. Journal of Geodynamics, 53: 1–7.

Zheng W, Xu H Z, Zhong M, Yun M J. 2012b. Impacts of interpolation formula, correlation coefficient and sampling interval on the accuracy of GRACE Follow-On intersatellite range-acceleration. Chinese Journal of Geophysics, 55(3): 822–832.

Zheng W, Xu H Z, Zhong M, Yun M J. 2012c. Precise recovery of the Earth's gravitational field with GRACE: Intersatellite Range-Rate Interpolation Approach. IEEE Geoscience and Remote Sensing Letters, 9(3): 422–426.

Zheng W, Xu H Z, Zhong M, Yun M J. 2013a. China's first-phase Mars Exploration Program: Yinghuo-1 orbiter. Planetary and Space Science, 86: 155–159.

Zheng W, Xu H Z, Zhong M, Yun M J, Zhou X H, Peng B B. 2008c. Efficient and rapid estimation of the accuracy of GRACE global gravitational field using the semi-analytical method. Chinese Journal of Geophysics, 51(6): 1704–1710.

Zheng W, Xu H Z, Zhong M, Yun M J, Zhou X H, Peng B B. 2009c. Influence of the adjusted accuracy of center of mass between GRACE satellite and SuperSTAR accelerometer on the accuracy of Earth's gravitational field. Chinese Journal of Geophysics, 52(6): 1465–1473.

Zheng W, Xu H Z, Zhong M, Yun M J, Zhou X H, Peng B B. 2009d. Effective processing of measured data from GRACE key payloads and accurate determination of Earth's gravitational field. Chinese Journal of Geophysics, 52(8): 1966–1975.

Zheng W, Xu H Z, Zhong M, Yun M J, Zhou X H, Peng B B. 2009e. Demonstration on the optimal design of resolution indexes of high and low sensitive axes from space-borne accelerometer in the satellite-to-satellite tracking model. Chinese Journal of Geophysics, 52(11): 2712–2720.

Zheng W, Xu H Z, Zhong M, Yun M J, Zhou X H, Peng B B. 2010b. Efficient and rapid estimation of the accuracy of future GRACE Follow-On Earth's gravitational field using the analytic method. Chinese Journal of Geophysics, 53(4): 796–806.

Zheng W, Xu H Z, Zhong M, Yun M J, Zhou X H, Peng B B. 2010c. An analysis on requirements of orbital parameters in satellite-to-satellite tracking mode. Chinese Astronomy and Astrophysics, 34: 413–423.

第2章 基于新型能量插值法精确建立 GRACE-only 地球重力场模型

本章基于新型能量插值法，利用美国喷气推进实验室（Jet Propulsion Laboratory，JPL）公布的2008年的GRACE-Level-1B实测数据，反演了120阶GRACE地球重力场。首先，由于GPS轨道测量精度相对较低，通过将K波段测距仪高精度的星间距离观测量插值引入双星动能差中，进而建立了新型能量插值卫星观测方程。其次，详细对比分析了2点、4点、6点和8点能量插值观测方程对地球重力场反演精度的影响。研究结果表明：基于最优的信噪比，6点能量插值公式有利于提高120阶GRACE地球重力场的反演精度。最后，基于美国、欧洲和澳大利亚的GPS/水准观测数据检验了本章新建立的WHIGG-GEGM03S地球重力场模型的正确性和有效性（郑伟等，2013）。

2.1 研究背景

地球重力场及其时变反映地球表层及内部物质的空间分布、运动和变化，同时决定着大地水准面的起伏和变化，因此确定地球重力场的精细结构及其时变不仅是大地测量学、地球物理学、地球动力学、海洋学、天文学、空间科学、国防建设等的需求，同时也将为全人类寻求资源、保护环境和预测灾害提供重要的信息资源（郑伟等，2010a；吴晓平，2001；许厚泽，2001；宁津生，2002）。美国国家航空航天局（NASA）和德国航天局（DLR）合作研制的GRACE双星已于2002年3月17日成功发射升空。GRACE系统设计为近圆轨道（轨道离心率0.004）、近极轨道（轨道倾角89°）和低地球轨道（轨道高度500～300 km），飞行寿命约为15.5年。GRACE双星基于高轨GPS系统精密定轨，基于K波段测距仪（K-band ranging system，KBR）精确测量星间距离，基于星载加速度计（ACC）测量作用于卫星体的非保守力，基于星敏感器（star camera assembly，SCA）测量卫星和载荷的三维姿态。

地球重力场反演是指通过分析卫星观测数据［星载GPS接收机的卫星轨道位置 $\boldsymbol{r}$ 及轨道速度 $\dot{\boldsymbol{r}}$，K波段测距仪的星间距离 ρ_{12}、星间速度 $\dot{\rho}_{12}$ 及星间加速度 $\ddot{\rho}_{12}$，加速度计的非保守力 $\boldsymbol{f}$，恒星敏感器的三维姿态（$\boldsymbol{q}_{1,2,3}, q_4$）等］和地球重力场模型中引力位系数（$C_{lm}, S_{lm}$）的关系，建立卫星运动观测方程，基于预处理共轭梯度法或直接最小二乘法解算地球引力位系数，最终目的是建立高精度和高空间分辨率的地球重力场模型（郑伟等，2009b，2010c，2011e）。目前国际大地测量学等研究领域通常采用的主要卫星重力反演方法包括：

（1）Kaula线性摄动法（Kaula，1966；Hwang，2001；Xu，2008）；

（2）数值微分法（沈云中，2000；Austen et al.，2001；Reubelt et al.，2003）；

（3）动力学法（Reigber et al.，2004；Tapley et al.，2005；周旭华等，2006）；

（4）卫星加速度法（沈云中等，2005；Ditmar et al.，2006；肖云等，2007；郑伟等，2011f；Zheng et al.，2012a，2012b）；

（5）解析法和半解析法（Sneeuw，2000；Zheng et al.，2008c，2010a，2010b；郑伟等，2010b）；

（6）能量守恒法（Jacobi，1836；O'Keefe，1957；Reigber，1969；Wolf，1969；Jekeli and Rapp，1980；Jekeli，1999；Ilk，2000；Han et al.，2002；Gerlach et al.，2003；Howe et al.，2003；Visser et al.，2003；徐天河和杨元喜，2004；Zheng et al.，2005，2006，2008a，2009a，2009b，2009c，2009d，2009e，2011a；Badura et al.，2006；程芦颖和许厚泽，2006；王正涛等，2008；郑伟等，2009a，2011a）。

能量守恒法（energy conservation method，ECM）是物理学中应用最广泛的基本原理之一，其定义为动能和势能等总能量和保持不变。能量守恒观测方程可基于地球引力位系数和地球扰动位（由 GPS 接收机的轨道位置和轨道速度、K 波段测距仪的星间距离和星间速度、加速度计的非保守力、星敏感器的三维姿态等卫星观测数据获得）的简单线性关系直接建立。至今为止，国内外众多学者在基于经典能量守恒法反演地球重力场方面已开展了广泛的研究和论证。Jacobi（1836）提出了天文学三体摄动问题的运动积分；O'keefe（1957）基于 Jacobi 积分将能量守恒法首次应用于地球重力场反演；Wolf（1969）基于能量守恒法利用低轨双星开展了地球重力场测量研究；Reigber（1969）和 Ilk（2000）基于 Jacobi 积分开展了地球重力场的理论和数值模拟研究；Jekeli 和 Rapp（1980）建立了双星扰动位差近似模型；Jekeli（1999）通过考虑地球位旋转能建立了双星扰动位差的严格模型；Han 等（2002）基于能量守恒法，利用 16 天的 CHAMP 卫星 GPS 轨道数据和加速度计非保守力数据建立了 50 阶 CHAMP 地球重力场模型 OSU02A，以及解算了 120 阶静态和时变的 GRACE 地球重力场；Gerlach 等（2003）基于能量守恒法利用 11 天的 CHAMP 卫星观测数据建立了 70 阶地球重力场模型 IAPG；Howe 等（2003）通过考虑日月潮汐能解算了 90 阶 CHAMP 地球重力场模型 UCPH2002_04；Visser 等（2003）基于 29 天的数值模拟数据分别解算了 80 阶和 120 阶 CHAMP 地球重力场；徐天河和杨元喜（2004）基于能量守恒法利用 CHAMP 卫星星历和加速度计数据建立了 CHAMP 地球重力场模型；Badura 等（2006）利用 1 年的卫星轨道和加速度计观测数据建立了 60 阶 CHAMP 地球重力场模型 TUG-CHAMP04；程芦颖和许厚泽（2006）基于能量守恒法开展了地球重力场恢复中的位旋转效应研究；Zheng 等（2006）基于数值模拟计算，通过将高精度的星间速度观测值引入双星能量守恒方程，反演了 120 阶 GRACE 地球重力场；王正涛等（2008）基于能量守恒法，利用 GRACE 卫星观测数据建立了 WHU-GM-05 地球重力场模型；Zheng 等（2009d）基于能量守恒法，利用 6 个月的 GRACE-level-1B 实测数据，建立了 120 阶地球重力场模型 IGG-GRACE；Zheng 等（2005，2008a，2008b，2009a，2009c，2009e，2011a）和郑伟等（2009a；2011a，2011c）基于能量守恒法开展了广泛的地球重力场反演研究。

不同于上述的经典能量守恒法（ECM），本章首次通过将高精度的星间距离观测量插值引入动能差中，进而建立了新型双星能量插值（energy interpolation principle，EIP）观测方程；同时，利用 2008 年的 GRACE-level-1B 实测数据，基于 6 点能量插值公式，建立了新型地球重力场模型 WHIGG-GEGM03S。能量插值法的优点：中短波地球重力场反演精度较高，物理含义明确，易于误差分析，卫星观测方程形式简单，以及计算速度较快；缺点：由于采用了差分原理，因此将在一定程度上损失地球重力场长波信号的精度，然而 GRACE 卫星 K 波段测距仪的高精度星间距离观测量可较好地弥补新型能量插值法的不足之处。

2.2 基于能量插值原理的卫星重力反演法

在地心惯性系中（earth-centered inertial reference frame，ECI），单星观测方程表示如下：

$$\ddot{\boldsymbol{r}} = \boldsymbol{F} + \boldsymbol{f} \tag{2.1}$$

其中，$\ddot{\boldsymbol{r}}$ 为卫星在轨道处的总加速度；$\boldsymbol{F} = \boldsymbol{F}_{\mathrm{e}}(\boldsymbol{r},t) + \boldsymbol{F}_{\mathrm{T}}(\boldsymbol{r},t)$ 为作用于卫星的保守力，$\boldsymbol{F}_{\mathrm{e}}(\boldsymbol{r},t)$ 为地球引力，$\boldsymbol{r}$ 为卫星绝对轨道位置矢量，t 为观测时间，$\boldsymbol{F}_{\mathrm{T}}(\boldsymbol{r},t)$ 为三体摄动力（日月引力，地球固体潮汐力（张捍卫等，2004）、海潮汐力、大气潮汐力、极潮汐力，相对论效应等）；$\boldsymbol{f}$ 为作用于卫星的非保守力（大气阻力、太阳光压、地球辐射压、轨道高度和姿态控制力等）。

在式（2.1）两边同乘以绝对轨道速度矢量 $\dot{\boldsymbol{r}}$，得

$$\dot{\boldsymbol{r}} \cdot \ddot{\boldsymbol{r}} = \dot{\boldsymbol{r}} \cdot (\boldsymbol{F}_{\mathrm{e}} + \boldsymbol{F}_{\mathrm{T}}) + \dot{\boldsymbol{r}} \cdot \boldsymbol{f} \tag{2.2}$$

其中，$\boldsymbol{F}_{\mathrm{e}}$ 和 $\boldsymbol{F}_{\mathrm{T}}$ 定义如下：

$$\boldsymbol{F}_{\mathrm{e(T)}} = \frac{\partial \boldsymbol{V}_{\mathrm{e(T)}}}{\partial \boldsymbol{r}} \tag{2.3}$$

其中，$\boldsymbol{V}_{\mathrm{e}} = \boldsymbol{V}_0 + \boldsymbol{T}_{\mathrm{e}}$ 为地球引力位，$\boldsymbol{V}_0 = \dfrac{GM}{\boldsymbol{r}}$ 为中心引力位，GM 为地球质量和万有引力常数之积，$\boldsymbol{r} = \sqrt{x^2 + y^2 + z^2}$ 为卫星的地心半径，x, y, z 为 $\boldsymbol{r}$ 的三个分量，$\boldsymbol{T}_{\mathrm{e}}$ 为扰动位；$\boldsymbol{V}_{\mathrm{T}}$ 为三体摄动位。

$\boldsymbol{V}_{\mathrm{e(T)}}$ 对时间 t 的一阶导数表示如下：

$$\frac{\mathrm{d}\boldsymbol{V}_{\mathrm{e(T)}}}{\mathrm{d}t} = \frac{\partial \boldsymbol{V}_{\mathrm{e(T)}}}{\partial \boldsymbol{r}} \cdot \frac{\mathrm{d}\boldsymbol{r}}{\mathrm{d}t} + \frac{\partial \boldsymbol{V}_{\mathrm{e(T)}}}{\partial t} \cdot \frac{\mathrm{d}t}{\mathrm{d}t} \tag{2.4}$$

联合式（2.3）和式（2.4），可得

$$\boldsymbol{F}_{\mathrm{e(T)}} \cdot \dot{\boldsymbol{r}} = \frac{\mathrm{d}\boldsymbol{V}_{\mathrm{e(T)}}}{\mathrm{d}t} - \frac{\partial \boldsymbol{V}_{\mathrm{e(T)}}}{\partial t} \tag{2.5}$$

将式（2.5）代入式（2.2），且两边同时积分，可得经典单星能量守恒观测方程：

$$\boldsymbol{T}_{\mathrm{e}} = \boldsymbol{E}_{\mathrm{k}} - \boldsymbol{E}_f + \boldsymbol{V}_\omega - \boldsymbol{V}_{\mathrm{T}} - \boldsymbol{V}_0 - \boldsymbol{E}_0 \tag{2.6}$$

其中，$\boldsymbol{E}_{\mathrm{k}} = \dfrac{1}{2}|\dot{\boldsymbol{r}}|^2$ 为动能；$\boldsymbol{E}_f = \int \dot{\boldsymbol{r}} \cdot \boldsymbol{f}\,\mathrm{d}t$ 为耗散能；$\boldsymbol{V}_\omega = \int \dfrac{\partial(\boldsymbol{V}_{\mathrm{e}} + \boldsymbol{V}_{\mathrm{T}})}{\partial t}\mathrm{d}t \approx -\omega_{\mathrm{e}}(x\dot{y} - y\dot{x})$ 为地球位旋转能，ω_{e} 为地球自转角速度，$\dot{x}, \dot{y}, \dot{z}$ 为 $\dot{\boldsymbol{r}}$ 的三个分量；$\boldsymbol{E}_0$ 为能量积分常数。

基于式（2.6），经典双星能量守恒观测方程表示如下：

$$\boldsymbol{T}_{\mathrm{e}12}=\boldsymbol{E}_{\mathrm{k}12}-\boldsymbol{E}_{f12}+\boldsymbol{V}_{\omega 12}-\boldsymbol{V}_{\mathrm{T}12}-\boldsymbol{V}_{012}-\boldsymbol{E}_{012} \tag{2.7}$$

其中，$\boldsymbol{T}_{\mathrm{e}12}$ 为双星相对扰动位

$$\boldsymbol{T}_{\mathrm{e}12}(r_1,\theta_1,\lambda_1,r_2,\theta_2,\lambda_2)=\frac{GM}{R_{\mathrm{e}}}\sum_{l=2}^{L}\sum_{m=-l}^{l}\left\{\left[\left(\frac{R_{\mathrm{e}}}{r_2}\right)^{l+1}\bar{\mathrm{Y}}_{lm}(\theta_2,\lambda_2)-\left(\frac{R_{\mathrm{e}}}{r_1}\right)^{l+1}\bar{\mathrm{Y}}_{lm}(\theta_1,\lambda_1)\right]\bar{C}_{lm}\right\}$$

其中，$\bar{\mathrm{Y}}_{lm}(\theta,\lambda)=\bar{\mathrm{P}}_{lm}(\cos\theta)Q_m(\lambda)$，$Q_m(\lambda)=\begin{cases}\cos m\lambda, & m\geqslant 0,\\ \sin|m|\lambda, & m<0;\end{cases}$ $r_{1(2)},\theta_{1(2)},\lambda_{1(2)}$ 为双星的地心半径、地心余纬度和地心经度，R_{e} 为地球的平均半径；$\bar{\mathrm{P}}_{lm}(\cos\theta)$ 为 l 阶和 m 次的缔合勒让德函数；$\bar{C}_{lm}$ 为待估的正规化地球引力位系数。$\boldsymbol{E}_{\mathrm{k}12}=\dfrac{1}{2}(\dot{\boldsymbol{r}}_2+\dot{\boldsymbol{r}}_1)\cdot(\dot{\boldsymbol{r}}_2-\dot{\boldsymbol{r}}_1)$ 为双星扰动位差；$\boldsymbol{E}_{f12}=\int(\dot{\boldsymbol{r}}_2\cdot\boldsymbol{f}_2-\dot{\boldsymbol{r}}_1\cdot\boldsymbol{f}_1)\mathrm{d}t$ 为耗散能差；$\boldsymbol{V}_{\omega 12}=-\omega_{\mathrm{e}}(x_{12}\dot{y}_2-y_2\dot{x}_{12}-y_{12}\dot{x}_1+x_1\dot{y}_{12})$ 为地球位旋转能差；$\boldsymbol{V}_{\mathrm{T}12}$ 为三体摄动能差；$\boldsymbol{V}_{012}=\dfrac{GM}{r_2}-\dfrac{GM}{r_1}$ 为地心引力位差；$\boldsymbol{E}_{012}$ 为能量常数差（可由初始卫星观测值得到）。

由于 GPS 轨道测量精度相对较低，如果式（2.7）中的动能差 $\boldsymbol{E}_{\mathrm{k}12}$ 被直接使用，地球重力场的反演精度将无法实质性提高。因此，将 K 波段测距仪的高精度星间距离观测量引入能量观测方程是进一步提高地球重力场精度的有效手段。不同于以前的经典能量守恒法，本章基于插值原理，将高精度的星间距离观测量 ρ_{12} 引入了动能差 $\boldsymbol{E}_{\mathrm{k}12}$ 中，建立了新型能量插值卫星观测方程。

在地心惯性系中，单星轨道位置 $\boldsymbol{r}$ 的泰勒展开表示如下（Engeln-Mullges and Reutter，1988）：

$$\boldsymbol{r}(t)=\boldsymbol{r}(t_0)+\sum_{i=1}^{n}\binom{\lambda}{i}\sum_{\tau=0}^{i}(-1)^{i+\tau}\binom{i}{\tau}\boldsymbol{r}(t_\tau) \tag{2.8}$$

其中，$\dbinom{\lambda}{i}$ 为二项式系数，$\lambda=\dfrac{t-t_0}{\Delta t}$，$t_0$ 为初始插值时刻，Δt 为采样间隔；n 为插值点的数量。

基于式（2.8）的一阶导数，单星轨道速度 $\dot{\boldsymbol{r}}$ 的泰勒展开表示如下：

$$\dot{\boldsymbol{r}}(t)=\sum_{i=1}^{n}\binom{\lambda}{i}'\sum_{\tau=0}^{i}(-1)^{i+\tau}\binom{i}{\tau}\boldsymbol{r}(t_\tau)\,. \tag{2.9}$$

基于式（2.9），双星轨道速度差的泰勒展开表示如下：

$$\dot{\boldsymbol{r}}_{12}(t)=\sum_{i=1}^{n}\binom{\lambda}{i}'\sum_{\tau=0}^{i}(-1)^{i+\tau}\binom{i}{\tau}\boldsymbol{r}_{12}(t_\tau) \tag{2.10}$$

其中，$\boldsymbol{r}_{12}=\boldsymbol{r}_2-\boldsymbol{r}_1$ 和 $\dot{\boldsymbol{r}}_{12}=\dot{\boldsymbol{r}}_2-\dot{\boldsymbol{r}}_1$ 分别为双星轨道位置差和轨道速度差，$\boldsymbol{r}_1$ 和 $\boldsymbol{r}_2$ 为双星轨道位置，$\dot{\boldsymbol{r}}_1$ 和 $\dot{\boldsymbol{r}}_2$ 为双星轨道速度。

基于式（2.10），双星动能差表示如下：

$$\frac{1}{2}[\dot{\boldsymbol{r}}_2(t)+\dot{\boldsymbol{r}}_1(t)]\cdot\dot{\boldsymbol{r}}_{12}(t)=\sum_{i=1}^{n}\binom{\lambda}{i}'\sum_{\tau=0}^{i}(-1)^{i+\tau}\binom{i}{\tau}\frac{1}{2}[\dot{\boldsymbol{r}}_2(t)+\dot{\boldsymbol{r}}_1(t)]\cdot\boldsymbol{r}_{12}(t_\tau) \tag{2.11}$$

其中，$\frac{1}{2}[\dot{\boldsymbol{r}}_2(t)+\dot{\boldsymbol{r}}_1(t)]\boldsymbol{r}_{12}(t_\tau)$ 可被改写为

$$\frac{1}{2}[\dot{\boldsymbol{r}}_2(t)+\dot{\boldsymbol{r}}_1(t)]\cdot\boldsymbol{r}_{12}(t_\tau)=\frac{1}{2}[\dot{\boldsymbol{r}}_2(t)+\dot{\boldsymbol{r}}_1(t)]\cdot[\boldsymbol{r}_{12}^{\parallel}(t_\tau)+\boldsymbol{r}_{12}^{\perp}(t_\tau)] \tag{2.12}$$

其中，$\boldsymbol{r}_{12}^{\parallel}(t_\tau)=(\boldsymbol{r}_{12}\cdot\boldsymbol{e}_{12})\boldsymbol{e}_{12}$ 为 $\boldsymbol{r}_{12}$ 的星星连线分量，$\boldsymbol{e}_{12}=\boldsymbol{r}_{12}/|\boldsymbol{r}_{12}|$ 为星星连线单位矢量；$\boldsymbol{r}_{12}^{\perp}(t_\tau)=\boldsymbol{r}_{12}-(\boldsymbol{r}_{12}\cdot\boldsymbol{e}_{12})\boldsymbol{e}_{12}$ 为 $\boldsymbol{r}_{12}$ 的垂向分量。

由于 $\frac{1}{2}[\dot{\boldsymbol{r}}_2(t)+\dot{\boldsymbol{r}}_1(t)]$ 沿星星连线方向，因此 $\sigma\left\{\frac{1}{2}[\dot{\boldsymbol{r}}_2(t)+\dot{\boldsymbol{r}}_1(t)]\cdot\boldsymbol{r}_{12}^{\parallel}(t_\tau)\right\}$ 的量级远大于 $\sigma\left\{\frac{1}{2}[\dot{\boldsymbol{r}}_2(t)+\dot{\boldsymbol{r}}_1(t)]\cdot\boldsymbol{r}_{12}^{\perp}(t_\tau)\right\}$。在式（2.12）中，为了有效降低 $\sigma\left\{\frac{1}{2}[\dot{\boldsymbol{r}}_2(t)+\dot{\boldsymbol{r}}_1(t)]\cdot\boldsymbol{r}_{12}^{\parallel}(t_\tau)\right\}$，本章将 $(\boldsymbol{r}_{12}\cdot\boldsymbol{e}_{12})\boldsymbol{e}_{12}$ 替换为 $\rho_{12}\boldsymbol{e}_{12}$。因此，式（2.11）可修改为

$$\frac{1}{2}[\dot{\boldsymbol{r}}_2(t)+\dot{\boldsymbol{r}}_1(t)]\cdot\dot{\boldsymbol{r}}_{\rho12}(t)=\sum_{i=1}^{n}\binom{\lambda}{i}'\sum_{\tau=0}^{i}(-1)^{i+\tau}\binom{i}{\tau}\frac{1}{2}[\dot{\boldsymbol{r}}_2(t)+\dot{\boldsymbol{r}}_1(t)]\cdot\boldsymbol{r}_{\rho12}(t_\tau) \tag{2.13}$$

其中，$\boldsymbol{r}_{\rho12}(t_\tau)=\rho_{12}(t_\tau)\boldsymbol{e}_{12}(t_\tau)+\{\boldsymbol{r}_{12}(t_\tau)-[\boldsymbol{r}_{12}(t_\tau)\boldsymbol{e}_{12}(t_\tau)]\boldsymbol{e}_{12}(t_\tau)\}$。

基于式（2.13），2 点、4 点、6 点和 8 点星间距离插值公式表示如下：

$$\dot{\boldsymbol{r}}_{\rho12}(t_i)=-\frac{1}{2\Delta t}[\boldsymbol{r}_{\rho12}(t_{i-1})-\boldsymbol{r}_{\rho12}(t_{i+1})] \tag{2.14}$$

$$\dot{\boldsymbol{r}}_{\rho12}(t_i)=\frac{1}{12\Delta t}[\boldsymbol{r}_{\rho12}(t_{i-2})-8\boldsymbol{r}_{\rho12}(t_{i-1})+8\boldsymbol{r}_{\rho12}(t_{i+1})-\boldsymbol{r}_{\rho12}(t_{i+2})] \tag{2.15}$$

$$\begin{aligned}\dot{\boldsymbol{r}}_{\rho12}(t_i)=-\frac{1}{60\Delta t}[&\boldsymbol{r}_{\rho12}(t_{i-3})-9\boldsymbol{r}_{\rho12}(t_{i-2})+45\boldsymbol{r}_{\rho12}(t_{i-1})\\&-45\boldsymbol{r}_{\rho12}(t_{i+1})+9\boldsymbol{r}_{\rho12}(t_{i+2})-\boldsymbol{r}_{\rho12}(t_{i+3})]\end{aligned} \tag{2.16}$$

$$\begin{aligned}\dot{\boldsymbol{r}}_{\rho12}(t_i)=\frac{1}{\Delta t}\Big[&\frac{1}{280}\boldsymbol{r}_{\rho12}(t_{i-4})-\frac{4}{105}\boldsymbol{r}_{\rho12}(t_{i-3})+\frac{1}{5}\boldsymbol{r}_{\rho12}(t_{i-2})-\frac{4}{5}\boldsymbol{r}_{\rho12}(t_{i-1})\\&+\frac{4}{5}\boldsymbol{r}_{\rho12}(t_{i+1})-\frac{1}{5}\boldsymbol{r}_{\rho12}(t_{i+2})+\frac{4}{105}\boldsymbol{r}_{\rho12}(t_{i+3})-\frac{1}{280}\boldsymbol{r}_{\rho12}(t_{i+4})\Big]\end{aligned} \tag{2.17}$$

通过将式（2.13）代入式（2.7）中的 $\boldsymbol{E}_{k12}$，新型双星能量插值观测方程表示如下：

$$\boldsymbol{T}_{e12}(t)=\boldsymbol{E}_{\rho12}(t)-\boldsymbol{E}_{f12}(t)+\boldsymbol{V}_{\omega12}(t)-\boldsymbol{V}_{T12}(t)-\boldsymbol{V}_{012}(t)-\boldsymbol{E}_{012}(t) \tag{2.18}$$

其中，$\boldsymbol{E}_{\rho12}(t)=\sum_{i=1}^{n}\binom{\lambda}{i}'\sum_{\tau=0}^{i}(-1)^{i+\tau}\binom{i}{\tau}\frac{1}{2}[\dot{\boldsymbol{r}}_2(t)+\dot{\boldsymbol{r}}_1(t)]\cdot\boldsymbol{r}_{\rho12}(t_\tau)$ 为动能差；$\boldsymbol{V}_{T12}(t)=\boldsymbol{V}_{E12}(t)+\boldsymbol{V}_{S12}(t)+\boldsymbol{V}_{M12}(t)$，$\boldsymbol{V}_{E12}(t)$ 为固体潮汐能，$\boldsymbol{V}_{S12}(t)$ 为太阳引力位，$\boldsymbol{V}_{M12}(t)$ 为月球引力位。

图 2.1 表示式（2.18）中的动能差 $\boldsymbol{E}_{\rho12}$、耗散能差 $\boldsymbol{E}_{f12}$、位旋转能差 $\boldsymbol{V}_{\omega12}$、地球固

体潮汐能差$\boldsymbol{V}_{E12}$、太阳引力位差$\boldsymbol{V}_{S12}$、月球引力位差$\boldsymbol{V}_{M12}$，以及地球中心引力位差$\boldsymbol{V}_{012}$（2008年01月01日），统计结果如表2.1所示。研究结果表明：$\boldsymbol{E}_{\rho12}$和$\boldsymbol{V}_{012}$是主要能量项，其他能量项是反演高精度和高空间分辨率地球重力场的必要修正项。

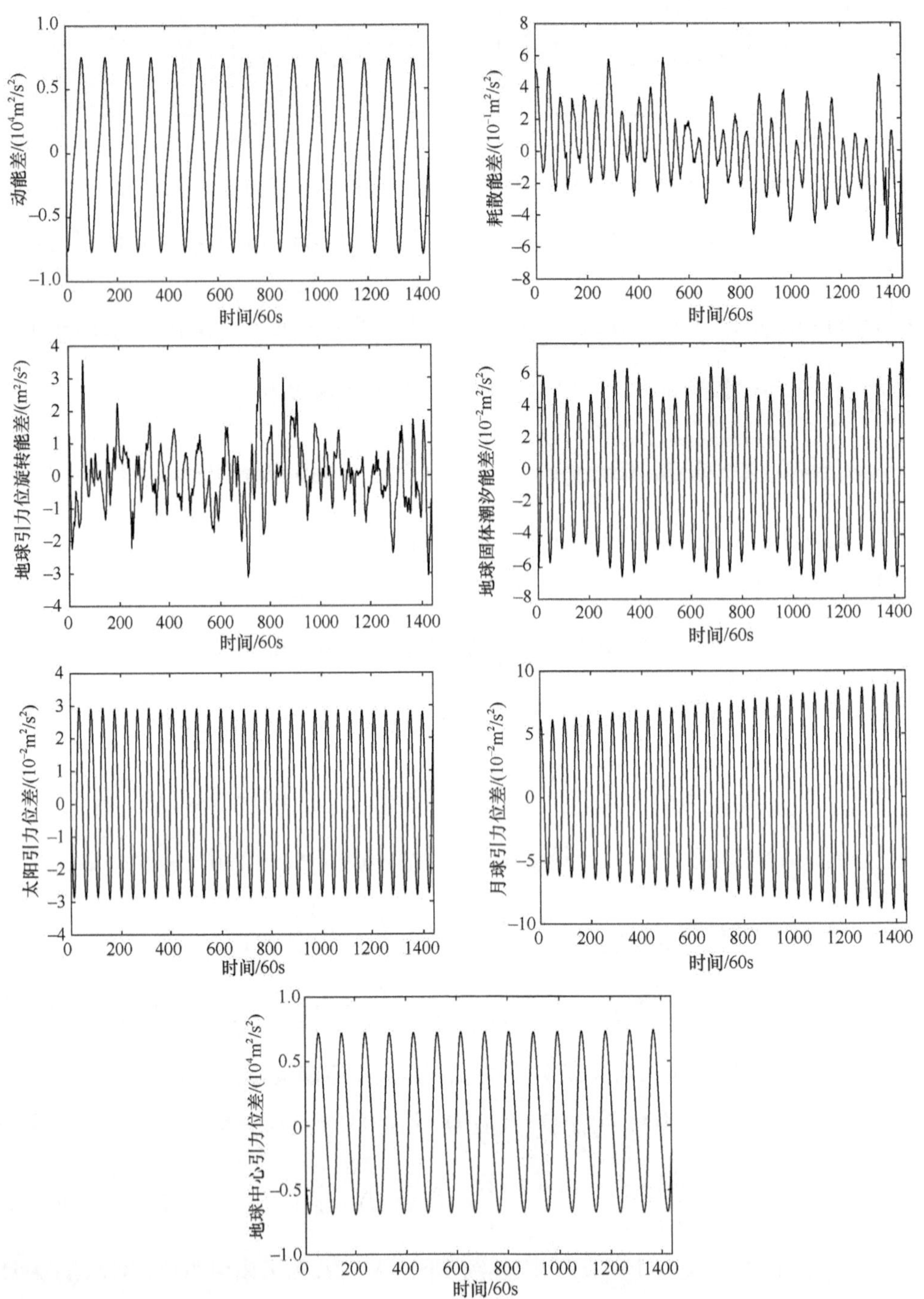

图 2.1 能量插值观测方程中的动能差$\boldsymbol{E}_{\rho12}$、耗散能差$\boldsymbol{E}_{f12}$、位旋转能差$\boldsymbol{V}_{\omega12}$、地球固体潮汐能差$\boldsymbol{V}_{E12}$、太阳引力位差$\boldsymbol{V}_{S12}$、月球引力位差$\boldsymbol{V}_{M12}$，以及地球中心引力位差$\boldsymbol{V}_{012}$

表 2.1 能量插值观测方程中的能量项统计

能量项	能量值/（m^2/s^2）			
	最大值	最小值	平均值	标准差
$E_{\rho 12}$	7520	−7927	−114.7	4979
E_{f12}	0.5853	−0.5991	0.002	0.231
$V_{\omega 12}$	3.585	−3.117	0.011	1.012
V_{E12}	0.068	−0.068	0.001	0.040
V_{S12}	0.029	−0.029	0.002	0.020
V_{M12}	0.090	−0.090	0.021	0.053
V_{012}	7392	−6857	−222	4858

2.3 研究结果

2.3.1 插值点数的优化选择

如图 2.2 所示，圆圈线、叉号线、实线和虚线分别表示基于 2 点、4 点、6 点和 8 点能量插值公式反演 120 阶 GRACE 地球引力位系数精度，统计结果如表 2.2 所示。研究结果表明：适当增加插值点数有利于地球重力场反演精度的有效提高。

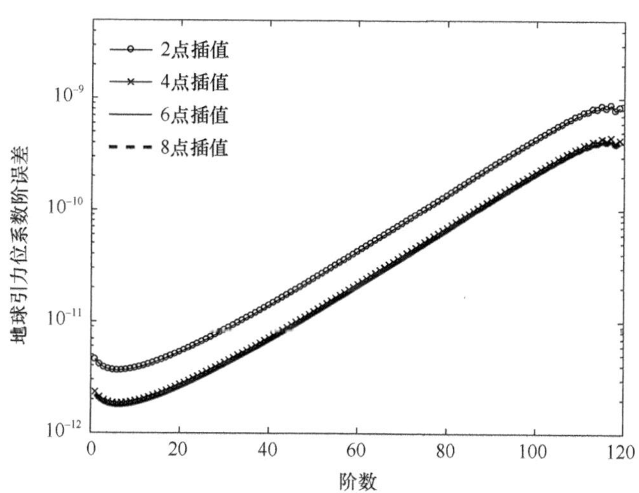

图 2.2 基于不同星间距离插值点数反演地球引力位系数精度

表 2.2 基于多点能量插值公式反演地球引力位系数精度统计结果

插值点数	引力位系数精度				
	20 阶	50 阶	80 阶	100 阶	120 阶
2 点	5.071×10^{-12}	2.272×10^{-11}	1.279×10^{-10}	4.075×10^{-10}	8.329×10^{-10}
4 点	2.605×10^{-12}	1.167×10^{-11}	6.569×10^{-10}	2.093×10^{-10}	4.279×10^{-10}
6 点	2.413×10^{-12}	1.081×10^{-11}	6.084×10^{-11}	1.939×10^{-10}	3.963×10^{-10}
8 点	2.431×10^{-12}	1.089×10^{-11}	6.131×10^{-11}	1.954×10^{-10}	3.993×10^{-10}

在 120 阶内，基于 2 点能量插值公式反演地球引力位系数精度较基于 4 点、6 点和

8 点能量插值公式反演精度约低 2 倍。具体原因分析如下：第一，式（2.14）的左边 $\dot{\boldsymbol{r}}_{\rho12}(t_i)$ 是点域值，而右边 $-\frac{1}{2\Delta t}[\boldsymbol{r}_{\rho12}(t_{i-1})-\boldsymbol{r}_{\rho12}(t_{i+1})]$ 是平均值，因此式（2.14）的左右两边差别相对较大；第二，基于 2 点能量插值公式（2.14）反演地球重力场的插值点数太少，以致无法提供足够的插值信息。

在 120 阶内，基于 6 点能量插值公式反演地球引力位系数精度均分别高于基于 2 点、4 点和 8 点能量插值公式反演精度。具体原因分析如下：随着插值点数的逐渐增加，卫星观测点的插值信息逐渐增强。因此，依据最优信噪比原理，基于 6 点能量插值公式反演地球重力场精度分别高于基于 2 点和 4 点能量插值公式反演精度。但是，随着插值点数的逐渐增加，卫星观测点的误差也同时增强。因此，由于信噪比的降低，基于 8 点能量插值公式反演地球重力场精度略低于基于 6 点能量插值公式反演精度。总而言之，6 点能量插值公式有利于进一步提高 120 阶 GRACE 地球重力场的反演精度。

2.3.2 地球重力场模型 WHIGG-GEGM03S 标定

本章通过 WHIGG-GEGM03S 模型和 GPS/水准观测数据（美国（NGS，1999）、欧洲（Kenyeres et al.，2006）和澳大利亚）计算获得的大地水准面高度差，精确标校了地球重力场模型 WHIGG-GEGM03S。另外，本章基于相同的 GPS/水准观测数据标校了德国波茨坦地学研究中心（GFZ）公布的地球重力场模型 EIGEN-CHAMP03S（120 阶）、EIGEN-GRACE01S（120 阶）、EIGEN-GRACE02S（150 阶）、EIGEN-CG01C（360 阶）、EIGEN-CG03C（360 阶）、EIGEN-GL04C（360 阶）和 EIGEN-5C（360 阶）。具体计算过程如下（Dawod et al.，2010）：①基于地球重力场模型 WHIGG-GEGM03S 计算位于 GPS/水准观测点位置（纬度、经度和正高）处的大地水准面高；②由 WHIGG-GEGM03S 模型计算大地水准面高冗长误差，并从 GPS/水准大地水准面高中扣除；③基于 WHIGG-GEGM03S 模型和约化的 GPS/水准观测值计算大地水准面高差，其可有效评定 WHIGG-GEGM03S 模型的质量。研究结果表明：在 120 阶内，相对于其他已有地球重力场模型 EIGEN-CHAMP03S（RMS=0.863 m）、EIGEN-CG01C（RMS=0.413 m）、EIGEN-CG03C（RMS=0.382 m）、EIGEN-GL04S1（RMS=0.635 m）和 EIGEN-5C（RMS=0.361 m），基于 WHIGG-GEGM03S 模型（RMS=0.769 m）的大地水准面高差的标准差较接近于 EIGEN-GRACE02S 模型（RMS=0.752 m）。具体原因分析如下：第一，EIGEN-GRACE02S 模型和 WHIGG-GEGM03S 模型均为 GRACE-only 地球重力场模型。第二，GRACE 设计为卫星跟踪卫星高低/低低观测模式（SST-HL/LL），因此其不仅包括两组 SST-HL，同时基于差分原理精确测量两颗低轨卫星之间的相互运动。因此，静态和时变 GRACE 地球重力场精度较 CHAMP 地球重力场精度至少高一个数量级。因此，WHIGG-GEGM03S 模型的精度高于 EIGEN-CHAMP03S 模型。第三，EIGEN-CG01C、EIGEN-CG03C、EIGEN-GL04S1 和 EIGEN-5C 模型均是基于 CHAMP、GRACE、LAGEOS 和地表数据联合建立，因此 WHIGG-GEGM03S 模型的精度分别低于上述联合模型精度。综上所述，WHIGG-GEGM03S 模型是正确的和可靠的。

图 2.3 表示 EIGEN-CHAMP03S、EIGEN-GRACE02S、EIGEN-CG03C、EIGEN-GL04S1、EIGEN-5C 和 WHIGG-GEGM03S 地球重力场模型精度对比，统计结果如表 2.3

所示。在 120 阶内，WHIGG-GEGM03S 与 EIGEN-GRACE02S 模型精度符合较好。基于 EIGEN-GRACE02S 模型在大地测量学、地球物理学、海洋学、水文学、冰川学等研究领域的广泛科学应用，本章计划下一步基于新型 WHIGG-GEGM03S 模型开展广泛的科学应用研究。

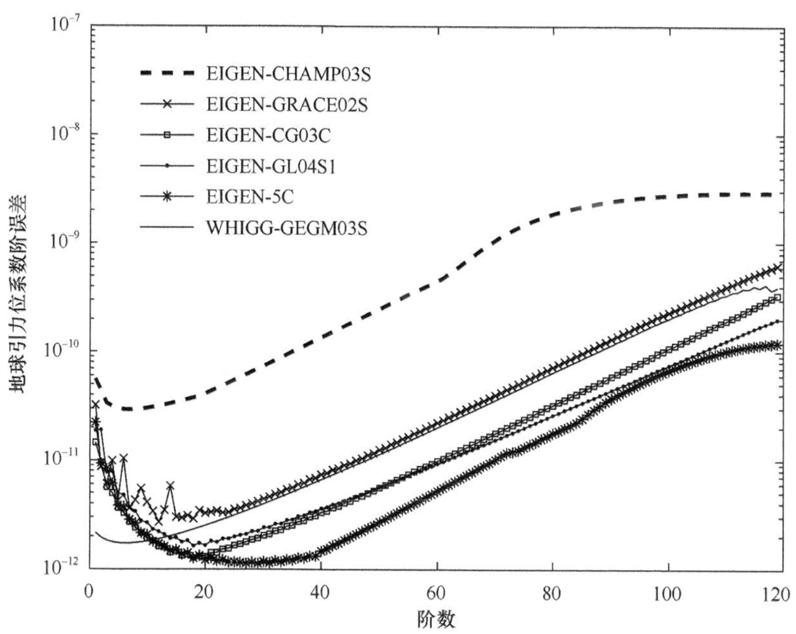

图 2.3　不同地球重力场模型精度对比

表 2.3　不同地球重力场模型精度统计

重力模型	地球引力位系数精度				
	20 阶	50 阶	80 阶	100 阶	120 阶
EIGEN-CHAMP03S	3.888×10^{-11}	2.338×10^{-10}	1.793×10^{-9}	2.742×10^{-9}	2.910×10^{-9}
EIGEN-GRACE02S	3.452×10^{-12}	1.169×10^{-11}	6.773×10^{-11}	2.189×10^{-10}	6.199×10^{-10}
EIGEN-CG03C	1.313×10^{-12}	5.251×10^{-12}	3.060×10^{-11}	1.012×10^{-10}	3.332×10^{-10}
EIGEN-GL04S1	1.730×10^{-12}	5.341×10^{-12}	2.468×10^{-11}	7.138×10^{-11}	2.003×10^{-10}
EIGEN-5C	1.329×10^{-12}	2.521×10^{-12}	1.664×10^{-11}	6.414×10^{-11}	1.203×10^{-10}
WHIGG-GEGM03S	2.413×10^{-12}	1.081×10^{-11}	6.084×10^{-11}	1.939×10^{-10}	3.963×10^{-10}

2.4　本 章 小 结

（1）由于经典能量守恒方程无法实质性提高地球重力场反演精度，所以本章通过将 K 波段测距仪的高精度星间距离观测量插值引入双星动能差中建立了新型能量插值观测方程。

（2）对比论证了 2 点、4 点、6 点和 8 点能量插值观测方程对 120 阶地球重力场反演精度的影响。研究结果表明：基于优化的信噪比，6 点能量插值法可有效提高 120 阶 GRACE 地球重力场的精度。

（3）基于美国、欧洲和澳大利亚的 GPS/水准观测数据检验了本章新建立的 GRACE-only 地球重力场模型的正确性。研究结果表明：在 120 阶内，新型 WHIGG-GEGM03S 模型较接近于已有 EIGEN-GRACE02S 模型。

（4）基于数值差分原理，能量插值法可有效抑制地球重力场的高频误差。因此，能量插值法是建立下一代高精度、高空间分辨率和全频段地球（如 GRACE Follow-On 计划）（Zheng et al.，2009b，2012c；郑伟等，2014）、月球（如 GRAIL 计划）（郑伟等，2011b，2012a）和火星（如“萤火一号”计划）（Zheng et al.，2013；郑伟等，2011d，2012b）重力场模型，以及基于 GOCE（郑伟等，2010d；Zheng et al.，2011b，2012d）重力梯度卫星的 SST 轨道数据有效提高 GOCE 地球重力场长波信号精度的有效方法之一。

参考文献

程芦颖, 许厚泽. 2006. 地球重力场恢复中的位旋转效应. 地球物理学报, 49(1): 93–98.

宁津生. 2002. 卫星重力探测技术与地球重力场研究. 大地测量与地球动力学, 22(1): 1–5.

沈云中. 2000. 应用 CHAMP 卫星星历精化地球重力场模型的研究. 武汉: 中国科学院测量与地球物理研究所博士学位论文, 1–111.

沈云中, 许厚泽, 吴斌. 2005. 星间加速度解算模式的模拟与分析. 地球物理学报, 48(4): 807–811.

王正涛, 李建成, 姜卫平, 晁定波. 2008. 基于 GRACE 卫星重力数据确定地球重力场模型 WHU-GM-05. 地球物理学报, 51(5): 1364–1371.

吴晓平. 2001. 地球外部扰动引力场确定的数据空间分布结构. 测绘工程, 10(3): 1–8.

肖云, 夏哲仁, 王兴涛. 2007. 用 GRACE 星间速度恢复地球重力场. 测绘学报, 36(1): 19–25.

徐天河, 杨元喜. 2004. 利用 CHAMP 卫星星历及加速度计数据推求地球重力场模型. 测绘学报, 33(2): 95–99.

许厚泽. 2001. 卫星重力研究: 21 世纪大地测量研究的新热点. 测绘科学, 26(3): 1–3.

张捍卫, 许厚泽, 刘学谦. 2004. 固体潮 Love 数的基本理论和数值结果. 地球物理学进展, 19(2): 372–378.

郑伟, 许厚泽, 钟敏, 刘成恕, 员美娟. 2013. 基于新型能量插值法精确建立 GRACE-only 地球重力场模型. 地球物理学进展, 28(3): 1269–1279.

郑伟, 许厚泽, 钟敏, 刘成恕, 员美娟. 2014. 我国将来更高精度CSGM卫星重力测量计划研究. 国防科技大学学报, 36(4): 102–111.

郑伟, 许厚泽, 钟敏, 员美娟. 2010a. 国际重力卫星研究进展和我国将来卫星重力测量计划. 测绘科学, 35(1): 5–9.

郑伟, 许厚泽, 钟敏, 员美娟. 2011a. 卫星跟踪卫星测量模式中关键载荷精度指标不同匹配关系论证. 宇航学报, 32(3): 697–706.

郑伟, 许厚泽, 钟敏, 员美娟. 2011b. 基于激光干涉星间测距原理的下一代月球卫星重力测量计划需求论证. 宇航学报, 32(4): 922–932.

郑伟, 许厚泽, 钟敏, 员美娟. 2011d. 国际火星探测计划进展和中国火星卫星重力测量计划研究. 大地测量与地球动力学, 31(3): 51–57.

郑伟, 许厚泽, 钟敏, 员美娟. 2012a. 月球重力场模型研究进展和我国将来月球卫星重力梯度计划实施. 测绘科学, 37(2): 5–9.

郑伟, 许厚泽, 钟敏, 员美娟. 2012b. “萤火一号”火星探测计划进展和 Mars-SST 火星卫星重力测量计划研究. 测绘科学, 37(2): 44–48.

郑伟, 许厚泽, 钟敏, 员美娟, 彭碧波. 2011e. 利用改进的预处理共轭梯度法和三维插值法精确和快速解算 GRACE 地球重力场. 地球物理学进展, 26(3): 805–812.

郑伟, 许厚泽, 钟敏, 员美娟, 彭碧波, 周旭华. 2010b. Improved-GRACE 卫星重力轨道参数优化研究. 大地测量与地球动力学, 30(2): 43–48.

郑伟, 许厚泽, 钟敏, 员美娟, 彭碧波, 周旭华. 2010c. 地球重力场模型研究进展和现状. 大地测量与地球动力学, 30(4): 83–91.

郑伟, 许厚泽, 钟敏, 员美娟, 周旭华. 2011c. 星间距离影响GRACE地球重力场精度研究. 大地测量与地球动力学, 31(2): 60–65.

郑伟, 许厚泽, 钟敏, 员美娟, 周旭华, 彭碧波. 2009a. 卫-卫跟踪测量模式中轨道高度的优化选取. 大地测量与地球动力学, 29(2): 100–105.

郑伟, 许厚泽, 钟敏, 员美娟, 周旭华, 彭碧波. 2009b. 两种 GRACE 地球重力场精度评定方法的检验. 大地测量与地球动力学, 29(5): 89–93.

郑伟, 许厚泽, 钟敏, 员美娟, 周旭华, 彭碧波. 2010d. 国际卫星重力梯度测量计划研究进展. 测绘科学, 35(2): 57–61.

郑伟, 许厚泽, 钟敏, 员美娟, 周旭华, 彭碧波. 2011f. 基于星间加速度法精确和快速确定 GRACE 地球重力场. 地球物理学进展, 26(2): 416–423.

周旭华, 许厚泽, 吴斌, 彭碧波, 陆洋. 2006. 用 GRACE 卫星跟踪数据反演地球重力场. 地球物理学报, 49(3): 718–723.

Austen G, Grafarend E W, Reubelt T. 2001. Analysis of the Earth's gravitational field from semi-continuous ephemeris of low Earth orbiting GPS-tracked satellite of type CHAMP, GRACE or GOCE, IAG2001 Scientific Assembly, Budapest, Hungary, 2–7.

Badura T, Sakulin C, Gruber C, Klostius R. 2006. Derivation of the CHAMP-only global gravity field model TUG-CHAMP04 applying the energy integral approach. Studia Geophysica et Geodaetica, 50: 59–74.

Dawod G M, Mohamed H F, Ismail S S. 2010. Evaluation and adaptation of the EGM2008 geopotential model along the Northern Nile valley, Egypt: Case study. Journal of Surveying Engineering, 136: 36–40.

Ditmar P, Kuznetsov V, van Eck van der Sluijs A A, Schrama E, Klees R. 2006. DEOS CHAMP-01C 70: A model of the Earth's gravity field computed from accelerations of the CHAMP satellite. Journal of Geodesy, 79(10): 586–601.

Engeln-Mullges G, Reutter F. 1988. Numerik-Algorithmen mit ANSI C-Programmen. BI-Wiss, Verlag, Mannheim.

Gerlach C, Földvary L, Svehla D, Gruber T, Wermuth M, Sneeuw N, Frommknecht B, Oberndorfer H, Peters T, Rothacher M, Rummel R, Steigenberger P. 2003. A CHAMP–only gravity field model from kinematic orbit using the energy integral. Geophysical Research Letters, 30: 2037–2041.

Han S C, Jekeli C, Shum C K. 2002. Efficient gravity field recovery using in situ disturbing potential observables from CHAMP. Geophysical Research Letters, 29: 36-1–36-4.

Howe E, Stenseng L, Tscherning C C. 2003. Analysis of one month of CHAMP state vector and accelerometer data for the recovery of the gravity potential. Advances in Geosciences, 1: 1–4.

Hwang C. 2001. Gravity recovery using COSMIC GPS data: Application of orbital perturbation theory. Journal of Geodesy, 75(2): 117–136.

Ilk K H. 2000. Energy Relations for the Motion of Two Satellites within the Gravity Field of the Earth. Paper presented to Geodätische Woche, GFZ Potsdam, October.

Jacobi C G J. 1836. Uber ein neues Integral für den Fall der drei Körper, wenn die Bahn des störenden Planeten kreisförmig angenommen und die Masse des gestörten vernachlässigt wird. Monthly Reports of the Berlin Academy of Science.

Jekeli C. 1999. The determination of gravitational potential differences from SST tracking. Celestial Mechanics and Dynamical Astronomy, 75: 85–101.

Jekeli C, Rapp R. 1980. Accuracy of the determination of mean anomalies and mean geoid undulations from a satellite gravity mapping mission. Report No. 307, Dept. of Geod. Sci., Ohio State University, Columbus.

Kaula W M. 1966. Theory of satellite geodesy. Blaisdell Publishing Company, Massachusetts, USA, 1–124.

Kenyeres A, Sacher M, Ihde J, Denker H, Marti U. 2006. EUVN_DA: Establishment of a European Continental GPS/Levelling Network. In: 1st International Symposium of the International Gravity Field Service(IGFS), "Gravity Field of the Earth", Istanbul, Turkey.

NGS. 1999. http://www.ngs.noaa.gov/GEOID/GPSonBM99/gpsbm99.html.

O'Keefe J A. 1957. An application of Jacobi's integral to the motion of an Earth satellite. Astronomical Journal, 62: 265–266.

Reigber C. 1969. Zur Bestimmung des Gravitationsfeldes der Erde aus Satellitenbeobachtungen. Deutsche Geodätische Kommission, Reihe C, No. 137.

Reigber C, Schmidt R, Flechtner F. 2004. An Earth gravity field model complete to degree and order 150 from GRACE: EIGEN-GRACE02S. Journal of Geodynamics, 39(1): 1–10.

Reubelt T, Austen G, Grafarend E W. 2003. Harmonic analysis of the Earth's gravitational field by means of semi-continuous ephemeris of a low Earth orbiting GPS-tracked satellite, Case study: CHAMP. Journal of Geodesy, 77(5): 257–278.

Sneeuw N. 2000. A semi-analytical approach to gravity field analysis from satellite observations. Technical University of Munich, 1–112.

Tapley B, Ries J, Bettadpur S, Chambers D, Cheng M, Condi F, Gunter B, Kang Z, Nagel P, Pastor R, Pekker T, Poole S, Wang F. 2005. GGM02-An improved Earth gravity field model from GRACE. Journal of Geodesy, 79(8): 467–478.

Visser P, Sneeuw N, Gerlach C. 2003. Energy integral method for gravity field determination from satellite orbit coordinates. Journal of Geodesy, 77: 207–216.

Wolf M. 1969. Direct determination of gravitational harmonics from Low-Low GRAVSAT data. Journal of Geophysical Research, 88: 10309–10321.

Xu P L. 2008. Position and velocity perturbations for the determination of geopotential from space geodetic measurements. Celestial Mechanics and Dynamical Astronomy, 100(3): 231–249.

Zheng W, Lu X L, Xu H Z, Shao C G, Luo J, Wang N C. 2005. Simulation of Earth's gravitational field recovery from GRACE using the energy balance approach. Progress in Natural Science, 15: 596–601.

Zheng W, Shao C G, Luo J, Xu H Z. 2006. Numerical simulation of Earth's gravitational field recovery from SST based on the energy conservation principle. Chinese Journal of Geophysics, 49(3): 712–717.

Zheng W, Shao C G, Luo J, Xu H Z. 2008a. Improving the accuracy of GRACE Earth's gravitational field using the combination of different inclinations. Progress in Natural Science, 18(5): 555–561.

Zheng W, Xu H Z, Zhong M, Yun M J. 2008b. Physical explanation on designing three axes as different resolution indexes from GRACE satellite-borne accelerometer. Chinese Physics Letters, 25(12): 4482–4485.

Zheng W, Xu H Z, Zhong M, Yun M J. 2009a. Physical explanation of influence of twin and three satellites formation mode on the accuracy of Earth's gravitational field. Chinese Physics Letters, 26(2): 029101-1–029101-4.

Zheng W, Xu H Z, Zhong M, Yun M J. 2009b. Accurate and rapid error estimation on global gravitational field from current GRACE and future GRACE Follow-On missions. Chinese Physics B, 18(8): 3597–3604.

Zheng W, Xu H Z, Zhong M, Yun M J. 2011a. Efficient calibration of the non-conservative force data from the space-borne accelerometers of the twin GRACE satellites. Transactions of the Japan Society for Aeronautical and Space Sciences, 54(184): 106–110.

Zheng W, Xu H Z, Zhong M, Yun M J. 2012a. Efficient accuracy improvement of GRACE global gravitational field recovery using a new inter-satellite range interpolation method. Journal of Geodynamics, 53: 1–7.

Zheng W, Xu H Z, Zhong M, Yun M J. 2012b. Precise recovery of the Earth's gravitational field with GRACE: Intersatellite Range-Rate Interpolation Approach. IEEE Geoscience and Remote Sensing Letters, 9(3): 422–426.

Zheng W, Xu H Z, Zhong M, Yun M J. 2012c. Impacts of interpolation formula, correlation coefficient and sampling interval on the accuracy of GRACE Follow-On intersatellite range-acceleration. Chinese Journal of Geophysics, 55(3): 822–832.

Zheng W, Xu H Z, Zhong M, Yun M J. 2012d. A contrastive study on the influences of radial and three-dimensional satellite gravity gradiometry on the accuracy of the Earth's gravitational field recovery. Chinese Physics B, 21(10): 109101-1–109101-8.

Zheng W, Xu H Z, Zhong M, Yun M J. 2013. China's first-phase Mars Exploration Program: Yinghuo-1 orbiter. Planetary and Space Science, 86: 155–159.

Zheng W, Xu H Z, Zhong M, Yun M J, Zhou X H, Peng B B. 2008c. Efficient and rapid estimation of the accuracy of GRACE global gravitational field using the semi-analytical method. Chinese Journal of Geophysics, 51(6): 1704–1710.

Zheng W, Xu H Z, Zhong M, Yun M J, Zhou X H, Peng B B. 2009c. Influence of the adjusted accuracy of center of mass between GRACE satellite and SuperSTAR accelerometer on the accuracy of Earth's gravitational field. Chinese Journal of Geophysics, 52(6): 1465–1473.

Zheng W, Xu H Z, Zhong M, Yun M J, Zhou X H, Peng B B. 2009d. Effective processing of measured data from GRACE key payloads and accurate determination of Earth's gravitational field. Chinese Journal of Geophysics, 52(8): 1966–1975.

Zheng W, Xu H Z, Zhong M, Yun M J, Zhou X H, Peng B B. 2009e. Demonstration on the optimal design of resolution indexes of high and low sensitive axes from space-borne accelerometer in the satellite-to-satellite tracking model. Chinese Journal of Geophysics, 52(11): 2712–2720.

Zheng W, Xu H Z, Zhong M, Yun M J, Zhou X H, Peng B B. 2010a. Efficient and rapid estimation of the accuracy of future GRACE Follow-On Earth's gravitational field using the analytic method. Chinese Journal of Geophysics, 53(4): 796–806.

Zheng W, Xu H Z, Zhong M, Yun M J, Zhou X H. 2011b. Accurate and rapid determination of GOCE Earth's gravitational field using time-space-wise approach associated with Kaula regularization. Chinese Journal of Geophysics, 54(1): 14–21.

Zheng W, Xu H Z, Zhong M, Yun M J, Zhou X H, Peng B B. 2010b. Requirement analysis of orbit parameters in the satellite-to-satellite tracking model. Chinese Astronomy and Astrophysics, 51(1): 65–74.

第3章 Lagrange和Taylor星间速度插值法影响卫星重力反演精度

本章开展了下一代 GRACE Follow-On 地球重力场反演的研究论证。基于 6 点 Lagrange 星间速度插值法和 Taylor 星间速度插值法，利用轨道参数（轨道高度 250 km、星间距离 50 km、轨道倾角 89°、轨道离心率 0.001）、卫星观测时间 30 天和采样间隔 5 s，通过关键载荷匹配精度指标（激光干涉测距系统的星间速度 10^{-7} m/s、GPS 接收机的卫星位置 10^{-3} m 和卫星速度 10^{-6} m/s、加速度计的非保守力 10^{-11} m/s^2），精确和快速反演了下一代 GRACE Follow-On 地球重力场；在 120 阶处，GRACE Follow-On 累计大地水准面精度分别为 1.53×10^{-3} m 和 2.51×10^{-3} m。研究结果表明：第一，基于 6 点 Lagrange 星间速度插值法反演下一代 GRACE Follow-On 地球重力场精度较基于 6 点 Taylor 星间速度插值法的反演精度平均提高 2 倍，因此 Lagrange 星间速度插值法对地球重力场反演精度的敏感性优于 Taylor 星间速度插值法；第二，基于下一代 GRACE Follow-On 计划反演地球重力场精度较当前 GRACE 计划反演精度至少提高 10 倍；第三，Lagrange 星间速度插值法是快速建立下一代高精度和高阶次地球重力场模型的有效方法（郑伟等，2014）。

3.1 研 究 背 景

卫星重力反演是指通过分析卫星观测数据［卫星位置 $\boldsymbol{r}$ 及卫星速度 $\dot{\boldsymbol{r}}$ 、加速度计非保守力 $\boldsymbol{f}$ 、恒星敏感器三维姿态（$\boldsymbol{q}_{1,2,3}, q_4$）等］和地球引力位系数（$C_{lm}, S_{lm}$）的关系，建立并求解卫星运动观测方程，进而确定地球引力位系数，旨在反演高精度和高空间分辨率的地球重力场。在利用卫星重力观测数据反演地球重力场的众多方法中，按地球引力位系数解算方法的差异可分为轨道摄动法（Hwang，2001；Cheng，2002；Xu，2008）、动力学法（Reigber et al.，2005；Tapley et al.，2005；周旭华等，2006）、能量守恒法（Jekeli，1999；Gerlach et al.，2003；Han et al.，2005；Zheng et al.，2005，2006，2009c，2009d，2009e，2011；程芦颖和许厚泽，2006；郑伟等，2011）、加速度法（Reubelt et al.，2003；沈云中等，2005；Ditmar and Liu，2007；Zheng et al.，2012a，2012b，2012c）、解析/半解析法（Jekeli and Rapp，1980；Sneeuw，2000；Zheng et al.，2008b，2009a，2010，2012d，2013）等。为了有效克服上述已有卫星重力反演法的缺点，同时为了满足下一代卫星重力测量计划中高精度和高效率解算高阶地球重力场的需求，国内外众多学者正致力于寻求新型、精确和快速的卫星重力反演法。因此，寻求新型、精确和快速的卫星重力反演法，进而建立下一代高精度和高空间分辨率的地球重力场模型是目前国内外卫星重力测量领域的研究热点和亟待解决的前沿性科学问题之一（Rummel，2003；Sneeuw，

2005；Zheng et al.，2008a，2009b；Wiese et al.，2009，2012；Loomis et al.，2012）。

基于 GRACE 卫星重力测量计划高精度探测中长波静态和长波时变地球重力场的巨大贡献，美国国家航空航天局（NASA）提出了下一代专用于中短波静态和中长波时变地球重力场精密探测的 GRACE Follow-On 卫星重力测量计划。如表 3.1 所示，GRACE Follow-On 双星预期采用近圆、近极和超低轨道设计，利用激光干涉测距系统高精度测量星间距离和星间速度，利用高轨 GPS 卫星对低轨双星精密跟踪定位，利用非保守力补偿系统（drag free and attitude control system，DFACS）高精度消除双星受到的非保守力，利用恒星敏感器测量卫星和载荷的空间三维姿态。由于激光具有超短波长和极好的波长稳定性，因此利用 GRACE Follow-On 星载激光干涉测距系统获得的星间距离和星间速度精度至少比 GRACE 星载 K 波段测距系统测量精度高 1 个数量级。

表 3.1　当前 GRACE 和下一代 GRACE Follow-On 卫星重力计划对比

参数	指标	
	GRACE	GRACE Follow-On
发射时间	2002-03-17～2017-10-27	2020～2025
卫星寿命/年	15	>2
轨道高度/km	500～300	～250
轨道倾角/（°）	89	89
轨道离心率	< 0.004	0.001
星间距离/km	220±50	50
空间分辨率/km	166	55
测量模式	SST-HL/LL	SST-HL/LL

不同于已有卫星重力反演法，本章开展了基于 Lagrange 星间速度插值法和 Taylor 星间速度插值法反演下一代 GRACE Follow-On 地球重力场的对比研究。

3.2　卫星观测方程建立

3.2.1　Lagrange 星间速度插值卫星观测方程

Lagrange（拉格朗日）插值法是以法国 18 世纪数学家约瑟夫·拉格朗日（Joseph-Louis Lagrange，1736～1813）命名的一种多项式插值方法，可以给出一个恰好穿过二维平面上若干个已知点的多项式函数。1779 年，英国数学家爱德华·华林发现了 Lagrange 插值法（Waring，1779）；1795 年，Lagrange 插值法在著作《师范学校数学基础教程》中首次正式发表（Meijering，2002）。

在地心惯性系中，基于 Lagrange 插值公式，单星速度表示如下：

$$\dot{\boldsymbol{r}}(t)=\sum_{k=0}^{n-1}\left(\prod_{\substack{j=0\\j\neq k}}^{n-1}\frac{t-t_j}{t_k-t_j}\right)\dot{\boldsymbol{r}}(t_k) \tag{3.1}$$

其中，$\dot{\boldsymbol{r}}(t)$ 为插值点处的单星速度，t 为插值点的时刻；$\dot{\boldsymbol{r}}(t_k)$ 为已知点处的单星速度，t_k 和 t_j 为已知点的时刻，n 为插值点的个数。

在式（3.1）两边同时数值求差，单星加速度表示如下：

$$\ddot{\boldsymbol{r}}(t)=\sum_{k=0}^{n-1}\left(\prod_{\substack{j=0\\j\neq k}}^{n-1}\frac{\sum_{\substack{l=0\\l\neq k}}^{n-1}\frac{\prod_{\substack{m=0\\m\neq k}}^{n-1}(t-t_m)}{t-t_l}}{t_k-t_j}\right)\dot{\boldsymbol{r}}(t_{\mathrm{k}}) \tag{3.2}$$

其中，$\ddot{\boldsymbol{r}}(t)$ 为插值点处的卫星加速度；t_l 和 t_m 为已知点的时刻。

基于式（3.2），双星加速度差表示如下：

$$\ddot{\boldsymbol{r}}_{12}(t)=\sum_{k=0}^{n-1}\left(\prod_{\substack{j=0\\j\neq k}}^{n-1}\frac{\sum_{\substack{l=0\\l\neq k}}^{n-1}\frac{\prod_{\substack{m=0\\m\neq k}}^{n-1}(t-t_m)}{t-t_l}}{t_k-t_j}\right)\dot{\boldsymbol{r}}_{12}(t_{\mathrm{k}}) \tag{3.3}$$

其中，$\ddot{\boldsymbol{r}}_{12}(t)=\ddot{\boldsymbol{r}}_2(t)-\ddot{\boldsymbol{r}}_1(t)$ 为插值点处的双星加速度差，$\ddot{\boldsymbol{r}}_1(t)$ 和 $\ddot{\boldsymbol{r}}_2(t)$ 分别为双星的加速度；$\dot{\boldsymbol{r}}_{12}(t_{\mathrm{k}})=\dot{\boldsymbol{r}}_2(t_{\mathrm{k}})-\dot{\boldsymbol{r}}_1(t_{\mathrm{k}})$ 为已知点处的双星速度差，$\dot{\boldsymbol{r}}_1(t_{\mathrm{k}})$ 和 $\dot{\boldsymbol{r}}_2(t_{\mathrm{k}})$ 分别为双星的速度。

双星加速度差 $\ddot{\boldsymbol{r}}_{12}(t)$ 的视线分量（line of sight，LOS）表示如下：

$$\boldsymbol{e}_{12}(t)\cdot\ddot{\boldsymbol{r}}_{12}(t)=\sum_{k=0}^{n-1}\left(\prod_{\substack{j=0\\j\neq k}}^{n-1}\frac{\sum_{\substack{l=0\\l\neq k}}^{n-1}\frac{\prod_{\substack{m=0\\m\neq k}}^{n-1}(t-t_m)}{t-t_l}}{t_k-t_j}\right)\boldsymbol{e}_{12}(t)\cdot\dot{\boldsymbol{r}}_{12}(t_{\mathrm{k}}) \tag{3.4}$$

其中，$\boldsymbol{e}_{12}(t)=\boldsymbol{r}_{12}(t)/|\boldsymbol{r}_{12}(t)|$ 为 GRACE-Follow-On-B 卫星指向 GRACE-Follow-On-A 卫星的单位矢量，$\boldsymbol{r}_{12}(t)=\boldsymbol{r}_2(t)-\boldsymbol{r}_1(t)$ 为插值点处的双星位置差，$\boldsymbol{r}_1(t)$ 和 $\boldsymbol{r}_2(t)$ 分别为双星的位置。

由于目前 GPS 定轨精度相对较低，如果在式（3.4）中直接采用双星速度差 $\dot{\boldsymbol{r}}_{12}(t_{\mathrm{k}})$，将会较大程度损失卫星重力反演精度。因此，本章将 GRACE-Follow-On 星载激光干涉测距系统的高精度星间速度观测量 $\dot{\rho}_{12}$ 引入式（3.4），进而有效提高了地球重力场反演精度。

在式（3.4）中，$\boldsymbol{e}_{12}\cdot\dot{\boldsymbol{r}}_{12}$可改写为

$$\boldsymbol{e}_{12}\cdot\dot{\boldsymbol{r}}_{12}=\boldsymbol{e}_{12}\cdot\dot{\boldsymbol{r}}_{12}^{\parallel}+\boldsymbol{e}_{12}\cdot\dot{\boldsymbol{r}}_{12}^{\perp} \tag{3.5}$$

其中，$\dot{\boldsymbol{r}}_{12}^{\parallel}=(\dot{\boldsymbol{r}}_{12}\cdot\boldsymbol{e}_{12})\boldsymbol{e}_{12}$和$\dot{\boldsymbol{r}}_{12}^{\perp}=\dot{\boldsymbol{r}}_{12}-(\dot{\boldsymbol{r}}_{12}\cdot\boldsymbol{e}_{12})\boldsymbol{e}_{12}$分别为双星速度差$\dot{\boldsymbol{r}}_{12}$的视线分量和垂向分量。

在式（3.5）中，$\boldsymbol{e}_{12}$沿视线方向，$\dot{\boldsymbol{r}}_{12}^{\perp}$近似沿垂直于视线方向，因此$\sigma(\boldsymbol{e}_{12}\cdot\dot{\boldsymbol{r}}_{12}^{\perp})$较小；$\boldsymbol{e}_{12}$沿视线方向，$\dot{\boldsymbol{r}}_{12}^{\parallel}$近似沿视线方向，因此$\sigma(\boldsymbol{e}_{12}\cdot\dot{\boldsymbol{r}}_{12}^{\parallel})$较大。为了有效提高双星速度差$\dot{\boldsymbol{r}}_{12}$的视线分量测量精度$\sigma(\boldsymbol{e}_{12}\cdot\dot{\boldsymbol{r}}_{12}^{\parallel})$，本章在式(3.5)中利用$\dot{\rho}_{12}\boldsymbol{e}_{12}$替换$(\dot{\boldsymbol{r}}_{12}\cdot\boldsymbol{e}_{12})\boldsymbol{e}_{12}$。将式(3.5)代入式（3.4），可得

$$\boldsymbol{e}_{12}(t)\cdot\ddot{\boldsymbol{r}}_{12}(t)=\sum_{k=0}^{n-1}\left(\frac{\sum\limits_{\substack{l=0\\l\neq k}}^{n-1}\dfrac{\prod\limits_{\substack{m=0\\m\neq k}}^{n-1}(t-t_m)}{t-t_l}}{\prod\limits_{\substack{j=0\\j\neq k}}^{n-1}(t_k-t_j)}\right)\boldsymbol{e}_{12}(t)\cdot\dot{\boldsymbol{r}}_{\rho12}(t_{\mathrm{k}}) \tag{3.6}$$

其中，$\dot{\boldsymbol{r}}_{\rho12}(t_k)=\dot{\rho}_{12}(t_k)\boldsymbol{e}_{12}(t_k)+\{\dot{\boldsymbol{r}}_{12}(t_k)-[\dot{\boldsymbol{r}}_{12}(t_k)\cdot\boldsymbol{e}_{12}(t_k)]\boldsymbol{e}_{12}(t_k)\}$。

在式（3.6）中，$\ddot{\boldsymbol{r}}_{12}$的具体形式表示如下：

$$\ddot{\boldsymbol{r}}_{12}=\boldsymbol{g}_{12}+\delta\boldsymbol{g}_{12}+\boldsymbol{F}_{12}+\boldsymbol{f}_{12} \tag{3.7}$$

其中，$\delta\boldsymbol{g}_{12}$为地球扰动位的一阶梯度；$\boldsymbol{F}_{12}=\boldsymbol{F}_2-\boldsymbol{F}_1$为除地球引力之外的保守力差；$\boldsymbol{f}_{12}=\boldsymbol{f}_2-\boldsymbol{f}_1$为非保守力差；$\boldsymbol{g}_{12}=\boldsymbol{g}_2-\boldsymbol{g}_1$为地心引力差：

$$\boldsymbol{g}_{12}=-GM\left(\frac{\boldsymbol{r}_2}{|\boldsymbol{r}_2|^3}-\frac{\boldsymbol{r}_1}{|\boldsymbol{r}_1|^3}\right) \tag{3.8}$$

其中，GM为地球质量M和万有引力常数G的乘积；$|\boldsymbol{r}_{1(2)}|=\sqrt{x_{1(2)}^2+y_{1(2)}^2+z_{1(2)}^2}$分别为双星的地心半径，$x_{1(2)},y_{1(2)},z_{1(2)}$为卫星位置矢量$\boldsymbol{r}_{1(2)}$的3个分量。

通过将式（3.7）和式（3.8）代入式（3.6），Lagrange插值卫星观测方程表示如下：

$$\begin{aligned}\boldsymbol{e}_{12}(t)\cdot\delta\boldsymbol{g}_{12}(t)=&\sum_{k=0}^{n-1}\left(\frac{\sum\limits_{\substack{l=0\\l\neq k}}^{n-1}\dfrac{\prod\limits_{\substack{m=0\\m\neq k}}^{n-1}(t-t_m)}{t-t_l}}{\prod\limits_{\substack{j=0\\j\neq k}}^{n-1}(t_k-t_j)}\right)\boldsymbol{e}_{12}(t)\cdot\{\dot{\rho}_{12}(t_k)\boldsymbol{e}_{12}(t_k)+\{\dot{\boldsymbol{r}}_{12}(t_k)-[\dot{\boldsymbol{r}}_{12}(t_k)\cdot\boldsymbol{e}_{12}(t_k)]\boldsymbol{e}_{12}(t_k)\}\\&+\boldsymbol{e}_{12}(t)\cdot[\boldsymbol{g}_{12}-\boldsymbol{F}_{12}(t)-\boldsymbol{f}_{12}(t)]\end{aligned} \tag{3.9}$$

其中，$\delta \boldsymbol{g}_{12} = \nabla(T_2 - T_1)$，$T(r,\theta,\lambda)$ 为地球扰动位：

$$T(r,\theta,\lambda) = \frac{GM}{R_e}\sum_{l=2}^{L}\left(\frac{R_e}{r}\right)^{l+1}\sum_{m=0}^{l}(\bar{C}_{lm}\cos m\lambda + \bar{S}_{lm}\sin m\lambda)\bar{\mathrm{P}}_{lm}(\cos\theta) \tag{3.10}$$

其中，r,θ,λ 分别为地心半径、地心余纬度和地心经度；R_e 为地球平均半径；L 为球函数展开的最大阶数；$\bar{\mathrm{P}}_{lm}(\cos\theta)$ 为正规化的缔合 Legendre 函数，l 为阶数，m 为次数；$\bar{C}_{lm}$ 和 $\bar{S}_{lm}$ 为待估的地球引力位系数。

3.2.2 Taylor 星间速度插值卫星观测方程

英国数学家布鲁克·泰勒（Brook Taylor，1685～1731）于 1715 年首次提出了 Taylor 插值公式（王能超，2003）。在地心惯性系中，基于 Taylor 插值公式，单星速度表示如下：

$$\dot{\boldsymbol{r}}(t_{i+j}) = \dot{\boldsymbol{r}}(t_i) + \dot{\boldsymbol{r}}^{(1)}(t_i)(t_{i+j}-t_i) + \frac{\dot{\boldsymbol{r}}^{(2)}(t_i)}{2!}(t_{i+j}-t_i)^2 + \cdots + \frac{\dot{\boldsymbol{r}}^{(n)}(t_i)}{n!}(t_{i+j}-t_i)^n \tag{3.11}$$

其中，$\dot{\boldsymbol{r}}(t_{i+j})$ 为 t_{i+j} 时刻的单星速度；$\dot{\boldsymbol{r}}(t_i)$ 为 t_i 时刻的单星速度；$t_{i+j}-t_i=j\Delta t$，Δt 为采样间隔。

基于式（3.11），双星速度差表示如下：

$$\dot{\boldsymbol{r}}_{12}(t_{i+j}) = \dot{\boldsymbol{r}}_{12}(t_i) + \dot{\boldsymbol{r}}_{12}^{(1)}(t_i)(t_{i+j}-t_i) + \frac{\dot{\boldsymbol{r}}_{12}^{(2)}(t_i)}{2!}(t_{i+j}-t_i)^2 + \cdots + \frac{\dot{\boldsymbol{r}}_{12}^{(n)}(t_i)}{n!}(t_{i+j}-t_i)^n \tag{3.12}$$

其中，$\dot{\boldsymbol{r}}_{12}(t_{i+j}) = \dot{\boldsymbol{r}}_2(t_{i+j}) - \dot{\boldsymbol{r}}_1(t_{i+j})$ 为 t_{i+j} 时刻的双星速度差；$\dot{\boldsymbol{r}}_{12}(t_i)$ 为 t_i 时刻的双星速度差。

基于式（3.12），双星加速度差表示如下：

$$\ddot{\boldsymbol{r}}_{12}(t_i) = \dot{\boldsymbol{r}}_{12}^{(1)}(t_i) = \frac{\dot{\boldsymbol{r}}_{12}(t_{i+j}) - \dot{\boldsymbol{r}}_{12}(t_i) - \dfrac{\dot{\boldsymbol{r}}_{12}^{(2)}(t_i)}{2!}(j\Delta t)^2 - \cdots - \dfrac{\dot{\boldsymbol{r}}_{12}^{(n)}(t_i)}{n!}(j\Delta t)^n}{j\Delta t} \tag{3.13}$$

Taylor 插值双星加速度差 $\ddot{\boldsymbol{r}}_{12}(t_i)$ 的视线分量（LOS）表示如下：

$$\boldsymbol{e}_{12}(t_i)\cdot\ddot{\boldsymbol{r}}_{12}(t_i) = \frac{\boldsymbol{e}_{12}(t_i)}{j\Delta t}\cdot\left[\dot{\boldsymbol{r}}_{12}(t_{i+j}) - \dot{\boldsymbol{r}}_{12}(t_i) - \frac{\dot{\boldsymbol{r}}_{12}^{(2)}(t_i)}{2!}(j\Delta t)^2 - \cdots - \frac{\dot{\boldsymbol{r}}_{12}^{(n)}(t_i)}{n!}(j\Delta t)^n\right] \tag{3.14}$$

为了有效提高地球重力场反演精度，基于式（3.5），本章将 GRACE Follow-On 星载激光干涉测距系统的高精度星间速度观测量 $\dot{\rho}_{12}$ 引入式（3.14），同时忽略高阶小量，因此，2 点、4 点、6 点和 8 点 Taylor 插值卫星观测方程表示如下：

$$\boldsymbol{e}_{12}(t_i)\cdot\ddot{\boldsymbol{r}}_{12}(t_i) = -\frac{\boldsymbol{e}_{12}(t_i)}{2\Delta t}\cdot[\dot{\boldsymbol{r}}_{\rho 12}(t_{i-1}) - \dot{\boldsymbol{r}}_{\rho 12}(t_{i+1})] \tag{3.15}$$

$$\boldsymbol{e}_{12}(t_i)\cdot\ddot{\boldsymbol{r}}_{12}(t_i) = \frac{\boldsymbol{e}_{12}(t_i)}{12\Delta t}\cdot[\dot{\boldsymbol{r}}_{\rho 12}(t_{i-2}) - 8\dot{\boldsymbol{r}}_{\rho 12}(t_{i-1}) + 8\dot{\boldsymbol{r}}_{\rho 12}(t_{i+1}) - \dot{\boldsymbol{r}}_{\rho 12}(t_{i+2})] \tag{3.16}$$

$$\begin{aligned}\boldsymbol{e}_{12}(t_i)\cdot\ddot{\boldsymbol{r}}_{12}(t_i) = -\frac{\boldsymbol{e}_{12}(t_i)}{60\Delta t}\cdot[&\dot{\boldsymbol{r}}_{\rho 12}(t_{i-3}) - 9\dot{\boldsymbol{r}}_{\rho 12}(t_{i-2}) + 45\dot{\boldsymbol{r}}_{\rho 12}(t_{i-1}) \\ &-45\dot{\boldsymbol{r}}_{\rho 12}(t_{i+1}) + 9\dot{\boldsymbol{r}}_{\rho 12}(t_{i+2}) - \dot{\boldsymbol{r}}_{\rho 12}(t_{i+3})]\end{aligned} \tag{3.17}$$

$$e_{12}(t_i)\cdot\ddot{r}_{12}(t_i)=\frac{e_{12}(t_i)}{\Delta t}\cdot\left[\frac{1}{280}\dot{r}_{\rho 12}(t_{i-4})-\frac{4}{105}\dot{r}_{\rho 12}(t_{i-3})+\frac{1}{5}\dot{r}_{\rho 12}(t_{i-2})-\frac{4}{5}\dot{r}_{\rho 12}(t_{i-1})\right.$$
$$\left.+\frac{4}{5}\dot{r}_{\rho 12}(t_{i+1})-\frac{1}{5}\dot{r}_{\rho 12}(t_{i+2})+\frac{4}{105}\dot{r}_{\rho 12}(t_{i+3})-\frac{1}{280}\dot{r}_{\rho 12}(t_{i+4})\right] \quad (3.18)$$

其中，$\dot{r}_{\rho 12}(t_i)=\dot{\rho}_{12}(t_i)e_{12}(t_i)+\{\dot{r}_{12}(t_i)-[\dot{r}_{12}(t_i)\cdot e_{12}(t_i)]e_{12}(t_i)\}$。

通过将式（3.7）和式（3.8）代入式（3.14），Taylor 插值卫星观测方程表示如下：

$$e_{12}(t)\cdot\delta g_{12}(t)=\frac{e_{12}(t_i)}{j\Delta t}\cdot\left[\dot{r}_{12}(t_{i+j})-\dot{r}_{12}(t_i)-\frac{\dot{r}_{12}^{(2)}(t_i)}{2!}(j\Delta t)^2-\cdots-\frac{\dot{r}_{12}^{(n)}(t_i)}{n!}(j\Delta t)^n\right]$$
$$+e_{12}(t)\cdot[g_{12}-F_{12}(t)-f_{12}(t)] \quad (3.19)$$

3.3 研 究 结 果

3.3.1 卫星观测数据色噪声的仿真模拟

在 Lagrange 卫星观测方程（3.9）和 Taylor 插值卫星观测方程（3.19）建立之后，本章首先利用 9 阶 Runge-Kutta 线性单步法结合 12 阶 Adams-Cowell 线性多步法数值积分公式仿真模拟了 GRACE Follow-On 卫星的位置和速度，轨道模拟参数如表 3.2 所示。

表 3.2 下一代 GRACE Follow-On 卫星轨道的模拟参数

参数	指标
参考重力模型	EGM2008
轨道高度	250 km
星间距离	50 km
轨道倾角	89°
轨道偏心率	0.001
模拟时间	30 天
采样间隔时间	5 s

基于 Gauss-Markov 模型，卫星观测值的色噪声表示如下：

$$\begin{cases}\sigma_0=\eta_0,\\ \sigma_1=\beta\sigma_0+\sqrt{1-\beta^2}\eta_1,\\ \sigma_2=\beta\sigma_1+\sqrt{1-\beta^2}\eta_2,\\ \quad\cdots\cdots\\ \sigma_i=\beta\sigma_{i-1}+\sqrt{1-\beta^2}\eta_i\end{cases} \quad (3.20)$$

其中，$\eta_i(i=1,2,\cdots)$为正态分布的随机白噪声（$\beta=0$）；$\sigma_i(i=1,2,\cdots)$为具有相关性的色噪声（$0<\beta<1$）；β为色噪声的相关系数；i为观测点的个数。

本章基于 Gauss-Markov 色噪声模型，利用相关系数β（激光干涉测距系统的星间速度 0.85、GPS 接收机的卫星位置和卫星速度 0.95、星载加速度计的非保守力 0.90）和采样间隔 5 s 模拟了星间速度、卫星位置、卫星速度和非保守力的色噪声，其中图 3.1 表示星间速度、卫星位置、卫星速度和非保守力 x 轴方向的色噪声，统计结果如表 3.3 所示。

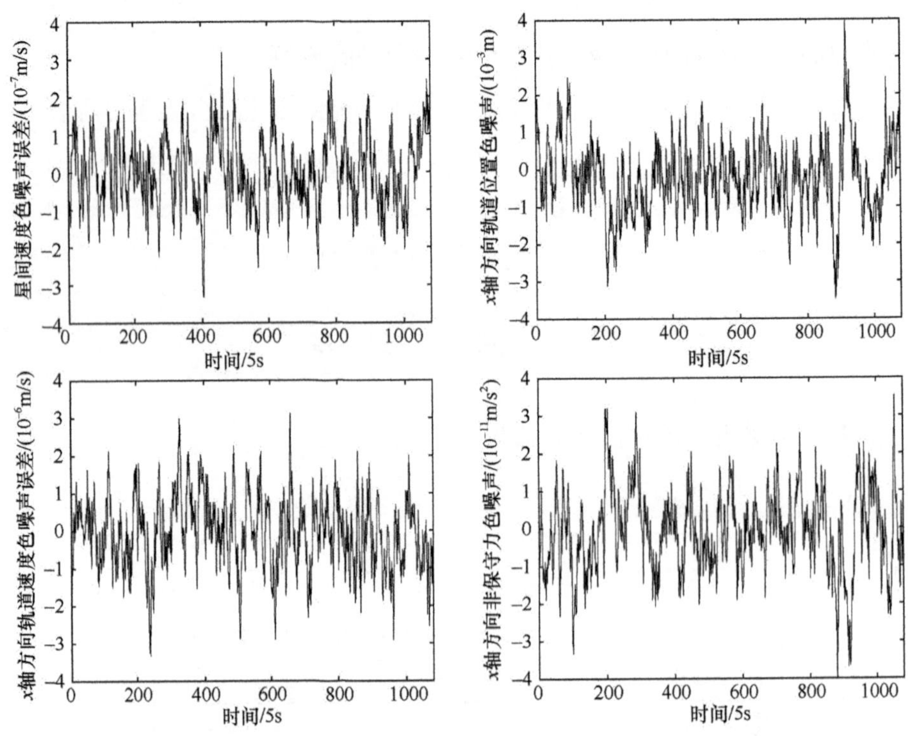

图 3.1　星间速度、卫星位置、卫星速度和非保守力色噪声模拟

表 3.3　卫星观测值色噪声统计

观测值	色噪声/（m/s²）			
	最小值	最大值	平均值	标准差
星间速度/（m/s）	-3.32×10^{-7}	3.19×10^{-7}	2.05×10^{-9}	1.01×10^{-7}
卫星位置/m	-3.47×10^{-3}	3.98×10^{-3}	-2.29×10^{-4}	1.02×10^{-3}
卫星速度/（m/s）	-3.33×10^{-6}	3.12×10^{-6}	-5.72×10^{-8}	1.01×10^{-6}
非保守力/（m/s²）	-4.62×10^{-11}	3.53×10^{-11}	-8.21×10^{-13}	1.02×10^{-11}

3.3.2　地球重力场反演

如图 3.2 和表 3.4 所示，星号线表示德国波茨坦地学研究中心（GFZ）公布的 120 阶地球重力场模型 EIGEN-GRACE02S 的实测精度，在 120 阶处累计大地水准面精度为 1.89×10^{-1} m。实线和虚线分别表示基于 6 点 Lagrange 星间速度插值法和 Taylor 星间速度插值法，利用卫星轨道参数（表 3.2）和关键载荷匹配精度指标（表 3.3），反演下一代 GRACE Follow-On 地球重力场的精度；在 120 阶处，GRACE Follow-On 累计大地水准面精度分别为 1.53×10^{-3} m 和 2.51×10^{-3} m。研究结果表明如下。

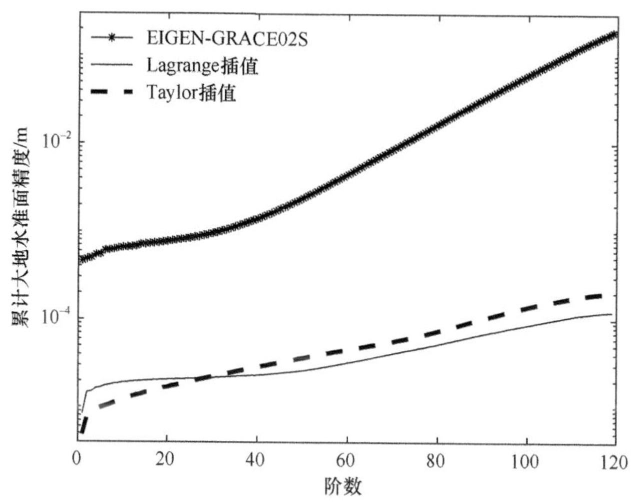

图 3.2　基于 Lagrange 星间速度插值法和 Taylor 星间速度插值法反演 GRACE Follow-On 累计大地水准面精度

表 3.4　GRACE Follow-On 累计大地水准面精度统计结果

参数	累计大地水准面精度/m				
	20 阶	60 阶	80 阶	100 阶	120 阶
EIGEN-GRACE02S（GFZ）	7.61×10^{-4}	4.24×10^{-3}	1.57×10^{-2}	5.76×10^{-2}	1.89×10^{-1}
Lagrange 星间速度插值法	2.58×10^{-4}	3.96×10^{-4}	6.42×10^{-4}	1.08×10^{-3}	1.53×10^{-3}
Taylor 星间速度插值法	2.06×10^{-4}	5.62×10^{-4}	9.03×10^{-4}	1.71×10^{-3}	2.51×10^{-3}

（1）在地球重力场长波段（$2\leqslant l<30$ 阶），利用 Taylor 星间速度插值法反演地球重力场精度高于利用 Lagrange 星间速度插值法反演地球重力场精度，因此 Taylor 星间速度插值法对地球重力场低频信号较敏感；在地球重力场中长波段（$30\leqslant l\leqslant120$ 阶），利用 Lagrange 星间速度插值法反演地球重力场精度高于利用 Taylor 星间速度插值法反演地球重力场精度，因此 Lagrange 星间速度插值法对地球重力场中高频信号较敏感。

（2）在 120 阶内，基于 6 点 Lagrange 星间速度插值法（实线）反演下一代 GRACE Follow-On 地球重力场精度较基于 6 点 Taylor 星间速度插值法（虚线）的反演精度平均提高 2 倍；由于 Lagrange 星间速度插值法对地球重力场反演精度的敏感性整体优于 Taylor 星间速度插值法，因此 Lagrange 星间速度插值法是精确和快速建立下一代高阶次地球重力场模型的优选方法。

（3）目前国内外众多科研机构正积极开展下一代 GRACE Follow-On 卫星载荷匹配精度指标的需求论证。为了进一步减少载荷误差对地球重力场精度的负面影响，有效弱化地球时变重力场信号在地表南北向的“条带误差”效应，以及较大程度降低海洋和大气潮汐等高频误差的“混淆效应”，国内外学者建议将下一代 GRACE Follow-On 卫星载荷的精度指标设计为较当前 GRACE 卫星载荷精度指标提高 1～3 个数量级较优。本章以下一代 GRACE Follow-On 卫星载荷精度指标较当前 GRACE 载荷精度指标提高 1 个数量级为例开展了数值模拟研究，结果表明：基于下一代 GRACE Follow-On 卫星重力计划（实线）反演地球重力场精度较当前 GRACE 计划（星号线）反演精度至少提高 10

倍。原因分析如下：第一，GRACE Follow-On（200～300 km）卫星轨道高度低于 GRACE（400～500 km）。GRACE 卫星采用加速度计实时测量非保守力，在数据后处理中再扣除非保守力。由于非保守力随着卫星轨道高度降低而急剧增加，因此 GRACE 卫星无法采用超低轨道设计。GRACE Follow-On 卫星将采用非保守力补偿系统精确屏蔽作用于卫星的非保守力，因此可实质性降低卫星轨道高度，进而有效抑制地球重力场信号随轨道高度的衰减。第二，GRACE Follow-On 卫星关键载荷测量精度高于 GRACE。GRACE 卫星采用 K 波段测距系统测量星间距离（10^{-5} m）和星间速度（10^{-6} m/s），采用加速度计测量卫星受到的非保守力（10^{-10} m/s^2）。GRACE Follow-On 卫星基于激光干涉测距系统高精度测量星间距离（10^{-6}～10^{-8} m）和星间速度（10^{-7}～10^{-9} m/s），基于非保守力补偿系统消除作用于卫星的非保守力（10^{-11}～10^{-13} m/s^2）效应。第三，GRACE Follow-On 星间距离短于 GRACE。适当增加星间距离有利于提高地球长波重力场的精度，适当缩短星间距离有利于提高地球短波重力场的精度。GRACE Follow-On（50 km）卫星较 GRACE（220 km）缩短了星间距离，进一步提高了地球中高频重力场的感测精度。

3.4 本 章 小 结

（1）本章主要研究工作如下：第一，研究方法不同。不同于目前国内外研究机构已采用的轨道摄动法、动力学法、能量守恒法、加速度法、解析/半解析法等卫星重力反演方法，本章通过将下一代 GRACE Follow-On 星载激光干涉测距系统的高精度星间速度观测量（10^{-7}～10^{-9} m/s）引入经典的 Lagrange 和 Taylor 插值公式中卫星速度的视线分量，从而分别构建了新型 Lagrange 星间速度插值法和 Taylor 星间速度插值法，旨在对比论证两种新型星间速度插值法对下一代 GRACE Follow-On 地球重力场反演精度的敏感性。第二，研究对象不同。目前国内外学者采用经典的 Lagrange 和 Taylor 插值法反演了 GRACE 地球重力场，本章主要围绕下一代 GRACE Follow-On 重力卫星系统开展需求论证研究，旨在为我国下一代卫星重力反演方法研究提供理论基础和技术支持。

（2）基于 6 点 Lagrange 星间速度插值法和 Taylor 星间速度插值法分别反演了 120 阶下一代 GRACE Follow-On 地球重力场。数值模拟结果表明：由于 Lagrange 星间速度插值法对地球重力场反演精度的敏感性高于 Taylor 星间速度插值法，因此 Lagrange 星间速度插值法是高精度和高空间分辨率解算下一代 GRACE Follow-On 地球重力场的有效方法。

参 考 文 献

程芦颖, 许厚泽. 2006. 地球重力场恢复中的位旋转效应. 地球物理学报, 49(1): 93–98.

沈云中, 许厚泽, 吴斌. 2005. 星间加速度解算模式的模拟与分析. 地球物理学报, 48(4): 807–811.

王能超. 2003. 计算方法简明教程. 北京: 高等教育出版社.

郑伟, 许厚泽, 钟敏, 刘成恕. 2014. 不同插值法对下一代卫星重力反演精度的影响. 宇航学报, 35(3): 269–276.

郑伟, 许厚泽, 钟敏, 员美娟. 2011. 卫星跟踪卫星测量模式中关键载荷精度指标不同匹配关系论证. 宇航学报, 32(3): 697–706.

周旭华, 许厚泽, 吴斌, 彭碧波, 陆洋. 2006. 用 GRACE 卫星跟踪数据反演地球重力场. 地球物理学报, 49(3): 718–723.

Cheng M K. 2002. Gravitational perturbation theory for intersatellite tracking. Journal of Geodesy, 76(3): 169–185.

Ditmar P, Liu X L. 2007. Dependence of the Earth's gravity model derived from satellite accelerations on a priori information. Journal of Geodynamics, 43(2): 189–199.

Gerlach Ch, Földvary L, Švehla D, Gruber T, Wermuth M. 2003. A CHAMP-only gravity field model from kinematic orbits using the energy integral. Geophysical Research Letters, 30(20): 2037, DOI: 10.1029/2003GL018025.

Han S C, Shum C K, Braun A. 2005. High-resolution continental water storage recovery from low–low satellite-to-satellite tracking. Journal of Geodynamics, 39(1): 11–28.

Hwang C. 2001. Gravity recovery using COSMIC GPS data: application of orbital perturbation theory. Journal of Geodesy, 75(2): 117–136.

Jekeli C. 1999. The determination of gravitational potential differences from SST tracking. Celestial Mechanics and Dynamical Astronomy, 75(2): 85–101.

Jekeli C, Rapp R H. 1980. Accuracy of the Determination of Mean Anomalies and Mean Geoid Undulations from a Satellite Gravity Field Mapping Mission. Department of Geodetic Science, Report No. 307, The Ohio State University.

Loomis B D, Nerem R S, Luthcke S B. 2012. Simulation study of a follow-on gravity mission to GRACE. Journal of Geodesy, 86(5): 319–335.

Meijering E. 2002. A chronology of interpolation: From ancient astronomy to modern signal and image processing. Proceedings of the IEEE, 90(3): 319–342.

Reigber Ch, Schmidt R, Flechtner F. 2005. An Earth gravity field model complete to degree and order 150 from GRACE: EIGEN-GRACE02S. Journal of Geodynamics, 39(1): 1–10.

Reubelt T, Austen G, Grafarend E W. 2003. Harmonic analysis of the Earth's gravitational field by means of semi-continuous ephemeris of a low Earth orbiting GPS-tracked satellite, Case study: CHAMP. Journal of Geodesy, 77(5): 257–278.

Rummel R. 2003. How to climb the gravity wall. Space Science Reviews, 108(1): 1–14.

Sneeuw N. 2000. A semi-analytical approach to gravity field analysis from satellite observations. Technical University of Munich, 1–112.

Sneeuw N. 2005. Science requirements on future missions and simulated mission scenarios. Earth, Moon, and Planets, 94(1): 113–142.

Tapley B, Ries J, Bettadpur S, Chambers D, Cheng M, Condi F, Gunter B, Kang Z, Nagel P, Pastor R, Pekker T, Poole S, Wang F. 2005. GGM02-an improved Earth gravity field model from GRACE. Journal of Geodesy, 79(8): 467–478.

Waring E. 1779. Problems Concerning Interpolations. Philosophical Transactions of the Royal Society of London, 69: 59–67.

Wiese D N, Folkner W M, Nerem R S. 2009. Alternative mission architectures for a gravity recovery satellite Mission. Journal of Geodesy, 83(6): 569–581.

Wiese D N, Nerem R S, Lemoine F G. 2012. Design considerations for a dedicated gravity recovery satellite mission consisting of two pairs of satellites. Journal of Geodesy, 86(2): 81–98.

Xu P L. 2008. Position and velocity perturbations for the determination of geopotential from space geodetic measurements. Celestial Mechanics and Dynamical Astronomy, 100(3): 231–249.

Zheng W, Lu X L, Xu H Z, Shao C G, Luo J, Wang N C. 2005. Simulation of the Earth's gravitational field recovery from GRACE using the energy balance approach. Progress in Natural Science, 15(7): 596–601.

Zheng W, Shao C G, Luo J, Xu H Z. 2006. Numerical simulation of Earth's gravitational field recovery from SST based on the energy conservation principle. Chinese Journal of Geophysics, 49(3): 712–717.

Zheng W, Shao C G, Luo J, Xu H Z. 2008a. Improving the accuracy of GRACE Earth's gravitational field using the combination of different inclinations. Progress in Natural Science, 18(5): 555–561.

Zheng W, Xu H Z, Zhong M, Liu C S, Yun M J. 2013. Efficient and rapid accuracy estimation of the Earth's gravitational field from next-generation GOCE Follow-On by the analytical method. Chinese Physics B,

22(4): 049101-1–049101-8.

Zheng W, Xu H Z, Zhong M, Yun M J. 2009a. Accurate and rapid error estimation on global gravitational field from current GRACE and future GRACE Follow-On missions. Chinese Physics B, 18(8): 3597–3604.

Zheng W, Xu H Z, Zhong M, Yun M J. 2009b. Physical explanation of influence of twin and three satellites formation mode on the accuracy of Earth's gravitational field. Chinese Physics Letters, 26(2): 029101-1–029101-4.

Zheng W, Xu H Z, Zhong M, Yun M J. 2011. Efficient calibration of the non-conservative force data from the space-borne accelerometers of the twin GRACE satellites. Transactions of the Japan Society for Aeronautical and Space Sciences, 54(184): 106–110.

Zheng W, Xu H Z, Zhong M, Yun M J. 2012a. Impacts of interpolation formula, correlation coefficient and sampling interval on the accuracy of GRACE Follow-On intersatellite range-acceleration. Chinese Journal of Geophysics, 55(3): 822–832.

Zheng W, Xu H Z, Zhong M, Yun M J. 2012b. Efficient accuracy improvement of GRACE global gravitational field recovery using a new inter-satellite range interpolation method. Journal of Geodynamics, 53: 1–7.

Zheng W, Xu H Z, Zhong M, Yun M J. 2012c. Precise recovery of the Earth's gravitational field with GRACE: Intersatellite range-rate interpolation approach. IEEE Geoscience and Remote Sensing Letters, 9(3): 422–426.

Zheng W, Xu H Z, Zhong M, Yun M J. 2012d. A contrastive study on the influences of radial and three-dimensional satellite gravity gradiometry on the accuracy of the Earth's gravitational field recovery. Chinese Physics B, 21(10): 109101-1–109101-8.

Zheng W, Xu H Z, Zhong M, Yun M J, Zhou X H, Peng B B. 2008b. Efficient and rapid estimation of the accuracy of GRACE global gravitational field using the semi-analytical method. Chinese Journal of Geophysics, 51(6): 1704–1710.

Zheng W, Xu H Z, Zhong M, Yun M J, Zhou X H, Peng B B. 2009c. Influence of the adjusted accuracy of center of mass between GRACE satellite and SuperSTAR accelerometer on the accuracy of Earth's gravitational field. Chinese Journal of Geophysics, 52(6): 1465–1473.

Zheng W, Xu H Z, Zhong M, Yun M J, Zhou X H, Peng B B. 2009d. Effective processing of measured data from GRACE key payloads and accurate determination of Earth's gravitational field. Chinese Journal of Geophysics, 52(8): 1966–1975.

Zheng W, Xu H Z, Zhong M, Yun M J, Zhou X H, Peng B B. 2009e. Demonstration on the optimal design of resolution indexes of high and low sensitive axes from space-borne accelerometer in the satellite-to-satellite tracking model. Chinese Journal of Geophysics, 52(11): 2712–2720.

Zheng W, Xu H Z, Zhong M, Yun M J, Zhou X H, Peng B B. 2010. Efficient and rapid estimation of the accuracy of future GRACE Follow-On Earth's gravitational field using the analytic method. Chinese Journal of Geophysics, 53(4): 796–806.

第4章 基于NGGM卫星编队提高下一代卫星重力反演精度

本章采用不同轨道高度（325 km 和 250 km）、不同轨道倾角（96.78°和 89°），以及不同星间距离（10 km 和 50 km）反演了 120 阶 NGGM 地球重力场，并提出了我国下一代 Post-GRACE 卫星重力计划的最优轨道参数设计。研究结果表明：第一，为了实现下一代卫星重力反演精度较当前地球重力场精度至少提高一个数量级的科学目标，同时权衡卫星反演精度和卫星工作寿命，建议我国下一代重力卫星的轨道高度设计为（300±50）km（低轨）较优；第二，由于采用轨道倾角 96.78°将导致严重的南北极观测数据缺失，进而较大程度损失地球重力场反演精度，因此建议我国下一代重力卫星的轨道倾角设计为 90°±3°（近极轨）较优；第三，由于 NGGM 卫星预期采用的星间距离 10 km 较短，进而双星感测的共同重力场信号将被大部分差分掉，因此建议我国下一代重力卫星的星间距离设计为（50±20）km 较优；第四，基于轨道高度 300 km、轨道倾角 89°和星间距离 50 km 反演了 120 阶 Post-GRACE 地球重力场，在 120 阶处反演累计大地水准面精度为 8.211×10^{-4} m；阐述了基于 Post-GRACE 卫星反演地球重力场精度较 NGGM 卫星至少高 10 倍的主要原因（Zheng et al.，2015）。

4.1 研 究 背 景

基于当前 GRACE 卫星重力计划在科学（大地测量学、地球物理学、空间科学等）和国防（卫星定轨、远程武器、水下舰艇等）领域的巨大贡献（Jekeli，1999；Reigber et al.，2004；张捍卫等，2004；沈云中等，2005；Tapley et al.，2005；Zheng et al.，2005，2006，2008b，2008c，2009c，2009d，2011，2012a；程芦颖和许厚泽，2006；周旭华等，2006；Xu，2008；郑伟等，2009b，2010c，2011a，2011b，2011d）和局限性（如卫星轨道高度无法降低、载荷测量精度无法提高、高频混淆效应无法消除、经向条带误差无法去除等），国际众多科研机构正在积极开展下一代更高精度卫星重力计划的需求论证和载荷研制（Bender et al.，2003a，2003b，2008；Rummel，2003；Sneeuw et al.，2005；Zheng et al.，2008a，2009a，2009e；郑伟等，2010a，2010b，2010d，2012；Wiese et al.，2012），如美国国家航空航天局喷气推进实验室（NASA-JPL）等提出的 GRACE Follow-On（Stephens et al.，2006；Flechtner et al.，2009；Loomis，2009；Zheng et al.，2009b，2010，2012b；Loomis et al.，2012）卫星重力计划和 FSCF（Wiese et al.，2009；Zheng et al.，2013）卫星重力计划、欧空局（ESA）的法国空间研究中心（France-CNES）和德国慕尼黑工业大学等提出的 E.motion（Gruber，2010；Gruber et al.，2012；Panet et al.，2013）卫星重力计划、欧空局的意大利泰利斯阿莱尼亚空间公司（Italy-TAS）等提出的 NGGM（Cesare et al.，2010；Silvestrin et al.，2012；Cesare and Sechi，2013）卫星重力计划等（表 4.1）。

表 4.1　国际下一代卫星重力计划对比

参数	卫星重力计划			
	GRACE Follow-On	FSCF	E.Motion	NGGM
研制机构	美国 JPL	美国 JPL	法国 CNES 和德国 TUM	意大利 TAS
发射时间	2020～2025 年	2020～2025 年	2020～2025 年	2020～2025 年
轨道高度/km	250	250	373	325
星间距离/km	50	50～100	200	10
轨道倾角/（°）	89 （近极轨）	89 （近极轨）	75～90 （高轨）	96.78 （太阳同步轨道）
工作寿命/年	>5	>5	>7	>6
轨道离心率	<0.001	<0.001	<0.001	<0.001
卫星数量/颗	2	4	2	2
观测模式	SST-HL/LL	转轮式	钟摆式	SST-HL/LL

如图 4.1 所示，NGGM 卫星重力计划预期采用近圆轨道（轨道离心率小于 0.001）、太阳同步轨道（轨道倾角 96.78°）和低地球轨道（轨道高度 325 km）设计，利用高轨道的 GNSS 星座对低轨 NGGM-A/B 双星精密跟踪定位，基于激光干涉测距系统高精度测量星间距离和星间速度，采用非保守力补偿系统（drag-free）精确屏蔽作用于卫星的非保守力，通过轨道和姿态控制系统（attitude and orbit control system，AOCS）调整卫星的轨道高度和三维姿态。NGGM 计划的科学目标如下：①进一步满足地球物理应用需求（如固体地球物理学、水文学、海洋学、冰川学、大气学等）；②提供高空间分辨率（D<100 km）和高时间分辨率（1～7 天）的地球时变重力场信息；③降低大气和海洋等高频信号的混叠效应；④消除地球时变重力场模型中南北向（径向）的条带误差效应（如 GRACE 卫星）；⑤提升地球物理观测信号的分离能力。

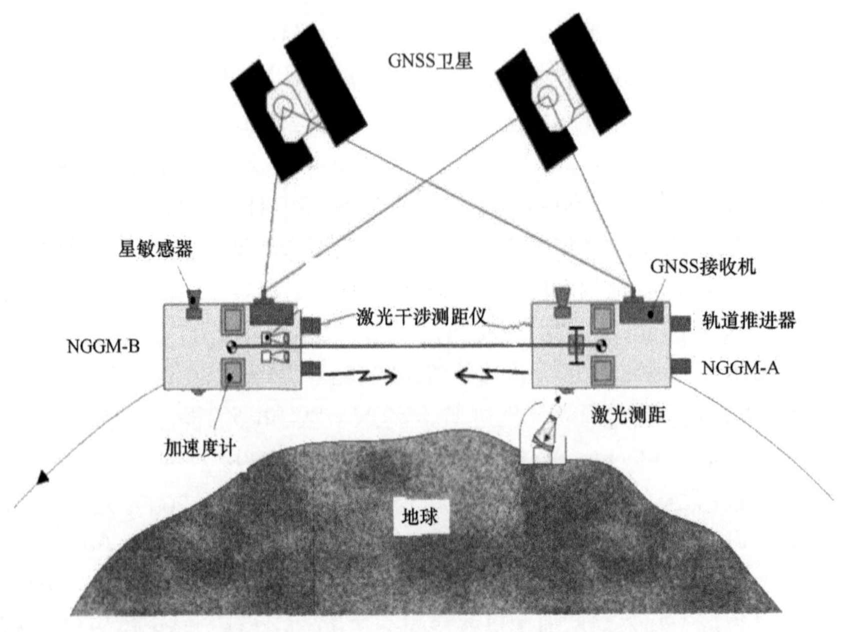

图 4.1　NGGM-A/B 卫星编队系统的测量原理

本章基于不同轨道高度、不同轨道倾角和不同星间距离开展了 NGGM 卫星重力计划的需求分析研究，并论证了我国下一代 Post-GRACE 重力双星系统的最优轨道参数。

4.2 研究方法

6 点星间速度插值观测方程表示如下（Zheng et al.，2012c）：

$$
\begin{aligned}
\boldsymbol{e}_{12}(t)\cdot\boldsymbol{g}_{12}^{\mathrm{T}}(t) = & -\frac{\boldsymbol{e}_{12}(t)}{60\Delta t}\cdot[\dot{\boldsymbol{r}}_{\rho12}(t_{i-3}) - 9\dot{\boldsymbol{r}}_{\rho12}(t_{i-2}) + 45\dot{\boldsymbol{r}}_{\rho12}(t_{i-1}) \\
& - 45\dot{\boldsymbol{r}}_{\rho12}(t_{i+1}) + 9\dot{\boldsymbol{r}}_{\rho12}(t_{i+2}) - \dot{\boldsymbol{r}}_{\rho12}(t_{i+3})] \\
& + \boldsymbol{e}_{12}(t)\cdot[\boldsymbol{g}_{12}^{0} - \boldsymbol{F}_{12}(t) - \boldsymbol{f}_{12}(t)]
\end{aligned}
\tag{4.1}
$$

其中，$\dot{\boldsymbol{r}}_{\rho12}(t) = \dot{\rho}_{12}(t)\boldsymbol{e}_{12}(t) + \{\dot{\boldsymbol{r}}_{12}(t) - [\dot{\boldsymbol{r}}_{12}(t)\cdot\boldsymbol{e}_{12}(t)]\boldsymbol{e}_{12}(t)\}$，$\dot{\rho}_{12}$ 为激光干涉测距仪的星间速度；$\boldsymbol{e}_{12} = \boldsymbol{r}_{12}/|\boldsymbol{r}_{12}|$ 为由 NGGM-A 卫星指向 NGGM-B 卫星的单位矢量，$\boldsymbol{r}_{12} = \boldsymbol{r}_2 - \boldsymbol{r}_1$ 为轨道位置差，$\boldsymbol{r}_1$ 和 $\boldsymbol{r}_2$ 分别为双星的轨道位置；$\dot{\boldsymbol{r}}_{12} = \dot{\boldsymbol{r}}_2 - \dot{\boldsymbol{r}}_1$ 为轨道速度差，$\dot{\boldsymbol{r}}_1$ 和 $\dot{\boldsymbol{r}}_2$ 分别为双星的轨道速度；Δt 为采样间隔；$\boldsymbol{F}_{12} = \boldsymbol{F}_2 - \boldsymbol{F}_1$ 为除地球引力之外的保守力差（日月引力，地球固体潮、海潮、大气潮和极潮汐力，广义相对论效应等）；$\boldsymbol{f}_{12} = \boldsymbol{f}_2 - \boldsymbol{f}_1$ 为非保守力差（大气阻力、太阳光压、地球辐射压、轨道高度和姿态控制力等）；$\boldsymbol{g}_{12}^0 = \boldsymbol{g}_2^0 - \boldsymbol{g}_1^0$ 为地心引力差：

$$
\boldsymbol{g}_{12}^0 = -GM\left(\frac{\boldsymbol{r}_2}{|\boldsymbol{r}_2|^3} - \frac{\boldsymbol{r}_1}{|\boldsymbol{r}_1|^3}\right)
$$

其中，GM 为地球质量 M 和万有引力常数 G 的乘积；$|\boldsymbol{r}_{1(2)}| = \sqrt{x_{1(2)}^2 + y_{1(2)}^2 + z_{1(2)}^2}$ 分别为双星的地心半径，$x_{1(2)}, y_{1(2)}, z_{1(2)}$ 为轨道位置矢量 $\boldsymbol{r}_{1(2)}$ 的 3 个分量。$\boldsymbol{g}_{12}^{\mathrm{T}} = \nabla T_2 - \nabla T_1$ 为地球扰动位的一阶梯度差，$T(r,\theta,\lambda)$ 为地球扰动位

$$
T(r,\theta,\lambda) = \frac{GM}{R_{\mathrm{e}}}\sum_{l=2}^{L}\left(\frac{R_{\mathrm{e}}}{r}\right)^{l+1}\sum_{m=0}^{l}(\bar{C}_{lm}\cos m\lambda + \bar{S}_{lm}\sin m\lambda)\bar{\mathrm{P}}_{lm}(\cos\theta)
$$

其中，r,θ,λ 分别为地心半径、地心余纬度和地心经度；R_{e} 为地球平均半径；L 为球函数展开的最大阶数；$\bar{\mathrm{P}}_{lm}(\cos\theta)$ 为正规化的缔合 Legendre 函数；l 为阶数；m 为次数；$\bar{C}_{lm}$ 和 $\bar{S}_{lm}$ 为待估的地球引力位系数。

4.3 研究结果

4.3.1 NGGM 卫星观测值的色噪声模拟

在卫星观测方程（4.1）建立之后，如图 4.2 所示，本章首先利用 9 阶 Runge-Kutta 线性单步法结合 12 阶 Adams-Cowell 线性多步法数值积分公式模拟了 NGGM-A/B 双星

的轨道位置和轨道速度，轨道模拟参数如表 4.2 所示。

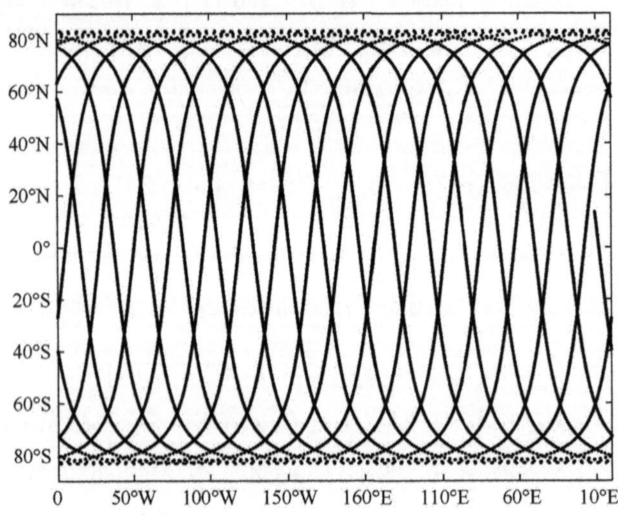

图 4.2 NGGM-B 卫星轨道地面轨迹的平面图（1 天）

表 4.2 NGGM 卫星编队轨道参数

参数	指标
轨道高度	325 km
星间距离	10 km
轨道倾角	96.78°
轨道离心率	0.001
观测时间	30 天
采样间隔时间	10 s
参考重力模型	EGM2008

基于 Gauss-Markov 模型，卫星观测值的色噪声表示如下（沈云中，2000）：

$$\begin{cases} \varepsilon_0 = \delta_0, \\ \varepsilon_1 = \mu\varepsilon_0 + \sqrt{1-\mu^2}\,\delta_1, \\ \varepsilon_2 = \mu\varepsilon_1 + \sqrt{1-\mu^2}\,\delta_2, \\ \quad\cdots\cdots \\ \varepsilon_i = \mu\varepsilon_{i-1} + \sqrt{1-\mu^2}\,\delta_i \end{cases} \tag{4.2}$$

其中，μ 为色噪声相关系数；$\delta_i(i=1,2,\cdots)$ 为正态分布的随机白噪声（$\mu=0$）；i 为观测点的个数；$\varepsilon_i(i=1,2,\cdots)$ 为具有相关性的色噪声（$0<\mu<1$）。

本章基于 Gauss-Markov 色噪声模型，利用相关系数（激光干涉测距仪的星间速度 0.85，GPS 接收机的轨道位置和轨道速度 0.95，星载加速度计的非保守力 0.90）和采样间隔 10 s 模拟了星间速度、轨道位置、轨道速度和非保守力的色噪声（GPS 接收机的轨道位置和轨道速度精度指标可通过高精度激光干涉测距仪辅助获得），其中星间速度，以及轨道位置、轨道速度和非保守力 x 轴方向的色噪声如图 4.3 所示，统计结果如表 4.3 所示。

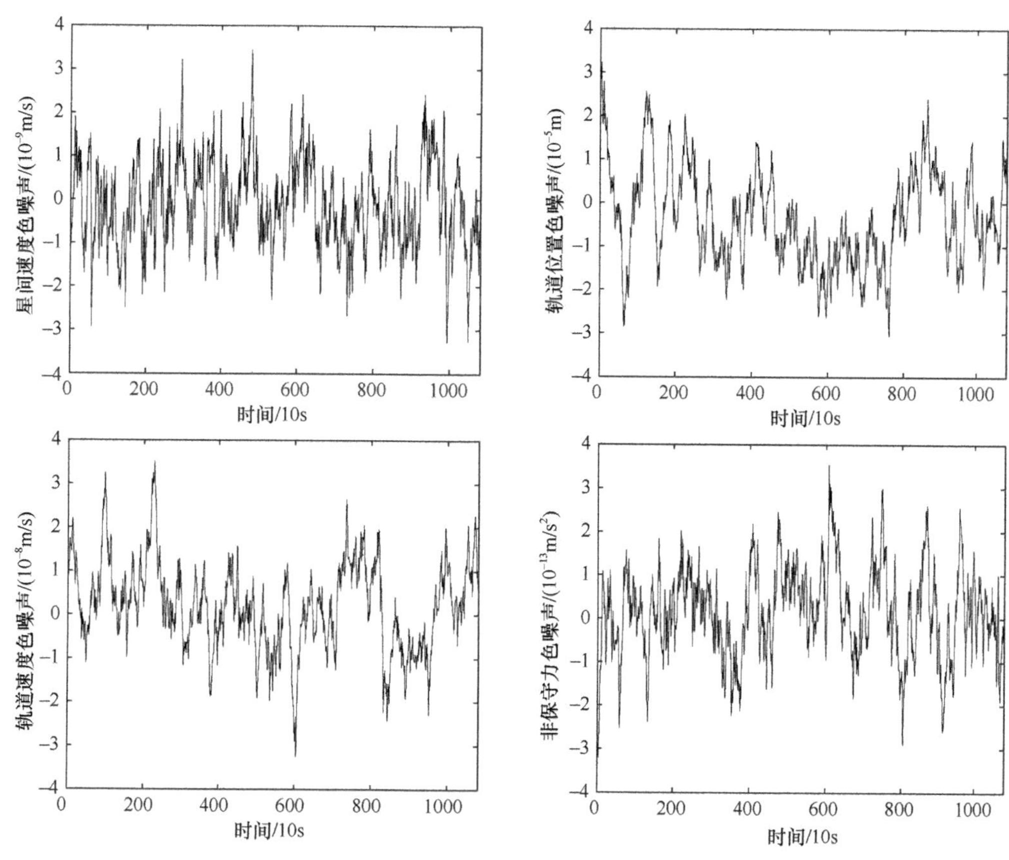

图 4.3　星间速度、轨道位置、轨道速度和非保守力的色噪声模拟

表 4.3　NGGM 卫星观测值色噪声统计结果

观测值	色噪声			
	最小值	最大值	平均值	标准差
星间速度/（m/s）	-3.275×10^{-9}	3.439×10^{-9}	-1.036×10^{-10}	1.020×10^{-9}
轨道位置/m	-3.055×10^{-5}	3.227×10^{-5}	-3.531×10^{-6}	1.110×10^{-5}
轨道速度/（m/s）	-3.244×10^{-8}	3.517×10^{-8}	2.023×10^{-9}	1.021×10^{-8}
非保守力/（m/s^2）	-3.207×10^{-13}	3.537×10^{-13}	1.654×10^{-14}	1.051×10^{-13}

4.3.2　不同轨道高度对卫星重力反演精度影响

如图 4.4 所示，十字线表示德国波茨坦地学研究中心（GFZ）公布的 120 阶 EIGEN-GRACE02S 地球重力场模型的实测精度，在 120 阶处反演累计大地水准面精度为 1.893×10^{-1} m；实线和虚线分别表示通过星间速度插值法，利用关键载荷精度指标（表 4.3）、观测时间 30 天和采样间隔 10 s，基于相同的轨道倾角 96.78°和星间距离 10 km，采用不同的轨道高度 325 km［图 4.5（a）］和 250 km［图 4.5（b）］反演 120 阶 NGGM 地球重力场的模拟精度，在 120 阶处反演累计大地水准面精度为 1.399×10^{-2} m 和

1.773×10^{-3} m；在各阶处的累计大地水准面精度统计结果如表 4.4 所示。研究结果表明：第一，随着卫星轨道高度每降低 100 km，作用于卫星的非保守力约增加 10 倍（郑伟等，2009a）。虽然 NGGM 卫星将携带非保守力补偿系统，但由于非保守力干扰而导致的卫星工作平台的不稳定性将较大程度影响星载仪器的测量精度。因此，为了尽可能延长卫星系统的工作寿命以及长期获得地球时变重力场信息，NGGM 卫星的轨道高度预期设计为 325 km，但其地球重力场反演精度（实线）较当前 GRACE 地球重力场反演精度（十字线）平均提高不足 5 倍。第二，地球重力场信号强度随卫星轨道高度增加呈指数衰减，因此尽可能降低卫星轨道高度是较大程度提高下一代地球重力场反演精度的关键因素（郑伟等，2009a）。美国下一代 GRACE Follow-On 卫星重力计划的轨道高度预期设计为 250 km，其地球重力场反演精度（虚线）较当前 GRACE 地球重力场反演精度（十字线）至少提高 10 倍。第三，为了实现下一代卫星重力反演精度较当前地球重力场精度至少提高一个数量级的科学目标，通过图 4.4 中十字线、实线和虚线的地球重力场精度对比，同时权衡卫星反演精度和卫星工作寿命，我国下一代重力卫星的轨道高度设计为（300±50）km（低轨）较优。

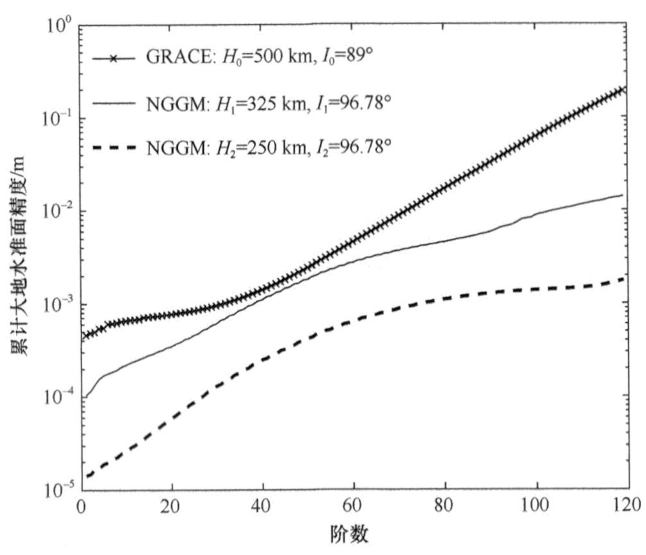

图 4.4　基于不同轨道高度 325 km 和 250 km 及相同轨道倾角 96.78°反演累计大地水准面精度

表 4.4　基于不同轨道高度反演累计大地水准面精度统计结果

重力卫星		累计大地水准面精度/m				
		20 阶	50 阶	80 阶	100 阶	120 阶
GRACE	H_0=500 km	7.606×10^{-4}	2.282×10^{-3}	1.566×10^{-2}	5.756×10^{-2}	1.893×10^{-1}
NGGM	H_1=325 km	3.356×10^{-4}	1.785×10^{-3}	4.466×10^{-3}	8.245×10^{-3}	1.399×10^{-2}
	H_2=250 km	5.409×10^{-5}	3.941×10^{-4}	1.069×10^{-3}	1.373×10^{-3}	1.773×10^{-3}

4.3.3　不同轨道倾角对卫星重力反演精度影响

如图 4.6 所示，十字线表示德国波茨坦地学研究中心（GFZ）公布的 120 阶 EIGEN-

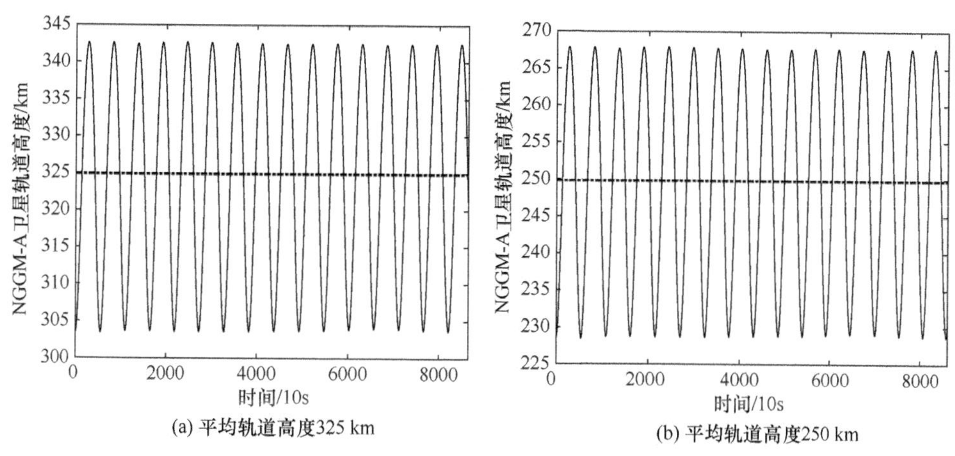

图 4.5 NGGM-A 卫星轨道高度（1 天）

GRACE02S 地球重力场模型的实测精度，在 120 阶处反演累计大地水准面精度为 1.893×10^{-1} m；实线和虚线分别表示通过星间速度插值法，利用关键载荷精度指标（表 4.3）、观测时间 30 天和采样间隔 10 s，基于相同的轨道高度 325 km 和星间距离 10 km，采用不同的轨道倾角 96.78°和 89°反演 120 阶 NGGM 地球重力场的模拟精度，在 120 阶处反演累计大地水准面精度为 1.399×10^{-2} m 和 8.222×10^{-4} m；在各阶处的累计大地水准面精度统计结果如表 4.5 所示。研究结果表明：第一，适当增大卫星轨道倾角有利于提高地球引力位带谐项系数精度，适当降低卫星轨道倾角有利于提高地球引力位田谐项系数精度（Zheng et al.，2008a），因此 NGGM 卫星采用轨道倾角 96.78°（太阳同步轨道）有利于改善地球引力位田谐项系数精度。然而，由于 NGGM 卫星在南北极存在±6.78°的观测数据空白区［图 4.7（a）］，所以必将加重卫星观测方程正规矩阵的病态性，进化较大程度降低地球重力场反演精度（实线）。第二，美国下一代 GRACE Follow-On 卫星重力计划的轨道倾角预期设计为 89°［图 4.7（b）］，由于 89°轨道倾角在地球南北极形成的极沟区（未覆盖区）$2\times|90^\circ \quad I|$ 小于或接近于对应的空间分辨率 $360^\circ/L_{\max}$，因此近极轨模式的优点是不仅可达到卫星近似全球覆盖的目的，同时可忽略极沟区对地球重力场反演精度的影响（虚线）。第三，据图 4.6 中实线和虚线对比可知，采用轨道倾角 96.78°将导致严重的南北极观测数据缺失，进而较大程度损失地球重力场反演精度，因此我国下一代重力卫星的轨道倾角设计为 90°±3°（近极轨）较优。

4.3.4 不同星间距离对卫星重力反演精度影响

如图 4.8 所示，十字线表示德国波茨坦地学研究中心（GFZ）公布的 120 阶 EIGEN-GRACE02S 地球重力场模型的实测精度，在 120 阶处反演累计大地水准面精度为 1.893×10^{-1} m；实线和虚线分别表示通过星间速度插值法，利用关键载荷精度指标（表 4.3）、观测时间 30 天和采样间隔 10 s，基于相同的轨道高度 325 km 和轨道倾角 96.78°，采用不同的星间距离 10 km［图 4.9（a）］和 50 km［图 4.9（b）］反演 120 阶 NGGM 地球重力场的模拟精度，在 120 阶处反演累计大地水准面精度为 1.399×10^{-2} m 和 1.395×10^{-2} m；在各阶处的累计大地水准面精度统计结果如表 4.6 所示。研究结果表明：第一，如

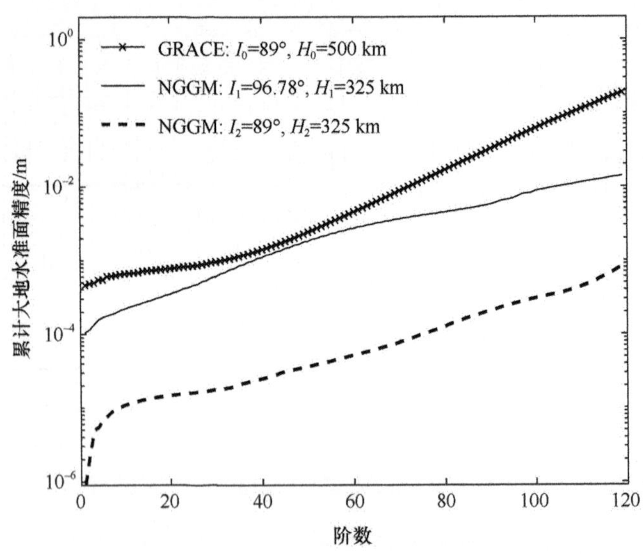

图 4.6　基于不同轨道倾角 96.78°和 89°及相同轨道高度 325 km 反演累计大地水准面精度

表 4.5　基于不同轨道倾角反演累计大地水准面精度统计结果

重力卫星		累计大地水准面精度/m				
		20 阶	50 阶	80 阶	100 阶	120 阶
GRACE	I_0=89°	7.606×10^{-4}	2.282×10^{-3}	1.566×10^{-2}	5.756×10^{-2}	1.893×10^{-1}
NGGM	I_1=96.78°	3.356×10^{-4}	1.785×10^{-3}	4.466×10^{-3}	8.245×10^{-3}	1.399×10^{-2}
	I_2=89°	1.439×10^{-5}	3.568×10^{-5}	1.193×10^{-4}	2.952×10^{-4}	8.222×10^{-4}

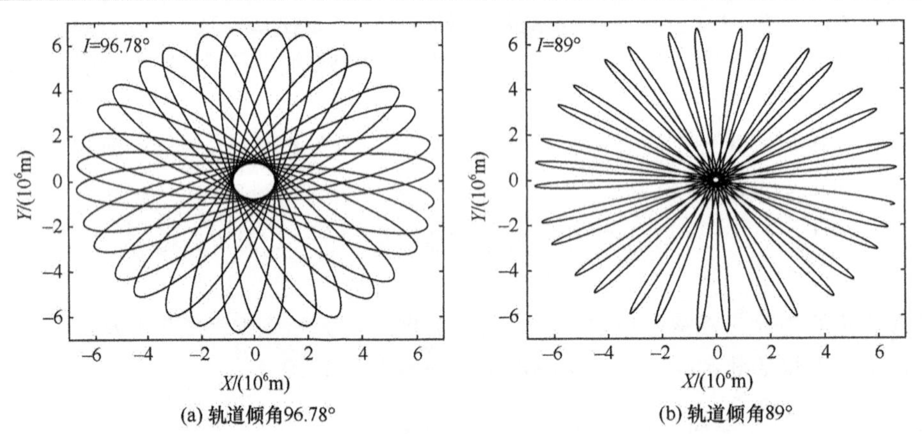

(a) 轨道倾角96.78°　　(b) 轨道倾角89°

图 4.7　NGGM-A 卫星轨道的地面轨迹俯视图（1 天）

图 4.8 中实线所示，NGGM 采用共轨双星编队飞行差分测量模式，如果星间距离选择太小（10 km），由于双星感测的重力场信号差别较小，在差分掉双星共同误差的同时重力场信号也将被大部分差分掉，导致信噪比较小，因此星间距离设计太小不利于中长波地球重力场反演（郑伟等，2011c）。第二，如图 4.8 中虚线所示，适当增加星间距离有助于反演地球重力场信噪比的提高，但星间距离设计太大将导致测量噪声急剧增加以及对 NGGM 双星轨道和姿态测量精度的要求提高，不利于中短波地球重力场反演。第三，由于 NGGM 卫星预期采用的星间距离 10 km 较短，虽然可在一定程度降低双星指向精

度的要求，但双星感测的共同重力场信号将被大部分差分掉，因此我国下一代重力卫星的星间距离设计为 50±20 km 较优。

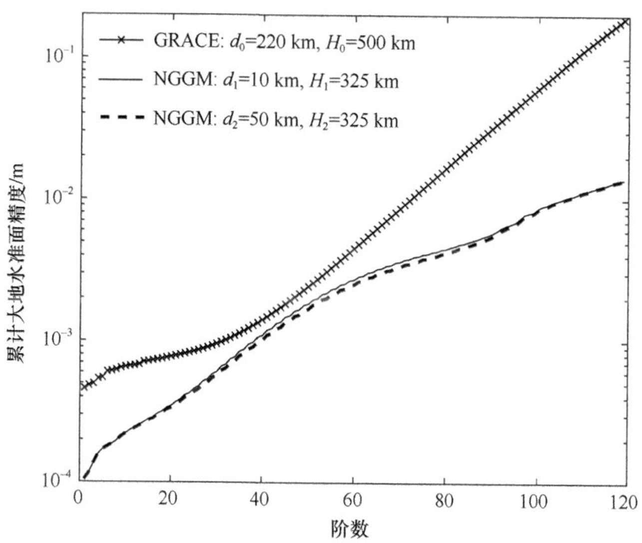

图 4.8　基于不同星间距离 10 km 和 50 km 及相同轨道高度 325 km 反演累计大地水准面精度

表 4.6　基于不同星间距离反演累计大地水准面精度统计结果

重力卫星		累计大地水准面精度/m				
		20 阶	50 阶	80 阶	100 阶	120 阶
GRACE	d_0=220 km	7.606×10^{-4}	2.282×10^{-3}	1.566×10^{-2}	5.756×10^{-2}	1.893×10^{-1}
NGGM	d_1=10 km	3.356×10^{-4}	1.785×10^{-3}	4.466×10^{-3}	8.245×10^{-3}	1.399×10^{-2}
	d_2=50 km	3.263×10^{-4}	1.636×10^{-3}	4.149×10^{-3}	8.061×10^{-3}	1.395×10^{-2}

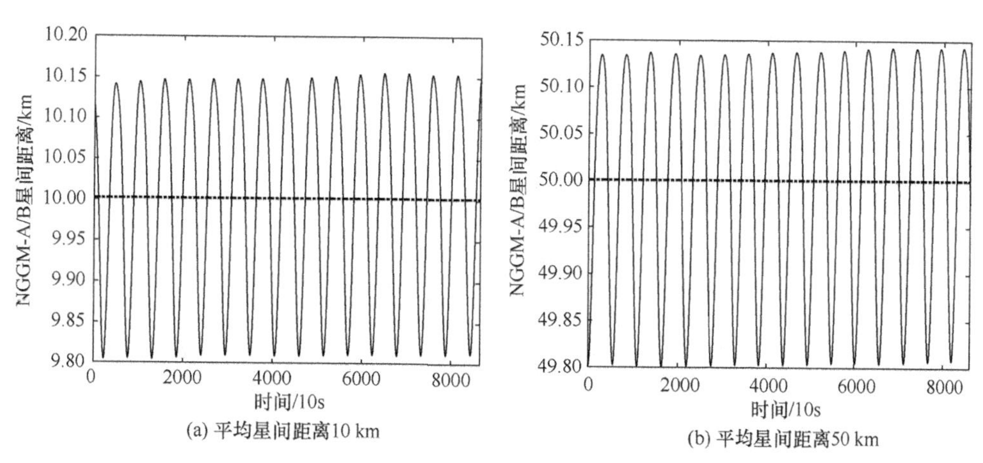

图 4.9　NGGM-A/B 星间距离（1 天）

4.3.5　我国下一代 Post-GRACE 卫星重力反演精度

如图 4.10 所示，十字线表示德国波茨坦地学研究中心（GFZ）公布的 120 阶 EIGEN-GRACE02S 地球重力场模型的实测精度，在 120 阶处反演累计大地水准面精度为 1.893×10^{-1} m；实线和虚线表示通过星间速度插值法，利用关键载荷精度指标（表 4.3）、观测时间 30 天和采样间隔 10 s，采用（轨道高度 325 km、轨道倾角 96.78°和星间距离 10 km）及（轨道高度 300 km、轨道倾角 89°和星间距离 50 km），分别反演 120 阶 NGGM 和 Post-GRACE 地球重力场的模拟精度，在 120 阶处反演累计大地水准面精度为 1.399×10^{-2} m 和 8.211×10^{-4} m；在各阶处的累计大地水准面精度统计结果如表 4.7 所示。基于 Post-GRACE 卫星反演地球重力场精度比 NGGM 至少高 10 倍的主要原因如下：第一，Post-GRACE 计划（轨道高度 300 km）的重力场信号衰减程度小于 NGGM 计划（轨道高度 323 km）；第二，Post-GRACE 卫星观测数据（极沟尺寸±1°）的全球覆盖性优于 NGGM 计划（极沟尺寸±6.78°）；第三，Post-GRACE 计划（星间距离 50 km）的信噪比优于 NGGM 计划（星间距离 10 km）。因此，基于 Post-GRACE 卫星重力计划有利于建立下一代高精度、高空间分辨率和高阶次地球重力场模型。

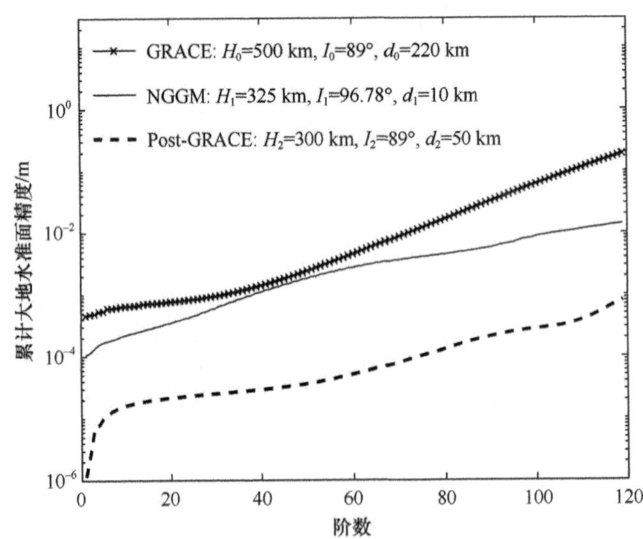

图 4.10　基于 NGGM 和 Post-GRACE 卫星重力计划反演累计大地水准面精度

表 4.7　NGGM 和 Post-GRACE 累计大地水准面精度统计

重力卫星	累计大地水准面精度/m				
	20 阶	50 阶	80 阶	100 阶	120 阶
GRACE	7.606×10^{-4}	2.282×10^{-3}	1.566×10^{-2}	5.756×10^{-2}	1.893×10^{-1}
NGGM	3.356×10^{-4}	1.785×10^{-3}	4.466×10^{-3}	8.245×10^{-3}	1.399×10^{-2}
Post-GRACE	2.128×10^{-5}	3.539×10^{-5}	1.236×10^{-4}	2.741×10^{-4}	8.211×10^{-4}

4.4　本 章 小 结

本章基于星间速度插值法，采用关键载荷精度指标（表 4.3）、观测时间 30 天和采样间隔 10 s，利用不同轨道高度（325 km 和 250 km）、不同轨道倾角（96.78°和 89°）、以及不同星间距离（10 km 和 50 km）反演了 120 阶 NGGM 地球重力场，并提出了我国下一代 Post-GRACE 卫星重力计划的最优轨道参数设计。具体结论如下。

第一，为了达到下一代地球重力场模型精度较当前卫星重力反演精度至少提高 10 倍的科学目标，同时兼顾提高卫星反演精度和延长卫星工作寿命，建议我国 Post-GRACE 卫星的轨道高度可设计为（300±50）km（低轨）。

第二，采用轨道倾角 96.78°将加剧卫星观测方程正规矩阵的病态性，进而影响地球重力场反演精度，因此建议我国 Post-GRACE 卫星的轨道倾角可设计为 90°±3°（近极轨）。

第三，采用星间距离 10 km 将导致双星感测的共同重力场信号被较大程度抵消掉，因此建议我国 Post-GRACE 双星的星间距离可设计为（50±20）km。

第四，基于轨道参数（轨道高度 325 km、轨道倾角 96.78°和星间距离 10 km）及（轨道高度 300 km、轨道倾角 89°和星间距离 50 km），分别反演了 120 阶 NGGM 和 Post-GRACE 地球重力场，同时分析了采用 Post-GRACE 卫星反演地球重力场精度较 NGGM 至少高一个数量级的主要原因：①Post-GRACE 计划的重力场信号衰减程度小于 NGGM 计划；②Post-GRACE 卫星观测数据的全球覆盖性优于 NGGM 计划；③Post-GRACE 计划的卫星重力反演信噪比高于 NGGM 计划。

参考文献

程芦颖，许厚泽. 2006. 地球重力场恢复中的位旋转效应. 地球物理学报, 49(1): 93–98.

沈云中. 2000. 应用 CHAMP 卫星星历精化地球重力场模型的研究. 武汉: 中国科学院测量与地球物理研究所, 1–111.

沈云中，许厚泽，吴斌. 2005. 星间加速度解算模式的模拟与分析. 地球物理学报, 48(4): 807–811.

张捍卫，许厚泽，刘学谦. 2004. 固体潮 Love 数的基本理论和数值结果. 地球物理学进展, 19(2): 372–378.

郑伟，许厚泽，钟敏，员美娟. 2010a. 国际重力卫星研究进展和我国将来卫星重力测量计划. 测绘科学, 35(1): 5–9.

郑伟，许厚泽，钟敏，员美娟. 2011a. 卫星跟踪卫星测量模式中关键载荷精度指标不同匹配关系论证. 宇航学报, 32(3): 697–706.

郑伟，许厚泽，钟敏，员美娟. 2012. 国际下一代卫星重力测量计划研究进展. 大地测量与地球动力学, 32(3): 152–159.

郑伟，许厚泽，钟敏，员美娟，彭碧波. 2011b. 利用改进的预处理共轭梯度法和三维插值法精确和快速解算 GRACE 地球重力场. 地球物理学进展, 26(3): 805–812.

郑伟，许厚泽，钟敏，员美娟，彭碧波，周旭华. 2010b. Improved-GRACE 卫星重力轨道参数优化研究. 大地测量与地球动力学, 30(2): 43–48.

郑伟，许厚泽，钟敏，员美娟，彭碧波，周旭华. 2010c. 地球重力场模型研究进展和现状. 大地测量与地球动力学, 30(4): 83 91.

郑伟，许厚泽，钟敏，员美娟，周旭华. 2011c. 星间距离影响 GRACE 地球重力场精度研究. 大地测量与地球动力学, 31(2): 60–65.

郑伟，许厚泽，钟敏，员美娟，周旭华，彭碧波. 2009a. 卫-卫跟踪测量模式中轨道高度的优化选取. 大地测量与地球动力学, 29(2): 100–105.

郑伟，许厚泽，钟敏，员美娟，周旭华，彭碧波. 2009b. 两种 GRACE 地球重力场精度评定方法的检验. 大地测量与地球动力学, 29(5): 89–93.

郑伟，许厚泽，钟敏，员美娟，周旭华，彭碧波. 2010d. 卫星跟踪卫星模式中轨道参数需求分析. 天文学报, 51(1): 65–74.

郑伟，许厚泽，钟敏，员美娟，周旭华，彭碧波. 2011d. 基于星间加速度法精确和快速确定 GRACE 地球重力场. 地球物理学进展, 26(2): 416–423.
周旭华, 许厚泽, 吴斌, 彭碧波, 陆洋. 2006. 用GRACE卫星跟踪数据反演地球重力场. 地球物理学报, 49(3): 718–723.
Bender P L, Hall J L, Ye J, Klipstein W M. 2003a. Satellite-satellite laser links for future gravity missions. Space Science Reviews, 108: 377–384.
Bender P L, Nerem R S, Wahr J M. 2003b. Possible future use of laser gravity gradiometers. Space Science Reviews, 108: 385–392.
Bender P L, Wiese D N, Nerem R S. 2008. A possible dual-GRACE mission with 90 degree and 63 degree inclination orbits. In: Pro-123 Design considerations for a dedicated gravity 97 ceedings of the third international symposium on formation flying, missions and technologies. ESA/ESTEC, Noordwijk, 1–6.
Cesare S, Mottini S, Musso F, Parisch M, Sechi G, Canuto E, Aguirre M, Leone B, Massotti L, Silvestrin P. 2010. Satellite formation for a Next Generation Gravimetry Mission. Sandau R, et al.(eds.), Small Satellite Missions for Earth Observation, 125–133.
Cesare S, Sechi G. 2013. Next Generation Gravity Mission. D'Errico M.(ed.), Distributed Space Missions for Earth System Monitoring, Space Technology Library 31, 575–598.
Flechtner F, Neumayer K H, Doll B, Munder J, Reigber C, Raimondo J C. 2009. GRAF-A GRACE follow-on mission feasibility study. Geophysical Research Abstracts, Vol. 11, EGU2009-8516.
Gruber Th. 2010. E.motion—A proposal for a future satellite mission for the determination of the time-variable Earth gravity field. GRACE Science Team Meeting, Potsdam, 11. Dec.
Gruber Th, Panet I, Johannessen J, Doll B, Christophe B, Sheard B. 2012. Earth System Mass Transport Mission(E.Motion): Technological and Mission Configuration Challenges. International Symposium on Gravity, Geoid and Height Systems, GGHS2012, Venice, 9-12. Oct.
Jekeli C. 1999. The determination of gravitational potential differences from SST tracking. Celestial Mechanics and Dynamical Astronomy, 75(2): 85–101.
Loomis B. 2009. Simulation study of a follow-on gravity mission to GRACE. The University of Colorado, 1–193.
Loomis B D, Nerem R S, Luthcke S B. 2012. Simulation study of a follow-on gravity mission to GRACE. Journal of Geodesy, 86(5): 319–335.
Panet I, Flury J, Biancale R, Gruber T, Johannessen J, van den Broeke M R, van Dam T, Gegout P, Hughes C W, Ramillien G, Sasgen I, Seoane L, Thomas M. 2013. Earth System Mass Transport Mission (E.Motion): A Concept for Future Earth Gravity Field Measurements from Space. Surveys in Geophysics, 34: 141–163.
Reigber Ch, Schmidt R, Flechtner F. 2004. An Earth gravity field model complete to degree and order 150 from GRACE: EIGEN-GRACE02S. Journal of Geodynamics, 39(1): 1–10.
Rummel R. 2003. How to climb the gravity wall. Space Science Reviews, 108: 1–14.
Silvestrin P, Aguirre M, Massotti L, Leone B, Cesare S, Kern M, Haagmans R. 2012. The future of the satellite gravimetry after the GOCE mission. Kenyon S, et al.(eds.), Geodesy for Planet Earth, International Association of Geodesy Symposia 136, 223–230.
Sneeuw N, Flury J, Rummel R. 2005. Science requirements on future missions and simulated mission scenarios. Earth Moon Planets, 94(1): 113–142.
Stephens M, Craig R, Leitch J, Pierce R. 2006. Demonstration of an interferometric Laser ranging system for a Follow-On gravity mission to GRACE. Proceedings of IEEE International Conference on Geoscience and Remote Sensing Symposium, 1115–1118.
Tapley B, Ries J, Bettadpur S, Chambers D, Cheng M, Condi F, Gunter B, Kang Z, Nagel P, Pastor R, Pekker T, Poole S, Wang F. 2005. GGM02-An improved Earth gravity field model from GRACE. Journal of Geodesy, 79(8): 467–478.
Wiese D N, Folkner W M, Nerem R S. 2009. Alternative mission architectures for a gravity recovery satellite Mission. Journal of Geodesy, 83(6): 569–581.
Wiese D N, Nerem R S, Lemoine F G. 2012. Design considerations for a dedicated gravity recovery satellite mission consisting of two pairs of satellites. Journal of Geodesy, 86: 81–98.
Xu P L. 2008. Position and velocity perturbations for the determination of geopotential from space geodetic

measurements. Celestial Mechanics and Dynamical Astronomy, 100(3): 231–249.
Zheng W, Lu X L, Xu H Z, Shao C G, Luo J, Wang N C. 2005. Simulation of Earth's gravitational field recovery from GRACE using the energy balance approach. Progress in Natural Science, 15(7): 596–601.
Zheng W, Shao C G, Luo J, Xu H Z. 2006. Numerical simulation of Earth's gravitational field recovery from SST based on the energy conservation principle. Chinese Journal of Geophysics, 49(3): 712–717.
Zheng W, Shao C G, Luo J, Xu H Z. 2008a. Improving the accuracy of GRACE Earth's gravitational field using the combination of different inclinations. Progress in Natural Science, 18(5): 555–561.
Zheng W, Xu H Z, Zhong M, Liu C S, Yun M J. 2013. Precise and rapid recovery of the Earth's gravitational field by the next-generation four-satellite cartwheel formation system. Chinese Journal of Geophysics, 56(5): 523–531.
Zheng W, Xu H Z, Zhong M, Yun M J. 2008b. Physical explanation on designing three axes as different resolution indexes from GRACE satellite-borne accelerometer. Chinese Physics Letters, 25(12): 4482–4485.
Zheng W, Xu H Z, Zhong M, Yun M J. 2009a. Physical explanation of influence of twin and three satellites formation mode on the accuracy of Earth's gravitational field. Chinese Physics Letters, 26(2): 029101-1–029101-4.
Zheng W, Xu H Z, Zhong M, Yun M J. 2009b. Accurate and rapid error estimation on global gravitational field from current GRACE and future GRACE Follow-On missions. Chinese Physics B, 18(8): 3597–3604.
Zheng W, Xu H Z, Zhong M, Yun M J. 2011. Efficient calibration of the non-conservative force data from the space-borne accelerometers of the twin GRACE satellites. Transactions of the Japan Society for Aeronautical and Space Sciences, 54(184): 106–110.
Zheng W, Xu H Z, Zhong M, Yun M J. 2012a. Efficient accuracy improvement of GRACE global gravitational field recovery using a new inter-satellite range interpolation method. Journal of Geodynamics, 53: 1–7.
Zheng W, Xu H Z, Zhong M, Yun M J. 2012b. Impacts of interpolation formula, correlation coefficient and sampling interval on the accuracy of GRACE Follow-On intersatellite range-acceleration. Chinese Journal of Geophysics, 55(3): 822–832.
Zheng W, Xu H Z, Zhong M, Yun M J. 2012c. Precise recovery of the Earth's gravitational field with GRACE: Intersatellite range-rate interpolation approach. IEEE Geoscience and Remote Sensing Letters, 9(3): 422–426.
Zheng W, Xu H Z, Zhong M, Yun M J. 2015. Requirements analysis for future satellite gravity mission Improved-GRACE. Surveys in Geophysics, 36(1): 87–109.
Zheng W, Xu H Z, Zhong M, Yun M J, Zhou X H, Peng B B. 2008c. Efficient and rapid estimation of the accuracy of GRACE global gravitational field using the semi-analytical method. Chinese Journal of Geophysics, 51(6): 1704–1710.
Zheng W, Xu H Z, Zhong M, Yun M J, Zhou X H, Peng B B. 2009c. Influence of the adjusted accuracy of center of mass between GRACE satellite and SuperSTAR accelerometer on the accuracy of Earth's gravitational field. Chinese Journal of Geophysics, 52(6): 1465–1473.
Zheng W, Xu H Z, Zhong M, Yun M J, Zhou X H, Peng B B. 2009d. Effective processing of measured data from GRACE key payloads and accurate determination of Earth's gravitational field. Chinese Journal of Geophysics, 52(8): 1966–1975.
Zheng W, Xu H Z, Zhong M, Yun M J, Zhou X H, Peng B B. 2009e. Demonstration on the optimal design of resolution indexes of high and low sensitive axes from space-borne accelerometer in the satellite-to-satellite tracking model. Chinese Journal of Geophysics, 52(11): 2712–2720.
Zheng W, Xu H Z, Zhong M, Yun M J, Zhou X H, Peng B B. 2010. Efficient and rapid estimation of the accuracy of future GRACE Follow-On Earth's gravitational field using the analytic method. Chinese Journal of Geophysics, 53(4): 796–806.

第5章　基于残余星间速度法反演 GRACE Follow-On 地球重力场

本章基于新型残余星间速度法（residual intersatellite range-rate method，RIRM）反演了120阶GRACE Follow-On地球重力场。第一，由于GPS定轨精度相对较低，通过将激光干涉测距仪的高精度残余星间速度（测量精度10^{-7} m/s）引入残余轨道速度差分矢量的视线分量构建了新型RIRM观测方程。第二，基于2点、4点、6点和8点RIRM公式对比论证了最优的插值点数。如果相关系数和采样间隔一定，随着插值点数的增加，卫星观测值的信号量被有效加强，而卫星观测值的误差量也同时增加。因此，6点RIRM公式是提高下一代地球重力场精度的较优选择。第三，相关系数对地球重力场精度的影响在不同频段表现为不同特性。随着相关系数的逐渐增大，地球长波重力场精度逐渐降低，而地球中长波重力场精度逐渐升高。第四，基于6点RIRM公式，通过30天观测数据和采样间隔5 s，分别利用星间速度和残余星间速度观测值，在120阶次处反演下一代GRACE Follow-On累计大地水准面精度为1.638×10^{-3} m和1.396×10^{-3} m。研究结果表明：①残余星间速度观测量较星间速度对地球重力场反演精度更敏感；②GRACE Follow-On地球重力场精度较GRACE至少高10倍（Zheng et al.，2014）。

5.1　研 究 背 景

地球重力场及其时变量反映地球表层及内部物质的空间分布、运动和变化，同时决定着大地水准面的起伏和变化（许厚泽，2001）。因此，确定地球重力场的精细结构及其时变特性不仅是空间大地测量学、地球物理学、地球动力学、海洋学等的需求，同时也将为寻求资源、保护环境和预测灾害提供重要的信息资源。基于GRACE卫星精密探测地球中长波静态和长波时变重力场的突出贡献（沈云中，2000；张捍卫等，2004；程芦颖和许厚泽，2006；周旭华等，2006；Zheng et al.，2006，2008b，2009b，2009c，2009d，2011），美国NASA提出了用于高精度探测地球中短波静态和中长波时变重力场的下一代GRACE Follow-On卫星重力测量计划（Rummel，2003；Sneeuw et al.，2005；Bender et al.，2008；Zheng et al.，2008a；2009a，2010，2012a，2013；Wiese et al.，2009，2012；Loomis et al.，2012）。

如表5.1所示，GRACE Follow-On双星采用近圆、近极和低轨道设计，利用激光干涉测距仪精确测量星间距离（10^{-6}～10^{-8} m）和星间速度（10^{-7}～10^{-9} m/s），基于高轨GPS卫星确定轨道位置和轨道速度，通过星载加速度计感测作用于卫星的非保守力（10^{-11}～10^{-13} m/s^2），以及依靠非保守力补偿系统（DFCS）平衡非保守力（大气阻力、太阳光压、地球辐射压、轨道高度和姿态控制力等）。基于较低的卫星轨道高度和较高的关键载荷测量精度，利用下一代 GRACE Follow-On 计划反演地球重力场精度较当前 GRACE 计划至少提高 10 倍。

表 5.1　当前 GRACE 和下一代 GRACE Follow-On 卫星对比

参数	GRACE	GRACE Follow-On
研制国家	美国和德国	美国和德国
发射时间	2002-03-17	2020～2025 年
卫星寿命	15.5 年	>2 年
轨道高度	500～300 km	～250 km
轨道倾角	89°	89°
轨道离心率	<0.004	0.001
星间距离	（220±50）km	50 km

Wolff（1969）首次提出了利用卫星跟踪卫星低低技术（SST-LL）测量地球重力场的新思想。自此以后，国内外众多学者积极投身于地球重力场反演的理论研究和数值计算之中。当前，国际通用的卫星重力反演方法主要包括：动力学法、能量守恒法、卫星加速度法、解析/半解析法等。美国国家航空航天局喷气推进实验室（NASA-JPL）、美国得克萨斯州立大学空间研究中心（UT-CSR），以及德国波茨坦地学研究中心（GFZ）等研究机构采用动力学法建立了全球重力场模型 GGM01S/02S（Reigber et al.，2005；Tapley et al.，2005），EIGEN-GRACE01S/02S（Reigber，2004；Reigber et al.，2004a），EIGEN-CG01C/03C（Reigber et al.，2004b；Förste et al.，2005），EIGEN-GL04C/04S1（Förste et al.，2008b），EIGEN-5C（Förste et al.，2008a）等。但动力学法的主要缺点是随着卫星轨道弧长的增加，动力模型的误差将快速累积，而且计算过程较复杂，需要高性能并行计算机支持。

为了有效克服动力学法的缺点，我们于 2012 年利用 1 年的 GRACE-Level-1B 实测数据，基于星间距离插值法和星间速度插值法分别构建了 GRACE-only 全球重力场模型 WHIGG-GEGM01S/02S（Zheng et al.，2012b，c）。为了进一步提高下一代地球重力场的反演精度，本章首次通过将高精度的残余星间速度（测量精度 10^{-7} m/s）引入残余轨道速度差分矢量的视线方向建立了新型残余星间速度法，进而精确和快速反演了下一代 GRACE Follow-On 地球重力场。

5.2　残余星间速度观测方程建立

在地心惯性系（ECI）中，基于牛顿插值原理，单星轨道速度 $\dot{\boldsymbol{r}}$ 的泰勒展开表示如下（Engeln-Mullges and Reutter，1988）：

$$\dot{\boldsymbol{r}}(t)=\dot{\boldsymbol{r}}(t_0)+\sum_{i=1}^{n}\binom{\beta}{i}\sum_{\alpha=0}^{i}(-1)^{i+\alpha}\binom{i}{\alpha}\dot{\boldsymbol{r}}(t_\alpha) \tag{5.1}$$

其中，$\binom{\beta}{i}$ 为二项式系数，$\beta=\dfrac{t-t_0}{\Delta t}$，$t$ 为计算点的时刻，t_0 为插值点的初始时刻，Δt 为采样间隔；n 为插值点的数量。

单星参考轨道速度 $\dot{\boldsymbol{r}}^{\mathrm{o}}$ 的泰勒展开表示如下：

$$\dot{\boldsymbol{r}}^{\mathrm{o}}(t)=\dot{\boldsymbol{r}}^{\mathrm{o}}(t_0)+\sum_{i=1}^{n}\binom{\beta}{i}\sum_{\alpha=0}^{i}(-1)^{i+\alpha}\binom{i}{\alpha}\dot{\boldsymbol{r}}^{\mathrm{o}}(t_\alpha) \tag{5.2}$$

基于式（5.1）–式（5.2），单星残余轨道速度 $\delta\dot{\boldsymbol{r}}$ 的泰勒展开表示如下：

$$\delta\dot{\boldsymbol{r}}(t)=\delta\dot{\boldsymbol{r}}(t_0)+\sum_{i=1}^{n}\binom{\beta}{i}\sum_{\alpha=0}^{i}(-1)^{i+\alpha}\binom{i}{\alpha}\delta\dot{\boldsymbol{r}}(t_\alpha) \tag{5.3}$$

其中，$\delta\dot{\boldsymbol{r}}=\dot{\boldsymbol{r}}-\dot{\boldsymbol{r}}^{\mathrm{o}}$。

基于式（5.3）的一阶时间导数，单星残余轨道加速度 $\delta\ddot{\boldsymbol{r}}$ 的泰勒展开表示如下：

$$\delta\ddot{\boldsymbol{r}}(t)=\sum_{i=1}^{n}\binom{\beta}{i}'\sum_{\alpha=0}^{i}(-1)^{i+\alpha}\binom{i}{\alpha}\delta\dot{\boldsymbol{r}}(t_\alpha) \tag{5.4}$$

其中，$\delta\ddot{\boldsymbol{r}}=\ddot{\boldsymbol{r}}-\ddot{\boldsymbol{r}}^{\mathrm{o}}$。

基于式（5.4），双星残余轨道加速度差分 $\delta\ddot{\boldsymbol{r}}_{12}$ 的泰勒展开表示如下：

$$\delta\ddot{\boldsymbol{r}}_{12}(t)=\sum_{i=1}^{n}\binom{\beta}{i}'\sum_{\alpha=0}^{i}(-1)^{i+\alpha}\binom{i}{\alpha}\delta\dot{\boldsymbol{r}}_{12}(t_\alpha) \tag{5.5}$$

其中，$\delta\dot{\boldsymbol{r}}_{12}=\dot{\boldsymbol{r}}_{12}-\dot{\boldsymbol{r}}_{12}^{\mathrm{o}}$，$\delta\ddot{\boldsymbol{r}}_{12}=\ddot{\boldsymbol{r}}_{12}-\ddot{\boldsymbol{r}}_{12}^{\mathrm{o}}$；$\dot{\boldsymbol{r}}_{12}=\dot{\boldsymbol{r}}_2-\dot{\boldsymbol{r}}_1$ 和 $\ddot{\boldsymbol{r}}_{12}=\ddot{\boldsymbol{r}}_2-\ddot{\boldsymbol{r}}_1$ 分别为轨道速度差分矢量和轨道加速度差分矢量，$\dot{\boldsymbol{r}}_1$ 和 $\dot{\boldsymbol{r}}_2$ 为双星的轨道速度矢量，$\dot{\boldsymbol{r}}_1^{\mathrm{o}}$ 和 $\dot{\boldsymbol{r}}_2^{\mathrm{o}}$ 为双星的参考轨道速度矢量，$\ddot{\boldsymbol{r}}_1$ 和 $\ddot{\boldsymbol{r}}_2$ 为双星的轨道加速度矢量，$\ddot{\boldsymbol{r}}_1^{\mathrm{o}}$ 和 $\ddot{\boldsymbol{r}}_2^{\mathrm{o}}$ 为双星的参考轨道加速度矢量。

双星残余轨道加速度差分 $\delta\ddot{\boldsymbol{r}}_{12}$ 的视线分量表示如下：

$$\boldsymbol{e}_{12}(t)\cdot\delta\ddot{\boldsymbol{r}}_{12}(t)=\sum_{i=1}^{n}\binom{\beta}{i}'\sum_{\alpha=0}^{i}(-1)^{i+\alpha}\binom{i}{\alpha}\boldsymbol{e}_{12}(t)\cdot\delta\dot{\boldsymbol{r}}_{12}(t_\alpha) \tag{5.6}$$

其中，$\boldsymbol{e}_{12}=\boldsymbol{r}_{12}/|\boldsymbol{r}_{12}|$ 为第一颗卫星指向第二颗卫星的单位矢量，$\boldsymbol{r}_{12}=\boldsymbol{r}_2-\boldsymbol{r}_1$ 为双星的观测轨道位置矢量差分，$\boldsymbol{r}_1$ 和 $\boldsymbol{r}_2$ 分别为双星的观测轨道位置矢量。

由于 GPS 低精度的轨道测量，假如 $\delta\dot{\boldsymbol{r}}_{12}$ 被直接使用于式（5.6），地球重力场精度将无法实质性提高。因此，激光干涉测距仪的高精度残余星间速度 $\delta\dot{\rho}_{12}=\dot{\rho}_{12}-\dot{\rho}_{12}^{\mathrm{o}}$ 的有效引入是进一步提高地球重力场精度的有效手段。$\delta\dot{\boldsymbol{r}}_{12}$ 可被改写为

$$\delta\dot{\boldsymbol{r}}_{12}=\delta\dot{\boldsymbol{r}}_{12}^{\parallel}+\delta\dot{\boldsymbol{r}}_{12}^{\perp} \tag{5.7}$$

其中，$\delta\dot{\boldsymbol{r}}_{12}^{\parallel}=(\delta\dot{\boldsymbol{r}}_{12}\cdot\boldsymbol{e}_{12})\boldsymbol{e}_{12}$ 和 $\delta\dot{\boldsymbol{r}}_{12}^{\perp}=\delta\dot{\boldsymbol{r}}_{12}-(\delta\dot{\boldsymbol{r}}_{12}\cdot\boldsymbol{e}_{12})\boldsymbol{e}_{12}$ 分别表示 $\delta\dot{\boldsymbol{r}}_{12}$ 的视线分量和垂向分量。

将式（5.7）中的 $(\delta\dot{\boldsymbol{r}}_{12}\cdot\boldsymbol{e}_{12})\boldsymbol{e}_{12}$ 替换为 $\delta\dot{\rho}_{12}\boldsymbol{e}_{12}$，并代入式（5.6），可得

$$\boldsymbol{e}_{12}(t)\cdot\delta\ddot{\boldsymbol{r}}_{12}(t)=\sum_{i=1}^{n}\binom{\beta}{i}'\sum_{\alpha=0}^{i}(-1)^{i+\alpha}\binom{i}{\alpha}\boldsymbol{e}_{12}(t)\cdot\delta\dot{\boldsymbol{r}}_{\rho12}(t_\alpha) \tag{5.8}$$

其中，$\delta\dot{\boldsymbol{r}}_{\rho12}(t_\alpha)=\delta\dot{\rho}_{12}(t_\alpha)\boldsymbol{e}_{12}(t_\alpha)+\{\delta\dot{\boldsymbol{r}}_{12}(t_\alpha)-[\delta\dot{\boldsymbol{r}}_{12}(t_\alpha)\cdot\boldsymbol{e}_{12}(t_\alpha)]\boldsymbol{e}_{12}(t_\alpha)\}$。

基于式（5.8），2 点、4 点、6 点和 8 点残余星间速度公式分别表示如下：

$$e_{12}(t_i)\cdot\delta\ddot{r}_{12}(t_i)=-\frac{e_{12}(t_i)}{2\Delta t}\cdot[\delta\dot{r}_{\rho 12}(t_{i-1})-\delta\dot{r}_{\rho 12}(t_{i+1})] \tag{5.9}$$

$$e_{12}(t_i)\cdot\delta\ddot{r}_{12}(t_i)=\frac{e_{12}(t_i)}{12\Delta t}\cdot[\delta\dot{r}_{\rho 12}(t_{i-2})-8\delta\dot{r}_{\rho 12}(t_{i-1})+8\delta\dot{r}_{\rho 12}(t_{i+1})-\delta\dot{r}_{\rho 12}(t_{i+2})] \tag{5.10}$$

$$\begin{aligned}e_{12}(t_i)\cdot\delta\ddot{r}_{12}(t_i)=-\frac{e_{12}(t_i)}{60\Delta t}\cdot[&\delta\dot{r}_{\rho 12}(t_{i-3})-9\delta\dot{r}_{\rho 12}(t_{i-2})+45\delta\dot{r}_{\rho 12}(t_{i-1})\\&-45\delta\dot{r}_{\rho 12}(t_{i+1})+9\delta\dot{r}_{\rho 12}(t_{i+2})-\delta\dot{r}_{\rho 12}(t_{i+3})]\end{aligned} \tag{5.11}$$

$$\begin{aligned}e_{12}(t_i)\cdot\delta\ddot{r}_{12}(t_i)=\frac{e_{12}(t_i)}{\Delta t}\cdot\Bigg[&\frac{1}{280}\delta\dot{r}_{\rho 12}(t_{i-4})-\frac{4}{105}\delta\dot{r}_{\rho 12}(t_{i-3})+\frac{1}{5}\delta\dot{r}_{\rho 12}(t_{i-2})-\frac{4}{5}\delta\dot{r}_{\rho 12}(t_{i-1})\\&+\frac{4}{5}\delta\dot{r}_{\rho 12}(t_{i+1})-\frac{1}{5}\delta\dot{r}_{\rho 12}(t_{i+2})+\frac{4}{105}\delta\dot{r}_{\rho 12}(t_{i+3})-\frac{1}{280}\delta\dot{r}_{\rho 12}(t_{i+4})\Bigg]\end{aligned} \tag{5.12}$$

在式（5.8）中，$\delta\ddot{r}_{12}$ 的具体形式表示如下：

$$\delta\ddot{r}_{12}=\delta g_{12}+\delta T_{12}+\delta F_{12}+\delta f_{12} \tag{5.13}$$

其中，δT_{12} 为残余地球扰动位的一阶梯度；$\delta F_{12}=(F_2-F_1)-(F_2^{o}-F_1^{o})$ 为除地球引力之外的残余保守力差（如日月引力，地球固体潮、海潮、大气潮、极潮汐力，相对论效应等）；$\delta f_{12}=(f_2-f_1)-(f_2^{o}-f_1^{o})$ 为残余非保守力差（大气阻力、太阳光压、地球辐射压、轨道高度和姿态控制力等）；$\delta g_{12}=(g_2-g_1)-(g_2^{o}-g_1^{o})$ 为残余地心引力差：

$$\delta g_{12}=-GM\left[\left(\frac{r_2}{|r_2|^3}-\frac{r_1}{|r_1|^3}\right)-\left(\frac{r_2^{o}}{|r_2^{o}|^3}-\frac{r_1^{o}}{|r_1^{o}|^3}\right)\right] \tag{5.14}$$

其中，GM 为地球质量 M 和万有引力常数 G 的乘积；$|r_{1(2)}|=\sqrt{x_{1(2)}^2+y_{1(2)}^2+z_{1(2)}^2}$ 分别为双星的地心半径，$x_{1(2)},y_{1(2)},z_{1(2)}$ 为轨道位置矢量 $r_{1(2)}$ 的 3 个分量。

通过将式（5.13）和式（5.14）代入式（5.8），残余星间速度观测方程表示如下：

$$\begin{aligned}e_{12}(t)\cdot\delta T_{12}(t)=&\sum_{i=1}^{n}\binom{\beta}{i}'\sum_{\alpha=0}^{i}(-1)^{i+\alpha}\binom{i}{\alpha}e_{12}(t)\cdot\{\delta\dot{\rho}_{12}(t_\alpha)e_{12}(t_\alpha)\\&+[\delta\dot{r}_{12}(t_\alpha)-(\delta\dot{r}_{12}(t_\alpha)\cdot e_{12}(t_\alpha))e_{12}(t_\alpha)]\}\\&+e_{12}(t)\cdot[\delta g_{12}-\delta F_{12}(t)-\delta f_{12}(t)]\end{aligned} \tag{5.15}$$

其中，$\delta T_{12}=\nabla[(V_2-V_1)-(V_2^{o}-V_1^{o})]$，$V(r,\theta,\lambda)$ 为地球扰动位：

$$V(r,\theta,\lambda)=\frac{GM}{R_e}\sum_{l=2}^{L}\left(\frac{R_e}{r}\right)^{l+1}\sum_{m=0}^{l}(\bar{C}_{lm}\cos m\lambda+\bar{S}_{lm}\sin m\lambda)\bar{P}_{lm}(\cos\theta) \tag{5.16}$$

其中，r,θ,λ 分别为地心半径、地心余纬度和地心经度；R_e 为地球平均半径；L 为球函数展开的最大阶数；$\bar{P}_{lm}(\cos\theta)$ 为正规化的缔合 Legendre 函数，l 为阶数，m 为次数；$\bar{C}_{lm}$ 和 $\bar{S}_{lm}$ 为待估的地球引力位系数。

5.3 卫星观测值色噪声模拟

基于残余星间速度观测方程（5.15），利用 9 阶 Runge-Kutta 线性单步法和 12 阶 Adams-Cowell 线性多步法（刘林，1992）数值模拟了 GRACE Follow-On-A/B 双星的实测轨道和参考轨道。GRACE Follow-On-A/B 双星的初始轨道参数如表 5.1 所示，其他相关模拟参数如下：先验地球重力场模型 EGM2008（实测轨道和参考轨道分别截断至前 120 阶和 30 阶）、观测时间 30 天和采样间隔 5 s。卫星观测值不是相互独立，而具有明显的相关性。因此，本章在卫星观测值中引入了具有相关性的色噪声。基于 Gauss-Markov 模型，卫星观测值色噪声公式表示如下（沈云中，2000）：

$$\begin{cases}\varepsilon_0=\delta_0,\\ \varepsilon_1=\mu\varepsilon_0+\sqrt{1-\mu^2}\,\delta_1,\\ \varepsilon_2=\mu\varepsilon_1+\sqrt{1-\mu^2}\,\delta_2,\\ \quad\cdots\cdots\\ \varepsilon_i=\mu\varepsilon_{i-1}+\sqrt{1-\mu^2}\,\delta_i\end{cases} \tag{5.17}$$

其中，μ 为相关系数；$\delta_i(i=1,2,\cdots)$ 为正态分布的随机白噪声（$\mu=0$），i 为卫星观测值的数量；$\varepsilon_i(i=1,2,\cdots)$ 为色噪声（$0<\mu<1$）。

目前国内外众多科研机构正在积极开展下一代 GRACE Follow-On 卫星载荷匹配精度指标的需求论证。为了进一步减少载荷误差对地球重力场精度的负面影响，有效弱化地球时变重力场信号在地表南北向的“条带误差”效应，以及较大程度降低海洋和大气潮汐等高频误差的“混频效应”，国内外学者建议将下一代 GRACE Follow-On 卫星载荷的精度指标设计为较当前 GRACE 卫星载荷精度指标提高 1～3 个数量级较优。本章以下一代 GRACE Follow-On 卫星载荷精度指标较当前 GRACE 载荷精度指标提高 1 个数量级为例开展了数值模拟研究。

5.3.1 星间距离和星间速度的色噪声

如图 5.1（a）所示，基于不同的相关系数 $0\leqslant\mu\leqslant0.99$ 和相同的采样间隔 5 s，按照式（5.17）数值模拟了激光干涉测距仪的星间距离色噪声 10^{-6} m。

基于 6 点牛顿插值公式，星间速度色噪声表示如下：

$$\begin{aligned}\varepsilon_{\dot\rho12}(t_i)=&-\frac{1}{60\Delta t}\cdot[\varepsilon_{\rho12}(t_{i-3})-9\varepsilon_{\rho12}(t_{i-2})+45\varepsilon_{\rho12}(t_{i-1})\\ &-45\varepsilon_{\rho12}(t_{i+1})+9\varepsilon_{\rho12}(t_{i+2})-\varepsilon_{\rho12}(t_{i+3})]\end{aligned} \tag{5.18}$$

其中，$\varepsilon_{\rho12}$ 和 $\varepsilon_{\dot\rho12}$ 分别为星间距离和星间速度的色噪声。

图 5.1（b）表示基于不同的相关系数 $0\leqslant\mu\leqslant0.99$ 和相同的采样间隔 5 s 计算的星间速度色噪声 $\varepsilon_{\dot\rho12}$。研究结果表明：随着相关系数逐渐增加 0～0.99，星间速度色噪声逐渐减小 2.338×10^{-7}～0.263×10^{-7} m/s。因此，相关系数的适当增加有利于提高星间速度的精度。由于星间速度的测量精度约为 10^{-7} m/s，因此本章基于相关系数 0.80～0.90 和

采样间隔 5 s 计算了星间速度的色噪声。图 5.2 表示利用相关系数 0.85 和采样间隔 5 s 计算的星间距离和星间速度色噪声。

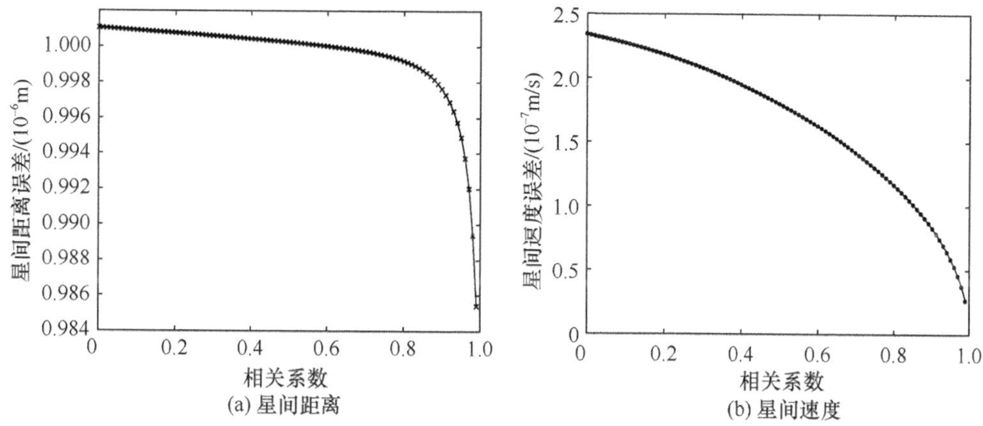

图 5.1 基于不同的相关系数和相同的采样间隔 5 s 模拟的观测值色噪声

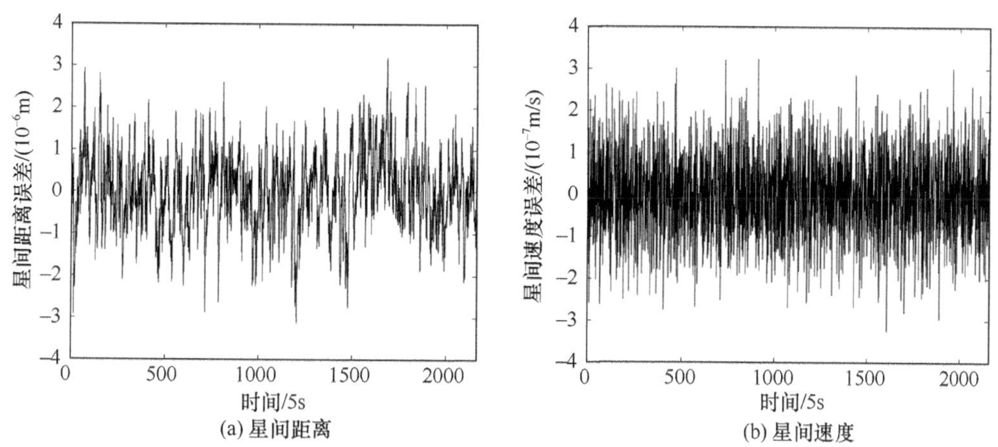

图 5.2 基于相关系数 0.85 和采样间隔 5 s 模拟的观测值色噪声

5.3.2 轨道位置和轨道速度的色噪声

本章基于不同相关系数 $0 \leqslant \mu \leqslant 0.99$ 和相同采样间隔 5 s，分别利用式（5.17）和式（5.18）数值模拟了卫星轨道位置和轨道速度的色噪声（视线、垂向和径向），其中视线方向轨道位置和轨道速度的色噪声如图 5.3 所示。结果表明：随着相关系数的逐渐增加，轨道位置和轨道速度的色噪声逐渐减小。基于 GRACE Follow-On 卫星的轨道位置（10^{-3} m）和轨道速度（10^{-6} m/s）的测量精度，利用相关系数 0.90～0.99 数值模拟了轨道位置和轨道速度的色噪声。图 5.4 表示基于相关系数 0.95 和采样间隔 5 s 数值模拟的视线方向轨道位置和轨道速度的色噪声。

5.3.3 非保守力的色噪声

基于美国 JPL 公布的 GRACE-Level-1B 实测数据，星载加速度计非保守力的相关系数约为 0.85～0.95。图 5.5 表示基于相关系数 0.90 和采样间隔 5 s，利用式（5.17）模拟的加速度计视线方向的非保守力色噪声 $10^{-11}\ m/s^2$。

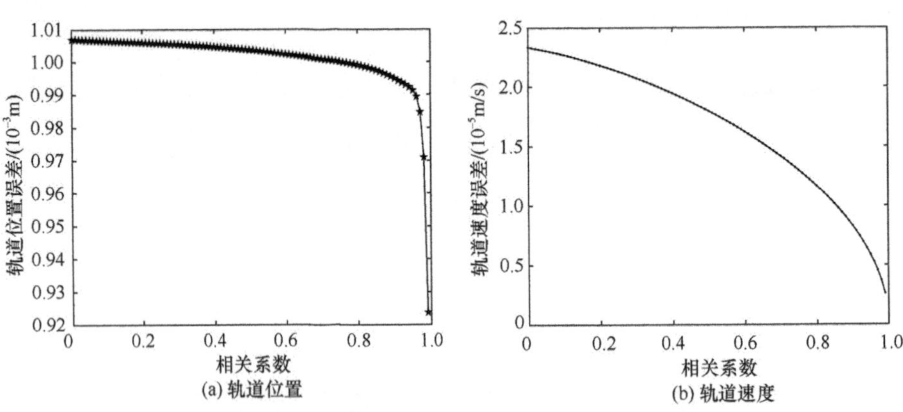

图 5.3 基于不同的相关系数和相同的采样间隔 5 s 模拟的视线方向色噪声

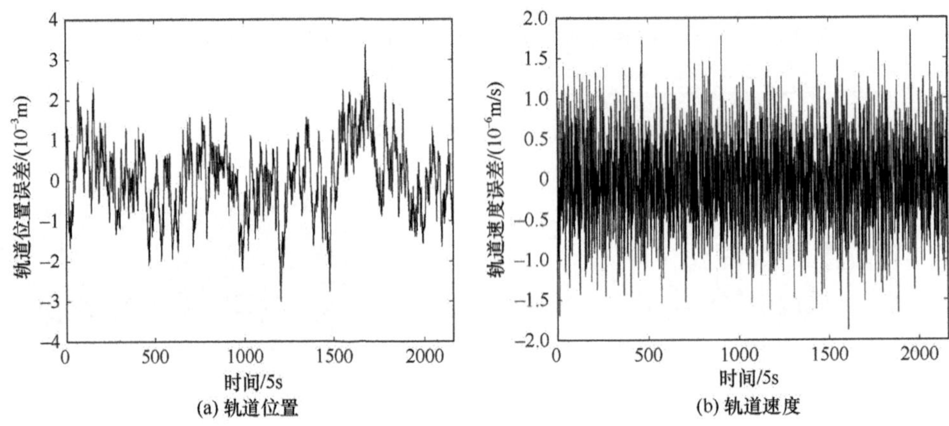

图 5.4 基于相关系数 0.95 和采样间隔 5 s 模拟的视线方向色噪声

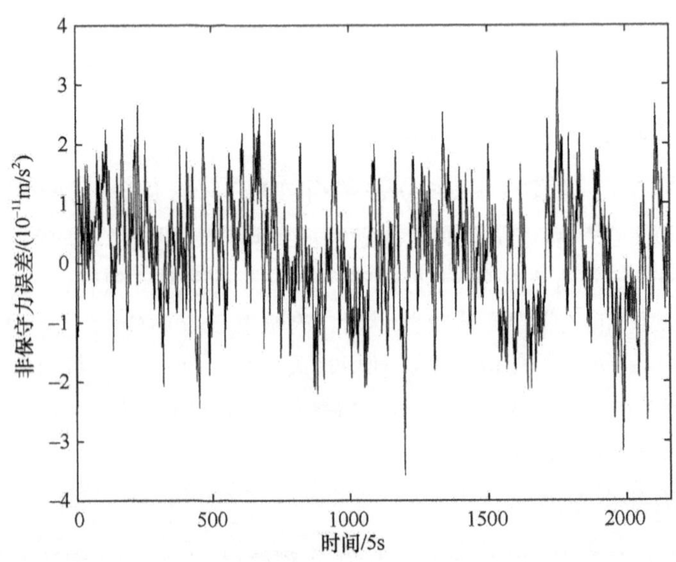

图 5.5 基于相关系数 0.90 和采样间隔 5 s 模拟的视线方向非保守力色噪声

5.4 研 究 结 果

作者于 2012 年基于传统的星间加速度法开展了插值公式、相关系数和采样间隔对 GRACE Follow-On 星间加速度精度的影响研究，主要论证了 3 点、5 点、7 点和 9 点星间距离插值公式和不同相关系数（0～0.99）对星间加速度精度的影响（Zheng et al.，2012a）。不同于上述研究，本章围绕 2 点、4 点、6 点和 8 点残余星间速度插值公式和不同卫星观测数据（星间速度、轨道位置、轨道速度和非保守力）相关系数对地球重力场精度的影响开展研究，重点验证了基于新型残余星间速度法提高下一代地球重力场反演精度的可行性。

5.4.1 星间速度插值点数的选取

如图 5.6 所示，圆圈线、十字线、实线和虚线分别表示基于观测时间 30 天、采样间隔 5 s 和相关系数（星间速度 0.85、轨道位置和轨道速度 0.95，以及非保守力 0.90），利用 2 点、4 点、6 点和 8 点残余星间速度公式，反演累计大地水准面精度，统计结果如表 5.2 所示。当相关系数和采样间隔时间一定，插值点数的适当增加有利于地球重力场精度的提高。研究结果表明：第一，在 120 阶内，基于 2 点残余星间速度公式的累计大地水准面精度远低于基于 4 点、6 点和 8 点残余星间速度公式的精度；第二，基于 6 点残余星间速度公式的累计大地水准面精度远高于基于 2 点、4 点和 8 点残余星间速度公式的精度。总而言之，6 点残余星间速度公式是建立下一代高精度和高阶次全球重力场模型的优选方法之一。

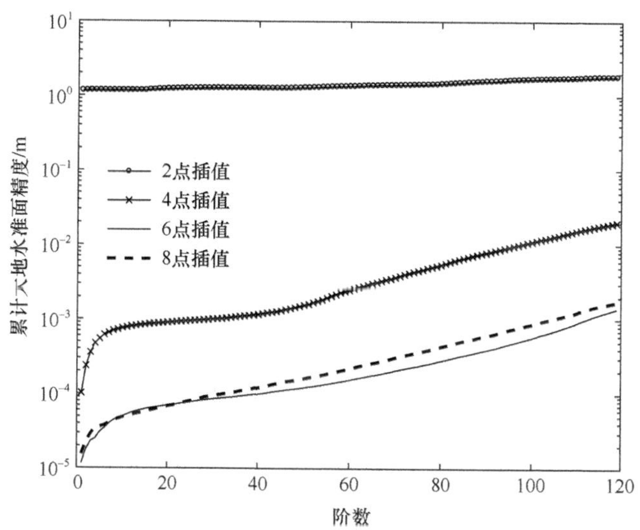

图 5.6 基于不同的残余星间速度插值点数反演累计大地水准面精度

表 5.2 基于不同残余星间速度点数的累计大地水准面精度统计结果

插值公式	累计大地水准面精度/m				
	20 阶	60 阶	80 阶	100 阶	120 阶
2 点插值	1.219×10^{0}	1.355×10^{0}	1.451×10^{0}	1.701×10^{0}	1.833×10^{0}
4 点插值	8.910×10^{-4}	2.386×10^{-3}	5.243×10^{-3}	1.076×10^{-2}	2.005×10^{-2}
6 点插值	6.871×10^{-5}	1.505×10^{-4}	2.725×10^{-4}	5.506×10^{-4}	1.396×10^{-3}
8 点插值	6.609×10^{-5}	2.121×10^{-4}	4.216×10^{-4}	8.462×10^{-4}	1.733×10^{-3}

5.4.2 相关系数的影响

图 5.7（a）表示基于卫星观测时间 30 天和采样间隔 5 s，通过 6 点残余星间速度公式，利用相关系数（轨道位置和轨道速度 0.95，非保守力 0.90，星间速度 0.80、0.85 和 0.90）反演地球引力位系数的精度；图 5.7（b）表示利用相关系数（星间速度 0.85，非保守力 0.90，轨道位置和轨道速度 0.90、0.95 和 0.99）反演地球引力位系数的精度；图 5.7（c）表示利用相关系数（星间速度 0.85，轨道位置和轨道速度 0.95，非保守力 0.85、0.90 和 0.95）反演地球引力位系数的精度。研究结果表明：相关系数对地球重力场精度的影响在不同频段具有不同的特性。第一，在地球重力场长波段，随着相关系数减小，地球重力场精度逐渐提高。基于高相关性的卫星观测值，地球重力场长波段信号强度将被降低，因此在一定程度上将损失地球重力场低频信号精度。第二，在地球重力场中长波段，随着相关系数的增加，由于卫星观测值的误差逐步减小，因此地球重力场精度逐渐提高。总而言之，相关系数的优化设计是进一步提高地球重力场精度的关键因素。

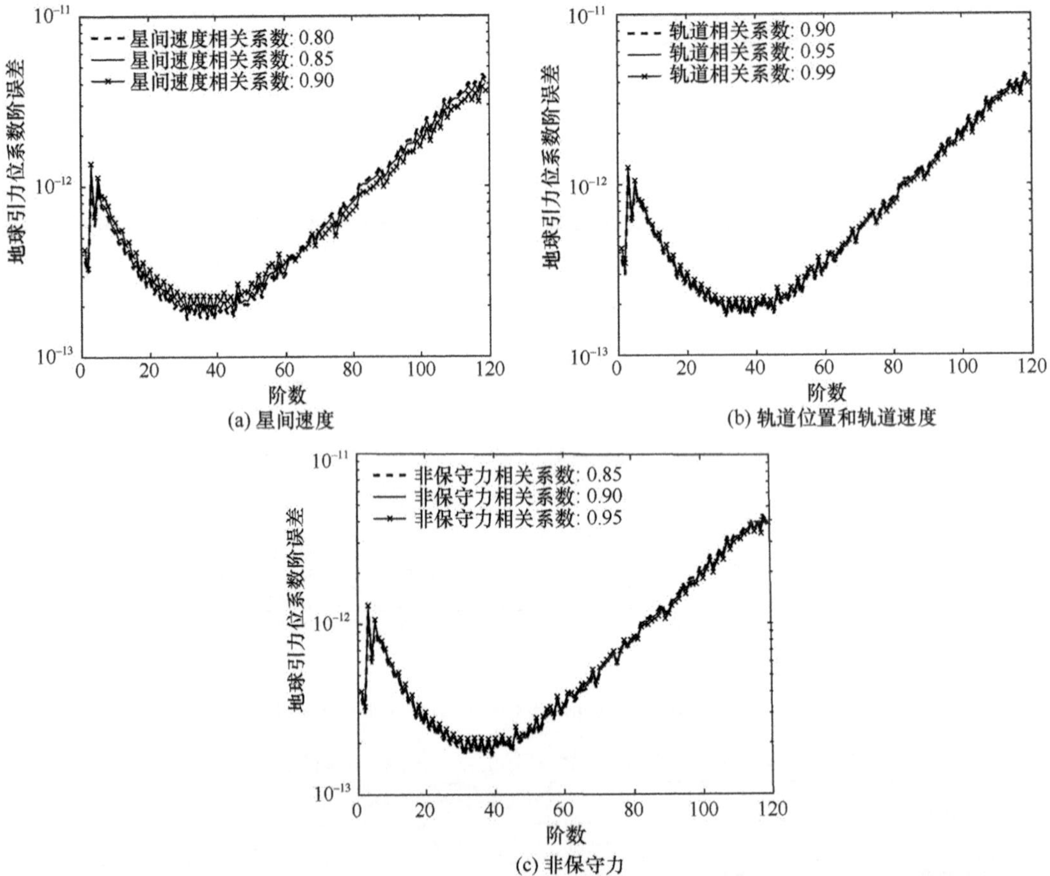

(a) 星间速度

(b) 轨道位置和轨道速度

(c) 非保守力

图 5.7 基于 6 点残余星间速度法以及利用不同相关系数和相同采样间隔 5 s 反演地球引力位系数精度

5.4.3 地球重力场反演

如图 5.8 所示，实线、虚线、十字线和圆圈线分别表示基于关键载荷误差（激光干涉测距仪的星间速度 1×10^{-7} m/s、GPS 接收机的轨道位置 3×10^{-3} m 和轨道速度 1×10^{-6} m/s、加速度计的非保守力 3×10^{-11} m/s^2），通过 6 点残余星间速度公式，利用卫星观测时间 30 天、采样间隔 5 s 和相关系数（星间速度 0.85、轨道位置和轨道速度 0.95、非保守力 0.90）反演地球引力位系数的精度。以基于星间速度误差 1×10^{-7} m/s 反演地球重力场精度为标准，本章分别基于轨道位置误差 10^{-3}～10^{-5} m、轨道速度误差 10^{-6}～10^{-8} m/s 和非保守力误差 10^{-11}～10^{-13} m/s^2 反演了地球重力场。研究结果表明：星间速度误差 1×10^{-7} m/s 对地球重力场精度的影响与轨道位置误差（2～3）$\times10^{-3}$ m、轨道速度误差（0.5～1）$\times10^{-6}$ m/s 和非保守力误差（2～3）$\times10^{-11}$ m/s^2 相匹配。因此，残余星间速度法是获得下一代重力卫星系统的关键载荷匹配精度指标的有效方法。

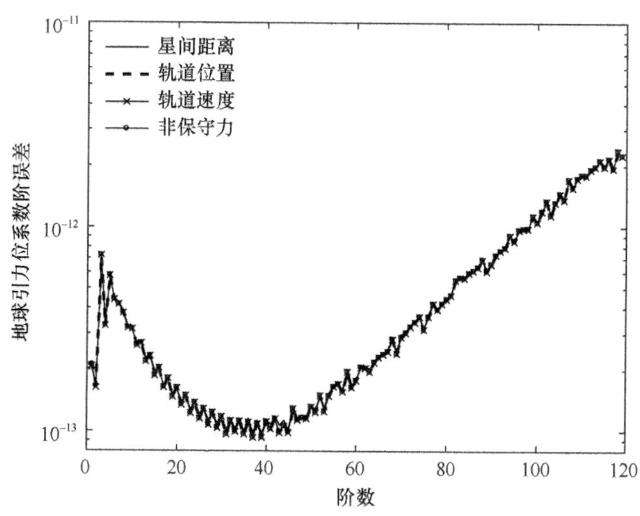

图 5.8 基于不同关键载荷精度指标反演地球引力位系数精度

如图 5.9 和表 5.3 所示，十字线表示德国波茨坦地学研究中心（GFZ）公布的 120 阶 GRACE-only 地球重力场模型 EIGEN-GRACE02S 的实测精度，在 120 阶处累计大地水准面精度为 1.893×10^{-1} m。虚线和实线表示基于 6 点残余星间速度公式，通过卫星观测时间 30 天、采样间隔 5 s 和相关系数（星间速度 0.85、轨道位置和轨道速度 0.95、非保守力 0.90），基于关键载荷匹配精度指标（激光干涉测距仪的星间速度 1×10^{-7} m/s、GPS 接收机的轨道位置 3×10^{-3} m 和轨道速度 1×10^{-6} m/s、加速度计的非保守力 3×10^{-11} m/s^2），分别利用星间速度和残余星间速度观测值，反演下一代 GRACE Follow-On 地球重力场精度；在 120 阶处，GRACE Follow-On 累计大地水准面精度分别为 1.638×10^{-3} m 和 1.396×10^{-3} m。研究结果表明：

（1）基于下一代 GRACE Follow-On 卫星（虚线）反演地球重力场精度较当前 GRACE 卫星（十字线）至少提高一个数量级；

（2）下一代重力双星的残余星间速度观测量（实线）较星间速度（虚线）对地球重

力场反演精度更敏感，理论分析如下：残余星间速度$\delta\dot{\rho}_{12}=\dot{\rho}_{12}-\dot{\rho}_{12}^{o}$是星间速度$\dot{\rho}_{12}$扣除参考星间速度$\dot{\rho}_{12}^{o}$后的扰动小量，通过二者的差分计算，星间速度$\dot{\rho}_{12}$和参考星间速度$\dot{\rho}_{12}^{o}$之间的公共误差将被大部分消除，因此，基于残余星间速度观测量$\delta\dot{\rho}_{12}$有利于提高地球重力场反演精度；

（3）残余星间速度法是有效抑制地球重力场的高频噪声，进而精确和快速建立下一代高阶次地球重力场模型的有效方法。

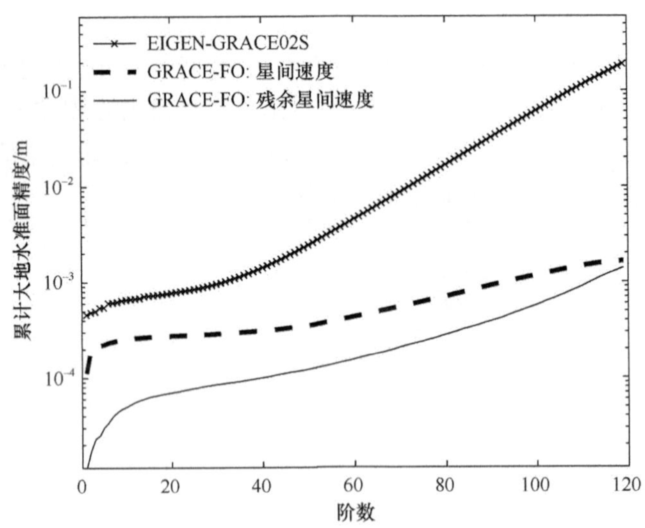

图 5.9　基于残余星间速度法反演 GRACE Follow-On 累计大地水准面精度

表 5.3　基于残余星间速度法反演累计大地水准面精度统计结果

重力卫星	累计大地水准面精度/m				
	20 阶	60 阶	80 阶	100 阶	120 阶
EIGEN-GRACE02S（GFZ）	7.606×10^{-4}	4.241×10^{-3}	1.566×10^{-2}	5.756×10^{-2}	1.893×10^{-1}
GRACE-FO（星间速度）	2.746×10^{-4}	4.233×10^{-4}	6.849×10^{-4}	1.142×10^{-3}	1.638×10^{-3}
GRACE-FO（残余星间速度）	6.871×10^{-5}	1.505×10^{-4}	2.725×10^{-4}	5.506×10^{-4}	1.396×10^{-3}

5.5　本 章 小 结

本章围绕将来 GRACE Follow-On 卫星重力计划，旨在检验基于新型残余星间速度法进一步提高下一代地球重力场反演精度的可行性。基于当前和将来 GPS 定轨精度的限制（$10^{-2}\sim10^{-3}$ m），本章选择下一代 GRACE Follow-On 卫星载荷精度指标较当前 GRACE 载荷精度指标提高 1 个数量级开展了数值模拟研究。

（1）基于 2 点、4 点、6 点和 8 点残余星间速度公式分别反演了 120 阶地球重力场精度，结果表明：6 点残余星间速度公式有利于 120 阶 GRACE Follow-On 地球重力场精度的提高；论证了不同卫星观测值相关系数对地球重力场精度的影响，结果表明：随着相关系数的逐渐减小，地球重力场长波信号精度逐渐提高，但中长波信号精度逐渐降低。

（2）开展了星间速度和残余星间速度观测值对下一代 GRACE Follow-On 地球重力

场精度的影响研究，结果表明：下一代重力双星的残余星间速度观测量对地球重力场反演精度的敏感性较星间速度更强。

（3）残余星间速度法是反演下一代高精度和高空间分辨率 GRACE Follow-On 地球重力场的有效方法。在 GRACE Follow-On 卫星成功发射之后，基于残余星间速度法有利于精确建立下一代高阶次全球重力场模型。

参 考 文 献

程芦颖, 许厚泽. 2006. 地球重力场恢复中的位旋转效应. 地球物理学报, 49(1): 93–98.

刘林. 1992. 人造地球卫星轨道力学. 北京: 高等教育出版社, 1–619.

沈云中. 2000. 应用 CHAMP 卫星星历精化地球重力场模型的研究. 武汉: 中国科学院测量与地球物理研究所博士学位论文, 1–111.

许厚泽. 2001. 卫星重力研究: 21 世纪大地测量研究的新热点. 测绘科学, 26(3): 1–3.

张捍卫, 许厚泽, 刘学谦. 2004. 固体潮 Love 数的基本理论和数值结果. 地球物理学进展, 19(2): 372–378.

周旭华, 许厚泽, 吴斌, 彭碧波, 陆洋. 2006. 用 GRACE 卫星跟踪数据反演地球重力场. 地球物理学报, 49(3): 718–723.

Bender P L, Wiese D N, Nerem R S. 2008. A possible dual-GRACE mission with 90 degree and 63 degree inclination orbits. In: Proceedings of the third international symposium on formation flying, missions and technologies. ESA/ESTEC, Noordwijk, 1–6.

Engeln-Mullges G, Reutter F. 1988. Numerik-Algorithmen mit ANSI C-Programmen, BI-Wiss, Verlag, Mannheim.

Förste C, Flechtner F, Schmidt R. 2005. A new high resolution global gravity field model derived from combination of GRACE and CHAMP mission and altimetry/gravimetry surface gravity data. Presented at EGU General Assembly 2005, Vienna, Austria, 24-29, April.

Förste C, Flechtner F, Schmidt R. 2008a. EIGEN-GL05C-A new global combined high-resolution GRACE-based gravity field model of the GFZ-GRGS cooperation. General Assembly European Geosciences Union. Geophysical Research Abstracts, Vol. 10, Abstract No. EGU2008-A-06944.

Förste C, Schmidt R, Stubenvoll R, Flechtner F, Meyer U, König R, Neumayer H, Biancale R, Lemoine J M, Bruinsma S, Loyer S, Barthelmes F, Esselborn S. 2008b. The GeoForschungsZentrum Potsdam/Groupe de Recherche de Geodesie Spatiale satellite-only and combined gravity field models: EIGEN-GL04S1 and EIGEN-GL04C. Journal of Geodesy, 82(6): 331–346.

Loomis B D, Nerem R S, Luthcke S B. 2012. Simulation study of a follow-on gravity mission to GRACE. Journal of Geodesy, 86(5): 319–335.

Reigber C. 2004. First GFZ GRACE gravity field model EIGEN-GRACE01S. http: //op.gfzpotsdam.de grace/results.

Reigber C, Schmidt R, Flechtner F. 2004a. An Earth gravity field model complete to degree and order 150 from GRACE: EIGEN-GRACE02S. Journal of Geodynamics, 39(1): 1–10.

Reigber C, Schwintzer P, Stubenvoll R, Schmidt R, Flechtner F. 2004b. A high-resolution global gravity field model combining CHAMP and GRACE satellite mission and surface gravity data: EIGEN-CG01C. Joint CHAMP/GRACE Science Meeting, GFZ, July 5-7.

Reigber Ch, Schmidt R, Flechtner F. 2005. An Earth gravity field model complete to degree and order 150 from GRACE: EIGEN-GRACE02S. Journal of Geodynamics, 39(1): 1–10.

Rummel R. 2003. How to climb the gravity wall. Space Science Reviews, 108(1): 1–14.

Sneeuw N, Flury J, Rummel R. 2005. Science requirements on future missions and simulated mission scenarios. Earth, Moon, and Planets, 94(1-2): 113–142.

Tapley B, Ries J, Bettadpur S, Chambers D, Cheng M, Condi F, Gunter B, Kang Z, Nagel P, Pastor R, Pekker T, Poole S, Wang F. 2005. GGM02—An improved Earth gravity field model from GRACE. Journal of

Geodesy, 79(8): 467–478.
Wiese D N, Folkner W M, Nerem R S. 2009. Alternative mission architectures for a gravity recovery satellite Mission. Journal of Geodesy, 83(6): 569–581.
Wiese D N, Nerem R S, Lemoine F G. 2012. Design considerations for a dedicated gravity recovery satellite mission consisting of two pairs of satellites. Journal of Geodesy, 86(2): 81–98.
Wolff M. 1969. Direct measurement of the Earth's gravitational potential using a satellite pair. Journal of Geophysical Research, 74(22): 5295–5300.
Zheng W, Shao C G, Luo J, Xu H Z. 2006. Numerical simulation of Earth's gravitational field recovery from SST based on the energy conservation principle. Chinese Journal of Geophysics, 49(3): 644–650.
Zheng W, Shao C G, Luo J, Xu H Z. 2008a. Improving the accuracy of GRACE Earth's gravitational field using the combination of different inclinations. Progress in Natural Science, 18(5): 555–561.
Zheng W, Xu H Z, Zhong M, Liu C S, Yun M J. 2013. Precise and rapid recovery of the Earth's gravitational field by the next-generation four-satellite cartwheel formation system. Chinese Journal of Geophysics, 56(5): 523–531.
Zheng W, Xu H Z, Zhong M, Liu C S, Yun M J. 2014. Precise and rapid recovery of the Earth's gravity field from the next-generation GRACE Follow-On mission using the residual intersatellite range-rate method. Chinese Journal of Geophysics, 57(1): 11–24.
Zheng W, Xu H Z, Zhong M, Yun M J. 2011. Efficient calibration of the non-conservative force data from the space-borne accelerometers of the twin GRACE satellites. Transactions of the Japan Society for Aeronautical and Space Sciences, 54(184): 106–110.
Zheng W, Xu H Z, Zhong M, Yun M J. 2009a. Physical explanation of influence of twin and three satellites formation mode on the accuracy of Earth's gravitational field. Chinese Physics Letters, 26(2): 029101-1–029101-4.
Zheng W, Xu H Z, Zhong M, Yun M J. 2012a. Influences of interpolation formula, correlation coefficient and sample interval on the accuracy of GRACE Follow-On intersatellite range-acceleration. Chinese Journal of Geophysics, 55(2): 100–111.
Zheng W, Xu H Z, Zhong M, Yun M J. 2012b. Efficient accuracy improvement of GRACE global gravitational field recovery using a new inter-satellite range interpolation method. Journal of Geodynamics, 53: 1–7.
Zheng W, Xu H Z, Zhong M, Yun M J. 2012c. Precise recovery of the Earth's gravitational field with GRACE: Intersatellite range-rate interpolation approach. IEEE Geoscience and Remote Sensing Letters, 9(3): 422–426.
Zheng W, Xu H Z, Zhong M, Yun M J, Zhou X H, Peng B B. 2008b. Efficient and rapid estimation of the accuracy of GRACE global gravitational field using the semi-analytical method. Chinese Journal of Geophysics, 51(6): 1143–1150.
Zheng W, Xu H Z, Zhong M, Yun M J, Zhou X H, Peng B B. 2009b. Influence of the adjusted accuracy of center of mass between GRACE satellite and SuperSTAR accelerometer on the accuracy of Earth's gravitational field. Chinese Journal of Geophysics, 52(3): 564–574.
Zheng W, Xu H Z, Zhong M, Yun M J, Zhou X H, Peng B B. 2009c. Effective processing of measured data from GRACE key payloads and accurate determination of Earth's gravitational field. Chinese Journal of Geophysics, 52(4): 772–782.
Zheng W, Xu H Z, Zhong M, Yun M J, Zhou X H, Peng B B. 2009d. Demonstration on the optimal design of resolution indexes of high and low sensitive axes from space-borne accelerometer in the satellite-to-satellite tracking model. Chinese Journal of Geophysics, 52(6): 1200–1209.
Zheng W, Xu H Z, Zhong M, Yun M J, Zhou X H, Peng B B. 2010. Efficient and rapid estimation of the accuracy of future GRACE Follow-On Earth's gravitational field using the analytic method. Chinese Journal of Geophysics, 53(2): 218–230.

第6章 基于下一代 Pendulum-A/B 双星编队精确反演地球重力场

本章基于下一代 Pendulum-A/B 双星编队开展了卫星重力反演和需求论证研究。第一，采用 GRACE 卫星轨道参数和关键载荷匹配精度，分别利用串行式卫星编队和钟摆式卫星编队反演了 120 阶地球重力场，研究结果表明：第一，基于钟摆式卫星编队反演地球重力场精度较基于串行式卫星编队反演地球重力场精度平均提高 2 倍，从而检验了采用下一代钟摆式卫星编队进一步提高地球重力场反演精度的可行性。第二，利用卫星轨道参数（轨道高度 400 km、星间距离 100 km、轨道倾角 89°和轨道离心率 0.001）、卫星关键载荷精度（星间距离 10^{-6} m、轨道位置 10^{-3} m、轨道速度 10^{-6} m/s 和非保守力 10^{-11} m/s^2）、观测时间 30 天和采样间隔 10 s，精确反演了 120 阶 Pendulum-A/B 地球重力场，在 120 阶处反演累计大地水准面精度为 6.431×10^{-3} m；采用下一代 Pendulum-A/B 双星编队反演地球重力场精度较当前 GRACE 卫星编队反演地球重力场精度至少提高 10 倍。第三，开展了下一代 Pendulum-A/B 双星编队系统的需求分析研究，建议将卫星轨道高度优化设计为（400±50）km，将 Pendulum-A/B 关键载荷匹配精度较 GRACE 整体提高一个数量级（Zheng et al.，2014）。

6.1 研 究 背 景

虽然相对于传统重力测量技术（车载、船载和机载），GRACE 卫星重力计划在科学、国防等研究领域已取得巨大成就（Jekeli，1999；Reigber et al.，2004；张捍卫等，2004；沈云中等，2005；Tapley et al.，2005；Zheng et al.，2005，2006，2008b，2008c，2009c，2009d，2011，2012a；程芦颖和许厚泽，2006；周旭华等，2006；Xu，2008；郑伟等，2009b，2010c，2011b，2011c，2011d），但由于 GRACE 自身的固有局限性，已无法满足 21 世纪相关领域对地球重力测量精度进一步提高的迫切需求。基于以上动机，国际众多科研机构（美国国家航空航天局喷气推进实验室（NASA-JPL）、欧洲空间局（ESA）、德国波茨坦地学研究中心（GFZ）、法国空间研究中心（CNES）等）正在积极寻求下一代更高时空分辨率的卫星重力计划（Bender et al.，2003a，2003b；Rummel，2003；Sneeuw et al.，2005；Zheng et al.，2009a，2009e，2010a；郑伟等，2010a，2010b，2012）：

（1）串行式卫星编队（如美国 GRACE Follow-On 卫星重力计划（Stephens et al.，2006；Flechtner et al.，2009；Zheng et al.，2009b，2010b，2012b；Loomis，2009；Loomis et al.，2012）、欧洲 NGGM 卫星重力计划（Anselmi et al.，2010；Cesare et al.，2010；Silvestrin et al.，2012；Cesare and Sechi，2013）等）；

（2）转轮式卫星编队（如美国 FSCF 卫星重力计划（Wiese et al.，2009；Zheng et al.，

2013）等）；

（3）钟摆式卫星编队（如 E.MOTION 卫星重力计划（Gruber，2010；Elsaka et al.，2012；Gruber et al.，2012；Panet et al.，2013）等）；

（4）不同轨道倾角组合卫星编队（Bender et al.，2008；Zheng et al.，2008a；Wiese et al.，2012）。

在图 6.1 中，*O-XYZ* 表示地心惯性坐标系，*X* 轴指向平春分点的方向，*Z* 轴指向地球自转轴的方向，*Y* 轴和 *X* 轴、*Z* 轴呈右手螺旋关系。*o-xyz* 表示卫星轨道坐标系，*x* 轴指向卫星运动方向（along-track），*y* 轴指向垂直于轨道面方向（cross-track），*z* 轴由地心指向外（radial）。如图 6.1 和表 6.1 所示，下一代 Pendulum-A/B 双星编队预期采用近圆轨道、近极轨道和低地球轨道设计，通过高轨道的 GNSS 星座（美国 GPS、俄罗斯 GLONASS、欧洲 Galileo、中国 Compass 等）精密跟踪低轨 Pendulum-A/B 双星（定轨精度优于 10^{-2} m），利用激光干涉测距仪高精度感测星间距离（10^{-6}～10^{-8} m），基于非保守力补偿系统（drag-free）精确消除作用于双星的非保守力（10^{-11}～10^{-13} m/s^2）。相对于当前 GRACE 双星串行式编队系统，下一代 Pendulum-A/B 双星编队系统的优点如下：第一，采用钟摆式轨道设计，在赤道处星间距离最大，在两极处星间距离最小，可同时获得轨向（along-track）和垂向（cross-track）的卫星观测值信号，旨在进一步提高卫星观测值的时空分辨率。第二，采用激光干涉测距仪大幅度提高星间距离的测量精度（1～3 个数量级），旨在进一步降低卫星观测值误差对地球重力场反演精度的影响；通过非保守力补偿系统消除非保守力（大气阻力、太阳光压、地球辐射压、轨道高度和姿态控制力等）对卫星寿命的负面影响，旨在进一步降低卫星轨道高度（300～400 km），从而抑制地球重力场信号的衰减效应。第三，通过提高地球重力场测量的时间和空间分辨率，进而消除地球时变重力场模型中南北向（径向）的条带误差效应，以及降低大气和海洋潮汐等高频混淆效应对地球时变重力场精度的限制。第四，整体技术要求相对较低，而且研制费用相对较少，因此易于实现。

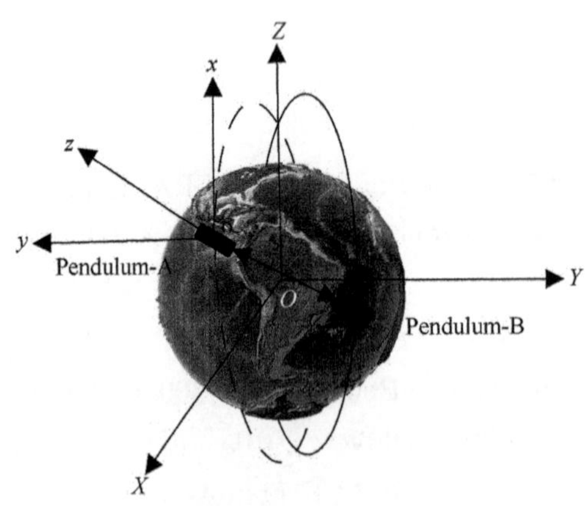

图 6.1　Pendulum-A/B 双星编队测量原理

本章基于下一代 Pendulum-A/B 双星编队系统（钟摆式）精确反演了 120 阶地球重力场，并围绕卫星轨道高度的优化设计和关键载荷匹配精度的优化选取开展了下一代 Pendulum-A/B 双星观测模式的需求论证研究。

表 6.1　当前 GRACE 和下一代 Pendulum-A/B 双星编队系统对比

参数	重力卫星	
	GRACE	Pendulum-A/B
轨道高度	500 km	（400±50）km
星间距离	220 km	（100±50）km
轨道倾角	89°	90°±3°
轨道离心率	0.004	<0.001
跟踪模式	串行式（collinear）	钟摆式（pendulum）
观测数据	轨向	轨向和垂向
关键载荷	K 波段测距仪 加速度计	激光干涉测距仪 非保守力补偿系统

6.2　Pendulum-A/B 双星观测值的色噪声模拟

如图 6.2 所示，本章首先利用 9 阶 Runge-Kutta 线性单步法结合 12 阶 Adams-Cowell 线性多步法数值积分公式模拟了 Pendulum-A/B 双星的轨道位置和轨道速度，轨道模拟参数如表 6.2 所示。

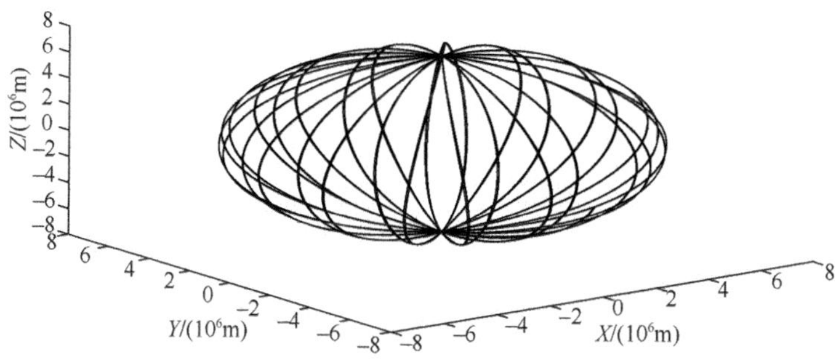

图 6.2　Pendulum-A/B 双星三维轨道（1 天）

表 6.2　Pendulum-A/B 卫星编队轨道参数

参数	指标
轨道高度	400 km
星间距离	100 km
轨道倾角	89°
轨道离心率	0.001
观测时间	30 天
采样间隔时间	10 s
参考重力模型	EGM2008

基于 Gauss-Markov 模型，卫星观测值的色噪声表示如下（沈云中，2000）：

$$\begin{cases} \varepsilon_0 = \delta_0, \\ \varepsilon_1 = \mu\varepsilon_0 + \sqrt{1-\mu^2}\,\delta_1, \\ \varepsilon_2 = \mu\varepsilon_1 + \sqrt{1-\mu^2}\,\delta_2, \\ \quad \cdots\cdots \\ \varepsilon_i = \mu\varepsilon_{i-1} + \sqrt{1-\mu^2}\,\delta_i \end{cases} \tag{6.1}$$

其中，μ 为色噪声相关系数；$\delta_i(i=1,2,\cdots)$ 为正态分布的随机白噪声（$\mu=0$），i 为观测点的个数；$\varepsilon_i(i=1,2,\cdots)$ 为具有相关性的色噪声（$0<\mu<1$）。

本章基于 Gauss-Markov 色噪声模型，利用相关系数（激光干涉测距仪的星间距离 0.85，GPS 接收机的轨道位置和轨道速度 0.95，星载加速度计的非保守力 0.90）和采样间隔 10 s 模拟了星间距离、轨道位置、轨道速度和非保守力的色噪声（GPS 接收机的轨道位置和轨道速度精度指标可通过高精度激光干涉测距仪辅助获得），其中星间距离，以及轨道位置、轨道速度和非保守力在 X 轴方向的色噪声如图 6.3 所示，统计结果如表 6.3 所示。

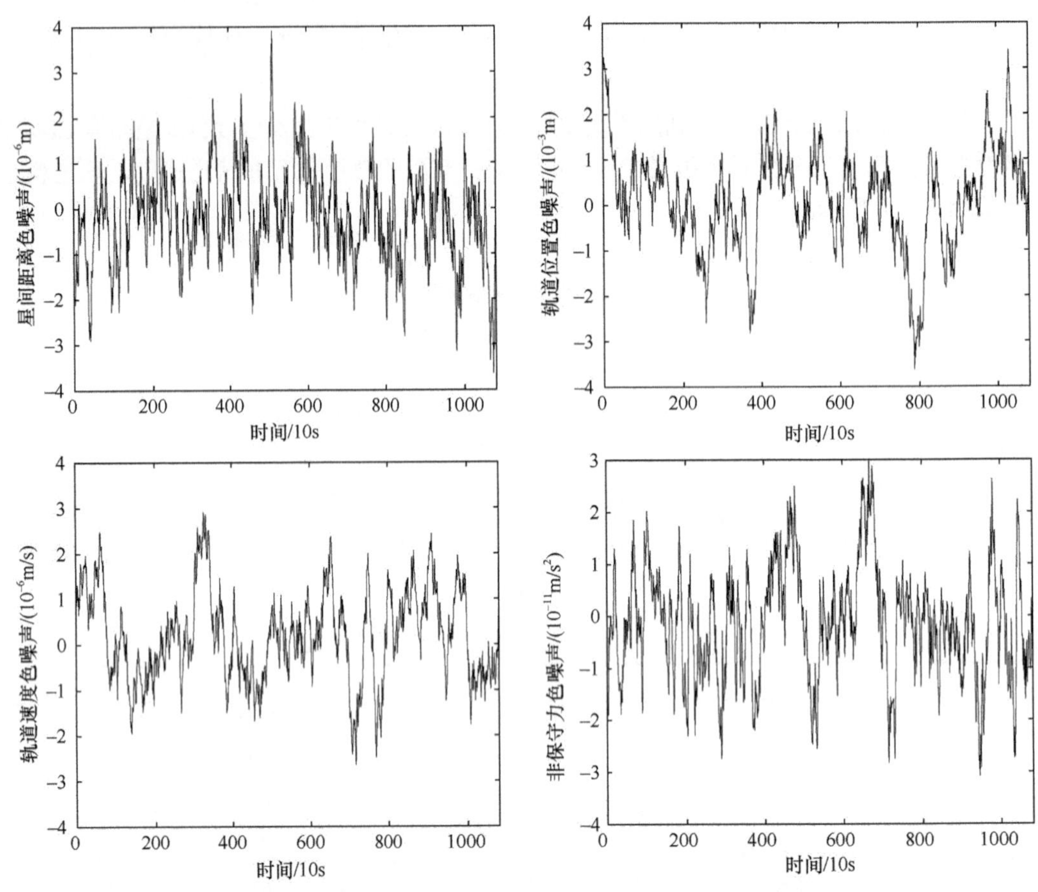

图 6.3　星间距离、轨道位置、轨道速度和非保守力的色噪声模拟

表 6.3　Pendulum-A/B 卫星观测值色噪声统计结果

观测值	色噪声			
	最小值	最大值	平均值	标准差
星间距离/m	-3.639×10^{-6}	3.909×10^{-6}	-1.529×10^{-7}	1.053×10^{-6}
轨道位置/m	-3.611×10^{-3}	3.393×10^{-3}	-7.922×10^{-5}	1.094×10^{-3}
轨道速度/（m/s）	-2.644×10^{-6}	2.917×10^{-6}	-1.845×10^{-7}	1.009×10^{-6}
非保守力/（m/s^2）	-3.077×10^{-11}	2.990×10^{-11}	-1.451×10^{-12}	1.092×10^{-11}

6.3 下一代 Pendulum-A/B 双星编队的可行性检验

如图 6.4 所示，十字线表示德国波茨坦地学研究中心（GFZ）公布的 120 阶 EIGEN-GRACE02S 地球重力场模型的实测精度，在 120 阶处反演累计大地水准面精度为 1.893×10^{-1} m；虚线和实线表示基于星间距离插值法（Zheng et al.，2012c），利用 GRACE 卫星关键载荷精度（星间距离 10^{-5} m/s、轨道位置 10^{-2} m、轨道速度 10^{-5} m/s 和非保守力 10^{-10} m/s^2）、GRACE 卫星轨道参数（轨道高度 500 km、星间距离 220 km、轨道倾角 89°和轨道离心率 0.001）、观测时间 30 天和采样间隔 10 s，分别反演 120 阶 GRACE 和 Pendulum-A/B 地球重力场的模拟精度，在 120 阶处反演累计大地水准面精度为 2.661×10^{-1} m 和 1.252×10^{-1} m；在各阶处的累计大地水准面精度统计结果如表 6.4 所示。

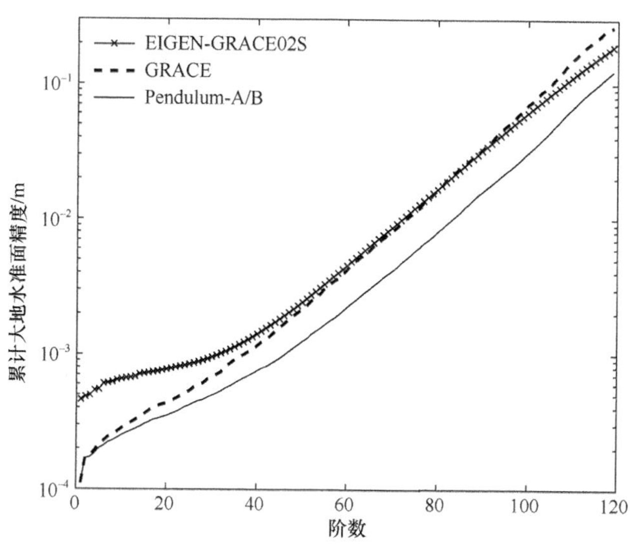

图 6.4　基于 GRACE 和 Pendulum-A/B 卫星编队反演累计大地水准面精度对比

研究结果表明：第一，在地球重力场长波段（2 阶$<L<$60 阶），GRACE 模拟精度（虚线）高于 EIGEN-GRACE02S 模型实测精度（十字线）；在地球重力场中长波段（90 阶$<L<$120 阶），GRACE 模拟精度（虚线）低于 EIGEN-GRACE02S 模型实测精度（十字线）；在 120 阶内，GRACE 模拟精度（虚线）的平均值与 EIGEN-GRACE02S 模型实测精度（十字线）的平均值基本符合，因此可验证本章采用的卫星重力反演计算程序是可靠的。第二，基于相同的卫星关键载荷精度和卫星轨道参数，利用 Pendulum-A/B 双星编队反演地球重力场精度（实线）较采用 GRACE 卫星编队反演地球重力场精度（虚线）平均提高 2 倍，主要原因分析如下：①当前 GRACE 双星编队采用串行跟踪模式［图 6.5（a)］仅能感测沿轨方向的重力场信号，但无法感测垂向和径向的重力场信号，因此必将导致由于垂向和径向信号缺失而引起的地球静态和时变重力场反演精度下降，以及地球时变重力场信号在南北向（经向）的条带误差效应。②下一代 Pendulum-A/B 双星编队采用钟摆跟踪模式［图 6.5（b)］可同时获得轨向和垂向的地球重力场信号：第一，由于 Pendulum-A/B 增加了垂向重力场信号，因此进一步提高了地球重力场反演精度（虚线和实线）；第二，由于 Pendulum-A/B 观测误差更加各向同性（均匀性），因此有利于减

弱地球时变重力场信号在南北向（经向）的条带误差（stripe）影响；第三，由于 Pendulum-A/B 提高了卫星观测数据的时空分辨率，因此有利于降低大气和海洋潮汐等高频信号的“混淆现象”（aliasing）。因此，Pendulum-A/B 双星编队是进一步提高下一代地球重力场模型时空分辨率的优选途径。

表 6.4 GRACE 和 Pendulum-A/B 累计大地水准面精度统计结果

重力卫星	累计大地水准面精度/m				
	20 阶	50 阶	80 阶	100 阶	120 阶
EIGEN–GRACE02S	7.606×10^{-4}	2.282×10^{-3}	1.566×10^{-2}	5.756×10^{-2}	1.893×10^{-1}
GRACE	4.239×10^{-4}	2.033×10^{-3}	1.538×10^{-2}	6.438×10^{-2}	2.661×10^{-1}
Pendulum–A/B	3.412×10^{-4}	1.178×10^{-3}	7.478×10^{-3}	2.906×10^{-2}	1.252×10^{-1}

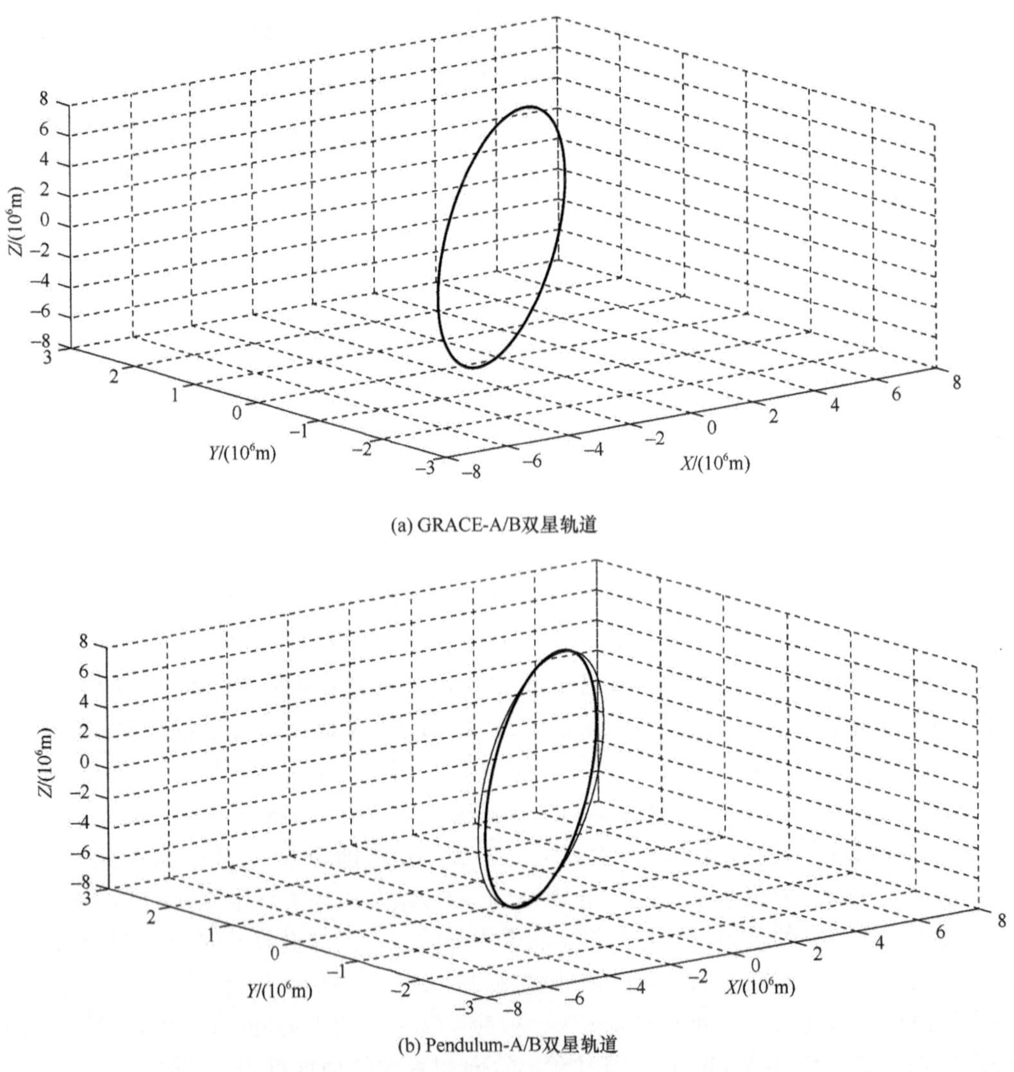

(a) GRACE-A/B双星轨道

(b) Pendulum-A/B双星轨道

图 6.5 GRACE-A/B 和 Pendulum-A/B 双星轨道

6.4 下一代 Pendulum-A/B 双星编队的需求分析

如图 6.6 所示，十字线表示德国波茨坦地学研究中心（GFZ）公布的 120 阶 EIGEN-GRACE02S 地球重力场模型的实测精度，在 120 阶处反演累计大地水准面精度为 1.893×10^{-1} m；实线表示基于星间距离插值法，采用 Pendulum-A/B 卫星关键载荷精度指标（表 6.3）、卫星轨道参数（轨道高度 400 km、星间距离 100 km、轨道倾角 89°和轨道离心率 0.001）、观测时间 30 天和采样间隔 10 s，反演 120 阶 Pendulum-A/B 地球重力场的模拟精度，在 120 阶处反演累计大地水准面精度为 6.431×10^{-3} m；在各阶处的累计大地水准面精度统计结果如表 6.5 所示。研究结果表明：基于下一代 Pendulum-A/B 双星编队反演地球重力场精度较基于当前 GRACE 卫星编队反演地球重力场精度至少提高一个数量级。下一代 Pendulum-A/B 双星编队系统的需求分析如下。

表 6.5　Pendulum-A/B 累计大地水准面精度统计结果

重力卫星	累计大地水准面精度/m				
	20 阶	50 阶	80 阶	100 阶	120 阶
EIGEN-GRACE02S	7.606×10^{-4}	2.282×10^{-3}	1.566×10^{-2}	5.756×10^{-2}	1.893×10^{-1}
Pendulum-A/B	4.689×10^{-5}	1.222×10^{-4}	8.905×10^{-4}	2.342×10^{-3}	6.431×10^{-3}

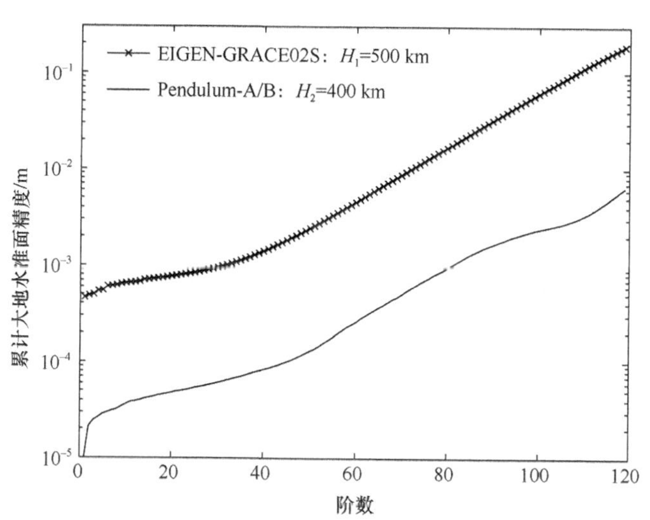

图 6.6　下一代 Pendulum-A/B 累计大地水准面精度

第一，卫星轨道高度优化设计。由于地球重力场信号强度随卫星轨道高度增加呈指数衰减，所以降低卫星轨道高度有利于抑制地球重力场信号的损失，进而提高地球重力场反演精度（郑伟等，2009a）。但是，卫星轨道高度每降低 100 km，作用于卫星体的非保守力将增大 10 倍，不稳定的卫星平台工作环境将较大程度影响星载仪器的测量精度。另外，随着卫星轨道高度降低，由于地球引力的逐步增大以及非保守力的负面影响，为了保持卫星的轨道高度和三维姿态，卫星轨道推进器（thruster）、姿态和轨道控制系统

（AOCS）等载荷的工作频率将急剧增加，导致卫星携带燃料的快速损耗，进而缩短卫星的工作寿命。 因此，重力反演精度和卫星工作寿命的权衡是决定下一代重力卫星轨道高度优化选取的关键因素。据图 6.6 中十字线和实线对比可知：①如果将 Pendulum-A/B 双星轨道高度设计为 400 km，在 120 阶处，基于 Pendulum-A/B 双星编队反演地球静态重力场精度较基于 GRACE 卫星编队的反演精度约提高 30 倍，因此可满足下一代地球静态重力场精度较目前地球静态重力场精度提高一个数量级的科学目标；②有利于延长卫星工作寿命，进而实现下一代地球时变重力场的长期观测以及提高反演精度；③有利于降低卫星平台和关键载荷的研制难度以及在轨飞行控制要求（轨道控制、姿态控制等）。因此，本章建议将下一代 Pendulum-A/B 双星编队的轨道高度设计为（400±50）km 较优。

第二，卫星关键载荷匹配精度优化选取。GRACE 卫星编队基于 GPS 系统精密跟踪定位（轨道位置精度 10^{-2} m 和轨道速度精度 10^{-5} m/s），利用 K 波段测距系统高精度感测星间距离（10^{-5} m），通过加速度计精确测量作用于卫星体的非保守力（10^{-10} m/s^2）（郑伟等，2011a）。GRACE 卫星关键载荷测量精度的限制，导致了地球时变重力场模型在南北向的条带误差以及大气和海洋潮汐等高频误差引起的“混淆效应”，最终使建立的地球重力场模型的时空分辨率无法进一步提高。为了克服当前 GRACE 卫星编队的缺点，目前国际众多科研机构正从“提高载荷测量精度”“优化卫星跟踪模式”等方面开展下一代卫星重力系统的需求分析。下一代 Pendulum-A/B 双星编队预期采用更高精度的激光干涉测距仪测量星间距离（10^{-6}～10^{-8} m/s）和通过非保守力补偿系统屏蔽作用于卫星体的非保守力（10^{-11}～10^{-13} m/s^2）。但目前 GNSS 系统的定轨精度（10^{-2}～10^{-3} m）无法大幅度提高，因此基于误差匹配原理，本章建议下一代 Pendulum-A/B 双星编队的关键载荷匹配精度（星间距离 10^{-6} m、轨道位置 10^{-3} m、轨道速度 10^{-6} m/s 和非保守力 10^{-11} m/s^2）较当前 GRACE 关键载荷精度整体提高 10 倍较优。

6.5 本 章 小 结

本章开展了采用下一代 Pendulum-A/B 双星编队进一步提高地球重力场反演精度的探索性研究，具体结论如下。

1. 验证了下一代 Pendulum-A/B 双星编队的有效性

（1）通过 GRACE 平均模拟精度与 EIGEN-GRACE02S 模型平均实测精度的符合性，检验了本章卫星重力反演计算程序的正确性。

（2）由于利用钟摆式卫星编队反演重力场精度较利用串行式卫星编队反演重力场精度平均提高2倍，因此采用下一代钟摆式卫星编队进一步提高地球重力场反演精度可行。

2. 开展了下一代 Pendulum-A/B 双星编队的需求论证

（1）基于星间距离插值法，采用卫星关键载荷精度（星间距离 10^{-6} m/s、轨道位置 10^{-3} m、轨道速度 10^{-6} m/s 和非保守力 10^{-11} m/s^2）和卫星轨道参数（轨道高度 400 km、星间距离 100 km、轨道倾角 89°和轨道离心率 0.001)，精确反演了 120 阶 Pendulum-A/B

地球重力场，研究结果表明：通过下一代 Pendulum-A/B 双星编队反演地球重力场精度较当前 GRACE 卫星编队反演精度至少提高 1 个数量级。

（2）建议将下一代 Pendulum-A/B 双星编队的轨道高度设计为（400±50）km 较优；建议 Pendulum-A/B 关键载荷匹配精度（星间距离 10^{-6} m/s、轨道位置 10^{-3} m、轨道速度 10^{-6} m/s 和非保守力 10^{-11} m/s^2）较 GRACE 关键载荷精度整体提高 1 个数量级较优。

参 考 文 献

程芦颖, 许厚泽. 2006. 地球重力场恢复中的位旋转效应. 地球物理学报, 49(1): 93–98.

沈云中. 2000. 应用 CHAMP 卫星星历精化地球重力场模型的研究. 武汉: 中国科学院测量与地球物理研究所博士学位论文, 1–111.

沈云中, 许厚泽, 吴斌. 2005. 星间加速度解算模式的模拟与分析. 地球物理学报, 48(4): 807–811.

张捍卫, 许厚泽, 刘学谦. 2004. 固体潮 Love 数的基本理论和数值结果. 地球物理学进展, 19(2): 372–378.

郑伟, 许厚泽, 钟敏, 员美娟. 2010a. 国际重力卫星研究进展和我国将来卫星重力测量计划. 测绘科学, 35(1): 5–9.

郑伟, 许厚泽, 钟敏, 员美娟. 2011a. 卫星跟踪卫星测量模式中关键载荷精度指标不同匹配关系论证. 宇航学报, 32(3): 697–706.

郑伟, 许厚泽, 钟敏, 员美娟. 2012. 国际下一代卫星重力测量计划研究进展. 大地测量与地球动力学, 32(3): 152–159.

郑伟, 许厚泽, 钟敏, 员美娟, 彭碧波. 2011b. 利用改进的预处理共轭梯度法和三维插值法精确和快速解算 GRACE 地球重力场. 地球物理学进展, 26(3): 805–812.

郑伟, 许厚泽, 钟敏, 员美娟, 彭碧波, 周旭华. 2010b. Improved-GRACE 卫星重力轨道参数优化研究. 大地测量与地球动力学, 30(2): 43–48.

郑伟, 许厚泽, 钟敏, 员美娟, 彭碧波, 周旭华. 2010c. 地球重力场模型研究进展和现状. 大地测量与地球动力学, 30(4): 83–91.

郑伟, 许厚泽, 钟敏, 员美娟, 周旭华. 2011c. 星间距离影响GRACE地球重力场精度研究. 大地测量与地球动力学, 31(2): 60–65.

郑伟, 许厚泽, 钟敏, 员美娟, 周旭华, 彭碧波. 2009a. 卫-卫跟踪测量模式中轨道高度的优化选取. 大地测量与地球动力学, 29(2): 100–105.

郑伟, 许厚泽, 钟敏, 员美娟, 周旭华, 彭碧波. 2009b. 两种 GRACE 地球重力场精度评定方法的检验. 大地测量与地球动力学, 29(5): 89–93.

郑伟, 许厚泽, 钟敏, 员美娟, 周旭华, 彭碧波. 2011d. 基于星间加速度法精确和快速确定 GRACE 地球重力场. 地球物理学进展, 26(2): 416–423.

周旭华, 许厚泽, 吴斌, 彭碧波, 陆洋. 2006. 用 GRACE 卫星跟踪数据反演地球重力场. 地球物理学报, 49(3): 718–723.

Anselmi A, Cesare S, Cavaglia R. 2010. Assessment of a next generation mission for monitoring the variations of Earth's gravity. ESA Contract 22643/09/NL/AF, Final Report, Issue 2, 22 Dec.

Bender P L, Hall J L, Ye J, Klipstein W M. 2003a. Satellite-satellite laser links for future gravity missions. Space Science Reviews, 108: 377–384.

Bender P L, Nerem R S, Wahr J M. 2003b. Possible future use of laser gravity gradiometers. Space Science Reviews, 108: 385–392.

Bender P L, Wiese D N, Nerem R S. 2008. A possible dual-GRACE mission with 90 degree and 63 degree inclination orbits. In: Pro-123 Design considerations for a dedicated gravity 97 ceedings of the third international symposium on formation flying, missions and technologies. ESA/ESTEC, Noordwijk, 1–6.

Cesare S, Sechi G. 2013. Next Generation Gravity Mission. D'Errico M.(ed.). Distributed Space Missions for

Earth System Monitoring, Space Technology Library 31, 575–598.

Cesare S, Mottini S, Musso F, Parisch M, Sechi G, Canuto E, Aguirre M, Leone B, Massotti L, Silvestrin P. 2010. Satellite formation for a Next Generation Gravimetry Mission. Sandau R, et al.(eds.). Small Satellite Missions for Earth Observation, 125–133.

Elsaka B, Kusche J, Ilk K H. 2012. Recovery of the Earth's gravity field from formation-flying satellites: Temporal aliasing issues. Advances in space Research, 50: 1534–1552.

Flechtner F, Neumayer K H, Doll B, Munder J, Reigber C, Raimondo J C. 2009. GRAF-A GRACE follow-on mission feasibility study. Geophysical Research Abstracts, Vol. 11, EGU2009-8516.

Gruber Th. 2010. E.motion—A proposal for a future satellite mission for the determination of the time-variable Earth gravity field. GRACE Science Team Meeting, Potsdam, 11. Dec.

Gruber Th, Panet I, Johannessen J, Doll B, Christophe B, Sheard B. 2012. Earth System Mass Transport Mission(e.motion): Technological and Mission Configuration Challenges. International Symposium on Gravity, Geoid and Height Systems, GGHS2012, Venice, 9–12. Oct.

Jekeli C. 1999. The determination of gravitational potential differences from SST tracking. Celestial Mechanics and Dynamical Astronomy, 75(2): 85–101.

Loomis B. 2009. Simulation study of a follow-on gravity mission to GRACE. The University of Colorado, 1–193.

Loomis B D, Nerem R S, Luthcke S B. 2012. Simulation study of a follow-on gravity mission to GRACE. Journal of Geodesy, 86(5): 319–335.

Panet I, Flury J, Biancale R, Gruber T, Johannessen J, van den Broeke M R, van Dam T, Gegout P, Hughes C W, Ramillien G, Sasgen I, Seoane L, Thomas M. 2013. Earth System Mass Transport Mission(e.motion): A concept for future earth gravity field measurements from space. Surveys in Geophysics, 34: 141–163.

Reigber Ch, Schmidt R, Flechtner F. 2004. An Earth gravity field model complete to degree and order 150 from GRACE: EIGEN-GRACE02S. Journal of Geodynamics, 39(1): 1–10.

Rummel R. 2003. How to climb the gravity wall. Space Science Reviews, 108: 1–14.

Silvestrin P, Aguirre M, Massotti L, Leone B, Cesare S, Kern M, Haagmans R. 2012. The Future of the Satellite Gravimetry After the GOCE Mission. Kenyon S, et al.(eds.). Geodesy for Planet Earth, International Association of Geodesy Symposia 136, 223–230.

Sneeuw N, Flury J, Rummel R. 2005. Science requirements on future missions and simulated mission scenarios. Earth Moon Planets, 94(1): 113–142.

Stephens M, Craig R, Leitch J, Pierce R. 2006. Demonstration of an Interferometric Laser Ranging System for a Follow-On Gravity Mission to GRACE. In Proceedings of IEEE International Conference on Geoscience and Remote Sensing Symposium, 1115–1118.

Tapley B, Ries J, Bettadpur S, Chambers D, Cheng M, Condi F, Gunter B, Kang Z, Nagel P, Pastor R, Pekker T, Poole S, Wang F. 2005. GGM02-An improved Earth gravity field model from GRACE. Journal of Geodesy, 79(8): 467–478.

Wiese D N, Folkner W M, Nerem R S. 2009. Alternative mission architectures for a gravity recovery satellite Mission. Journal of Geodesy, 83(6): 569–581.

Wiese D N, Nerem R S, Lemoine F G. 2012. Design considerations for a dedicated gravity recovery satellite mission consisting of two pairs of satellites. Journal of Geodesy, 86: 81–98.

Xu P L. 2008. Position and velocity perturbations for the determination of geopotential from space geodetic measurements. Celestial Mechanics and Dynamical Astronomy, 100(3): 231–249.

Zheng W, Lu X L, Xu H Z, Shao C G, Luo J, Wang N C. 2005. Simulation of Earth's gravitational field recovery from GRACE using the energy balance approach. Progress in Natural Science, 15(7): 596–601.

Zheng W, Shao C G, Luo J, Xu H Z. 2006. Numerical simulation of Earth's gravitational field recovery from SST based on the energy conservation principle. Chinese Journal of Geophysics, 49(3): 712–717.

Zheng W, Shao C G, Luo J, Xu H Z. 2008a. Improving the accuracy of GRACE Earth's gravitational field using the combination of different inclinations. Progress in Natural Science, 18(5): 555–561.

Zheng W, Xu H Z, Zhong M, Liu C S, Yun M J. 2013. Precise and rapid recovery of the Earth's gravitational field by the next-generation four-satellite cartwheel formation system. Chinese Journal of Geophysics, 56(5): 523–531.

Zheng W, Xu H Z, Zhong M, Yun M J. 2008b. Physical explanation on designing three axes as different resolution indexes from GRACE satellite-borne accelerometer. Chinese Physics Letters, 25(12): 4482–4485.

Zheng W, Xu H Z, Zhong M, Yun M J. 2009a. Physical explanation of influence of twin and three satellites formation mode on the accuracy of Earth's gravitational field. Chinese Physics Letters, 26(2): 029101-1–029101-4.

Zheng W, Xu H Z, Zhong M, Yun M J. 2009b. Accurate and rapid error estimation on global gravitational field from current GRACE and future GRACE Follow-On missions. Chinese Physics B, 18(8): 3597–3604.

Zheng W, Xu H Z, Zhong M, Yun M J. 2011. Efficient calibration of the non-conservative force data from the space-borne accelerometers of the twin GRACE satellites. Transactions of the Japan Society for Aeronautical and Space Sciences, 54(184): 106–110.

Zheng W, Xu H Z, Zhong M, Yun M J. 2012a. Efficient accuracy improvement of GRACE global gravitational field recovery using a new inter-satellite range interpolation method. Journal of Geodynamics, 53: 1–7.

Zheng W, Xu H Z, Zhong M, Yun M J. 2012b. Impacts of interpolation formula, correlation coefficient and sampling interval on the accuracy of GRACE Follow-On intersatellite range-acceleration. Chinese Journal of Geophysics, 55(3): 822–832.

Zheng W, Xu H Z, Zhong M, Yun M J. 2012c. Precise recovery of the Earth's gravitational field with GRACE: Intersatellite Range-Rate Interpolation Approach. IEEE Geoscience and Remote Sensing Letters, 9(3): 422–426.

Zheng W, Xu H Z, Zhong M, Yun M J. 2014. Physical analysis on improving the recovery accuracy of the Earth's gravity field by a combination of satellite observations in along-track and cross-track directions. Chinese Physics B, 23(10): 109101-1–109101-8.

Zheng W, Xu H Z, Zhong M, Yun M J, Zhou X H, Peng B B. 2008c. Efficient and rapid estimation of the accuracy of GRACE global gravitational field using the semi-analytical method. Chinese Journal of Geophysics, 51(6): 1704–1710.

Zheng W, Xu H Z, Zhong M, Yun M J, Zhou X H, Peng B B. 2009c. Influence of the adjusted accuracy of center of mass between GRACE satellite and SuperSTAR accelerometer on the accuracy of Earth's gravitational field. Chinese Journal of Geophysics, 52(6): 1465–1473.

Zheng W, Xu H Z, Zhong M, Yun M J, Zhou X H, Peng B B. 2009d. Effective processing of measured data from GRACE key payloads and accurate determination of Earth's gravitational field. Chinese Journal of Geophysics, 52(8): 1966–1975.

Zheng W, Xu H Z, Zhong M, Yun M J, Zhou X H, Peng B B. 2009e. Demonstration on the optimal design of resolution indexes of high and low sensitive axes from space-borne accelerometer in the satellite-to-satellite tracking model. Chinese Journal of Geophysics, 52(11): 2712–2720.

Zheng W, Xu H Z, Zhong M, Yun M J, Zhou X H, Peng B B. 2010a. Requirement analysis of orbit parameters in the satellite-to-satellite tracking model. Chinese Astronomy and Astrophysics, 51(1): 65–74.

Zheng W, Xu H Z, Zhong M, Yun M J, Zhou X H, Peng B B. 2010b. Efficient and rapid estimation of the accuracy of future GRACE Follow-On Earth's gravitational field using the analytic method. Chinese Journal of Geophysics, 53(4): 796–806.

第 7 章　基于下一代三向车轮双星编队改善地球重力场空间分辨率

由于当前 GRACE 串行式编队存在“南北向条带误差”等缺陷，本章基于星间速度插值法开展了利用下一代三向车轮双星编队 ACR（along-cross-radial）-Cartwheel 提高地球重力场空间分辨率的可行性研究论证。第一，采用 GRACE 卫星轨道参数和关键载荷精度，利用三向车轮双星编队 ACR-Cartwheel-A/B 反演了 120 阶地球重力场，结果表明：基于 ACR-Cartwheel-A/B 双星编队反演地球重力场的模拟精度较德国波茨坦地学研究中心（GFZ）公布的 EIGEN-GRACE02S 地球重力场模型的实测精度平均提高 2.6 倍，从而检验了基于下一代三向车轮双星编队 ACR-Cartwheel-A/B 反演地球重力场精度优于当前 GRACE 串行式双星编队的可行性。第二，通过星间速度插值法，采用卫星轨道参数（初始轨道高度 350 km、平均星间距离 100 km、初始轨道倾角 89°、初始轨道离心率 0.0046）、卫星关键载荷精度指标（星间速度 10^{-7} m/s、轨道位置 10^{-3} m、轨道速度 10^{-6} m/s、非保守力 10^{-11} m/s^2）、观测时间 30 天和采样间隔 10 s，基于经向车轮双星编队 Lo-AR（longitudinal-along-radial）-Cartwheel-A/B、纬向车轮双星编队 La-AR（latitudinal-along-radial）-Cartwheel-A/B 和三向车轮双星编队 ACR-Cartwheel-A/B，分别反演了 120 阶地球重力场；在 120 阶处，累计大地水准面精度分别为 5.115×10^{-4} m、4.923×10^{-4}m 和 3.488×10^{-4} m。结果表明：①La-AR-Cartwheel-A/B 编队的轨道稳定性优于 Lo-AR-Cartwheel-A/B 编队，因此基于 La-AR-Cartwheel-A/B 编队反演重力场精度高于 Lo-AR-Cartwheel-A/B 编队；②ACR-Cartwheel-A/B 编队可以同时获得轨向、垂向和径向的重力场信息，卫星观测数据具有各向同性优点，因此 ACR-Cartwheel-A/B 编队是建立下一代高精度和高空间分辨地球重力场模型的优化选择（Zheng et al.，2015）。

7.1　研 究 背 景

自 2002 年 3 月 17 日美德联合研制的 GRACE 重力双星成功发射以来，已在地球总体形状随时间变化、地球各圈层物质的分布和变化、全球海洋质量的分布与变化、极地冰川的增大和缩小，以及地下蓄水总量信息特性等领域做出了突出贡献。但 GRACE 卫星重力计划的固有缺陷限制了地球重力场时空分辨率的进一步提高，主要不足之处如下。

（1）“南北向条带误差”效应。由于 GRACE-A/B 双星被设计为“串行式”编队系统，因此仅能感测轨向卫星观测数据，而无法同时获得垂向和径向地球重力场信息。由于获得的卫星观测信号和误差非各向同性（anisotropic），而且 GRACE 串行式轨道设计对经向重力场变化异常敏感，因此导致了削弱地球时变重力场精度的“南北向条带误差”

效应（Swenson and Wahr，2006；Klees et al.，2008）。

（2）“混频”效应。GRACE 双星被设计为非重复轨道，约 30 天的卫星轨道在地面的投影轨迹可完全覆盖地球，因此基于 GRACE 卫星观测数据最大程度仅能获得时间分辨率为 1 个月的时变重力场模型。因为时间变化周期小于 30 天的海潮和大气潮等高频误差无法从地球时变重力场月模型中精确扣除，所以导致了限制地球时变重力场精度的“混频”效应（Han et al.，2004；Ray and Luthcke，2006；Moore and King，2008；Seo et al.，2008；Gruber et al.，2009）。

对于“南北向条带误差”效应而言，可通过增加垂向和径向的卫星观测数据进行缓解；对于“混频”效应而言，可通过提高地球重力场的时空分辨率进行削弱。因此，为了最大程度减弱“南北向条带误差”和“混频”效应对地球时变重力场精度的负面影响，寻求最优的下一代重力卫星编队飞行模式是当前国内外众多科研机构的研究热点（Bender et al.，2003；Rummel，2003；Sneeuw et al.，2005；Sharifi et al.，2007；郑伟等，2010a，2010b，2012）。①串行式双星编队有美国国家航空航天局喷气推进实验室（NASA-JPL）等提出的 GRACE Follow-On 卫星重力计划（Stephens et al.，2006；Flechtner et al.，2009；Zheng et al.，2009a，2010，2012a，2014；Loomis et al.，2012）、欧空局的意大利泰利斯阿莱尼亚空间公司（Italy-TAS）等提出的 NGGM 卫星重力计划（Anselmi et al.，2010；Silvestrin et al.，2012；Cesare and Sechi，2013）等；②钟摆式双星编队有欧空局的法国空间研究中心（ESA-CNES）和德国慕尼黑工业大学等提出的 E.MOTION 卫星重力计划（Gruber，2010；Gruber et al.，2012；Panet et al.，2013）等；③串行-钟摆组合三星编队有德国伯恩大学（Bonn-IGG）等提出的 GRACE-Pendulum-3S 卫星重力计划（Elsaka et al.，2009）；④串行式三星编队有中国科学院测量与地球物理研究所（CAS-WHIGG）等提出的 GRACE-3S 卫星重力计划（Zheng et al.，2009b）；⑤转轮式四星编队有美国国家航空航天局喷气推进实验室（NASA-JPL）等提出的 FSCF 卫星重力计划（Wiese et al.，2009；Zheng et al.，2013）等；⑥不同轨道倾角组合四星编队（Bender et al.，2008；Zheng et al.，2008；Wiese et al.，2012）。

Massonnet（1998）首次将卫星转轮式编队模式应用于被动雷达干涉测量；Sneeuw 和 Schaub（2004）提出了基于卫星转轮式编队系统精密探测地球重力场的新思想；Sneeuw 和 Schaub（2005）开展了利用将来转轮式六星编队系统提高地球重力场精度的可行性研究；Wiese 等（2009）和 Zheng 等（2013）基于下一代转轮式四星编队系统精确和快速反演了地球重力场。如表 7.1 所示，下一代车轮式双星编队 Cartwheel-A/B 预期采用近圆轨道、近极轨道和低地球轨道设计，通过高轨道的 GNSS 星座（美国 GPS、俄罗斯 GLONASS、欧洲 Galileo、中国 Compass 等）精密跟踪低轨 Cartwheel-A/B 双星（定轨精度优于 10^{-2} m），利用激光干涉测距仪高精度感测星间速度（10^{-7}～10^{-9} m/s），基于非保守力补偿系统精确消除作用于双星的非保守力（10^{-11}～10^{-13} m/s^2）。相对于当前 GRACE 串行式双星编队系统，下一代车轮式双星编队系统 Cartwheel-A/B 的优点如下：第一，采用车轮式轨道设计，可同时获得轨向、垂向和径向的卫星观测信号，有利于获得各向均匀的卫星观测数据信号和误差以及提高地球重力场的空间分辨率。第二，通过获得各向同性的地球重力场信息，有利于削弱地球时变重力场模型的“南北向条带误差”效应。第三，采用激光干涉测距仪大幅度提高星间速度的测量精度（1～3 个数量级），旨在进一步降低卫星观测误差对地球重力场反演精度的负面影响；通过非保守力补偿系统消除非保守力（大气阻力、太阳光压、地球辐射压、轨道高度和姿态控制力等）对卫星寿命的负面影响，旨在进一步降低卫星轨道高度（300～400 km），从而抑制地球重力场信号的衰减效应。第四，相对于转轮式四星和六星编队飞行模式，转轮式双星编队系统 Cartwheel-A/B 不仅研制技术难度较小和测控精度要求较低，而且研究费用较低廉。

目前国内外科研机构通常采用动力学法、能量守恒法、卫星加速度法等反演地球重力场。动力学法的优点是不依赖于任何先验地球重力场模型，理论框架严密，各种地球重力场参数求解精度较高；缺点是整体解算过程较复杂，需要高性能的并行计算机支持，而且随着轨道弧长增加，解算模型误差将迅速增大（周旭华，2005；张兴福，2007）。能量守恒法的优点是避免了数值微分、数值积分等计算，直接利用地球扰动位和引力位系数的线性关系建立卫星运动观测方程，而且观测方程物理含义明确，易于地球重力场的敏感度分析，通常采用普通计算机可完成高阶地球重力场的快速求解；缺点是对卫星速度的测量精度要求较高（程芦颖和许厚泽，2006；Zheng et al.，2006）。卫星加速度法的优点是观测方程形式简单、在保证求解精度的前提下计算量较小；缺点是采用的数值微分算法在一定程度上损失了地球低频重力场的精度（沈云中等，2005；郑伟等，2011）。Elsaka 通过短弧法围绕径向和倾斜车轮式双星编队开展了改善地球时变重力场模型时空分辨率的论证研究（Elsaka，2010）。相对于传统动力学法，短弧法的优点是计算量较小和计算过程简单；缺点是由于采用了较短的轨道弧长（约 30 分钟），因此地球长波重力场解算精度较低（Mayer-Gürr，2006）。由于不同卫星重力反演方法对地球重力场频谱的敏感度不同，因此不同于上述卫星重力反演法，本章通过 6 点星间速度插值法开展了基于双向转轮式和三向转轮式双星编队飞行模式进一步提高下一代地球重力场空间分辨率的探索性研究。

表 7.1 当前 GRACE 和将来 Cartwheel-A/B 双星编队系统对比

参数	重力卫星编队		
	GRACE	Cartwheel-A/B	
		双向车轮（经向和纬向）	三向车轮
轨道高度	500 km	（350±50）km	
星间距离	220 km	（100±50）km	
轨道倾角	89°	90°±2°	
轨道离心率	0.004	0.004±0.002	
跟踪模式	串行式（Collinear）	车轮式（Cartwheel）	
观测数据	轨向（along-track）	轨向+径向（along-radial-track）	轨向+垂向+径向（along-cross-radial-track）
关键载荷	K 波段测距仪 加速度计	激光干涉测距仪 非保守力补偿系统	

7.2 星间速度插值卫星重力反演法

6 点星间速度插值观测方程表示如下（Zheng et al.，2012b）：

$$
\begin{aligned}
\boldsymbol{e}_{12}(t_i)\cdot\nabla T_{12}(t_i)=\boldsymbol{e}_{12}(t_i)\cdot\Bigg\{&-\frac{1}{60\Delta t}\cdot\Big[\dot{\boldsymbol{r}}_{\rho_{12}}(t_{i-3})-9\dot{\boldsymbol{r}}_{\rho_{12}}(t_{i-2})+45\dot{\boldsymbol{r}}_{\rho_{12}}(t_{i-1})\\
&-45\dot{\boldsymbol{r}}_{\rho_{12}}(t_{i+1})+9\dot{\boldsymbol{r}}_{\rho_{12}}(t_{i+2})-\dot{\boldsymbol{r}}_{\rho_{12}}(t_{i+3})\Big]\\
&+GM\left[\frac{\boldsymbol{r}_2(t_i)}{\left|\boldsymbol{r}_2(t_i)\right|^3}-\frac{\boldsymbol{r}_1(t_i)}{\left|\boldsymbol{r}_1(t_i)\right|^3}\right]-\boldsymbol{a}_{12}(t_i)-\boldsymbol{f}_{12}(t_i)\Bigg\}
\end{aligned}
\tag{7.1}
$$

其中，$\dot{\boldsymbol{r}}_{\rho_{12}}(t_i)=\dot{\rho}_{12}(t_i)\boldsymbol{e}_{12}(t_i)+\{\dot{\boldsymbol{r}}_{12}(t_i)-[\dot{\boldsymbol{r}}_{12}(t_i)\cdot\boldsymbol{e}_{12}(t_i)]\boldsymbol{e}_{12}(t_i)\}$；$\dot{\rho}_{12}$ 为激光干涉测距系统的星间速度；$\boldsymbol{e}_{12}=\boldsymbol{r}_{12}/|\boldsymbol{r}_{12}|$ 为第一颗卫星指向第二颗卫星的单位矢量，$\boldsymbol{r}_{12}=\boldsymbol{r}_2-\boldsymbol{r}_1$ 为双星的轨道位置矢量差，$\boldsymbol{r}_1$ 和 $\boldsymbol{r}_2$ 分别为双星的轨道位置矢量；$\dot{\boldsymbol{r}}_{12}=\dot{\boldsymbol{r}}_2-\dot{\boldsymbol{r}}_1$ 为双星的轨道速度矢量差，$\dot{\boldsymbol{r}}_1$ 和 $\dot{\boldsymbol{r}}_2$ 分别为双星的轨道速度矢量。GM 为地球质量 M 和万有引力常数 G 的乘积；$\left|\boldsymbol{r}_{1(2)}\right|=\sqrt{x_{1(2)}^2+y_{1(2)}^2+z_{1(2)}^2}$ 分别为双星的地心半径，$x_{1(2)},y_{1(2)},z_{1(2)}$ 为轨道位置矢量 $\boldsymbol{r}_{1(2)}$ 的 3 个分量；Δt 为采样间隔。$\boldsymbol{a}_{12}=\boldsymbol{a}_2-\boldsymbol{a}_1$ 为作用于双星的保守力差（如日月引力，地球固体潮、海潮、大气潮、极潮汐力，相对论效应等）（Kim，2000；张捍卫等，2004；Petit and Luzum，2010）；$\boldsymbol{f}_{12}=\boldsymbol{f}_2-\boldsymbol{f}_1$ 为作用于双星的非保守力差（如大气阻力、太阳光压、地球辐射压、轨道高度和姿态控制力等）（Roesset，2003）。$T(r,\theta,\lambda)$ 为地球扰动位：

$$
T(r,\theta,\lambda)=\frac{GM}{R_{\mathrm{e}}}\sum_{l=2}^{L}\left(\frac{R_{\mathrm{e}}}{r}\right)^{l+1}\sum_{m=0}^{l}(\bar{C}_{lm}\cos m\lambda+\bar{S}_{lm}\sin m\lambda)\bar{\mathrm{P}}_{lm}(\cos\theta)
\tag{7.2}
$$

其中，r,θ,λ 分别为地心半径、地心余纬度和地心经度；R_{e} 为地球平均半径；$\bar{\mathrm{P}}_{lm}(\cos\theta)$ 为规格化的缔合 Legendre 函数，l 为阶数，m 为次数；$\bar{C}_{lm}$ 和 $\bar{S}_{lm}$ 为待估的地球引力位系数。

地球引力位系数精度公式表示如下：

$$
\sigma_l=\sqrt{\frac{\sum_{m=-l}^{l}(\bar{\beta}_{lm}-\bar{\beta}_{lm}^{\mathrm{o}})^2}{2l+1}}
\tag{7.3}
$$

其中，$\bar{\beta}_{lm}=(\bar{C}_{lm},\bar{S}_{lm})$ 为待估的地球引力位系数；$\bar{\beta}_{lm}^{\mathrm{o}}$ 为参考地球重力场模型 EGM2008 的引力位系数。

累积大地水准面误差公式表示如下：

$$
\sigma_N=R_{\mathrm{e}}\sqrt{\sum_{l=2}^{L}\sum_{m=-l}^{l}(\beta_{lm}-\beta_{lm}^{\mathrm{o}})^2}
\tag{7.4}
$$

7.3 研 究 原 理

7.3.1 双向车轮双星编队

双向车轮双星编队系统的相对椭圆运动的长半轴和短半轴之比为 $\rho_{\max}:\rho_{\min}=2:1$，可同时获得轨向和径向的卫星观测数据。双向车轮双星编队系统的长短半轴比例可

通过轨道离心率 $e=\dfrac{\rho_{\max}}{4a}=\dfrac{\rho_{\min}}{2a}$（$a$ 表示卫星到地心的距离）设定，一颗卫星的远地点和另一颗卫星的近地点的间距等于双星的径向最大距离 $\rho_{\min}$，而轨向最大距离 $\rho_{\max}$ 为径向最大距离 $\rho_{\min}$ 的 2 倍（Schaub and Junkins，2003）。依据双星径向距离最大值出现的方向，双向车轮双星编队系统包括经向车轮双星编队（图 7.1）和纬向车轮双星编队（图 7.2）。在图 7.1～图 7.3 中，*O-XYZ* 表示地心惯性坐标系，*X* 轴指向平春分点的方向，*Z* 轴指向地球自转轴的方向，*Y* 轴和 *X* 轴、*Z* 轴呈右手螺旋关系。*o-xyz* 表示卫星轨道坐标系，*x* 轴指向卫星运动方向，*y* 轴指向垂直于轨道面方向，*z* 轴由地心指向外。

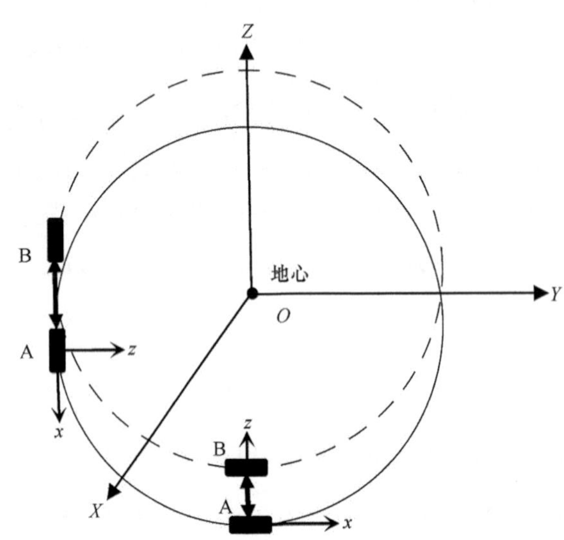

图 7.1　经向车轮双星编队 Lo-AR-Cartwheel-A/B 测量原理

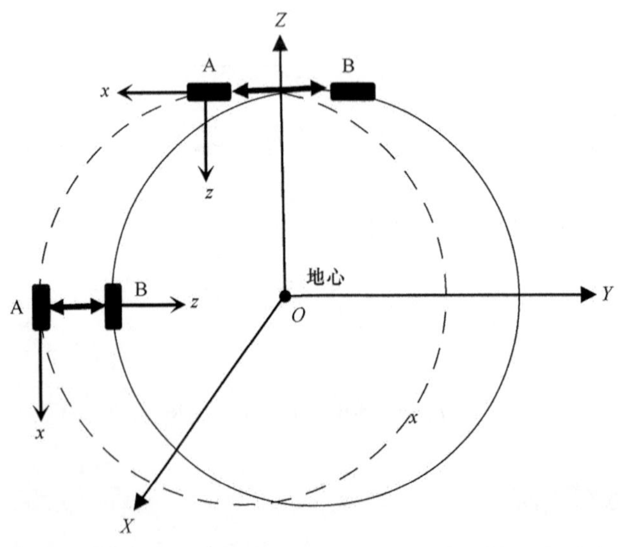

图 7.2　纬向车轮双星编队 La-AR-Cartwheel-A/B 测量原理

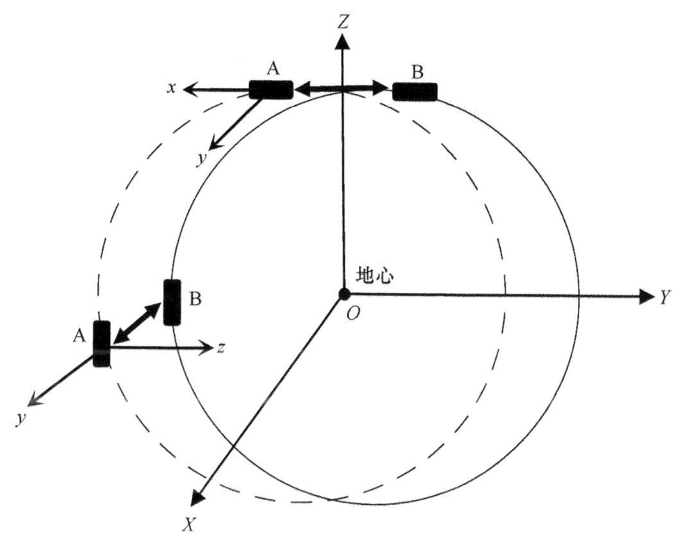

图 7.3　三向车轮双星编队 ACR-Cartwheel-A/B 测量原理

双向车轮双星编队的初始运动状态表示如下（Elsaka，2010）：

$$\begin{cases} x_0 = y_0 = 0, \\ z_0 = \rho_{12}, \\ \dot{x}_0 = -2nz_0, \\ \dot{y}_0 = \dot{z}_0 = 0 \end{cases} \tag{7.5}$$

其中，$n = \sqrt{\dfrac{GM}{(R_e + H)^3}}$ 为平均轨道角速度，H 为卫星轨道高度；(x_0, y_0, z_0) 和 $(\dot{x}_0, \dot{y}_0, \dot{z}_0)$ 为初始运动位置和速度；ρ_{12} 为星间距离。

双向车轮双星编队的相对运动方程表示如下：

$$\left(\frac{x}{2\rho_{12}}\right)^2 + \left(\frac{z}{\rho_{12}}\right)^2 = 1 \tag{7.6}$$

7.3.2　三向车轮双星编队

如图 7.3 所示，三向车轮双星编队系统可同时获得轨向、垂向和径向的卫星观测数据。三向车轮双星编队的初始运动状态表示如下（Elsaka，2010）：

$$\begin{cases} x_0 = 0, \\ y_0 = -\dfrac{\sqrt{3}}{2}\rho_{12}, \\ z_0 = \rho_{12}, \\ \dot{x}_0 = -2nz_0, \\ \dot{y}_0 = \dot{z}_0 = 0 \end{cases} \tag{7.7}$$

三向车轮双星编队的相对运动方程表示如下：

$$\begin{cases}\left(\dfrac{x}{2\rho_{12}}\right)^2+\left(\dfrac{z}{\rho_{12}}\right)^2=1,\\ y(t)=-\dfrac{\sqrt{3}}{2}\rho_{12}\cos(nt)\end{cases} \tag{7.8}$$

7.4 研究结果

7.4.1 Cartwheel-A/B 双星编队观测值的色噪声模拟

本章首先利用 9 阶 Runge-Kutta 线性单步法结合 12 阶 Adams-Cowell 线性多步法数值积分公式模拟了 Cartwheel-A/B 双星的轨道位置和轨道速度（刘林，1992），开普勒轨道根数如表 7.2 所示，参考地球重力场模型 EGM2008 截断至 120 阶。

基于 Gauss-Markov 模型，卫星观测值的色噪声表示如下（沈云中，2000）：

表 7.2　车轮双星编队 Cartwheel-A/B 的开普勒轨道根数

轨道根数	Cartwheel-A/B 车轮编队							
	双向车轮编队				差值	三向车轮编队		差值
	经向		纬向					
轨道长半轴 a	6720 km	6720 km	6720 km	6720 km	Δa=0	6720 km	6720 km	Δa=0
离心率 e	0.0046	0.0046	0.0046	0.0046	Δe=0	0.0025	0.0075	Δe=0.005
轨道倾角 i	89°	89°	89°	89°	Δi=0	89°	89°	Δi=0
升交点赤经 Ω	18.5°	18.5°	18.5°	18.5°	$\Delta\Omega$=0	18.5°	20°	$\Delta\Omega$=1.5°
近地点幅角 w	270°	90°	0°	180°	Δw=180°	0°	180°	Δw=180°
平近点角 M	90°	270°	90°	270°	ΔM=180°	90°	270°	ΔM=180°

$$\begin{cases}\alpha_0=\beta_0,\\ \alpha_1=\chi\alpha_0+\sqrt{1-\chi^2}\beta_1,\\ \alpha_2=\chi\alpha_1+\sqrt{1-\chi^2}\beta_2,\\ \quad\cdots\cdots\\ \alpha_j=\chi\alpha_{j-1}+\sqrt{1-\chi^2}\beta_j\end{cases} \tag{7.9}$$

其中，χ 为色噪声相关系数；$\beta_j(j=1,2,\cdots)$ 为正态分布的随机白噪声（$\chi=0$），j 为观测点的个数；$\alpha_j(j=1,2,\cdots)$ 为具有相关性的色噪声（$0<\chi<1$）。

本章基于 Gauss-Markov 色噪声模型，利用相关系数（激光干涉测距仪的星间速度 0.85，GPS 接收机的轨道位置和轨道速度 0.95，星载加速度计的非保守力 0.90）和采样间隔 10 s 模拟了星间速度、轨道位置、轨道速度和非保守力的色噪声，其中星间速度，以及轨道位置、轨道速度和非保守力在 X 轴方向的色噪声如图 7.4 所示，统计结果如表 7.3 所示。

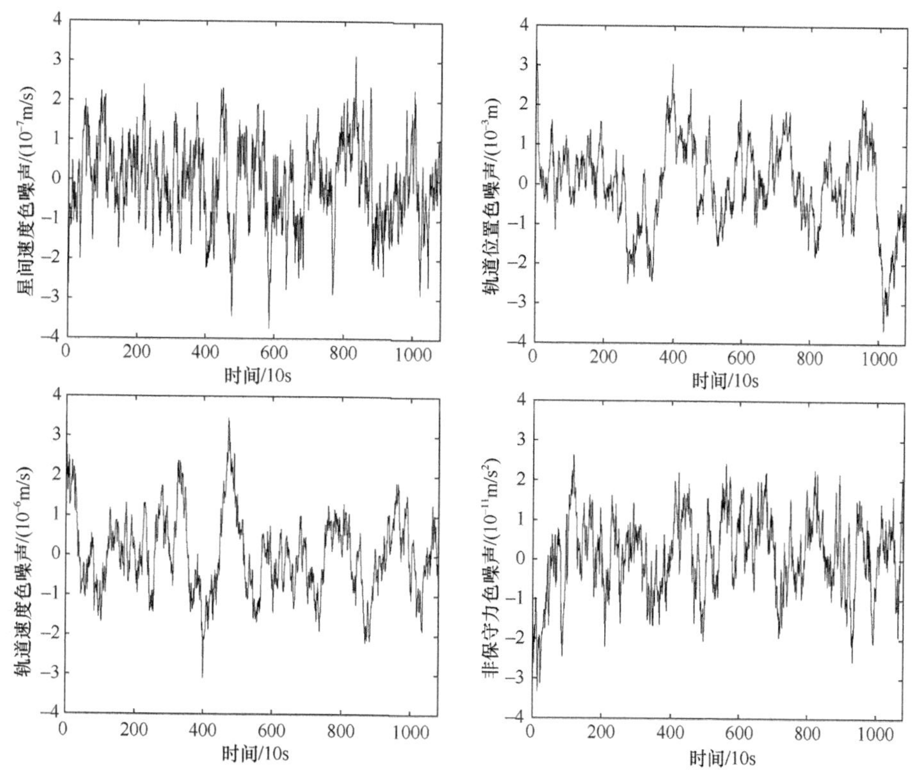

图 7.4　星间速度、轨道位置、轨道速度和非保守力的色噪声模拟

表 7.3　Cartwheel-A/B 卫星观测值色噪声统计结果

观测值	色噪声			
	最小值	最大值	平均值	标准差
星间速度/（m/s）	-3.737×10^{-7}	3.131×10^{-7}	-6.467×10^{-9}	1.070×10^{-7}
轨道位置/m	-3.667×10^{-3}	3.458×10^{-3}	-9.419×10^{-6}	1.090×10^{-3}
轨道速度/（m/s）	-3.095×10^{-6}	3.463×10^{-6}	2.288×10^{-8}	1.005×10^{-6}
非保守力/（m/s^2）	-3.335×10^{-11}	2.635×10^{-11}	1.267×10^{-12}	1.011×10^{-11}

7.4.2　卫星重力反演

1. Cartwheel-A/B 双星编队可行性检验

如图 7.5 所示，星号线表示德国波茨坦地学研究中心（GFZ）公布的 120 阶 EIGEN-GRACE02S 地球重力场模型的实测精度，在 120 阶处反演累计大地水准面精度为 1.893×10^{-1} m；实线表示基于星间速度插值法，利用 GRACE 卫星关键载荷精度（星间速度 10^{-6} m/s、轨道位置 10^{-2} m、轨道速度 10^{-5} m/s 和非保守力 10^{-10} m/s^2）、GRACE 卫星轨道参数（轨道高度 500 km、星间距离 220 km、轨道倾角 89°和轨道离心率 0.001）、观测时间 30 天和采样间隔 10 s，反演 120 阶 ACR-Cartwheel-A/B 地球重力场的模拟精度，在 120 阶处累计大地水准面精度为 1.329×10^{-1} m；在各阶处的累计大地水准面精度统计结果如表 7.4 所示。研究结果表明：基于相同的卫星关键载荷精度和卫星轨道参数，利用 ACR-Cartwheel-A/B 双星编队反演地球重力场精度（实线）较采用 GRACE 卫星编队反演地球重力场精度（星号线）平均提高 2.6 倍，主要原因分析如下。

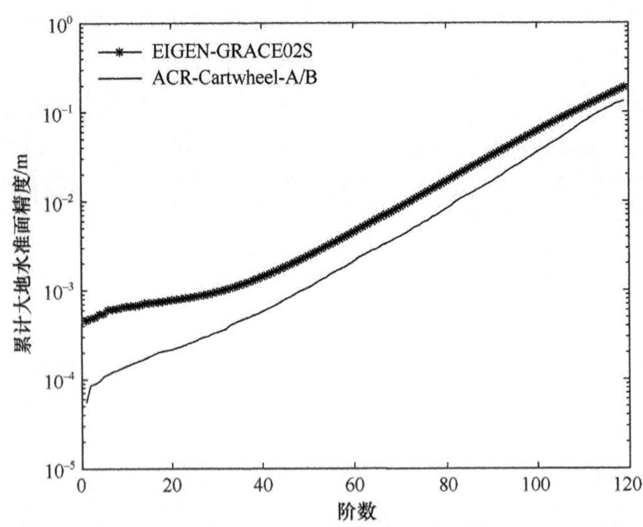

图 7.5　基于 GRACE 和 ACR-Cartwheel-A/B 双星编队反演累计大地水准面精度对比

表 7.4　基于 GRACE 和 ACR-Cartwheel-A/B 双星编队反演累计大地水准面精度统计

卫星编队	累计大地水准面精度/m				
	20 阶	50 阶	80 阶	100 阶	120 阶
GRACE	7.606×10^{-4}	2.282×10^{-3}	1.566×10^{-2}	5.756×10^{-2}	1.893×10^{-1}
ACR-Cartwheel-A/B	2.117×10^{-4}	1.012×10^{-3}	7.643×10^{-3}	3.239×10^{-2}	1.329×10^{-1}

第一，当前 GRACE 双星编队采用串行跟踪模式仅能感测轨向重力场信号，但无法获得垂向和径向的重力场信号，因此必将导致由于垂向和径向信号缺失而引起的地球静态和时变重力场反演精度下降，以及地球时变重力场信号在南北向的条带误差效应。

第二，下一代 ACR-Cartwheel-A/B 双星编队采用三向车轮跟踪模式可同时获得轨向、垂向和径向的地球重力场信号：①ACR-Cartwheel-A/B 增加了垂向和径向重力场信号，因此进一步提高了地球重力场反演精度；②ACR-Cartwheel-A/B 观测误差更加各向同性，因此有利于减弱地球时变重力场信号在南北向的条带误差影响。因此，ACR-Cartwheel-A/B 双星编队是进一步提高下一代重力场模型空间分辨率的优选途径。

2. 基于双向和三向车轮编队反演重力场精度对比

如图 7.6 所示，虚线、实线和十字线表示基于星间速度插值法，采用卫星轨道参数（表 7.2）、卫星关键载荷精度指标（表 7.3）、观测时间 30 天和采样间隔 10 s，分别反演 120 阶 Lo-AR-Cartwheel-A/B、La-AR-Cartwheel-A/B 和 ACR-Cartwheel-A/B 地球重力场的模拟精度，在 120 阶处累计大地水准面精度为 5.115×10^{-4} m、4.923×10^{-4} m 和 3.488×10^{-4} m；在各阶处的累计大地水准面精度统计结果如表 7.5 所示。研究结果表明如下。

表 7.5　基于不同类型的车轮双星编队反演累计大地水准面精度统计

卫星编队	累计大地水准面精度/m				
	20 阶	50 阶	80 阶	100 阶	120 阶
Lo-AR-Cartwheel-A/B	2.411×10^{-5}	8.163×10^{-5}	1.841×10^{-4}	3.152×10^{-4}	5.115×10^{-4}
La-AR-Cartwheel-A/B	1.682×10^{-5}	6.765×10^{-5}	1.635×10^{-4}	2.995×10^{-4}	4.923×10^{-4}
ACR-Cartwheel-A/B	1.569×10^{-5}	4.986×10^{-5}	1.079×10^{-4}	1.886×10^{-4}	3.488×10^{-4}

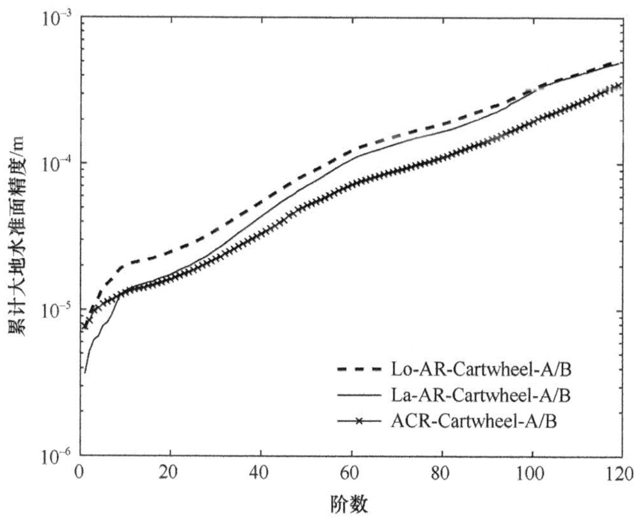

图 7.6　基于经向车轮、纬向车轮和三向车轮双星编队反演累计大地水准面精度

第一，基于纬向车轮双星编队 La-AR-Cartwheel-A/B 反演累计大地水准面精度较基于经向车轮双星编队 Lo-AR-Cartwheel-A/B 反演精度平均提高约 20%。具体原因分析如下：图 7.7 和图 7.8 分别表示经向车轮双星编队 Lo-AR-Cartwheel-A/B 和纬向车轮双星编队 La-AR-Cartwheel-A/B 在 1 个月内的星间距离变化趋势。表 7.6 表示双向和三向车轮双星编队在第 1 天和第 30 天的星间距离波动，其中波峰值（最大值）表示轨向星间距离，波谷值（最小值）表示径向星间距离。在第 1 天内，两种双向车轮双星编队的轨向和径向星间距离均保持平稳波动；相对于第 1 天的轨向和径向星间距离，在第 30 天内，两种双向车轮双星编队的径向星间距离仍保持平稳波动，但经向车轮双星编队 Lo-AR-Cartwheel-A/B 的轨向星间距离漂移量（2.9 km）大于纬向车轮双星编队 La-AR-Cartwheel-A/B 的轨向星间距离漂移量（1.8 km）。由于经向车轮双星编队 Lo-AR-Cartwheel-A/B 的最大轨向星间距离位于赤道处，受地球椭球项 J_2 的影响较大，因此随着时间推移，轨向星间距离的漂移将逐渐加剧。综上所述，由于纬向车轮双星编队 La-AR-Cartwheel-A/B 的轨道稳定性优于经向车轮双星编队 Lo-AR-Cartwheel-A/B，因此，基于纬向车轮双星编队 La-AR-Cartwheel-A/B 反演地球重力场精度高于基于经向车轮双星编队 Lo-AR-Cartwheel-A/B 反演重力场精度。

第二，在地球重力场长波段，基于纬向车轮双星编队反演累计大地水准面精度明显优于经向车轮双星编队。但随着球函数阶数的增加，基于两种双向车轮双星编队反演重力场精度的差别逐渐缩小。主要原因分析如下：由于 GRACE 卫星采用串行式双星编队

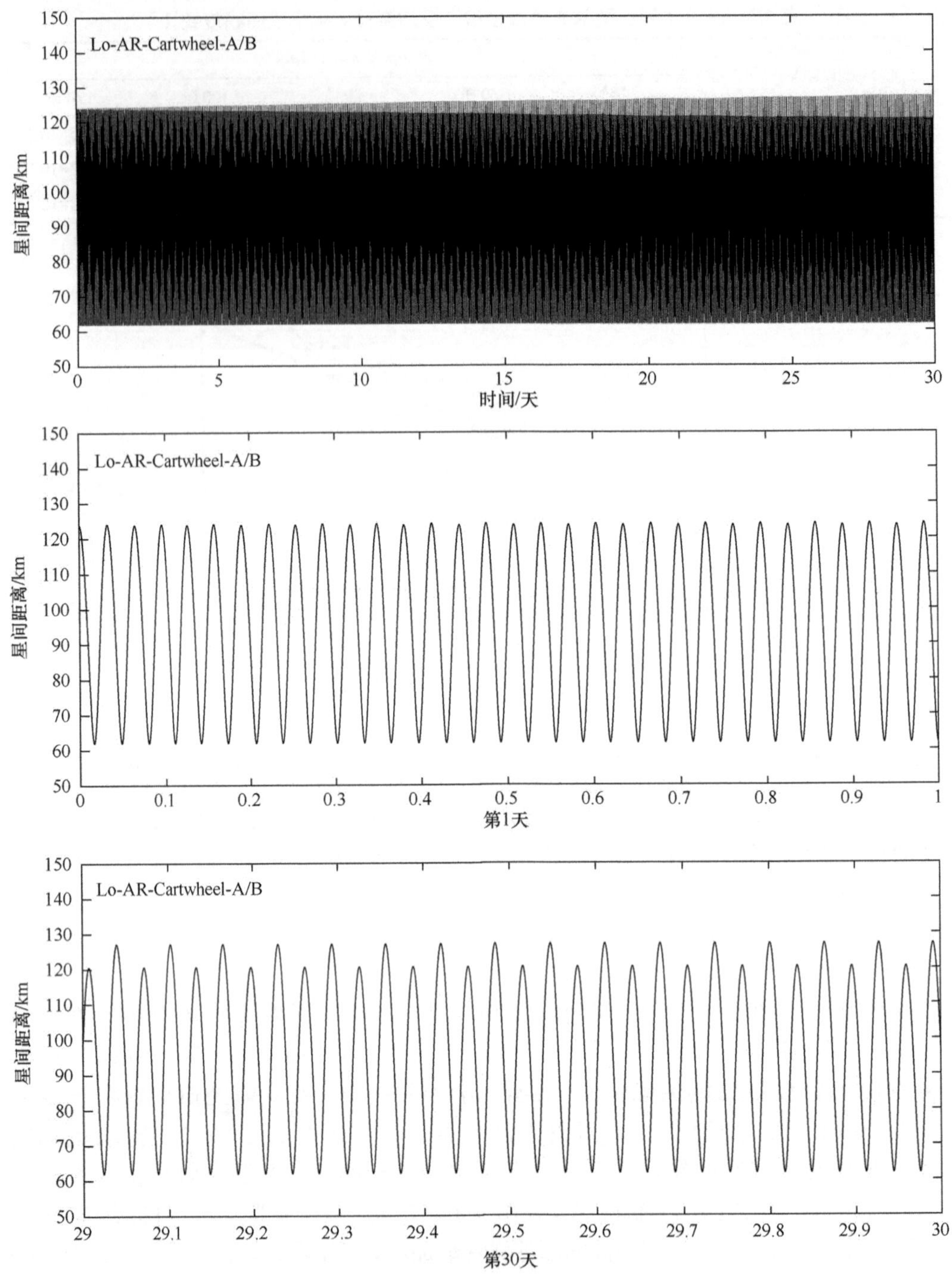

图 7.7　经向车轮双星编队 Lo-AR-Cartwheel-A/B 的星间距离

模式，因此仅能获得轨向卫星观测数据；同时，GRACE 卫星系统采用卫星跟踪卫星高低/低低观测模式敏感于地球重力场中长波信号。因此，轨向卫星观测数据对地球中长波重力场反演精度贡献较大。由于经向车轮双星编队 Lo-AR-Cartwheel-A/B 的轨向星间距离漂移程度较严重，因此基于经向车轮双星编队反演的地球中长波重力场精度明显低于

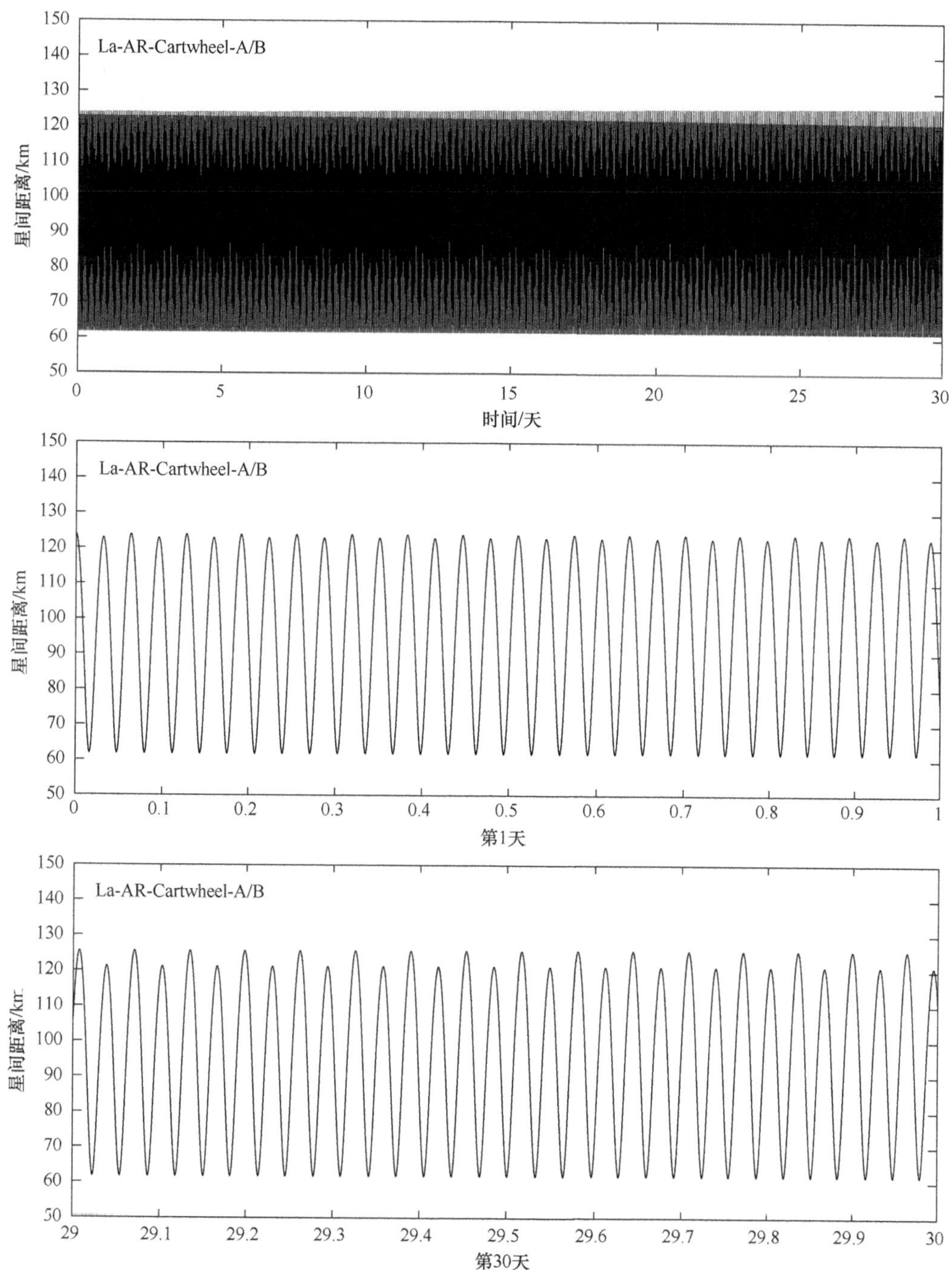

图 7.8　纬向车轮双星编队 La-AR-Cartwheel-A/B 的星间距离

纬向车轮双星编队。但随着阶数的逐渐增加，轨向卫星观测数据对地球中长波重力场反演精度的优势将逐渐减弱，因此分别基于经向和纬向车轮双星编队反演地球重力场精度的能力将逐渐趋于一致。

第三，利用三向车轮双星编队 ACR-Cartwheel-A/B 反演地球重力场的精度较分别利用经向车轮双星编队 Lo-AR-Cartwheel-A/B 和纬向车轮双星编队 La-AR-Cartwheel-A/B

表 7.6 双向和三向车轮双星编队的第 1 天和第 30 天的星间距离

卫星编队		星间距离/km			
		第 1 天		第 30 天	
		波谷值 Radial-track	波峰值 Along-track	波谷值 Radial-track	波峰值 Along-track
双向车轮	经向 Lo-AR-Cartwheel-A/B	61.9	124.2	61.9	127.1
	纬向 La-AR-Cartwheel-A/B	61.7	123.9	61.7	125.7
三向车轮 ACR-Cartwheel-A/B		147.3	192.6	63.2	279.0

反演地球重力场的精度平均提高 60%和 35%。原因分析如下：经向车轮双星编队 Lo-AR-Cartwheel-A/B 和纬向车轮双星编队 La-AR-Cartwheel-A/B 仅能获得轨向和径向的卫星观测数据。由于缺乏垂向卫星观测数据，因此地球重力场信号和误差的均匀性较差，最终导致了地球重力场精度的损失。由于三向车轮双星编队 ACR-Cartwheel-A/B 可以同时获得轨向、垂向和径向的地球重力场信息，卫星观测数据具有各向同性优点，因此地球重力场反演精度得以较大程度提升。

综上所述，三向车轮双星编队 ACR-Cartwheel-A/B 是建立下一代高精度和高空间分辨地球重力场模型的优化选择。

7.5 本 章 小 结

由于当前 GRACE 双星计划的设计缺陷（如无法降低卫星轨道高度、无法提高关键载荷精度、无法获得各向同性重力信息等）较大程度降低了地球重力场的时空分辨率，本章利用星间速度插值法开展了基于下一代三向车轮双星编队优化地球重力场空间分辨率的论证研究。具体结论如下。

（1）基于 GRACE 卫星轨道参数和关键载荷精度，利用三向车轮双星编队 ACR-Cartwheel-A/B 反演了 120 阶地球重力场，并验证了基于下一代三向车轮双星编队 ACR-Cartwheel-A/B 解算重力场精度高于当前 GRACE 串行编队的可行性。

（2）采用卫星轨道参数（轨道高度 350 km、星间距离 100 km、轨道倾角 89°、轨道离心率 0.0046）和卫星关键载荷精度（星间速度 10^{-7} m/s、轨道位置 10^{-3} m、轨道速度 10^{-6} m/s、非保守力 10^{-11} m/s^2），分别反演了 120 阶 Lo-AR-Cartwheel-A/B、La-AR-Cartwheel-A/B 和 ACR-Cartwheel-A/B 地球重力场精度。结果表明：①基于纬向车轮双星编队 La-AR-Cartwheel-A/B 反演地球重力场精度高于基于经向车轮双星编队 Lo-AR-Cartwheel-A/B 反演重力场精度；②随着阶数逐渐增加，轨向卫星观测数据对地球中长波重力场反演精度的优势将逐渐减弱，因此分别基于经向和纬向车轮双星编队反演地球重力场精度的能力将逐渐趋于一致；③三向车轮双星编队 ACR-Cartwheel-A/B 是反演下一代高精度和高空间分辨地球重力场的优选途径。

参 考 文 献

程芦颖, 许厚泽. 2006. 地球重力场恢复中的位旋转效应. 地球物理学报, 49(1): 93–98.

刘林. 1992. 人造地球卫星轨道力学. 北京: 高等教育出版社, 1–619.

沈云中. 2000. 应用 CHAMP 卫星星历精化地球重力场模型的研究. 武汉: 中国科学院测量与地球物理研究所博士学位论文, 1–111.

沈云中, 许厚泽, 吴斌. 2005. 星间加速度解算模式的模拟与分析. 地球物理学报, 48(4): 807–811.

张捍卫, 许厚泽, 王爱生. 2004. 固体潮对地球重力场时变特征影响的潮波公式. 测绘学报, 33(4): 299–302.

张兴福. 2007. 应用低轨卫星跟踪数据反演地球重力场模型. 上海: 同济大学博士学位论文, 1–120.

郑伟, 许厚泽, 钟敏, 员美娟. 2010a. 国际重力卫星研究进展和我国将来卫星重力测量计划. 测绘科学, 35(1): 5–9.

郑伟, 许厚泽, 钟敏, 员美娟. 2012. 国际下一代卫星重力测量计划研究进展. 大地测量与地球动力学, 32(3): 152–159.

郑伟, 许厚泽, 钟敏, 员美娟, 彭碧波, 周旭华. 2010b. Improved-GRACE 卫星重力轨道参数优化研究. 大地测量与地球动力学, 30(2): 43–48.

郑伟, 许厚泽, 钟敏, 员美娟, 周旭华, 彭碧波. 2011. 基于星间加速度法精确和快速确定 GRACE 地球重力场. 地球物理学进展, 26(2): 416–423.

周旭华. 2005. 卫星重力及其应用研究. 武汉: 中国科学院测量与地球物理研究所博士学位论文, 1–138.

Anselmi A, Cesare S, Cavaglia R. 2010. Assessment of a next generation mission for monitoring the variations of Earth's gravity. ESA Contract 22643/09/NL/AF, Final Report, Issue 2, 22 Dec.

Bender P L, Nerem R S, Wahr J M. 2003. Possible future use of laser gravity gradiometers. Space Science Reviews, 108(1-2): 385–392.

Bender P L, Wiese D N, Nerem R S. 2008. A possible dual-GRACE mission with 90 degree and 63 degree inclination orbits. Pro-123 Design Considerations for A Dedicated Gravity 97 Proceedings of the Third International Symposium on Formation Flying, Missions and Technologies. ESA/ESTEC, Noordwijk, 1–6.

Cesare S, Sechi G. 2013. Next generation gravity mission. D'Errico M ed. Distributed Space Missions for Earth System Monitoring. Space Technology Library Volume 31, 575–598.

Elsaka B. 2010. Simulated satellite formation flights for detecting the temporal variations of the Earth's gravity field. Bonn: University of Bonn.

Elsaka B, Ilk K H, Kusche J. 2009. Simulated multiple formation flights for future gravity field recovery. Poster in European Geosciences Union(EGU), General Assembly, Vienna, Austria.

Flechtner F, Neumayer K H, Doll B, Munder J, Reigber C, Raimondo J C. 2009. GRAF—A GRACE follow-on mission feasibility study. Geophysical Research Abstracts, Vol. 11, EGU, 8516.

Gruber Th. 2010. E. motion—A proposal for a future satellite mission for the determination of the time-variable Earth gravity field. GRACE Science Team Meeting, Potsdam, 11.

Gruber Th, Panet I, Johannessen J, Doll B, Christophe B, Sheard B. 2012. Earth system mass transport mission(e. motion): technological and mission configuration challenges. International Symposium on Gravity, Geoid and Height Systems, GGHS2012, Venice, 9–12.

Gruber Th, Peters Th, Zenner L. 2009. The role of the atmosphere for satellite gravity field missions. Sideris M G ed. Observing Our Changing Earth. International Association of Geodesy Symposia, Volume 133, 105–112.

Han S C, Jekeli C, Shum C K. 2004. Time-variable aliasing effects of ocean tides, atmosphere, and continental water mass on monthly mean GRACE gravity field. Journal of Geophysical Research, 109(B4), DOI: 10.1029/2003JB002501.

Kim J. 2000. Simulation study of a low-low satellite-to-satellite tracking mission. Austin: University of Texas.

Klees R, Revtova E A, Gunter B C, Ditmar P, Oudman E, Winsemius H C, Savenije H H G. 2008. The design of an optimal filter for monthly GRACE gravity models. Geophysical Journal International, 175(2): 417–432.

Loomis B D, Nerem R S, Luthcke S B. 2012. Simulation study of a follow-on gravity mission to GRACE. Journal of Geodesy, 86(5): 319–335.

Massonnet D. 1998. Roue interfrometrique. French patent no 339920D17306RS.

Mayer-Gürr T. 2006. Gravitationsfeldbestimmung aus der Analyse kurzer Bahnbogen am Beispiel der Satellitenmissionen CHAMP und GRACE. Bonn: University of Bonn.

Moore P, King M A. 2008. Antarctic ice mass balance estimates from GRACE: Tidal aliasing effects. Journal of Geophysical Research, 113(F2), DOI: 10.1029/2007JF000871.

Panet I, Flury J, Biancale R, Gruber T, Johannessen J, van den Broeke M R, van Dam T, Gegout P, Hughes C W, Ramillien G, Sasgen I, Seoane L, Thomas M. 2013. Earth system mass transport mission(e. motion): A concept for future Earth gravity field measurements from space. Surveys in Geophysics, 34: 141–163.

Petit G, Luzum B. 2010. IERS Conventions(2010). IERS Technical Note 36, Verlag des Bundesamts für Kartographie und Geodäsie, Frankfurt am Main, Germany.

Ray R D, Luthcke S B. 2006. Tide model errors and GRACE gravimetry: Towards a more realistic assessment. Geophysical Journal International, 167(3): 1055–1059.

Roesset P J. 2003. A simulation study of the use of accelerometer data in the GRACE mission. Austin: University of Texas, 1–253.

Rummel R. 2003. How to climb the gravity wall. Space Science Reviews, 108(1-2): 1–14.

Schaub H, Junkins J L. 2003. Analytical mechanics of space systems. Reston, VA: AIAA Education Series.

Seo K W, Wilson C R, Chen J L, Waliser D E. 2008. GRACE's spatial aliasing error. Geophysical Journal International, 172(1): 41–48.

Sharifi M A, Sneeuw N, Keller W. 2007. Gravity recovery capability of four generic satellite formations. Kilicoglu A, forsberg R eds. Gravity Field of the Earth. General Command of Mapping, ISSN 1300-5790, Special issue 18, 211–216.

Silvestrin P, Aguirre M, Massotti L, Leone B, Cesare S, Kern M, Haagmans R. 2012. The future of the satellite gravimetry after the GOCE mission. Kenyon S, Pacino M C, Marti U eds. Geodesy for Planet Earth. International Association of Geodesy Symposia Volume 136, 223-230.

Sneeuw N, Flury J, Rummel R. 2005. Science requirements on future missions and simulated mission scenarios. Earth Moon Planets, 94(1-2): 113–142.

Sneeuw N, Schaub H. 2004. Satellite clusters for future gravity field missions. IAG International Symposium, Gravity, Geoid, and Space Missions, Porto, Portugal.

Sneeuw N, Schaub H. 2005. Satellite clusters for future gravity field missions//Jekeli C, Ba-stos L, Fernandes J eds. Gravity, Geoid and Space Missions. International Association of Geodesy Symposia Vol. 129. Berlin Heidelberg: Springer, 12–17.

Stephens M, Craig R, Leitch J, Pierce R. 2006. Demonstration of an interferometric laser ranging system for a follow-on gravity mission to GRACE. Proceedings of IEEE International Conference on Geoscience and Remote Sensing Symposium. Denver, CO: IEEE, 1115–1118.

Swenson S, Wahr J. 2006. Post-processing removal of correlated errors in GRACE data. Geophysical Research Letters, 33(8): L08402, doi: 10.1029/2005GL025285.

Wiese D N, Folkner W M, Nerem R S. 2009. Alternative mission architectures for a gravity recovery satellite Mission. Journal of Geodesy, 83(6): 569–581.

Wiese D N, Nerem R S, Lemoine F G. 2012. Design considerations for a dedicated gravity recovery satellite mission consisting of two pairs of satellites. Journal of Geodesy, 86(2): 81–98.

Zheng W, Shao C G, Luo J, Xu H Z. 2006. Numerical simulation of Earth's gravitational field recovery from SST based on the energy conservation principle. Chinese Journal of Geophysics, 49(3): 712–717.

Zheng W, Shao C G, Luo J, Xu H Z. 2008. Improving the accuracy of GRACE Earth's gravitational field using the combination of different inclinations. Progress in Natural Science, 18(5): 555–561.

Zheng W, Xu H Z, Zhong M, Liu C S, Yun M J. 2013. Precise and rapid recovery of the Earth's gravitational field by the next-generation four-satellite cartwheel formation system. Chinese Journal of Geophysics,

56(9): 2928–2935.

Zheng W, Xu H Z, Zhong M, Liu C S, Yun M J. 2014. Precise and rapid recovery of the Earth's gravity field from the next-generation GRACE Follow-On mission using the residual intersatellite range-rate method. Chinese Journal of Geophysics, 57(1): 31–41.

Zheng W, Xu H Z, Zhong M, Yun M J. 2009a. Accurate and rapid error estimation on global gravitational field from current GRACE and future GRACE Follow-On missions. Chinese Physics B, 18(8): 3597–3604.

Zheng W, Xu H Z, Zhong M, Yun M J. 2009b. Physical explanation of influence of twin and three satellite formation mode on the accuracy of Earth's gravitational field. Chinese Physics Letters, 26(2): 029101-1–029101-4.

Zheng W, Xu H Z, Zhong M, Yun M J. 2012a. Impacts of interpolation formula, correlation coefficient and sampling interval on the accuracy of GRACE Follow-On intersatellite range-acceleration. Chinese Journal of Geophysics, 55(3): 822–832.

Zheng W, Xu H Z, Zhong M, Yun M J. 2012b. Precise recovery of the Earth's gravitational field with GRACE: Intersatellite range-rate interpolation approach. IEEE Geoscience and Remote Sensing Letters, 9(3): 422–426.

Zheng W, Xu H Z, Zhong M, Yun M J. 2015. A study on the improvement in spatial resolution of the Earth's gravitational field by the next-generation ACR-Cartwheel-A/B twin-satellite formation. Chinese Journal of Geophysics, 58(2): 135–148.

Zheng W, Xu H Z, Zhong M, Yun M J, Zhou X H, Peng B B. 2010. Efficient and rapid estimation of the accuracy of future GRACE Follow-On Earth's gravitational field using the analytic method. Chinese Journal of Geophysics, 53(4): 796–806.

第 8 章　联合串行和钟摆式卫星编队反演下一代 HIP-3S 地球重力场

本章开展的主要研究内容如下：第一，基于扰动星间距离观测量对地球重力场反演精度的敏感性优于星间距离观测值的特性，构建了新型扰动星间距离法（disturbing intersatellite ranging method，DIRM）。第二，有效检验了下一代 HIP-3S 编队的轨道稳定性，结果表明：HIP-3S 编队较稳定，有利于提高地球重力场反演精度。第三，基于扰动星间距离法，分别利用当前 GRACE-2S 串行式双星编队和下一代 HIP-3S 复合式三星编队精确反演了 120 阶地球重力场，在 120 阶处累计大地水准面精度为 2.271×10^{-1} m 和 1.923×10^{-3} m，结果表明，HIP-3S 复合式三星编队有利于建立下一代高精度和高空间分辨率的地球重力场模型（Zheng et al.，2017）。

8.1　研 究 背 景

卫星重力测量计划是继美国全球定位系统（GPS）星座成功构建之后在大地测量领域的又一项创新和突破，是当前地球重力场探测研究中最高效、最经济和最有发展潜力的方法和技术。但目前单编队卫星重力计划[如 GRACE 串行式(张捍卫等，2004；Reigber et al.，2005；沈云中等，2005；Tapley et al.，2005；程芦颖和许厚泽，2006；周旭华等，2006；Zheng et al.，2006；2008b，2009d，2011，2012a，2012b；Xu，2008；郑伟，2015)]的缺点是无法同时提高卫星观测数据的空间分辨率和时间分辨率。据海森堡测不准原理（Heisenberg uncertainty principle，HUP）可知：卫星观测数据的空间分辨率 S_R 和时间分辨率 T_R 的乘积为常数，$S_R \cdot T_R = 2\pi\sqrt{\dfrac{GM}{(R_e+H)^3}}$，其中 GM 为万有引力常数 G 和地球质量 M 之积；R_e 为地球的平均半径；H 为卫星的轨道高度（Dirac，1958）。如果 GRACE 计划采用 1 个月的卫星观测数据反演地球重力场，那么卫星轨迹在地面的覆盖率（空间分辨率约为 166 km）基本可满足地球重力场反演要求，但 1 个月的时间分辨率无法感测和分离短周期（日、周等）的地球时变重力场信号，因此将导致短周期信号混入月周期信号的“混频现象”，进而限制地球时变重力场精度无法实质性提高(Reubelt et al.，2008；van Dam et al.，2008)。基于以上原因，国内外众多科研机构［美国国家航空航天局喷气推进实验室（NASA-JPL）、欧洲空间局（ESA）、德国波茨坦地学研究中心（GFZ）、法国空间研究中心（CNES）、中国科学院（CAS）］等正在积极论证下一代更高时空分辨率的卫星重力计划(Bender et al.，2003；Rummel，2003；Sneeuw et al.，2004；Zheng et al.，2009b，2009c，2009e，2015a，2015b，2015c，2016a，2016b；郑伟等，2010a，2010b，2012)。

第一，下一代双星编队卫星重力计划主要包括：①串行式双星编队（如美国 GRACE Follow-On 卫星重力计划（Stephens et al.，2006；Flechtner et al.，2009；Zheng et al.，2009a，2010，2012c，2014a，2014c；Loomis et al.，2012）、欧洲 NGGM 卫星重力计划（Anselmi et al.，2010；Cesare et al.，2010；Silvestrin et al.，2012）等）；②钟摆式双星编队（如 E.MOTION 卫星重力计划（Elsaka et al.，2012；Gruber et al.，2012；Panet et al.，2013；Zheng et al.，2014b）等）。优点：①适当降低了卫星轨道高度（250～400 km），进而有效抑制了地球重力场信号强度随卫星轨道高度升高的衰减效应；②适当提高了关键载荷的测量精度（1～3 个数量级），进而降低了卫星观测数据误差对地球重力场反演精度的负面影响；③适当缩短了星间距离（50～100 km），进而提高了地球中短波重力场的感测灵敏度。缺点：①由于随着卫星轨道高度每降低 100 km，作用于卫星体的非保守力约增大一个数量级，所以不稳定的卫星工作平台不仅将影响载荷的测量精度和动态范围，而且将缩短卫星的飞行寿命，进而影响地球静态和时变重力场的反演精度；②在提高载荷测量精度的同时，载荷技术难度、研制经费需求，以及对卫星平台的姿态控制等将大幅度增加；③缩短星间距离虽然可适当提高地球中短波重力场的测量精度，但由于双星距离太近将同时损失地球长波重力场的反演精度；④由于仍采用单编队卫星重力测量计划，所以无法较好解决进一步提高地球重力场空间分辨率的关键问题。

第二，下一代四星编队卫星重力计划主要包括：①转轮式四星编队（如美国 FSCF 卫星重力计划（Wiese et al.，2009；Zheng et al.，2013；2015d）；②不同轨道倾角组合式四星编队（different-inclinations-4S formation）（Bender et al.，2008；Zheng et al.，2008a；Wiese et al.，2012）。优点：①可同时测量地球重力场的水平重力梯度和垂直重力梯度，因此有利于同时提高地球静态和时变重力场的空间分辨率，进而有效降低南北向条带误差的负面影响；②由于适当升高轨道倾角有利于提高地球引力位带谐项系数精度，适当降低卫星轨道倾角有利于提高地球引力位田谐项系数精度，因此采用两组高低轨道倾角卫星组合，有利于同时提高地球引力位带谐项和田谐项系数精度。缺点：由于采用四星编队模式，所以不仅对载荷研制和卫星平台的技术要求较高，而且整体研究经费需求较大。

如图 8.1 所示，O-XYZ 表示地心惯性坐标系（ECI），原点 O 位于地球的质心，X 轴指向地球平春分点方向，Z 轴指向地球自转轴方向，Y 轴与 X 和 Z 轴成右手螺旋法则。o-xyz 表示卫星轨道坐标系，原点 o 位于卫星的质心，x 轴指向卫星运动方向，y 轴指向垂直于轨道面方向，z 轴由地心指向外。如图 8.1 和表 8.1 所示，下一代 HIP-3S-A/B/C 三星编队预期采用近圆、近极和低地球轨道，利用高轨 GNSS 星座（如美国 GPS、俄罗斯 GLONASS、欧洲 Galileo、中国 Compass 等）精密跟踪低轨 HIP-3S-A/B/C 三星（定轨精度优于 10^{-2} m），基于激光干涉测距仪（interferometric laser ranging system，ILRS）高精度感测星间距离（10^{-6}～10^{-8} m），通过非保守力补偿系统（drag-free control system，DFCS）精确消除作用于 HIP-3S-A/B/C 三星的非保守力（10^{-11}～10^{-13} m/s^2）。相对于目前已提出的双星编队卫星重力计划（串行式、钟摆式等）和四星编队卫星重力计划（车轮式、不同轨道倾角组合式等），下一代 HIP-3S-A/B/C 三星编队卫星重力计划的特点如下。

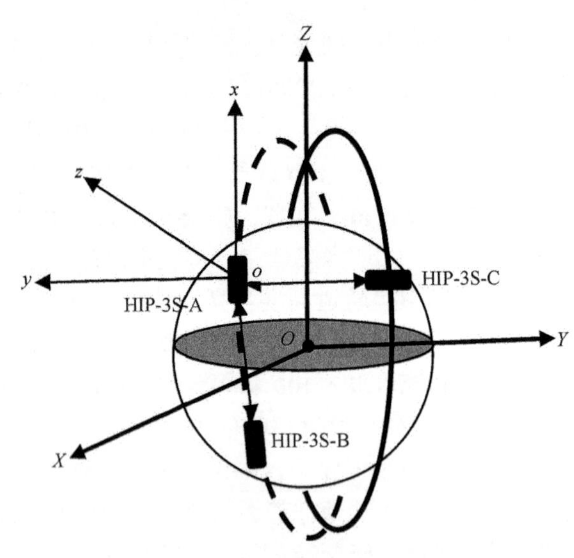

图 8.1　下一代 HIP-3S-A/B/C 三星编队测量原理

表 8.1　当前 GRACE-2S 双星编队和将来 HIP-3S 三星编队对比

参数		重力卫星	
		GRACE-2S	HIP-3S
轨道高度		500 km	400 km
星间距离		220 km	50 km
轨道倾角		89°	89°
轨道离心率		0.004	0.001
编队模式		双星（串行式）	三星（串行式+钟摆式）
观测数据		轨向	轨向+垂向
载荷精度	星间距离	10^{-5} m（K 波段微波测距仪）	10^{-6} m（激光干涉测距仪）
	轨道位置	10^{-2} m	10^{-3} m
	轨道速度	10^{-5} m/s	10^{-6} m/s
	非保守力	10^{-10} m/s^2（加速度计）	10^{-11} m/s^2（非保守力补偿系统）
技术难易		较易	适中
经费需求		较低	适中
反演精度		较低	较高

第一，①基于 HIP-3S-A/B 串行式双星编队精确测量轨向地球重力场信号，通过 HIP-3S-A/C 钟摆式双星编队实时感测垂向地球重力场信号；②由于可同时获得轨向和垂向重力场信号，所以相对于双星编队卫星重力计划可较大程度提高卫星观测数据的空间分辨率，有利于进一步提高地球静态和时变重力场模型的精度。

第二，①采用双星编队卫星重力计划虽然可适当降低研制技术要求和减少研究经费需求，但无法同时提高卫星观测数据的空间分辨率；②采用四星编队卫星重力计划虽然可较好满足下一代卫星重力反演的空间分辨率（优于 100 km）需求，但关键载荷、卫星平台等的技术要求较高，以及需要投入的研究经费较多，因此在实际操作时较为困难；

③为了有效克服双星和四星编队卫星重力计划的缺点，下一代 HIP-3S-A/B/C 三星编队卫星重力计划，不仅可适当降低研制技术难度和研究经费，而且可同时获得较优的卫星观测数据空间分辨率，有利于较大程度减弱南北向条带误差效应，旨在建立下一代高精度、高空间分辨率和高阶次的地球静态和时变重力场模型。

第三，①在双星编队中，串行式编队（GRACE Follow-On、NGGM 计划等）的技术复杂性低于钟摆式编队（E.MOTION 计划等）；②在四星编队中，转轮式编队（FSCF 计划等）的技术复杂性高于不同倾角组合式编队（Bender 计划等）；③下一代 HIP-3S-A/B/C 三星编队的技术复杂性高于双星编队，而低于四星编队。

Elsaka 和 Ilk 利用短弧积分法首次开展了基于将来 GRACE-Pendulum-3S 编队反演地球重力场的研究论证（Elsaka and Ilk，2009）。短弧积分法的主要优点为相对于动力学法计算速度较快；缺点为由于轨道积分弧长设计较短（约 30 分钟），因此地球长波重力场反演精度较低（Mayer-Gürr，2006）。不同于前人的已有研究，为了揭示不同卫星重力反演法对地球重力场测量精度的影响，本章建立了新型扰动星间距离观测方程，并围绕下一代 HIP-3S 编队开展了探索性研究。

8.2 扰动星间距离观测方程

在地心惯性系中，基于牛顿插值原理，单星轨道位置矢量 $\boldsymbol{r}$ 的泰勒展开表示为（Reubelt et al.，2003）

$$\boldsymbol{r}(t)=\boldsymbol{r}(t_0)+\sum_{j=1}^{n}\binom{\alpha}{j}\sum_{\xi=0}^{j}(-1)^{j+\xi}\binom{j}{\xi}\boldsymbol{r}(t_\xi) \tag{8.1}$$

其中，$\binom{\alpha}{j}$ 为二项式系数，$\alpha=\dfrac{t-t_0}{\Delta t}$，$t$ 为插值点时刻，t_0 为插值初始时刻，Δt 为观测值的采样间隔；n 为插值点的数量。

单星参考轨道位置矢量 $\overline{\boldsymbol{r}}$ 的泰勒展开表示为

$$\overline{\boldsymbol{r}}(t)=\overline{\boldsymbol{r}}(t_0)+\sum_{j=1}^{n}\binom{\alpha}{j}\sum_{\xi=0}^{j}(-1)^{j+\xi}\binom{j}{\xi}\overline{\boldsymbol{r}}(t_\xi) \tag{8.2}$$

基于式（8.1）–式（8.2），单星扰动轨道位置矢量 $\Delta\boldsymbol{r}$ 的泰勒展开表示为

$$\Delta\boldsymbol{r}(t)=\Delta\boldsymbol{r}(t_0)+\sum_{j=1}^{n}\binom{\alpha}{j}\sum_{\xi=0}^{j}(-1)^{j+\xi}\binom{j}{\xi}\Delta\boldsymbol{r}(t_\xi) \tag{8.3}$$

其中，$\Delta\boldsymbol{r}=\boldsymbol{r}-\overline{\boldsymbol{r}}$。

通过式（8.3）的二阶导数，单星扰动轨道加速度矢量 $\Delta\ddot{\boldsymbol{r}}$ 的泰勒展开表示为

$$\Delta\ddot{\boldsymbol{r}}(t)=\sum_{j=1}^{n}\binom{\alpha}{j}''\sum_{\xi=0}^{j}(-1)^{j+\xi}\binom{j}{\xi}\Delta\boldsymbol{r}(t_\xi) \tag{8.4}$$

其中，$\Delta\ddot{\boldsymbol{r}}=\ddot{\boldsymbol{r}}-\ddot{\overline{\boldsymbol{r}}}$。

基于式（8.4），双星扰动轨道加速度矢量差 $\Delta\ddot{\boldsymbol{r}}_{12}$ 表示为

$$\Delta\ddot{\boldsymbol{r}}_{12}(t)=\sum_{j=1}^{n}\binom{\alpha}{j}''\sum_{\xi=0}^{j}(-1)^{j+\xi}\binom{j}{\xi}\Delta\boldsymbol{r}_{12}(t_\xi) \tag{8.5}$$

其中，$\Delta\boldsymbol{r}_{12}=\boldsymbol{r}_{12}-\overline{\boldsymbol{r}}_{12}$，$\boldsymbol{r}_{12}=\boldsymbol{r}_2-\boldsymbol{r}_1$ 和 $\overline{\boldsymbol{r}}_{12}=\overline{\boldsymbol{r}}_2-\overline{\boldsymbol{r}}_1$ 分别为轨道位置矢量差和参考轨道位置矢量差，$\boldsymbol{r}_1$ 和 $\boldsymbol{r}_2$ 分别为双星的轨道位置矢量，$\overline{\boldsymbol{r}}_1$ 和 $\overline{\boldsymbol{r}}_2$ 分别为双星的参考轨道位置矢量；$\Delta\ddot{\boldsymbol{r}}_{12}=\ddot{\boldsymbol{r}}_{12}-\ddot{\overline{\boldsymbol{r}}}_{12}$，$\ddot{\boldsymbol{r}}_{12}=\ddot{\boldsymbol{r}}_2-\ddot{\boldsymbol{r}}_1$ 和 $\ddot{\overline{\boldsymbol{r}}}_{12}=\ddot{\overline{\boldsymbol{r}}}_2-\ddot{\overline{\boldsymbol{r}}}_1$ 分别为轨道加速度矢量差和参考轨道加速度矢量差，$\ddot{\boldsymbol{r}}_1$ 和 $\ddot{\boldsymbol{r}}_2$ 分别为双星的轨道加速度矢量，$\ddot{\overline{\boldsymbol{r}}}_1$ 和 $\ddot{\overline{\boldsymbol{r}}}_2$ 分别为双星的参考轨道加速度矢量。

在式（8.5）中，双星扰动轨道加速度矢量差 $\Delta\ddot{\boldsymbol{r}}_{12}$ 的视线分量表示为

$$\boldsymbol{e}_{12}(t)\cdot\Delta\ddot{\boldsymbol{r}}_{12}(t)=\sum_{j=1}^{n}\binom{\alpha}{j}''\sum_{\xi=0}^{j}(-1)^{j+\xi}\binom{j}{\xi}\boldsymbol{e}_{12}(t)\cdot\Delta\boldsymbol{r}_{12}(t_\xi) \tag{8.6}$$

其中，$\boldsymbol{e}_{12}=\boldsymbol{r}_{12}/|\boldsymbol{r}_{12}|$ 表示由第一颗卫星指向第二颗卫星的单位矢量。

由于当前 GPS 定轨精度的限制，在卫星观测方程（8.6）中直接采用 $\Delta\boldsymbol{r}_{12}$ 无法实质性提高地球重力场的反演精度。因此，在式（8.6）中引入激光干涉测距仪的高精度扰动星间距离观测量 $\Delta\rho_{12}=\rho_{12}-\overline{\rho}_{12}$（$\rho_{12}$ 和 $\overline{\rho}_{12}$ 分别表示星间距离和参考星间距离）是建立下一代高精度和高空间分辨率地球重力场模型的关键因素。扰动星间距离观测量对卫星重力反演精度的敏感性优于星间距离观测量的原因如下：基于差分原理，星间距离 ρ_{12} 和参考星间距离 $\overline{\rho}_{12}$ 的共同误差可被有效差分掉，因此扰动星间距离小量 $\Delta\rho_{12}=\rho_{12}-\overline{\rho}_{12}$ 对地球重力场反演精度的灵敏度更高。

在式（8.6）中，扰动轨道位置矢量差 $\Delta\boldsymbol{r}_{12}$ 可变形为

$$\Delta\boldsymbol{r}_{12}=\Delta\boldsymbol{r}_{12}^{\parallel}+\Delta\boldsymbol{r}_{12}^{\perp} \tag{8.7}$$

其中，$\Delta\boldsymbol{r}_{12}^{\parallel}=(\Delta\boldsymbol{r}_{12}\cdot\boldsymbol{e}_{12})\boldsymbol{e}_{12}$ 为 $\Delta\boldsymbol{r}_{12}$ 的视线分量；$\Delta\boldsymbol{r}_{12}^{\perp}=\Delta\boldsymbol{r}_{12}-(\Delta\boldsymbol{r}_{12}\cdot\boldsymbol{e}_{12})\boldsymbol{e}_{12}$ 为 $\Delta\boldsymbol{r}_{12}$ 的垂向分量。

为了有效降低视线分量误差 $\sigma(\boldsymbol{e}_{12}\cdot\Delta\boldsymbol{r}_{12}^{\parallel})$，本章利用 $\Delta\rho_{12}\boldsymbol{e}_{12}$ 替代式（8.7）中的 $(\Delta\boldsymbol{r}_{12}\cdot\boldsymbol{e}_{12})\boldsymbol{e}_{12}$。因此，式（8.6）可变形为

$$\boldsymbol{e}_{12}(t)\cdot\Delta\ddot{\boldsymbol{r}}_{12}(t)=\sum_{j=1}^{n}\binom{\alpha}{j}''\sum_{\xi=0}^{j}(-1)^{j+\xi}\binom{j}{\xi}\boldsymbol{e}_{12}(t)\cdot\Delta\boldsymbol{r}_{\rho12}(t_\xi) \tag{8.8}$$

其中，$\Delta\boldsymbol{r}_{\rho12}(t_\xi)=\Delta\rho_{12}(t_\xi)\boldsymbol{e}_{12}(t_\xi)+\{\Delta\boldsymbol{r}_{12}(t_\xi)-[\Delta\boldsymbol{r}_{12}(t_\xi)\cdot\boldsymbol{e}_{12}(t_\xi)]\boldsymbol{e}_{12}(t_\xi)\}$。

在式（8.8）中，$\Delta\ddot{\boldsymbol{r}}_{12}$ 的具体形式表示为

$$\Delta\ddot{\boldsymbol{r}}_{12}=\Delta\boldsymbol{g}_{12}^{0}+\Delta\boldsymbol{g}_{12}^{\mathrm{T}}+\Delta\boldsymbol{a}_{12}^{\mathrm{C}}+\Delta\boldsymbol{f}_{12}^{\mathrm{N}} \tag{8.9}$$

其中，$\Delta\boldsymbol{g}_{12}^{\mathrm{T}}=\nabla\boldsymbol{T}_{12}-\nabla\overline{\boldsymbol{T}}_{12}$ 为作用于双星的相对地球扰动引力差；$\Delta\boldsymbol{a}_{12}^{\mathrm{C}}=\boldsymbol{a}_{12}^{\mathrm{C}}-\overline{\boldsymbol{a}}_{12}^{\mathrm{C}}$ 为扰动保守力差，主要包括：日月引力（DE405 模型）、地球固体潮（IERS 2010）、海潮（EOT11a 模型）、大气潮（NCEP 模型）和极潮（IERS 2010）、相对论效应等；$\Delta\boldsymbol{f}_{12}^{\mathrm{N}}=\boldsymbol{f}_{12}^{\mathrm{N}}-\overline{\boldsymbol{f}}_{12}^{\mathrm{N}}$ 为扰动非保守力差，主要包括大气阻力、太阳光压、地球辐射压、轨道和姿态控制力等；$\Delta\boldsymbol{g}_{12}^{0}=\boldsymbol{g}_{12}^{0}-\overline{\boldsymbol{g}}_{12}^{0}$ 表示地球扰动中心引力差：

$$\Delta \boldsymbol{g}_{12} = GM\left[\left(\frac{\boldsymbol{r}_2}{|\boldsymbol{r}_2|^3} - \frac{\boldsymbol{r}_1}{|\boldsymbol{r}_1|^3}\right) - \left(\frac{\overline{\boldsymbol{r}}_2}{|\overline{\boldsymbol{r}}_2|^3} - \frac{\overline{\boldsymbol{r}}_1}{|\overline{\boldsymbol{r}}_1|^3}\right)\right] \tag{8.10}$$

其中，$|\boldsymbol{r}_{1(2)}| = \sqrt{x_{1(2)}^2 + y_{1(2)}^2 + z_{1(2)}^2}$ 为双星的地心半径，$x_{1(2)}$、$y_{1(2)}$ 和 $z_{1(2)}$ 分别为轨道位置矢量 $\boldsymbol{r}_{1(2)}$ 的 3 个分量。

通过将式（8.9）和式（8.10）代入式（8.8），扰动星间距离观测方程表示为

$$\begin{aligned}
\boldsymbol{e}_{12}(t)\cdot\Delta(\nabla \boldsymbol{T}_{12}(t)) = & \sum_{j=1}^{n}\binom{\alpha}{j}^{*}\sum_{\xi=0}^{j}(-1)^{j+\xi}\binom{j}{\xi}\boldsymbol{e}_{12}(t)\cdot\left\{\Delta\rho_{12}(t_\xi)\boldsymbol{e}_{12}(t_\xi) + [\Delta\boldsymbol{r}_{12}(t_\xi) - (\Delta\boldsymbol{r}_{12}(t_\xi)\cdot\boldsymbol{e}_{12}(t_\xi))\boldsymbol{e}_{12}(t_\xi)]\right\} \\
& + \boldsymbol{e}_{12}(t)\cdot\left\{GM\left[\left(\frac{\boldsymbol{r}_2(t)}{|\boldsymbol{r}_2(t)|^3} - \frac{\boldsymbol{r}_1(t)}{|\boldsymbol{r}_1(t)|^3}\right) - \left(\frac{\overline{\boldsymbol{r}}_2(t)}{|\overline{\boldsymbol{r}}_2(t)|^3} - \frac{\overline{\boldsymbol{r}}_1(t)}{|\overline{\boldsymbol{r}}_1(t)|^3}\right)\right] - \Delta\boldsymbol{a}_{12}^{\mathrm{C}}(t) - \Delta\boldsymbol{f}_{12}^{\mathrm{N}}(t)\right\}
\end{aligned} \tag{8.11}$$

其中，$\boldsymbol{T}_{12} = \boldsymbol{T}_2 - \boldsymbol{T}_1$ 为地球扰动位差，地球扰动位 $\boldsymbol{T}(r,\theta,\lambda)$ 表示为

$$\boldsymbol{T}(r,\theta,\lambda) = \frac{GM}{R_{\mathrm{e}}}\sum_{l=2}^{L}\left(\frac{R_{\mathrm{e}}}{r}\right)^{l+1}\sum_{m=0}^{l}(\bar{C}_{lm}\cos m\lambda + \bar{S}_{lm}\sin m\lambda)\bar{P}_{lm}(\cos\theta) \tag{8.12}$$

其中，r、θ 和 λ 分别为地心半径、地心余纬度和地心经度；$\bar{P}_{lm}(\cos\theta)$ 为正规化的勒让德函数，l 为阶数，m 为次数；$\bar{C}_{lm}$ 和 $\bar{S}_{lm}$ 为待估的地球引力位系数。

地球引力位系数精度公式表示为

$$\sigma_l = \sqrt{\frac{\sum_{m=-l}^{l}(\bar{\lambda}_{lm} - \bar{\lambda}_{lm}^{\mathrm{o}})^2}{2l+1}} \tag{8.13}$$

其中，$\bar{\lambda}_{lm} = (\bar{C}_{lm}, \bar{S}_{lm})$ 表示待估的地球引力位系数，$\bar{\lambda}_{lm}^{\mathrm{o}}$ 表示参考地球重力场模型 EGM2008 的引力位系数。

累积大地水准面误差公式表示如下：

$$\sigma_N = R_{\mathrm{e}}\sqrt{\sum_{l=2}^{L}\sum_{m=-l}^{l}(\bar{\lambda}_{lm} - \bar{\lambda}_{lm}^{\mathrm{o}})^2} \tag{8.14}$$

8.3 轨道稳定性检验

如图 8.2 所示，本章首先利用 9 阶 Runge-Kutta 线性单步法结合 12 阶 Adams-Cowell 线性多步法数值积分公式模拟了 HIP-3S-A/B/C 三星的轨道位置和轨道速度，开普勒轨道模拟参数如表 8.2 所示。在轨道模拟和重力反演过程中（郑伟，2015），本章不仅计算了保守力效应（日月引力、地球固体潮、大气潮和极潮等）（Petit and Luzum，2010）和非保守力效应（大气阻力、太阳光压、地球辐射压、轨道和姿态控制力等）（Roesset，2003），同时考虑了时变背景力模型效应，主要包括：海潮模型误差[FES2004 模型（Lyard et al.，2006）与 EOT11a 模型（Savcenko and Bosch，2011）之差]、非潮汐海洋模型误

差［OMCT 模型（Dobslaw et al.，2012）与 ECCO 模型（Gross et al.，2003）之差］、非潮汐大气模型误差［ECMWF 模型（Renfrew et al.，2002）与 NCEP 模型（Kistler et al.，2001）之差］和全球陆地水储量模型误差［CPC 模型（Fan and van den Dool，2004）与 GLDAS 模型（Rodell et al.，2004）之差］。

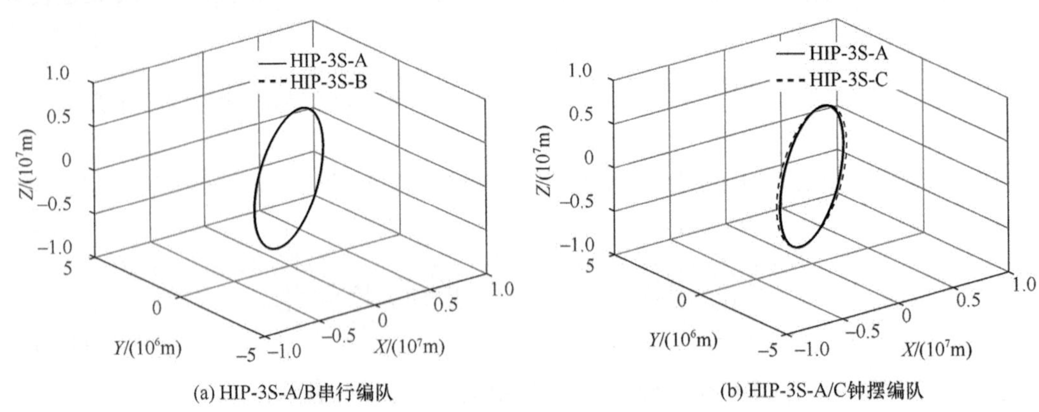

图 8.2 HIP-3S-A/B/C 三星编队轨道（1 天）

表 8.2 HIP-3S-A/B/C 三星编队的开普勒轨道根数

轨道根数	HIP-3S-A/B/C 卫星		
	HIP-3S-A	HIP-3S-B	HIP-3S-C
轨道半长轴 a	6771 km	6771 km	6771 km
轨道倾角 i	89°	89°	89°
轨道离心率 e	0.001	0.001	0.001
升交点赤经 Ω	0°	0°	0.75°
近地点幅角 w	0°	0.45°	0°
平近点角 M	0°	0.4°	0.4°

图 8.3 表示下一代 HIP-3S-A/C 钟摆编队在 30 天内的星间距离变化范围，统计结果如表 8.3 所示。研究结果表明：HIP-3S-A/C 钟摆编队的星间距离（波峰+波谷）的最大变化量为 0.5 km，漂移率（相对变化量）为 0.5 km/50 km=1%。因此，下一代 HIP-3S 三星编队的轨道稳定性较优，有利于提高地球重力场的反演精度。

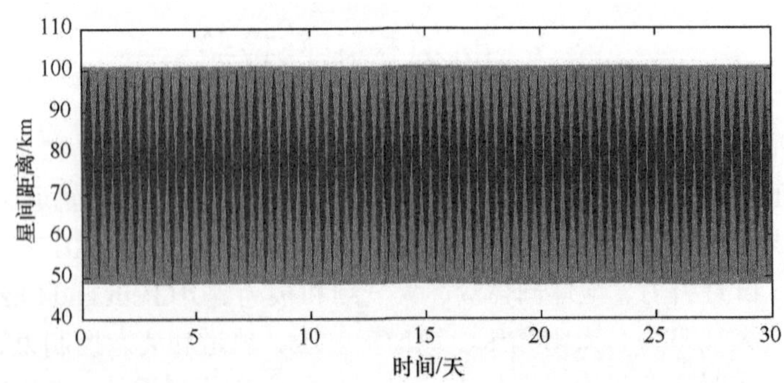

图 8.3 HIP-3S-A/C 钟摆编队的星间距离变化范围（30 天）

表 8.3　在 30 天内的 HIP-3S-A/C 钟摆编队的星间距离统计

参数	星间距离/km						
	第 1 天	第 5 天	第 10 天	第 15 天	第 20 天	第 25 天	第 30 天
波峰值	1.012×10^2	1.012×10^2	1.012×10^2	1.012×10^2	1.011×10^2	1.011×10^2	1.010×10^2
波谷值	0.484×10^2	0.484×10^2	0.483×10^2	0.483×10^2	0.482×10^2	0.482×10^2	0.481×10^2

8.4　卫星重力反演

如图 8.4 所示，十字线表示德国 GFZ 公布的 120 阶 GRACE（EIGEN-GRACE02S 模型）地球重力场的实测精度，在 120 阶处反演累计大地水准面精度为 1.893×10^{-1} m。虚线表示基于扰动星间距离法，利用卫星轨道参数（轨道高度 500 km、星间距离 220 km、轨道倾角 89°和轨道离心率 0.001）和卫星关键载荷精度（星间距离 10^{-5} m、轨道位置 10^{-2} m、轨道速度 10^{-5} m/s 和非保守力 10^{-10} m/s^2），反演 120 阶 GRACE-2S 地球重力场的模拟精度；实线表示通过扰动星间距离法，基于卫星轨道参数（表 8.2）和卫星关键载荷精度（星间距离 10^{-6} m、轨道位置 10^{-3} m、轨道速度 10^{-6} m/s 和非保守力 10^{-11} m/s^2），反演 120 阶 HIP-3S 地球重力场的模拟精度；在 120 阶处反演 GRACE-2S 和 HIP-3S 累计大地水准面精度为 2.271×10^{-1} m 和 1.923×10^{-3} m，在各阶处的累计大地水准面精度统计结果如表 8.4 所示。研究结果表明如下。

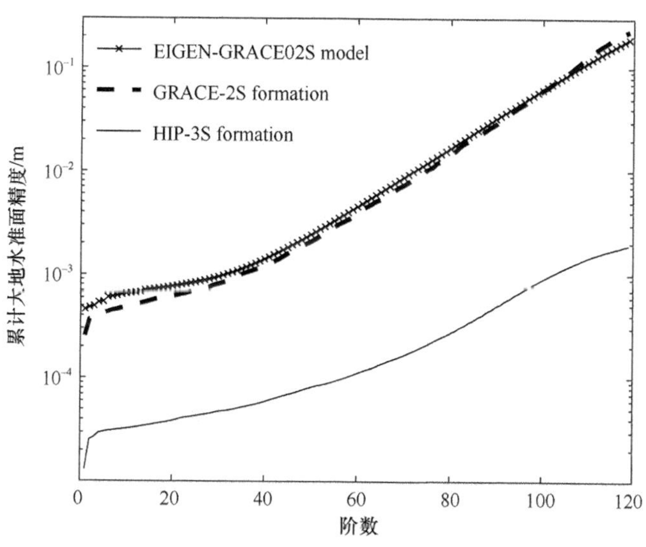

图 8.4　基于当前 GRACE-2S 和下一代 HIP-3S 卫星编队反演累计大地水准面精度对比

表 8.4　GRACE-2S 和 HIP-3S 累计大地水准面精度的统计结果

参数	累计大地水准面精度/m				
	20 阶	50 阶	80 阶	100 阶	120 阶
EIGEN-GRACE02S 模型	7.606×10^{-4}	2.282×10^{-3}	1.566×10^{-2}	5.756×10^{-2}	1.893×10^{-1}
GRACE-2S 双星编队	6.088×10^{-4}	1.979×10^{-3}	1.362×10^{-2}	5.571×10^{-2}	2.271×10^{-1}
HIP-3S 三星编队	3.791×10^{-5}	7.908×10^{-5}	2.593×10^{-4}	8.501×10^{-4}	1.923×10^{-3}

第一，①在地球重力场长波段（$2<L\leqslant 100$），基于当前 GRACE-2S 编队反演地球重力场的模拟精度高于地球重力场模型 EIGEN-GRACE02S 的实测精度。②在地球中长波重力场（$100<L\leqslant 120$），GRACE-2S 地球重力场的模拟精度低于 EIGEN-GRACE02S 模型的实测精度。③在 120 阶内，由于利用 GRACE-2S 编队反演地球重力场的模拟精度（虚线）平均符合于 EIGEN-GRACE02S 模型的实测精度（十字线），因此可有效验证本章采用的卫星重力反演软件程序是可靠的。

第二，①由于 GRACE 卫星未携带非保守力补偿系统，所以作用于卫星体的非保守力的负面影响制约了轨道高度（500 km）无法实质性降低，进而限制了 GRACE 地球重力场的反演精度。②由于 GRACE 卫星选择搭载较低精度的 K 波段微波测距仪测量星间距离（10^{-5} m），因此关键载荷误差是影响 GRACE 地球重力场测量精度的重要因素。③由于 GRACE 采用双星串行式编队模式，仅能测量轨向重力场信号，无法获得垂向和经向重力场信号，因此南北向的条带误差效应限制了地球时变重力场的反演精度［图 8.5（a）］。

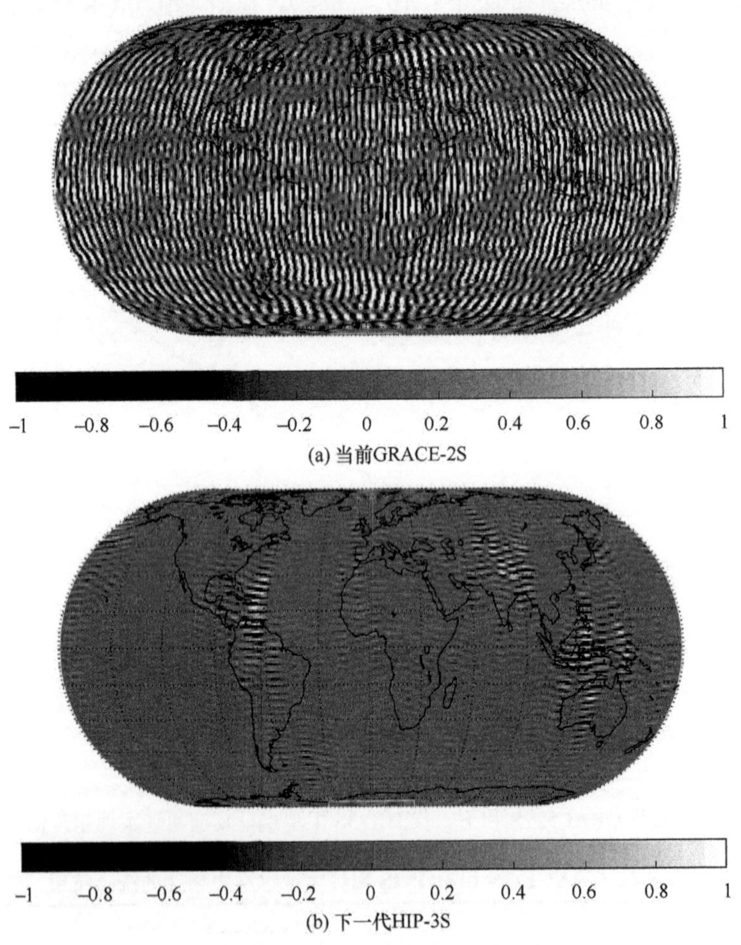

图 8.5　基于当前 GRACE-2S 和下一代 HIP-3S 编队反演 120 阶全球累计大地水准面精度对比（单位：mm）

第三，①由于下一代 HIP-3S 卫星编队将携带非保守力补偿系统，因此可较大程度降低卫星轨道高度（250～400 km）。但随着卫星轨道高度下降，非保守力的负面影响将导致喷气燃料的急剧消耗，进而损失卫星的工作寿命，因此将下一代 HIP-3S 卫星的轨道高度设计为 400 km 有利于同时提高地球重力场的精度和空间分辨率。②不同于当前的 GRACE 双星计划，下一代 HIP-3S 卫星将采用更高精度的激光干涉测距仪获得星间距离（10^{-6}～10^{-8}）观测量，旨在进一步提高地球重力场反演精度。

第四，①由于 GRACE 串行式双星编队有利于测量轨向重力场信号，而 Pendulum 钟摆式双星编队敏感于垂向重力场信号，因此，联合 GRACE 串行式双星编队和 Pendulum 钟摆式双星编队有利于同时获得轨向和垂向的卫星观测信号，进而使地球重力场信号和误差更加各向同性和均匀化，有利于缓解南北向条带误差的负面影响以及进一步提高地球静态和时变重力场精度［图 8.5（b）］。②相对于转轮式四星编队和两组不同轨道倾角组合式四星编队，下一代 HIP-3S 三星编队不仅研制技术要求较低，而且更经济和易于实现，因此可作为下一代卫星重力计划的优选方案。

综上所述，由于下一代 HIP-3S 三星编队不仅可同时获得轨向和垂向的重力信息，而且研制费用相对较低，因此，基于 HIP-3S 编队有利于建立下一代高精度和高空间分辨率的全球重力场模型。

8.5 本章小结

本章旨在基于新型扰动星间距离法，论证利用下一代 HIP-3S 三星编队提高地球重力场精度和空间分辨率的可行性。具体研究结论如下。

第一，本章新型扰动星间距离法的核心思想为将扰动轨道位置矢量差 $\Delta\boldsymbol{r}_{12}$ 分解为视线（LOS）分量 $\Delta\boldsymbol{r}_{12}^{\|}$ 和垂向分量 $\Delta\boldsymbol{r}_{12}^{\perp}$。通过与视线方向的单位矢量 $\boldsymbol{e}_{12}$ 点乘，垂向分量误差 $\sigma(\boldsymbol{e}_{12}\cdot\Delta\boldsymbol{r}_{12}^{\perp})$ 可被有效降低。为了进一步提高视线分量精度 $\sigma(\boldsymbol{e}_{12}\cdot\Delta\boldsymbol{r}_{12}^{\|})$，本章引入了激光干涉测距仪的高精度扰动星间距离观测量 $\Delta\rho_{12}$。

第二，检验了下一代 HIP-3S 三星编队的轨道稳定性。在 30 天内，由于星间距离的波动幅度变化较小（漂移率约为 1%），因此 HIP-3S 三星编队较稳定，有利于保证地球重力场反演精度。

第三，基于新型扰动星间距离法精确反演了下一代 HIP-3S 地球重力场。在 120 阶处，基于下一代 HIP-3S 三星编队反演地球重力场精度较当前 GRACE-2S 双星编队的演精度平均提高 42 倍。下一代 HIP-3S 地球重力场反演精度的提高主要来源于 3 方[illegible]贡献：轨道高度降低（降低了 100 km）、载荷精度提升（提高了 10 倍）和编队模[illegible]（HIP-3S 三星编队）。轨道高度降低和载荷精度提升的贡献主要侧重于改善地球重[illegible]演精度，编队模式改变的贡献主要体现于可同时获得轨向和垂向重力场信号（[illegible]率），进而有利于减弱南北向条带误差效应（图 8.5）。因此，HIP-3S 三星编[illegible]一代卫星重力反演精度和空间分辨率的优选模式。

参考文献

程芦颖，许厚泽. 2006. 地球重力场恢复中的位旋转效应. 地球物理学报, 49(1): 9[illegible]

沈云中, 许厚泽, 吴斌. 2005. 星间加速度解算模式的模拟与分析. 地球物理学报, 48(4): 807–811.

张捍卫, 许厚泽, 刘学谦. 2004. 固体潮 Love 数的基本理论和数值结果. 地球物理学进展, 19(2): 372–378.

郑伟. 2015. 基于能量守恒原理的卫星重力反演理论与方法. 北京: 科学出版社, 1–231.

郑伟, 许厚泽, 钟敏, 员美娟. 2010a. 国际重力卫星研究进展和我国将来卫星重力测量计划. 测绘科学, 35(1): 5–9.

郑伟, 许厚泽, 钟敏, 员美娟. 2012. 国际下一代卫星重力测量计划研究进展. 大地测量与地球动力学, 32(3): 152–159.

郑伟, 许厚泽, 钟敏, 员美娟, 彭碧波, 周旭华. 2010b. Improved-GRACE 卫星重力轨道参数优化研究. 大地测量与地球动力学, 30(2): 43–48.

周旭华, 许厚泽, 吴斌, 彭碧波, 陆洋. 2006. 用 GRACE 卫星跟踪数据反演地球重力场. 地球物理学报, 49(3): 718–723.

Anselmi A, Cesare S, Cavaglia R. 2010. Assessment of a next generation mission for monitoring the variations of Earth's gravity. ESA Contract 22643/09/NL/AF, Final Report.

Bender P L, Hall J L, Ye J, Klipstein W M. 2003. Satellite-satellite laser links for future gravity missions. Space Science Reviews, 108(1-2): 377–384.

Bender P L, Wiese D N, Nerem R S. 2008. A possible dual-GRACE mission with 90 degree and 63 degree inclination orbits. Proceedings of the 3rd International Symposium on Formation Flying, Missions and Technologies. European Space Agency Symposium Proceedings, Noordwijk, The Netherlands: ESA.

Cesare S, Mottini S, Musso F, Parisch M, Sechi G, Canuto E, Aguirre M, Leone B, Massotti L, Silvestrin P. 2010. Satellite Formation for a Next Generation Gravimetry Mission. Sandau R, Roeser H P, Valenzuela A. Small Satellite Missions for Earth Observation. Berlin, Heidelberg: Springer, 125–133.

Dirac P A M. 1958. The Principles of Quantum Mechanics(the International Series of Monographs on Physics 27). 4th ed. Oxford: Oxford University Press.

Dobslaw H, Thomas M, Bergmann I, Esselborn S, Flechtner F, Zenner L. 2012. OMCT-New time-series for oceanic mass, angular momentum and sea level variability. EGU General Assembly 2012. Vienna, Austria, 10195.

Elsaka B, Ilk K H. 2009. Simulated multiple formation flights for future gravity field recovery. EGU General Assembly. Vienna, Austria.

Elsaka B, Kusche J, Ilk K H. 2012. Recovery of the Earth's gravity field from formation-flying satellites: Temporal aliasing issues. Advances in Space Research, 50(11): 1534–1552.

Fan Y, van den Dool H. 2004. Climate Prediction Center global monthly soil moisture data set at 0.5 resolution for 1948 to present. Journal of Geophysical Research, 109: D10102.

Flechtner F, Neumayer K H, Doll B, Munder J, Reigber C, Raimondo J C. 2009. GRAF-A GRACE follow-on mission feasibility study. EGU General Assembly 2009. Vienna, Austria.

Gross R S, Fukumori I, Menemenlis D. 2003. Atmospheric and oceanic excitation of the Earth's wobbles during 1980-2000. Journal of Geophysical Research, 108: 2370.

Gruber Th, Panet I, Johannessen J, Doll B, Christophe B, Sheard B. 2012. Earth system mass transport mission(e.motion): Technological and mission configuration challenges. International Symposium on Gravity, Geoid and Height Systems, GGHS2012, Venice.

Kistler R, Collins W, Saha S. 2001. The NCEP–NCAR 50-year reanalysis: Monthly means CD-ROM and documentation. Bulletin of the American Meteorological Society, 82(2): 247–267.

Loomis B D, Nerem R S, Luthcke S B. 2012. Simulation study of a follow-on gravity mission to GRACE. Journal of Geodesy, 86(5): 319–335.

Lyard F, Lefevre F, Letellier T, Francis O. 2006. Modelling the global ocean tides: Modern insights from FES2004. Ocean Dynamics, 56(5-6): 394–415.

Mayer-Gürr T. 2006. Gravitationsfeldbestimmung aus der Analyse kurzer Bahnbogen am Beispiel der Satellitenmissionen CHAMP und GRACE. Germany: University of Bonn.

anet I, Flury J, Biancale R, Gruber T, Johannessen J, van den Broeke M R, van Dam T, Gegout P, Hughes C W, Ramillien G, Sasgen I, Seoane L, Thomas M. 2013. Earth system mass transport mission(e.motion):

A concept for future Earth gravity field measurements from space. Surveys in Geophysics, 34(2): 141–163.

Petit G, Luzum B. 2010. IERS Conventions(2010). IERS Technical Note 36, Verlagdes Bundesamts für Kartographie und Geodäsie, Frankfurt am Main, Germany.

Reigber C, Schmidt R, Flechtner F, König R, Meyer U, Neumayer K H, Schwintzer P, Zhu S Y. 2005. An Earth gravity field model complete to degree and order 150 from GRACE: EIGEN-GRACE02S. Journal of Geodynamics, 39(1): 1–10.

Renfrew I A, Moore G W K, Guest P S, Bumke K. 2002. A comparison of surface layer and surface turbulent flux observations over the labrador sea with ECMWF analyses and NCEP reanalyses. Journal of Physical Oceanography, 32(2): 383–400.

Reubelt T, Austen G, Grafarend E W. 2003. Harmonic analysis of the Earth's gravitational field by means of semi-continuous ephemeris of a low Earth orbiting GPS-tracked satellite, Case study: CHAMP. Journal of Geodesy, 77(5): 257–278.

Reubelt T, Sneeuw N, Sharifi M. 2008. Future mission design options for spatio-temporal geopotential recovery. Gravity, Geoid and Earth Observation. Berlin, Heidelberg: Springer, 163–170.

Roesset P J. 2003. A simulation study of the use of accelerometer data in the GRACE mission. Austin: The University of Texas.

Rodell M, Houser P R, Jambor U, Gottschalck J, Mitchell K, Meng C J, Arsenault K, Cosgrove B, Radakovich J, Bosilovich M, Entin J K, Walker J P, Lohmann D, Toll D. 2004. The global land data assimilation system. Bulletin of the American Meteorological Society, 85(3): 381–394.

Rummel R. 2003. How to climb the gravity wall. Space Science Reviews, 108(1-2): 1–14.

Savcenko R, Bosch W. 2011. EOT11a-a new tide model from Multi-Mission Altimetry. OSTST Meeting. San Diego.

Silvestrin P, Aguirre M, Massotti L, Leone B, Cesare S, Kern M, Haagmans R. 2012. The Future of the Satellite Gravimetry after the GOCE Mission. Kenyon S, Pacino M, Martin U. Geodesy for Planet Earth. International Association of Geodesy Symposia, Vol. 136. Berlin, Heidelberg: Springer, 223–230.

Sneeuw N, Flury J, Rummel R. 2004. Science requirements on future missions and simulated mission scenarios. Earth Moon Planets, 94(1-2): 113–142.

Stephens M, Craig R, Leitch J, Pierce R. 2006. Demonstration of an interferometric laser ranging system for a Follow-On gravity mission to GRACE. Proceedings of IEEE International Conference on Geoscience and Remote Sensing Symposium. Denver, CO: IEEE, 1115–1118.

Tapley B, Ries J, Bettadpur S, Chambers D, Cheng M, Condi F, Gunter B, Kang Z, Nagel P, Pastor R, Pekker T, Poole S, Wang F. 2005. GGM02 An improved Earth gravity field model from GRACE. Journal of Geodesy, 79(8): 467–478.

van Dam T, Visser P, Sneeuw N, Gruber T, Losch M, Bamber J, King M, Bierkens M, Smit M, Kern M, Haagmans R. 2008. Monitoring and modeling individual sources of mass distribution and transport in the Earth system by means of satellites. Final Report. ESA Contract No. 20403.

Wiese D N, Folkner W M, Nerem R S. 2009. Alternative mission architectures for a gravity recovery satellite Mission. Journal of Geodesy, 83(6): 569–581.

Wiese D N, Nerem R S, Lemoine F G. 2012. Design considerations for a dedicated gravity recovery satellite mission consisting of two pairs of satellites. Journal of Geodesy, 86(2): 81–98.

Xu P L. 2008. Position and velocity perturbations for the determination of geopotential from space geodetic measurements. Celestial Mechanics and Dynamical Astronomy, 100(3): 231–249.

Zheng W, Shao C G, Luo J, Xu H Z. 2006. Numerical simulation of Earth's gravitational field recovery from SST based on the energy conservation principle. Chinese Journal of Geophysics, 49(3): 712–717.

Zheng W, Shao C G, Luo J, Xu H Z. 2008a. Improving the accuracy of GRACE Earth's gravitational field using the combination of different inclinations. Progress in Natural Science, 18(5): 555–561.

Zheng W, Wang Z K, Ding Y W, Li Z W. 2016a. Accurate establishment of error models for satellite gravity gradiometry recovery and requirements analysis for the future GOCE Follow-On mission. Acta Geophysica, 64(3): 732–754.

Zheng W, Xu H Z, Li Z W, Wu F. 2017. Precise establishment of the next-generation Earth gravity field model from HIP-3S based on the combination between Inline and Pendulum satellite formations. Chinese Journal of Geophysics, 60(8): 3051–3061.

Zheng W, Xu H Z, Zhong M, Liu C S, Yun M J. 2013. Precise and rapid recovery of the Earth's gravitational field by the next-generation four-satellite cartwheel formation system. Chinese Journal of Geophysics, 56(9): 2928–2935.

Zheng W, Xu H Z, Zhong M, Liu C S, Yun M J. 2014c. Precise and rapid recovery of the Earth's gravity field from the next-generation GRACE Follow-On mission using the residual intersatellite range-rate method. Chinese Journal of Geophysics, 57(1): 11–24.

Zheng W, Xu H Z, Zhong M, Yun M J. 2009a. Accurate and rapid error estimation on global gravitational field from current GRACE and future GRACE Follow-On missions. Chinese Physics B, 18(8): 3597–3604.

Zheng W, Xu H Z, Zhong M, Yun M J. 2009b. Physical explanation of influence of twin and three satellites formation mode on the accuracy of Earth's gravitational field. Chinese Physics Letters, 26(2): 029101-1–029101-4.

Zheng W, Xu H Z, Zhong M, Yun M J. 2011. Efficient calibration of the non-conservative force data from the space-borne accelerometers of the twin GRACE satellites. Transactions of the Japan Society for Aeronautical and Space Sciences, 54(184): 106–110.

Zheng W, Xu H Z, Zhong M, Yun M J. 2012a. Efficient accuracy improvement of GRACE global gravitational field recovery using a new inter-satellite range interpolation method. Journal of Geodynamics, 53: 1–7.

Zheng W, Xu H Z, Zhong M, Yun M J. 2012b. Precise recovery of the Earth's gravitational field with GRACE: Intersatellite Range-Rate Interpolation Approach. IEEE Geoscience and Remote Sensing Letters, 9(3): 422–426.

Zheng W, Xu H Z, Zhong M, Yun M J. 2012c. Impacts of interpolation formula, correlation coefficient and sampling interval on the accuracy of GRACE Follow-On intersatellite range-acceleration. Chinese Journal of Geophysics, 55(3): 822–832.

Zheng W, Xu H Z, Zhong M, Yun M J. 2014a. Precise recovery of the Earth's gravitational field by GRACE Follow-On satellite gravity gradiometry method. Chinese Journal of Geophysics, 57(3): 269–279.

Zheng W, Xu H Z, Zhong M, Yun M J. 2014b. Physical analysis on improving the recovery accuracy of the Earth's gravity field by a combination of satellite observations in along-track and cross-track directions. Chinese Physics B, 23(10): 109101-1–109101-8.

Zheng W, Xu H Z, Zhong M, Yun M J. 2015a. Requirements analysis for future satellite gravity mission Improved-GRACE. Surveys in Geophysics, 36(1): 87–109.

Zheng W, Xu H Z, Zhong M, Yun M J. 2015b. Sensitivity analysis for key payloads and orbital parameters from the next-generation Moon-Gradiometer satellite gravity program. Surveys in Geophysics, 36(1): 111–137.

Zheng W, Xu H Z, Zhong M, Yun M J. 2015c. Improvement in the recovery accuracy of the lunar gravity field based on the future Moon-ILRS spacecraft gravity mission. Surveys in Geophysics, 36(4): 587–619.

Zheng W, Xu H Z, Zhong M, Yun M J. 2015d. A study on the improvement in spatial resolution of the Earth's gravitational field by the next-generation ACR-Cartwheel-A/B twin-satellite formation. Chinese Journal of Geophysics, 58(3): 767–779.

Zheng W, Xu H Z, Zhong M, Yun M J. 2016b. Future dedicated Venus-SGG flight mission: Accuracy assessment and performance analysis. Advances in Space Research, 57(1): 459–476.

Zheng W, Xu H Z, Zhong M, Yun M J, Zhou X H, Peng B B. 2008b. Efficient and rapid estimation of the accuracy of GRACE global gravitational field using the semi-analytical method. Chinese Journal of Geophysics, 51(6): 1704–1710.

Zheng W, Xu H Z, Zhong M, Yun M J, Zhou X H, Peng B B. 2009c. Influence of the adjusted accuracy of center of mass between GRACE satellite and SuperSTAR accelerometer on the accuracy of Earth's gravitational field. Chinese Journal of Geophysics, 52(6): 1465–1473.

Zheng W, Xu H Z, Zhong M, Yun M J, Zhou X H, Peng B B. 2009d. Effective processing of measured data from GRACE key payloads and accurate determination of Earth's gravitational field. Chinese Journal of Geophysics, 52(8): 1966–1975.

Zheng W, Xu H Z, Zhong M, Yun M J, Zhou X H, Peng B B. 2009e. Demonstration on the optimal design of resolution indexes of high and low sensitive axes from space-borne accelerometer in the satellite-to-satellite tracking model. Chinese Journal of Geophysics, 52(11): 2712–2720.

Zheng W, Xu H Z, Zhong M, Yun M J, Zhou X H, Peng B B. 2010. Efficient and rapid estimation of the accuracy of future GRACE Follow-On Earth's gravitational field using the analytic method. Chinese Journal of Geophysics, 53(4): 796–806.

第9章 基于下一代四星转轮式编队精确反演 FSCF 地球重力场

第一，由于重力卫星编队轨道的稳定性设计是建立下一代高精度和高空间分辨率地球重力场模型的关键，所以为保证下一代四星转轮式编队系统的稳定性，轨道根数的最优设计如下：①轨道半长轴 a、轨道偏心率 e、轨道倾角 i 和升交点赤经 Ω 保持不变；②每对卫星的近地点幅角 ω 和平近点角 M 分别相差 180°；③初始近地点幅角 ω 设置于赤道处，初始平近点角 M 设计于极点处；④卫星编队系统椭圆轨道的半长轴和半短轴之比为 2∶1。第二，基于下一代四星转轮式编队系统，利用星间速度插值法，通过相关系数（激光干涉测量系统的星间速度 0.85、GPS 接收机的轨道位置和轨道速度 0.95、星载加速度计的非保守力 0.90）、观测时间 30 天和采样间隔 10 s，反演了 120 阶 FSCF-1/2/3/4 地球重力场，在 120 阶处累计大地水准面精度为 1.162×10^{-4} m，较目前 GRACE 地球重力场精度至少提高一个数量级。第三，下一代四星转轮式编队系统具有低轨道高度、高精度测量、全张量观测、弱混淆效应和强时变信号的优点（Zheng et al.，2013）。

9.1 研究背景

虽然 GRACE 卫星重力测量计划较传统重力测量技术（车载、船载和机载）可高效、高精度和高空间分辨率探测地球静态（中长波）和时变（长波）重力场（许厚泽，2001；宁津生，2002；张捍卫等，2004；沈云中等，2005；Zheng et al.，2005；程芦颖和许厚泽，2006；周旭华等，2006；Zheng et al.，2006，2008a，2008c，2009c，2009d，2009e，2011，2012a，2012b；Xu，2008；郑伟等，2009b，2010a，2010c，2010d，2011a，2011b，2011c，2011d），但 GRACE 重力卫星系统的固有缺点（第一，无法降低卫星轨道高度；第二，无法提高载荷测量精度；第三，无法获取垂向重力梯度；第四，无法扣除高频信号混淆）无法通过自身调节而消除，只有实施下一代新型卫星重力测量计划才能得以有效解决（Bender et al.，2003；Rummel，2003；Sneeuw，2005；Zheng et al.，2008b，2009a，2009b，2010；郑伟等，2010b，2014；Loomis et al.，2012；Wiese et al.，2012）。为了有效弥补 GRACE 的不足之处，进而高精度和高空间分辨率地建立下一代地球静态（中短波）和时变（中长波）重力场模型，美国喷气推进实验室（JPL）提出了下一代四星转轮式编队卫星重力测量计划（图 9.1 和表 9.1）（Wiese et al.，2009）。

Massonnet（1998）首次将卫星转轮式编队模式应用于被动雷达干涉测量；Sneeuw 和 Schaub（2004）提出了基于卫星转轮式编队系统精密探测地球重力场的新思想。如图 9.1 和表 9.1 所示，基于四星转轮式编队模式高精度测量地球重力场的主要思想如下：①每颗单星沿各自的椭圆轨道绕地球飞行；②四星转轮式编队系统的质心以圆轨道模式

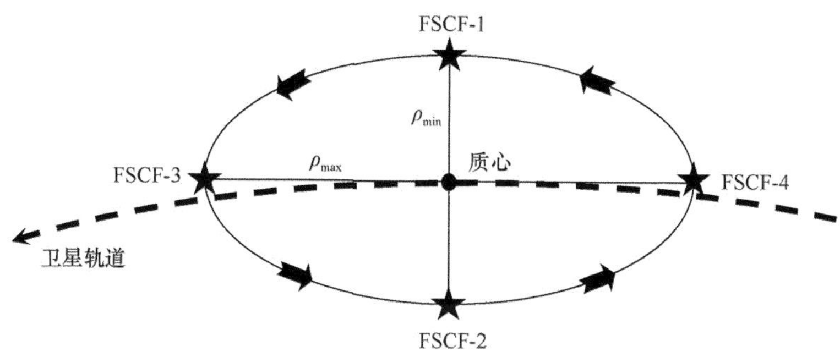

图 9.1 下一代四星转轮式编队系统测量原理图

表 9.1 当前 GRACE-A/B 和下一代 FSCF-1/2/3/4 卫星重力测量计划对比

参数	重力卫星	
	GRACE-A/B	FSCF-1/2/3/4
轨道高度	500 km	250 km
卫星数量	2 颗	4 颗
编队模式	串行式	转轮式
观测信号	水平重力梯度	水平和垂直重力梯度
静态重力模型	中长波	中短波
时变重力模型	长波	中长波
关键载荷	K 波段微波测距仪（10 μm 和 1 μm/s）	激光干涉测距仪（10 nm 和 1 nm/s）
	SuperSTAR 加速度计（10^{-10} m/s^2）	非保守力补偿系统（10^{-13} m/s^2）

环地球运动；③每颗单星绕编队系统质心以椭圆轨道形式旋转（半长轴：半短轴=2：1）。地球引力位 $V(r,\theta,\lambda)$ 分别对 (x,y,z) 的二阶导数表示如下：

$$V_{ij}=\begin{bmatrix} V_{xx} & V_{xy} & V_{xz} \\ V_{yx} & V_{yy} & V_{yz} \\ V_{zx} & V_{zy} & V_{zz} \end{bmatrix} \tag{9.1}$$

其中，地球引力位二阶导数是对称张量，同时在真空情况下满足 Laplace 方程表现为无迹性 $V_{xx}+V_{yy}+V_{zz}=0$，因此在 9 个重力梯度分量中有 5 个是独立的。GRACE 共轨双星采用前后跟踪的串行式编队模式，相当于基线长为星间距离 ρ_{12} 的水平重力梯度仪，因此仅能测量视线方向的水平重力梯度分量 V_{xx}；转轮式编队模式可同时测量水平和垂直重力梯度分量（V_{xx},V_{xz},V_{zz}）。由于垂向重力梯度的功率谱约为水平重力梯度功率谱的 2 倍 $P\{V_{zz}\}=2P\{V_{xx}\}$，因此，由于不仅增加了垂向重力梯度信号，而且较大程度降低了轨道高度和提高了关键载荷测量精度的综合影响，基于转轮式编队模式反演地球重力场的精度较 GRACE 串行式编队模式的测量精度至少提高一个数量级。

卫星轨道根数的优化设计是成功实施下一代四星转轮式编队系统卫星重力测量计划的重要保证。Wiese（2007）提出将下一代四星转轮式编队系统的初始近地点幅角设置于极点处和初始平近点角设计于赤道处较优。不同于上述研究结果，本章重新开展了下一代四星转轮式编队系统轨道根数的稳定性设计研究，结果表明，将初始近地点幅角

ω 设置于赤道处和初始平近点角 M 设计于极点处有利于保持下一代四星转轮式编队系统的稳定性。

9.2 卫星轨道根数的优化设计

如图 9.1 所示，下一代四星转轮式编队系统可通过设定 6 个开普勒轨道根数（轨道半长轴 a、轨道偏心率 e、轨道倾角 i、升交点赤经 Ω、近地点幅角 ω 和初始平近点角 M）实现，具体规则如下：①轨道半长轴 a、轨道偏心率 e、轨道倾角 i 和升交点赤经 Ω 保持不变；②每对卫星（FSCF-1/2 和 FSCF-3/4）的近地点幅角 ω 和平近点角 M 分别相差 180°（$\omega_1=\omega_2+180°$和 $M_1=M_2+180°$）；③设定下一代四星转轮式编队系统椭圆轨道的半长轴和半短轴之比为 $\rho_{max}:\rho_{min}=2:1$。由于地球重力场的非对称性和非均匀性以及地球扁率项 J_2 的综合影响和作用，下一代四星转轮式编队系统的轨道稳定性将发生急剧和快速的漂移。虽然可以通过每颗卫星自身的轨道和姿态推进器维持整体系统的稳定性，但大量喷气燃料消耗将导致下一代四星转轮式编队系统寿命的急速缩短。因此，下一代四星转轮式编队系统轨道根数的优化设计是建立下一代高精度、高空间分辨率和高阶次地球重力场模型的关键因素。

本章利用 Runge-Kutta 线性单步法结合 12 阶 Adams-Cowell 线性多步法数值积分公式仿真模拟了 FSCF-1/2/3/4 卫星轨道，其中轨道高度 250 km、观测时间 30 天、采样间隔 10 s、参考重力模型 EGM2008，Kepler 轨道根数如表 9.2 所示。图 9.2（a）表示下一代四星转轮式编队系统中 FSCF-1/2 的星间距离，其中近地点幅角 ω 设置于极点处和平近点角 M 设置于赤道处［图 9.2（b）］。图 9.3（a）表示下一代四星转轮式编队系统中 FSCF-3/4 的星间距离，其中近地点幅角 ω 设置于赤道处和平近点角 M 设置于极点处［图 9.3（b）］。通过图 9.2（a）和图 9.3（a）对比可知，将初始近地点幅角设置于赤道处以及将初始平近点角设置于极点处可有效抑制下一代四星转轮式编队系统的漂移，进而确保编队系统的地球重力场测量稳定性和精确性。

表 9.2 下一代四星转轮式编队系统轨道根数的优化设计

重力卫星	轨道根数					
	a/km	e	i/(°)	Ω/(°)	ω/(°)	M/(°)
FSCF-1	6628	0.004	89	0	270	0
FSCF-2	6628	0.004	89	0	90	180
FSCF-3	6628	0.004	89	0	180	90
FSCF-4	6628	0.004	89	0	0	270

9.3 地球重力场反演

基于 Gauss-Markov 模型，卫星观测值的色噪声表示如下（Reubelt et al.，2003）：

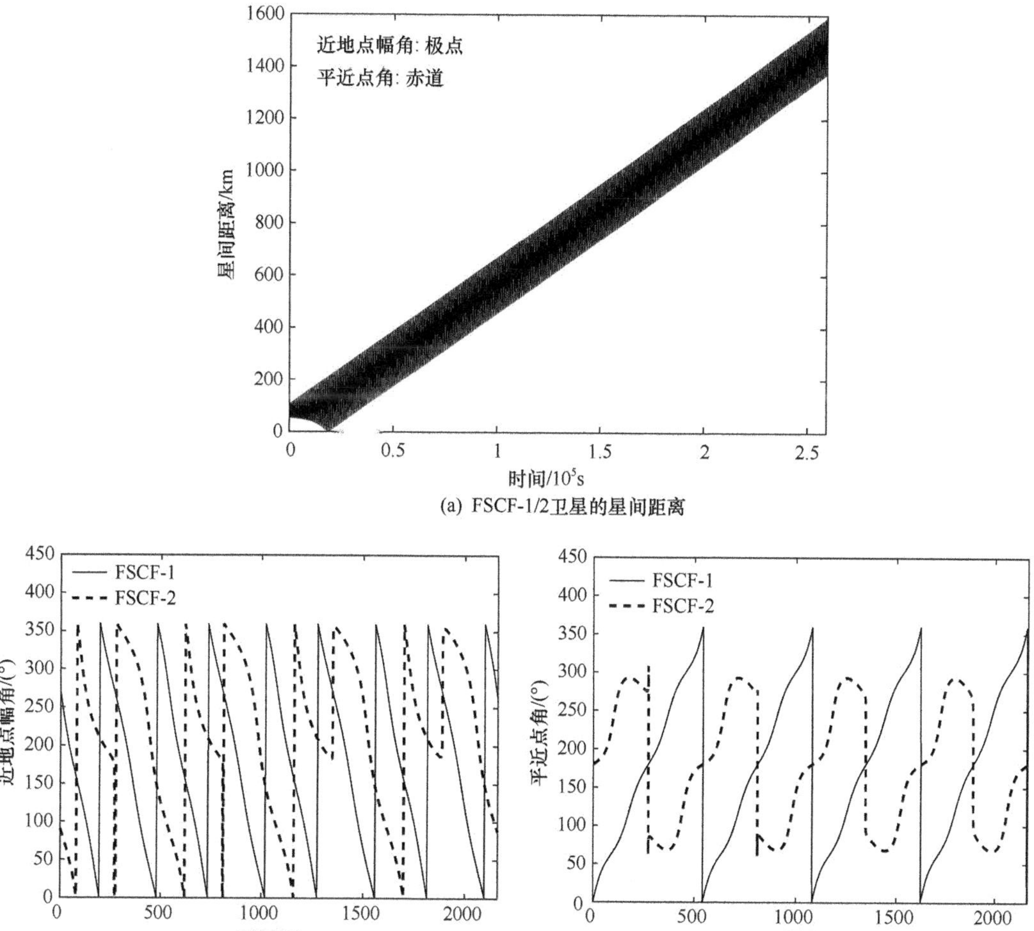

(b) FSCF-1/2卫星的近地点幅角和平近点角

图 9.2　下一代四星转轮式编队系统中 FSCF-1/2 卫星的星间距离、近地点幅角和平近点角

$$\begin{cases}\sigma_0=\alpha_0,\\ \sigma_1=\beta\sigma_0+\sqrt{1-\beta^2}\,\alpha_1,\\ \sigma_2=\beta\sigma_1+\sqrt{1-\beta^2}\,\alpha_2,\\ \quad\cdots\cdots\\ \sigma_j=\beta\sigma_{j-1}+\sqrt{1-\beta^2}\,\alpha_j\end{cases}\tag{9.2}$$

其中，$\alpha_j(j=1,2,\cdots,\tau)$ 为正态分布的随机白噪声（$\beta=0$），j 为观测点的个数；$\sigma_j(j=1,2,\cdots,\tau)$ 为具有相关性的色噪声（$0<\beta<1$）。

图 9.4 表示基于 Gauss-Markov 色噪声模型，利用相关系数（激光干涉测量系统的星间速度 0.85、GPS 接收机的轨道位置和轨道速度 0.95、星载加速度计的非保守力 0.90）（Zheng et al.，2012c）和采样间隔 10 s 模拟的星间速度以及轨道位置、轨道速度和非保守力 x 轴方向的色噪声（GPS 接收机的轨道位置和轨道速度精度指标可通过高精度激光

干涉测量系统辅助获得），统计结果如表 9.3 所示。

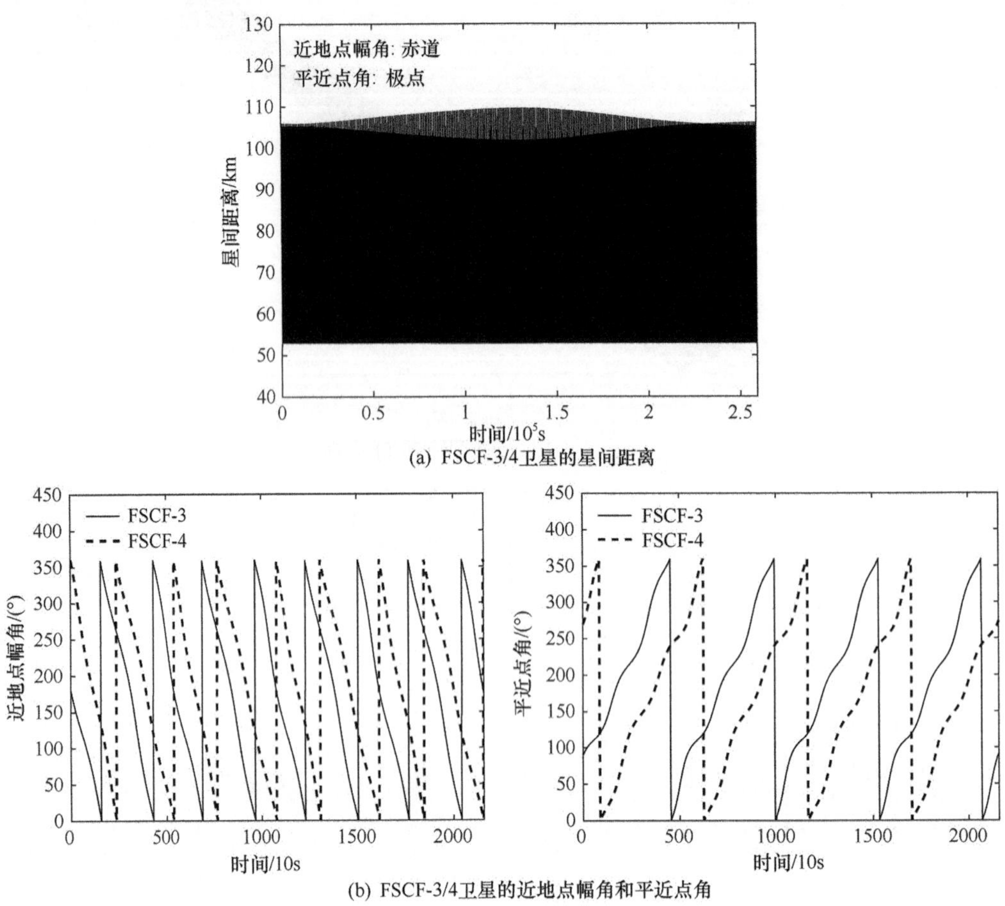

图 9.3　下一代四星转轮式编队系统中 FSCF-3/4 卫星的星间距离、近地点幅角和平近点角

表 9.3　卫星观测值的色噪声统计

观测值	色噪声			
	最小值	最大值	平均值	标准差
星间速度/(m/s)	-2.751×10^{-9}	2.989×10^{-9}	5.118×10^{-11}	1.019×10^{-9}
轨道位置/m	-2.829×10^{-5}	2.864×10^{-5}	7.386×10^{-7}	1.030×10^{-5}
轨道速度/(m/s)	-3.147×10^{-8}	2.915×10^{-8}	-3.542×10^{-10}	1.077×10^{-8}
非保守力/(m/s^2)	-3.841×10^{-13}	2.644×10^{-13}	-1.955×10^{-14}	1.062×10^{-13}

如图 9.5 所示，虚线表示德国波茨坦地学研究中心（GFZ）公布的 120 阶地球重力场模型 EIGEN-GRACE02S 的实测精度，在 120 阶处累计大地水准面精度为 1.894×10^{-1} m；星号线和实线分别表示基于下一代双星串行式（GRACE-II）和四星转轮式（FSCF-1/2/3/4）编队系统，利用星间速度插值法（Zheng et al.，2012d），通过相关系数（激光干涉测量系统的星间速度 0.85、GPS 接收机的轨道位置和轨道速度 0.95、星载加速度计的非保守力 0.90）、观测时间 30 天和采样间隔 10 s，反演 GRACE-II 和 FSCF-1/2/3/4 地球重力场的模拟精度，在 120 阶处累计大地水准面精度分别为 4.785×10^{-4} m 和 1.162×10^{-4} m，统计结果如表 9.4 所示。研究结果表明：第一，相对于下一代 GRACE-II

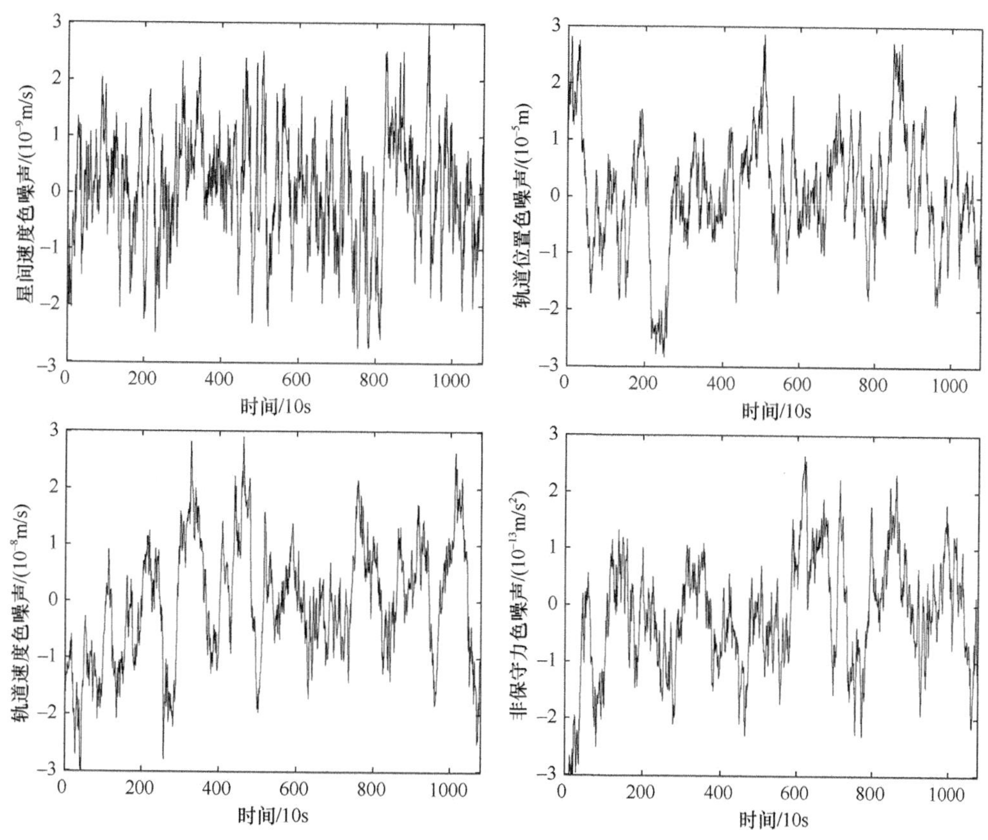

图 9.4 星间速度、轨道位置、轨道速度和非保守力的色噪声模拟

双星串行式编队系统，由于下一代 FSCF-1/2/3/4 四星转轮式编队系统增加了垂向重力梯度信号的测量，因此有效提高了中长波地球重力场的感测精度。在 120 阶处，基于下一代 FSCF-1/2/3/4 四星转轮式编队系统反演地球重力场的精度较下一代 GRACE-II 双星串行式编队系统的反演精度提高约 4 倍。第二，基于下一代 FSCF-1/2/3/4 四星转轮式编队系统反演地球重力场的精度较当前 GRACE 卫星的反演精度至少提高一个数量级。

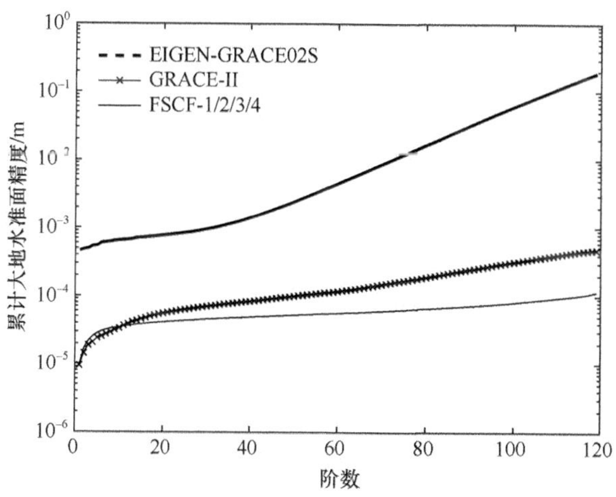

图 9.5 基于下一代四星转轮式编队系统反演累计大地水准面精度

表 9.4　累计大地水准面精度统计

重力场模型	累计大地水准面精度/m					
	20 阶	40 阶	60 阶	80 阶	100 阶	120 阶
EIGEN-GRACE02S	7.607×10^{-4}	1.343×10^{-3}	4.240×10^{-3}	1.566×10^{-2}	5.756×10^{-2}	1.894×10^{-1}
GRACE-II	5.383×10^{-5}	8.233×10^{-5}	1.156×10^{-4}	1.859×10^{-4}	3.119×10^{-4}	4.785×10^{-4}
FSCF-1/2/3/4	4.066×10^{-5}	4.891×10^{-5}	5.606×10^{-5}	6.568×10^{-5}	8.013×10^{-5}	1.162×10^{-4}

9.4　下一代四星转轮式编队系统的优点

（1）可较大程度降低卫星轨道高度。由于 GRACE 双星串行式编队系统采用星载加速度计在轨实时测量非保守力，然后在数据后处理中再扣除非保守力效应。因此，由于非保守力的负面干扰，GRACE 卫星的轨道高度（500 km）无法有效降低。国内外研究表明：重力卫星轨道高度每降低 100 km，作用于卫星体的非保守力（以大气阻力为主）约增加 10 倍（郑伟等，2009a）。为了给重力卫星关键载荷提供安静和稳定的工作环境进而有效提高其测量精度（适当缩短测量动态范围），以及通过屏蔽作用于卫星体的非保守力（大气阻力、太阳光压、地球辐射压、轨道高度和姿态控制力等）进而有效延长卫星的使用寿命，下一代四星转轮式编队系统将携带非保守力补偿系统。因此，下一代四星转轮式编队系统可实质性降低卫星轨道高度（250 km），进而有效抑制地球重力场信号随卫星轨道高度增加的指数衰减效应。

（2）可实质性提高关键载荷测量精度。GRACE 双星串行式编队系统采用 K 波段测距系统测量星间距离（10 μm）和星间速度（1 μm/s），同时基于 SuperSTAR 加速度计测量作用于卫星体的非保守力（10^{-10} m/s^2）。为了进一步降低关键载荷误差对地球重力场精度的负面影响，下一代四星转轮式编队系统将搭载更高精度的激光干涉测距系统精确测量星间距离（10 nm）和星间速度（1 nm/s），同时借助非保守力补偿系统高精度平衡作用于卫星体的非保守力（10^{-13} m/s^2）。下一代四星转轮式编队系统的关键载荷测量精度得以大幅度提升，因此基于下一代四星转轮式编队系统建立的地球重力场模型精度较当前基于 GRACE 双星串行式编队系统建立的模型精度至少可提高一个数量级。

（3）可同时测量三维重力梯度观测值。由于 GRACE 双星串行式编队系统相当于基线长为星间距离（220 km）的水平重力梯度仪，所以 GRACE 无法获得垂向重力梯度信号，进而较大程度地损失了地球重力场精度。下一代四星转轮式编队系统能同时精确获得三维重力梯度（水平和垂向）观测信号，不仅可大幅度提高地球重力场的精度和空间分辨率，而且可有效去除由于垂向重力梯度信号的缺失而导致的地球时变重力场的经向条带误差（各向同性更优）。

（4）可有效抑制高频信号的混淆效应。大气和海洋潮汐变化等高频误差的混淆效应是损失 GRACE 地球重力场反演精度的最关键因素（Han et al.，2004；Seo et al.，2008）。由于 GRACE 大气和海洋潮汐变化等高频误差接近于大气和海洋潮汐计算模型误差，所以大气和海洋潮汐变化等高频误差较难从 GRACE 地球重力场模型中精确扣除。下一代四星转轮式编队系统，不仅可类似于 GRACE 双星串行式编队系统测量视线方向的重力梯度分量，同时将增加测量垂直于视线方向的重力梯度信号，旨在削减高频混淆效应对地球重力场反演精度的负面干扰。

（5）可探测地球中长波时变重力场信号。GRACE 双星串行式编队系统仅能探测地球长波时变重力场信号（空间分辨率约 400 km），无法高精度确定地球中长波时变重力场信号（空间分辨率优于 200 km）。下一代四星转轮式编队系统采用新型和精确激光干涉星间测距仪和非保守力补偿系统将大幅度提高地球中长波时变重力场信号的感测精度，旨在为地震学、海洋学、冰川学、水文学等科学和国防交叉研究领域提供更高精度和更高空间分辨率的地球时变重力场信息。

9.5 本 章 小 结

（1）不同于前人的研究结果，为了有效抑制下一代四星转轮式编队系统的漂移，本章建议将初始近地点幅角 ω 设置于赤道处和初始平近点角 M 设计于极点处较优。

（2）本章利用星间速度插值法反演了 120 阶 FSCF 地球重力场，其精度较目前 GRACE 地球重力场精度至少提高一个数量级，进而验证了本章设计下一代四星转轮式编队系统轨道根数的正确性。

（3）基于可较大程度降低卫星轨道高度、可实质性提高关键载荷测量精度、可同时测量三维重力梯度观测值、可有效抑制高频信号的混淆效应，以及可探测地球中长波时变重力场信号的优点，四星转轮式编队系统有望成为建立下一代高精度和高阶次全球重力场模型的优选方案之一。

参 考 文 献

程芦颖, 许厚泽. 2006. 地球重力场恢复中的位旋转效应. 地球物理学报, 49(1): 93–98.

宁津生. 2002. 卫星重力探测技术与地球重力场研究. 大地测量与地球动力学, 22(1): 1–5.

沈云中, 许厚泽, 吴斌. 2005. 星间加速度解算模式的模拟与分析. 地球物理学报, 48(4): 807–811.

许厚泽. 2001. 卫星重力研究: 21 世纪大地测量研究的新热点. 测绘科学, 26(3): 1–3.

张捍卫, 许厚泽, 刘学谦. 2004. 固体潮 Love 数的基本理论和数值结果. 地球物理学进展, 19(2): 372–378.

郑伟, 许厚泽, 钟敏, 刘成恕, 员美娟. 2014. 我国将来更高精度CSGM卫星重力测量计划研究. 国防科技大学学报, 36(4): 102–111.

郑伟, 许厚泽, 钟敏, 员美娟. 2010a. 国际重力卫星研究进展和我国将来卫星重力测量计划. 测绘科学, 35(1): 5–9.

郑伟, 许厚泽, 钟敏, 员美娟. 2011a. 卫星跟踪卫星测量模式中关键载荷精度指标不同匹配关系论证. 宇航学报, 32(3): 697–706.

郑伟, 许厚泽, 钟敏, 员美娟, 彭碧波. 2011c. 利用改进的预处理共轭梯度法和三维插值法精确和快速解算 GRACE 地球重力场. 地球物理学进展, 26(3): 805–812.

郑伟, 许厚泽, 钟敏, 员美娟, 彭碧波, 周旭华. 2010b. Improved-GRACE 卫星重力轨道参数优化研究. 大地测量与地球动力学, 30(2): 43–48.

郑伟, 许厚泽, 钟敏, 员美娟, 彭碧波, 周旭华. 2010c. 地球重力场模型研究进展和现状. 大地测量与地球动力学, 30(4): 83–91.

郑伟, 许厚泽, 钟敏, 员美娟, 周旭华. 2011b. 星间距离影响 GRACE 地球重力场精度研究. 大地测量与地球动力学, 31(2): 60–65.

郑伟, 许厚泽, 钟敏, 员美娟, 周旭华, 彭碧波. 2009a. 卫-卫跟踪测量模式中轨道高度的优化选取. 大地测量与地球动力学, 29(2): 100–105.

郑伟, 许厚泽, 钟敏, 员美娟, 周旭华, 彭碧波. 2009b. 两种 GRACE 地球重力场精度评定方法的检验. 大地测量与地球动力学, 29(5): 89–93.

郑伟, 许厚泽, 钟敏, 员美娟, 周旭华, 彭碧波. 2010d. 卫星跟踪卫星模式中轨道参数需求分析. 天文学报, 51(1): 65–74.

郑伟, 许厚泽, 钟敏, 员美娟, 周旭华, 彭碧波. 2011d. 基于星间加速度法精确和快速确定 GRACE 地球重力场. 地球物理学进展, 26(2): 416–423.

周旭华, 许厚泽, 吴斌, 彭碧波, 陆洋. 2006. 用 GRACE 卫星跟踪数据反演地球重力场. 地球物理学报, 49(3): 718–723.

Bender P L, Hall J L, Ye J, Klipstein W M. 2003. Satellite-satellite laser links for future gravity missions. Space Science Reviews, 108: 377–384.

Han S C, Jekeli C, Shum C K. 2004. Time-variable aliasing effects of ocean tides, atmosphere, and continental water mass on monthly mean GRACE gravity field. Journal of Geophysical Research, 109: B04403.

Loomis B D, Nerem R S, Luthcke S B. 2012. Simulation study of a follow-on gravity mission to GRACE. Journal of Geodesy, 86(5): 319–335.

Massonnet D. 1998. Roue interfrometrique. French patent no. 339920D17306RS.

Reubelt T, Austen G, Grafarend E W. 2003. Harmonic analysis of the Earth's gravitational field by means of semi-continuous ephemeris of a low Earth orbiting GPS-tracked satellite, Case study: CHAMP. Journal of Geodesy, 77(5-6): 257–278.

Rummel R. 2003. How to climb the gravity wall. Space Science Reviews, 108(1): 1-14.

Seo K W, Wilson C R, Chen J, Waliser D E. 2008. GRACE's spatial aliasing error. Geophysical Journal International, 172: 41–48.

Sneeuw N. 2005. Science requirements on future missions and simulated mission scenarios. Earth, Moon, and Planets, 94(1): 113–142.

Sneeuw N, Schaub H. 2004. Satellite clusters for future gravity field missions. IAG International Symposium, Gravity, Geoid, and Space Missions, Porto, Portugal, Aug. 30 - Sept. 24.

Wiese D N. 2007. Alternative mission architectures for a gravity recovery satellite mission. University of Colorado, 1–73.

Wiese D N, Folkner W M, Nerem R S. 2009. Alternative mission architectures for a gravity recovery satellite Mission. Journal of Geodesy, 83(6): 569–581.

Wiese D N, Nerem R S, Lemoine F G. 2012. Design considerations for a dedicated gravity recovery satellite mission consisting of two pairs of satellites. Journal of Geodesy, 86: 81–98.

Xu P L. 2008. Position and velocity perturbations for the determination of geopotential from space geodetic measurements. Celestial Mechanics and Dynamical Astronomy, 100(3): 231–249.

Zheng W, Lu X L, Xu H Z, Shao C G, Luo J, Wang N C. 2005. Simulation of Earth's gravitational field recovery from GRACE using the energy balance approach. Progress in Natural Science, 15(7): 596–601.

Zheng W, Shao C G, Luo J, Xu H Z. 2006. Numerical simulation of Earth's gravitational field recovery from SST based on the energy conservation principle. Chinese Journal of Geophysics, 49(3): 712–717.

Zheng W, Shao C G, Luo J, Xu H Z. 2008b. Improving the accuracy of GRACE Earth's gravitational field using the combination of different inclinations. Progress in Natural Science, 18(5): 555–561.

Zheng W, Xu H Z, Zhong M, Liu C S, Yun M J. 2013. Precise and rapid recovery of the Earth's gravitational field by the next-generation four-satellite cartwheel formation system. Chinese Journal of Geophysics, 56(5): 523–531.

Zheng W, Xu H Z, Zhong M, Yun M J. 2008a. Physical explanation on designing three axes as different resolution indexes from GRACE satellite-borne accelerometer. Chinese Physics Letters, 25(12): 4482–4485.

Zheng W, Xu H Z, Zhong M, Yun M J. 2009a. Physical explanation of influence of twin and three satellites formation mode on the accuracy of Earth's gravitational field. Chinese Physics Letters, 26(2):

029101-1–029101-4.

Zheng W, Xu H Z, Zhong M, Yun M J. 2009b. Accurate and rapid error estimation on global gravitational field from current GRACE and future GRACE Follow-On missions. Chinese Physics B, 18(8): 3597–3604.

Zheng W, Xu H Z, Zhong M, Yun M J. 2011. Efficient calibration of the non-conservative force data from the space-borne accelerometers of the twin GRACE satellites. Transactions of the Japan Society for Aeronautical and Space Sciences, 54(184): 106–110.

Zheng W, Xu H Z, Zhong M, Yun M J. 2012a. Efficient accuracy improvement of GRACE global gravitational field recovery using a new inter-satellite range interpolation method. Journal of Geodynamics, 53: 1–7.

Zheng W, Xu H Z, Zhong M, Yun M J. 2012b. A contrastive study on the influences of radial and three-dimensional satellite gravity gradiometry on the accuracy of the Earth's gravitational field recovery. Chinese Physics B, 21(10): 109101-1–109101-8.

Zheng W, Xu H Z, Zhong M, Yun M J. 2012c. Impacts of interpolation formula, correlation coefficient and sampling interval on the accuracy of GRACE Follow-On intersatellite range-acceleration. Chinese Journal of Geophysics, 55(3): 822–832.

Zheng W, Xu H Z, Zhong M, Yun M J. 2012d. Precise recovery of the Earth's gravitational field with GRACE: Intersatellite Range-Rate Interpolation Approach. IEEE Geoscience and Remote Sensing Letters, 9(3): 422–426.

Zheng W, Xu H Z, Zhong M, Yun M J, Zhou X H, Peng B B. 2008c. Efficient and rapid estimation of the accuracy of GRACE global gravitational field using the semi-analytical method. Chinese Journal of Geophysics, 51(6): 1704–1710.

Zheng W, Xu H Z, Zhong M, Yun M J, Zhou X H, Peng B B. 2009c. Influence of the adjusted accuracy of center of mass between GRACE satellite and SuperSTAR accelerometer on the accuracy of Earth's gravitational field. Chinese Journal of Geophysics, 52(6): 1465–1473.

Zheng W, Xu H Z, Zhong M, Yun M J, Zhou X H, Peng B B. 2009d. Effective processing of measured data from GRACE key payloads and accurate determination of Earth's gravitational field. Chinese Journal of Geophysics, 52(8): 1966–1975.

Zheng W, Xu H Z, Zhong M, Yun M J, Zhou X H, Peng B B. 2009e. Demonstration on the optimal design of resolution indexes of high and low sensitive axes from space-borne accelerometer in the satellite-to-satellite tracking model. Chinese Journal of Geophysics, 52(11): 2712–2720.

Zheng W, Xu H Z, Zhong M, Yun M J, Zhou X H, Peng B B. 2010. Efficient and rapid estimation of the accuracy of future GRACE Follow-On Earth's gravitational field using the analytic method. Chinese Journal of Geophysics, 53(4): 796–806.

第 10 章　基于 GRACE Follow-On 卫星重力梯度法反演地球重力场

GRACE Follow-On 双星系统等效于基线长为星间距离的一维水平重力梯度仪，因此本章基于 GRACE Follow-On 卫星重力梯度法开展了精确和快速反演下一代地球重力场的可行性论证研究。研究结果表明：第一，基于 GRACE Follow-On 卫星重力梯度法（GFO-SGGM），利用卫星轨道参数（轨道高度 250 km、星间距离 50 km、轨道倾角 89°、轨道离心率 0.001）、关键载荷测量精度（星间距离 10^{-6} m、星间速度 10^{-7} m/s、星间加速度 10^{-10} m/s^2、轨道位置 10^{-3} m、轨道速度 10^{-6} m/s、非保守力 10^{-11} m/s^2）、观测时间 30 天和采样间隔 10 s 反演了 120 阶地球重力场，在 120 阶处累计大地水准面精度为 9.331×10^{-4} m。第二，在 120 阶内，利用将来 GRACE Follow-On 双星反演地球重力场精度较现有 GRACE 双星平均提高 61 倍，因此 GRACE Follow-On 卫星重力梯度法是进一步提高地球重力场反演精度的优选方法。第三，下一代 GRACE Follow-On 计划较当前 GRACE 计划的优点如下：轨道高度更低（200～300 km）、载荷精度更高（10^{-7}～10^{-9} m/s）和星间距离更短（50～100 km）（Zheng et al.，2014）。

10.1　研 究 背 景

21 世纪是利用卫星跟踪卫星（satellite-to-satellite tracking，SST）技术和卫星重力梯度（satellite gravity gradiometry，SGG）技术提升对“数字地球”认知能力的新纪元。重力卫星 CHAMP、GRACE、GOCE 和 GRACE Follow-On 的成功发射昭示着人类将迎来一个前所未有的卫星重力探测时代。CHAMP、GRACE、GOCE 和 GRACE Follow-On 卫星各有所长，它们的相继发射不是相互竞争而是互相补充。CHAMP 是卫星重力测量计划成功实施的先行者，GRACE 和 GRACE Follow-On 的优越性体现于可高精度探测地球重力场的中长波信号及时变（$2\leqslant L\leqslant120$ 阶），而 GOCE 擅长于感测地球中短波静态重力场（$120\leqslant L\leqslant250$ 阶）（Zheng et al.，2011b），因此联合求解 GRACE 和 GOCE 的卫星观测数据有利于反演高精度、高空间分辨率和全频段的地球重力场。基于 GRACE 卫星重力测量计划高精度探测地球中长波静态和长波时变重力场的巨大贡献（Jekeli，1999；张捍卫等，2004；Reigber et al.，2005；沈云中等，2005；Tapley et al.，2005；Zheng et al.，2005，2006，2008，2009b，2009c，2009d，2011a，2012a，2012b；程芦颖和许厚泽，2006；周旭华等，2006；Xu，2008），美国国家航空航天局（NASA）提出了下一代专用于地球中短波静态和中长波时变重力场精密探测的 GRACE Follow-On 卫星重力测量计划。GRACE Follow-On 双星预期采用近圆、近极和超低轨道设计，利用激光干涉测距系统高精度测量星间距离和星间速度，利用高轨 GPS 卫星对低轨双星精密跟踪定位，利用非保守力补偿系统高精度消除双星受到的非保守力，利用恒星敏感器精密测量卫星和载荷的空间三维姿态。由于激光具有超短波长和极好的波长稳定性，因此利用 GRACE Follow-On 星载激光干涉测距系统获得的星间距离和星间速度精度至少比 GRACE 星载 K 波段测距系统精度高 1 个数量级。

目前国内外科研机构均基于卫星跟踪卫星高低/低低（SST-HL/LL）观测原理开展了 GRACE Follow-On 地球重力场的需求论证和反演研究（Stephens et al.，2006；Flechtner et al.，2009；Loomis，2009；Loomis et al.，2012；Zheng et al.，2009a，2010，2012c）。由于 GRACE Follow-On 双星系统相当于基线长为星间距离 50 km 的一维水平重力梯度仪，所以利用 GRACE Follow-On 卫星观测数据能否获得更高精度的地球中高频重力场信息是当前卫星重力反演领域的研究热点之一。Rummel 等（1993）利用扭称原理测量了 GRACE 重力梯度仪的精度；Keller 和 Heβ（1998）开展了 GRACE 卫星重力梯度测量的原理研究；Keller 和 Sharifi（2005）围绕 GRACE 双星加速度差的线性近似、三次方近似、改进的线性近似，以及线性和三次方混合近似等方法开展了 GRACE 卫星重力梯度反演的论证研究，但在建立的卫星观测方程中直接将卫星受到的合外力等效为地球引力，而未考虑保守力（日月引力，地球固体潮、海潮、大气潮、极潮汐力，以及相对论效应等）和非保守力（大气阻力、太阳光压、地球辐射压、轨道高度和姿态控制力等）对 GRACE 卫星系统的实质性影响。不同于前人已有研究，本章首次将地球引力加速度差按照泰勒展开进而获得地球引力位的二阶张量，并在卫星重力梯度观测方程中加入保守力和非保守力的综合影响，进而精确和快速反演了 120 阶 GRACE Follow-On 卫星重力梯度地球重力场。

GRACE Follow-On 卫星重力梯度反演法的优点如下：由于 SST-HL/LL 模式主要感测地球重力场的中长波信号，SGG 模式敏感于地球重力场的中短波信号，因此，其旨在联合 SST-HL/LL 和 SGG 模式的优点，有利于进一步提高全频段地球重力场的反演精度；缺点如下：由于 GRACE Follow-On 双星仅相当于基线长为星间距离的一维水平重力梯度仪（V_{xx}），无法同时获得垂向和径向（V_{yy} 和 V_{zz}）的重力梯度信息，因此其对地球重力场中高频信号的灵敏度低于当前 GOCE 重力梯度卫星。综上所述，由于下一代 GRACE Follow-On 卫星重力计划仍采用 SST-HL/LL 模式，因此 GRACE Follow-On 卫星重力梯度反演法有利于适当弥补 SST-HL/LL 模式的缺陷，有望成为下一代高精度、高空间分辨率和全频段地球重力场模型建立的优选方法。

10.2 研究方法

10.2.1 卫星重力梯度观测方程建立

如图 10.1 所示，地心惯性坐标系 O_I-$X_IY_IZ_I$ 的原点 O_I 位于地球的质心，X_I 轴的正方向指向历元的平春分点，Z_I 轴的正方向指向地球的北极，Y_I 轴和 X_I、Z_I 轴成右手螺旋法则关系。星体坐标系 $O_{S1(2)}$-$X_{S1(2)}Y_{S1(2)}Z_{S1(2)}$的原点 $O_{S1(2)}$分别位于双星各自的质心；$X_{S1(2)}$（翻滚轴）的正方向分别由坐标原点指向激光干涉测距系统的相位中心，X_{S1} 和 X_{S2} 的正方向反向共线；$Z_{S1(2)}$（偏航轴）垂直于 $X_{S1(2)}$轴且位于同一轨道平面内；$Y_{S1(2)}$（倾斜轴）垂直于轨道平面且与 $X_{S1(2)}$、$Z_{S1(2)}$轴成右手螺旋法则关系。

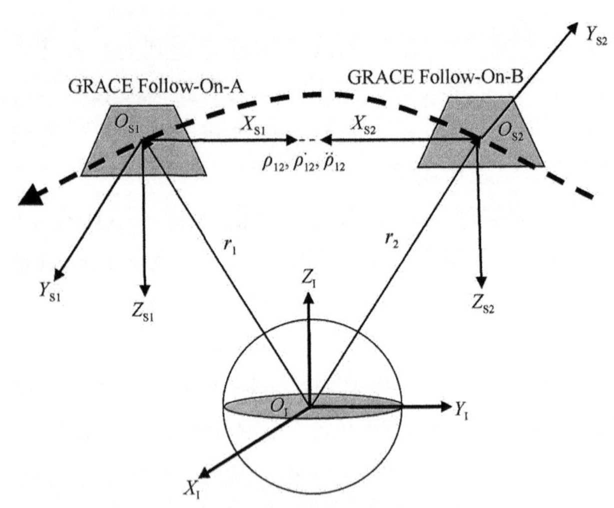

图 10.1　GRACE Follow-On 双星系统的星间距离 ρ_{12}、星间速度 $\dot{\rho}_{12}$ 和星间加速度 $\ddot{\rho}_{12}$ 的测量原理

在地心惯性系 O_I-$X_IY_IZ_I$ 中，GRACE Follow-On-A/B 系统的星间距离 ρ_{12} 表示如下：

$$\rho_{12} = \boldsymbol{r}_{12} \cdot \boldsymbol{e}_{12} \tag{10.1}$$

其中，$\boldsymbol{r}_{12} = \boldsymbol{r}_2 - \boldsymbol{r}_1$ 为 GRACE Follow-On-A/B 双星的轨道位置矢量差，$\boldsymbol{r}_1$ 和 $\boldsymbol{r}_2$ 为双星各自的轨道位置矢量；$\boldsymbol{e}_{12} = \boldsymbol{r}_{12} / |\boldsymbol{r}_{12}|$ 为由 GRACE Follow-On-B 卫星指向 GRACE Follow-On-A 卫星的单位矢量。

在式（10.1）两边同时对时间 t 求一阶导数，可得 GRACE Follow-On-A/B 系统的星间速度 $\dot{\rho}_{12}$：

$$\dot{\rho}_{12} = \dot{\boldsymbol{r}}_{12} \cdot \boldsymbol{e}_{12} + \boldsymbol{r}_{12} \cdot \dot{\boldsymbol{e}}_{12} \tag{10.2}$$

其中，$\dot{\boldsymbol{r}}_{12} = \dot{\boldsymbol{r}}_2 - \dot{\boldsymbol{r}}_1$ 为 GRACE Follow-On-A/B 双星的轨道速度矢量差；$\dot{\boldsymbol{e}}_{12}$ 为垂直于 GRACE Follow-On-A/B 双星连线方向的单位矢量：

$$\dot{\boldsymbol{e}}_{12} = \frac{\dot{\boldsymbol{r}}_{12} - \dot{\rho}_{12}\boldsymbol{e}_{12}}{\rho_{12}} \tag{10.3}$$

由于 $\boldsymbol{r}_{12} \cdot \dot{\boldsymbol{e}}_{12} = 0$，所以式（10.2）可简化为

$$\dot{\rho}_{12} = \dot{\boldsymbol{r}}_{12} \cdot \boldsymbol{e}_{12} \tag{10.4}$$

在式（10.4）两边同时对时间 t 求一阶导数，可得 GRACE Follow-On-A/B 系统的星间加速度 $\ddot{\rho}_{12}$：

$$\ddot{\rho}_{12} = \ddot{\boldsymbol{r}}_{12} \cdot \boldsymbol{e}_{12} + \dot{\boldsymbol{r}}_{12} \cdot \dot{\boldsymbol{e}}_{12} \tag{10.5}$$

其中，$\ddot{\boldsymbol{r}}_{12}$ 为 GRACE Follow-On-A/B 双星的轨道加速度矢量差。

在式（10.5）中，$\ddot{\boldsymbol{r}}_{12}$ 的具体形式表示如下：

$$\ddot{\boldsymbol{r}}_{12} = \boldsymbol{g}_{12}^{\mathrm{o}} + \boldsymbol{g}_{12}^{\mathrm{T}} + \boldsymbol{F}_{12}^{\mathrm{C}} + \boldsymbol{f}_{12}^{\mathrm{N}} \tag{10.6}$$

其中，$\boldsymbol{F}_{12}^{\mathrm{C}} = \boldsymbol{F}_2^{\mathrm{C}} - \boldsymbol{F}_1^{\mathrm{C}}$ 为除地球引力之外的作用于 GRACE Follow-On-A/B 双星的所有保守力差（包括日月引力，地球固体潮、海潮、大气潮和极潮摄动力，广义相对论效应摄

动力等）；$\boldsymbol{f}_{12}^{\mathrm{N}}=\boldsymbol{f}_2^{\mathrm{N}}-\boldsymbol{f}_1^{\mathrm{N}}$ 为作用于 GRACE Follow-On-A/B 双星的所有非保守力差（包括大气阻力、太阳光压、地球辐射压、卫星轨道高度及姿态控制力、经验摄动力等）；$\boldsymbol{g}_{12}^{\mathrm{o}}=\boldsymbol{g}_2^{\mathrm{o}}-\boldsymbol{g}_1^{\mathrm{o}}$ 为作用于 GRACE Follow-On-A/B 双星的地球中心引力差：

$$\boldsymbol{g}_{12}^{\mathrm{o}}=-GM\left(\frac{\boldsymbol{r}_2}{\left|\boldsymbol{r}_2\right|^3}-\frac{\boldsymbol{r}_1}{\left|\boldsymbol{r}_1\right|^3}\right) \tag{10.7}$$

其中，GM 为地球质量 M 和万有引力常数 G 之积；$\left|\boldsymbol{r}_{1(2)}\right|=\sqrt{x_{1(2)}^2+y_{1(2)}^2+z_{1(2)}^2}$ 为 GRACE Follow-On-A/B 双星各自的地心半径，$x_{1(2)},y_{1(2)},z_{1(2)}$ 为双星各自位置矢量 $\boldsymbol{r}_{1(2)}$ 的三个分量；$\boldsymbol{g}_{12}^{\mathrm{T}}$ 为作用于 GRACE Follow-On-A/B 双星的地球扰动引力差：

$$\boldsymbol{g}_{12}^{\mathrm{T}}=\nabla T_2-\nabla T_1 \tag{10.8}$$

其中，∇T_1 和 ∇T_2 分别为 GRACE Follow-On-A/B 双星的地球扰动位梯度。在 GRACE Follow-On-A 卫星质心处将 GRACE Follow-On-B 卫星的扰动位梯度 ∇T_2 按泰勒展开（取零阶和一阶项）：

$$\nabla T_2 \approx \nabla T_1+\nabla^2 T_1\cdot\boldsymbol{r}_{12}+O(\nabla T_1) \tag{10.9}$$

其中，$\nabla^2 T_1$ 为 GRACE Follow-On-A 卫星的地球扰动位二阶梯度；$O(\nabla T_1)$ 为 ∇T_2 按泰勒展开的二阶项以上的高阶小量。数值计算结果表明：由于 $O(\nabla T_1)$ 的误差量级小于 10^{-14} m/s^2，较关键载荷（如加速度计精度 10^{-11}～10^{-13} m/s^2）测量误差至少小 10 倍，所以对下一代 GRACE Follow-On 地球重力场反演精度的影响可忽略。

将式（10.9）代入式（10.8）可得

$$\boldsymbol{g}_{12}^{\mathrm{T}}=\nabla^2 T_1\cdot\boldsymbol{r}_{12} \tag{10.10}$$

联合式（10.1）、式（10.3）、式（10.5）、式（10.6）、式（10.7）和式（10.10），GRACE Follow-On 卫星重力梯度观测方程表示如下：

$$\boldsymbol{e}_{12}^{\mathrm{T}}\cdot\nabla^2 T_1\cdot\boldsymbol{e}_{12}=\frac{\ddot{\rho}_{12}}{\rho_{12}}+\frac{\dot{\rho}_{12}^2}{\rho_{12}^2}-\frac{\left|\dot{\boldsymbol{r}}_{12}\right|^2}{\rho_{12}^2}+\frac{1}{\rho_{12}}\left[GM\left(\frac{\boldsymbol{r}_2}{\left|\boldsymbol{r}_2\right|^3}-\frac{\boldsymbol{r}_1}{\left|\boldsymbol{r}_1\right|^3}\right)\cdot\boldsymbol{e}_{12}-\boldsymbol{F}_{12}^{\mathrm{C}}\cdot\boldsymbol{e}_{12}-\boldsymbol{f}_{12}^{\mathrm{N}}\cdot\boldsymbol{e}_{12}\right] \tag{10.11}$$

本章基于预处理共轭梯度迭代法（郑伟等，2011）精确和快速求解了 GRACE Follow-On 卫星重力梯度观测方程（10.11）。预处理共轭梯度迭代法是目前求解大规模线性超定方程组最有效的迭代方法之一。另外，据数值模拟计算可知：由于本章反演地球重力场的阶数截断至 120 阶，正规方阵病态性对地球重力场精度影响较小，因此本章在解算 GRACE Follow-On 卫星重力梯度观测方程（10.11）时未采用正则化方法（如 Kaula、Tikhonov 等）抑制地球重力场高频误差。

10.2.2 地球扰动位的一阶梯度

在球坐标系中，地球扰动位 $T(r,\theta,\lambda)$表示如下：

$$T(r,\theta,\lambda)=\frac{GM}{R_{\mathrm{e}}}\sum_{l=2}^{L}\left(\frac{R_{\mathrm{e}}}{r}\right)^{l+1}\sum_{m=0}^{l}(\bar{C}_{lm}\cos m\lambda+\bar{S}_{lm}\sin m\lambda)\bar{\mathrm{P}}_{lm}(\cos\theta) \tag{10.12}$$

其中，r，θ 和 λ 分别为卫星的地心半径、地心余纬度和地心经度；R_e 为地球平均半径；$\overline{P}_{lm}(\cos\theta)$ 为规格化的 Legendre 函数，l 为阶数，m 为次数；$\overline{C}_{lm}$ 和 $\overline{S}_{lm}$ 为待求的规格化地球引力位系数。

地球扰动位梯度 ∇T 在球坐标系（r, θ, λ）和直角坐标系（x, y, z）中的转换关系表示如下：

$$\nabla T_{x,y,z} = \boldsymbol{J} \cdot \nabla T_{r,\theta,\lambda} \tag{10.13}$$

其中，$\nabla T_{r,\theta,\lambda}$ 为 T 对（r, θ, λ）的偏导数：

$$\nabla T_{r,\theta,\lambda} = \begin{pmatrix} \dfrac{\partial T}{\partial r} \\ \dfrac{\partial T}{\partial \theta} \\ \dfrac{\partial T}{\partial \lambda} \end{pmatrix} = -\frac{GM}{r}\sum_{l=2}^{L}\left(\frac{R_e}{r}\right)^l \sum_{m=0}^{l} \begin{pmatrix} (l+1)/r\,(\overline{C}_{lm}\cos m\lambda + \overline{S}_{lm}\sin m\lambda)\overline{P}_{lm}(\cos\theta) \\ (\overline{C}_{lm}\cos m\lambda + \overline{S}_{lm}\sin m\lambda)\sin\theta\overline{P}'_{lm}(\cos\theta) \\ m(\overline{C}_{lm}\sin m\lambda + \overline{S}_{lm}\cos m\lambda)\overline{P}_{lm}(\cos\theta) \end{pmatrix} \tag{10.14}$$

其中，Legendre 函数 $\overline{P}_{lm}(\cos\theta)$ 表示如下（Koop，1993）：

$$\begin{cases} \overline{P}_{l,l} = f_1 \sin\theta \overline{P}_{l-1,l-1}, \\ \overline{P}_{l,l-1} = f_2 \cos\theta \overline{P}_{l-1,l-1}, \\ \overline{P}_{l,m} = f_3(f_4 \cos\theta \overline{P}_{l-1,m} - f_5 \overline{P}_{l-2,m}), \\ \overline{P}_{l,m-2} = \dfrac{1}{f_6}\left[-2(m-1)\dfrac{\cos\theta}{\sin\theta}\overline{P}_{l,m-1} + f_7 \overline{P}_{l,m}\right] \end{cases} \tag{10.15}$$

初值表示如下：

$$\begin{cases} \overline{P}_{0,0} = 1, \\ \overline{P}_{1,1} = \sqrt{3}\sin\theta \end{cases} \tag{10.16}$$

系数表示如下：

$$\begin{cases} f_1 = \sqrt{\dfrac{2l+1}{2l}}, \\ f_2 = \sqrt{2l+1}, \\ f_3 = \sqrt{\dfrac{2l+1}{(l-m)(l+m)}}, \\ f_4 = \sqrt{2l-1}, \\ f_5 = \sqrt{\dfrac{(l-m-1)(l+m-1)}{2l-3}}, \\ f_6 = \begin{cases} -\sqrt{2l(l+1)}, & m = 2, \\ -\sqrt{(l-m+2)(l+m-1)}, & m \neq 2, \end{cases} \\ f_7 = \sqrt{(l+m)(l-m+1)} \end{cases} \tag{10.17}$$

Legendre 函数的一阶导数 $\overline{P}'_{lm}(\cos\theta)$ 表示如下：

$$
\begin{cases}
\bar{P}'_{l,l} = f_1(\cos\theta\bar{P}_{l-1,l-1} + \sin\theta\bar{P}'_{l-1,l-1}), \\
\bar{P}'_{l,l-1} = f_2(-\sin\theta\bar{P}_{l-1,l-1} + \cos\theta\bar{P}'_{l-1,l-1}), \\
\bar{P}'_{l,m} = f_3(-f_4\sin\theta\bar{P}_{l-1,m} + f_4\cos\theta\bar{P}'_{l-1,m} - f_5\bar{P}'_{l-2,m})
\end{cases}
\tag{10.18}
$$

初值表示如下：

$$
\begin{cases}
\bar{P}'_{0,0} = 0, \\
\bar{P}'_{1,1} = \sqrt{3}\cos\theta
\end{cases}
\tag{10.19}
$$

$\boldsymbol{J}$ 为由 $\nabla T_{r,\theta,\lambda}$ 到 $\nabla T_{x,y,z}$ 的转换矩阵：

$$
\boldsymbol{J} = \begin{bmatrix}
\cos\lambda\sin\theta & \dfrac{\cos\lambda\cos\theta}{r} & -\dfrac{\sin\lambda}{r\sin\theta} \\
\sin\lambda\sin\theta & \dfrac{\sin\lambda\cos\theta}{r} & \dfrac{\cos\lambda}{r\sin\theta} \\
\cos\theta & -\dfrac{\sin\theta}{r} & 0
\end{bmatrix}
\tag{10.20}
$$

10.2.3 地球扰动位的二阶梯度

地球扰动位的二阶梯度表示如下：

$$
\nabla^2 T = \begin{bmatrix}
T_{rr} & T_{r\theta} & T_{r\lambda} \\
T_{\theta r} & T_{\theta\theta} & T_{\theta\lambda} \\
T_{\lambda r} & T_{\lambda\theta} & T_{\lambda\lambda}
\end{bmatrix}
\tag{10.21}
$$

其中，

$$
\begin{cases}
T_{rr}(r,\theta,\lambda) = \dfrac{GM}{R_e^3}\displaystyle\sum_{l=2}^{L}(l+1)(l+2)\left(\dfrac{R_e}{r}\right)^{l+3}\sum_{m=0}^{l}(\bar{C}_{lm}\cos m\lambda + \bar{S}_{lm}\sin m\lambda)\bar{\mathrm{P}}_{lm}(\cos\theta), \\
T_{\theta\theta}(r,\theta,\lambda) = \dfrac{GM}{R_e}\displaystyle\sum_{l=2}^{L}\left(\dfrac{R_e}{r}\right)^{l+1}\sum_{m=0}^{l}(\bar{C}_{lm}\cos m\lambda + \bar{S}_{lm}\sin m\lambda)[\sin^2\theta\bar{\mathrm{P}}''_{lm}(\cos\theta) - \cos\theta\bar{\mathrm{P}}'_{lm}(\cos\theta)], \\
T_{\lambda\lambda}(r,\theta,\lambda) = -\dfrac{GM}{R_e}\displaystyle\sum_{l=2}^{L}\left(\dfrac{R_e}{r}\right)^{l+1}\sum_{m=0}^{l}m^2(\bar{C}_{lm}\cos m\lambda + \bar{S}_{lm}\sin m\lambda)\bar{\mathrm{P}}_{lm}(\cos\theta), \\
T_{r\theta}(r,\theta,\lambda) = T_{\theta r}(r,\theta,\lambda) = \dfrac{GM}{R_e^2}\displaystyle\sum_{l=2}^{L}(l+1)\left(\dfrac{R_e}{r}\right)^{l+2}\sum_{m=0}^{l}(\bar{C}_{lm}\cos m\lambda + \bar{S}_{lm}\sin m\lambda)\sin\theta\bar{\mathrm{P}}'_{lm}(\cos\theta), \\
T_{r\lambda}(r,\theta,\lambda) = T_{\lambda r}(r,\theta,\lambda) = \dfrac{GM}{R_e^2}\displaystyle\sum_{l=2}^{L}(l+1)\left(\dfrac{R_e}{r}\right)^{l+2}\sum_{m=0}^{l}m(\bar{C}_{lm}\sin m\lambda - \bar{S}_{lm}\cos m\lambda)\bar{\mathrm{P}}_{lm}(\cos\theta), \\
T_{\theta\lambda}(r,\theta,\lambda) = T_{\lambda\theta}(r,\theta,\lambda) = \dfrac{GM}{R_e}\displaystyle\sum_{l=2}^{L}\left(\dfrac{R_e}{r}\right)^{l+1}\sum_{m=0}^{l}m(\bar{C}_{lm}\sin m\lambda - \bar{S}_{lm}\cos m\lambda)\sin\theta\bar{\mathrm{P}}'_{lm}(\cos\theta)
\end{cases}
\tag{10.22}
$$

Legendre 函数的二阶导数 $\bar{\mathrm{P}}''_{lm}(\cos\theta)$ 表示如下：

$$\begin{cases}\bar{P}''_{l,l}=f_1(-\sin\theta\bar{P}_{l-1,l-1}+2\cos\theta\bar{P}'_{l-1,l-1}+\sin\theta\bar{P}''_{l-1,l-1}),\\ \bar{P}''_{l,l-1}=f_2(-\cos\theta\bar{P}_{l-1,l-1}-2\sin\theta\bar{P}'_{l-1,l-1}+\cos\theta\bar{P}''_{l-1,l-1}),\\ \bar{P}''_{l,m}=f_3(-f_4\cos\theta\bar{P}_{l-1,m}-2f_4\sin\theta\bar{P}'_{l-1,m}+f_4\cos\theta\bar{P}''_{l-1,m}-f_5\bar{P}''_{l-2,m})\end{cases} \tag{10.23}$$

初值表示如下：

$$\begin{cases}\bar{P}''_{0,0}=0,\\ \bar{P}''_{1,1}=-\sqrt{3}\sin\theta\end{cases} \tag{10.24}$$

式（10.21）可改写为

$$\begin{aligned}\nabla^2 T=&\frac{GM}{r}\sum_{l=2}^{L}\left(\frac{R_e}{r}\right)^l\\ &\times\sum_{m=0}^{l}\begin{bmatrix}\dfrac{(l+1)(l+2)\cos m\lambda\bar{\mathrm{P}}_{lm}(\cos\theta)}{r^2} & \dfrac{(l+1)\cos m\lambda\sin\theta\bar{\mathrm{P}}'_{lm}(\cos\theta)}{r} & \dfrac{(l+1)m\sin m\lambda\bar{\mathrm{P}}_{lm}(\cos\theta)}{r}\\ \dfrac{(l+1)\cos m\lambda\sin\theta\bar{\mathrm{P}}'_{lm}(\cos\theta)}{r} & \cos m\lambda[\sin^2\theta\bar{\mathrm{P}}''_{lm}(\cos\theta)-\cos\theta\bar{\mathrm{P}}'_{lm}(\cos\theta)] & m\sin m\lambda\sin\theta\bar{\mathrm{P}}'_{lm}(\cos\theta)\\ \dfrac{(l+1)m\sin m\lambda\bar{\mathrm{P}}_{lm}(\cos\theta)}{r} & m\sin m\lambda\sin\theta\bar{\mathrm{P}}'_{lm}(\cos\theta) & -m^2\cos m\lambda\bar{\mathrm{P}}_{lm}(\cos\theta)\end{bmatrix}\bar{C}_{lm}\\ &+\begin{bmatrix}\dfrac{(l+1)(l+2)\sin m\lambda\bar{\mathrm{P}}_{lm}(\cos\theta)}{r^2} & \dfrac{(l+1)\sin m\lambda\sin\theta\bar{\mathrm{P}}'_{lm}(\cos\theta)}{r} & \dfrac{-(l+1)m\cos m\lambda\bar{\mathrm{P}}_{lm}(\cos\theta)}{r}\\ \dfrac{(l+1)\sin m\lambda\sin\theta\bar{\mathrm{P}}'_{lm}(\cos\theta)}{r} & \sin m\lambda[\sin^2\theta\bar{\mathrm{P}}''_{lm}(\cos\theta)-\cos\theta\bar{\mathrm{P}}'_{lm}(\cos\theta)] & -m\cos m\lambda\sin\theta\bar{\mathrm{P}}'_{lm}(\cos\theta)\\ \dfrac{-(l+1)m\cos m\lambda\bar{\mathrm{P}}_{lm}(\cos\theta)}{r} & -m\cos m\lambda\sin\theta\bar{\mathrm{P}}'_{lm}(\cos\theta) & -m^2\sin m\lambda\bar{\mathrm{P}}_{lm}(\cos\theta)\end{bmatrix}\bar{S}_{lm}\end{aligned} \tag{10.25}$$

10.2.4 星间加速度

基于 Newton-Gregory 插值模型，星间距离 ρ_{12} 的泰勒展开表示如下：

$$\rho_{12}(t)=\rho_{12}(t_1)+\sum_{i=1}^{n-1}\binom{q}{i}\Delta^i_{1+i/2} \tag{10.26}$$

其中，$\binom{q}{i}$为二项式系数，$q=\dfrac{t-t_1}{\Delta t}$，$t_1$ 为初始时间，t 为插值点时间，Δt 为采样间隔；$\Delta^{n-1}_{1+(n-1)/2}=\sum_{i=1}^{n}(-1)^{n+i}\binom{n-1}{i-1}\rho_{12}(t_i)$为差分算子，$n$ 为插值点数。

在式（10.26）两边同时对时间 t 求二阶导数可得星间加速度 $\ddot{\rho}_{12}$ 展开公式：

$$\ddot{\rho}_{12}(t_i)=\frac{1}{(\Delta t)^2}\left[\Delta^2_2+\frac{6(q-1)}{3!}\Delta^2_{5/2}+\cdots+\frac{1}{(n-1)!}\sum_{j=0}^{n-2}\frac{\sum_{k=0}^{n-2}\left(\dfrac{q-j}{q-k}\right)-1}{(q-j)^2}\prod_{l=0}^{n-2}(q-l)\Delta^{n-1}_{1+(n-1)/2}\right] \tag{10.27}$$

其中，9 点 Newton-Gregory 插值公式表示如下：

$$\ddot{\rho}_{12}(t_i)=\frac{1}{(\Delta t)^2}\left[-\frac{1}{560}\rho_{12}(t_{i-4})+\frac{8}{315}\rho_{12}(t_{i-3})-\frac{1}{5}\rho_{12}(t_{i-2})+\frac{8}{5}\rho_{12}(t_{i-1})\right.$$
$$\left.-\frac{205}{72}\rho_{12}(t_i)+\frac{8}{5}\rho_{12}(t_{i+1})-\frac{1}{5}\rho_{12}(t_{i+2})+\frac{8}{315}\rho_{12}(t_{i+3})-\frac{1}{560}\rho_{12}(t_{i+4})\right] \quad (10.28)$$

10.3 研究结果

10.3.1 卫星轨道模拟

在卫星重力梯度观测方程（10.11）建立之后，本章首先利用 9 阶 Runge-Kutta 线性单步法结合 12 阶 Adams-Cowell 线性多步法数值积分公式分别模拟了当前 GRACE-A/B 和下一代 GRACE Follow-On-A/B 双星的轨道位置和轨道速度，轨道模拟参数如表 10.1 所示。图 10.2 表示 GRACE Follow-On-A 卫星在地心惯性坐标系 O_I-$X_IY_IZ_I$（图 10.1）中 X_IY_I 平面内的轨迹投影。

表 10.1　GRACE 和 GRACE Follow-On 卫星轨道模拟参数

参数	指标	
	GRACE	GRACE Follow-On
轨道高度	500 km	250 km
星间距离	220 km	50 km
轨道倾角	89°	89°
轨道离心率	0.001	0.001
模拟时间	30 天	30 天
采样间隔时间	10 s	10 s
参考重力模型	EGM2008	EGM2008

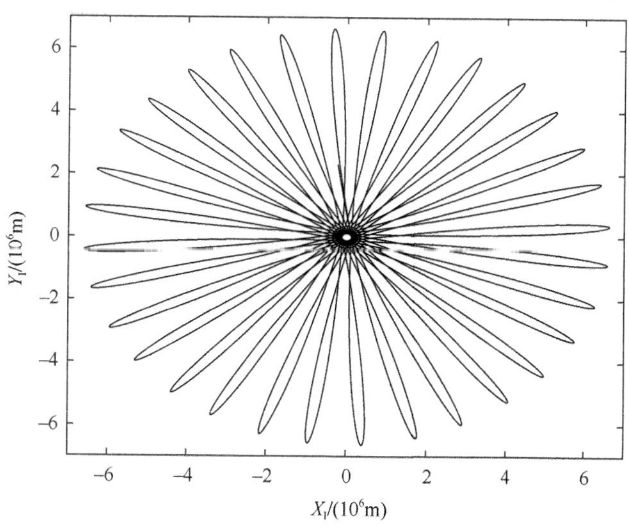

图 10.2　GRACE Follow-On-A 卫星在 X_IY_I 平面内的轨迹图（1 天）

10.3.2 卫星重力梯度反演

如图 10.3 所示，十字线表示德国波兹坦地学研究中心（GFZ）公布的 120 阶 EIGEN-GRACE02S 地球重力场模型的实测精度，在 120 阶处累计大地水准面精度为 1.893×10^{-1} m；虚线和实线分别表示基于 GRACE 和 GRACE Follow-On 卫星重力梯度法，利用卫星轨道参数（表 10.1）和关键载荷精度指标（表 10.2），反演地球重力场的模拟精度，在 120 阶处累计大地水准面精度分别为 1.708×10^{-1} m 和 9.331×10^{-4} m；在各阶处的累计大地水准面精度统计结果如表 10.3 所示。研究结果表明如下。

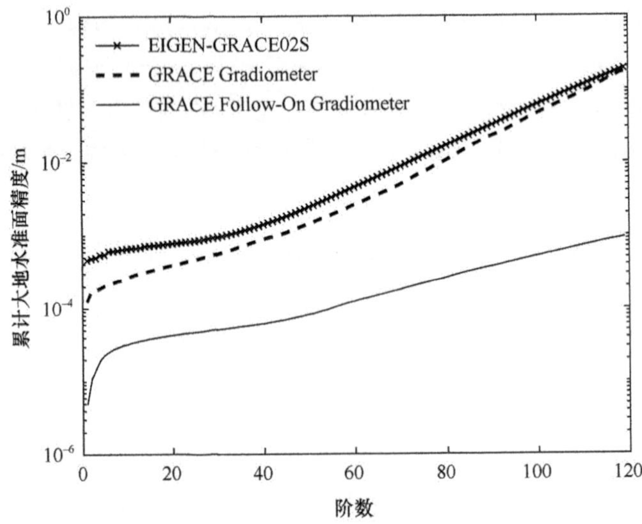

图 10.3　基于 GRACE 和 GRACE Follow-On 卫星重力梯度法反演累计大地水准面精度对比

表 10.2　当前 GRACE 和下一代 GRACE Follow-On 卫星关键载荷精度指标

观测值	精度指标	
	GRACE	GRACE Follow-On
星间距离/m	1×10^{-5}	1×10^{-6}
星间速度/（m/s）	1×10^{-6}	1×10^{-7}
星间加速度/（m/s²）	1×10^{-9}	1×10^{-10}
轨道位置/m	3×10^{-2}	3×10^{-3}
轨道速度/（m/s）	3×10^{-5}	3×10^{-6}
非保守力/（m/s²）	3×10^{-10}	3×10^{-11}

表 10.3　GRACE 和 GRACE Follow-On 累计大地水准面精度统计

重力模型	累计大地水准面精度/m					
	20 阶	40 阶	60 阶	80 阶	100 阶	120 阶
EIGEN-GRACE02S	7.606×10^{-4}	1.343×10^{-3}	4.241×10^{-3}	1.566×10^{-2}	5.756×10^{-2}	1.893×10^{-1}
GRACE Gradiometer	3.782×10^{-4}	8.519×10^{-4}	2.431×10^{-3}	9.726×10^{-3}	4.265×10^{-2}	1.708×10^{-1}
GRACE Follow-On Gradiometer	4.212×10^{-5}	6.123×10^{-5}	1.196×10^{-4}	2.518×10^{-4}	5.076×10^{-4}	9.331×10^{-4}

第一，据图 10.3 中十字线和虚线对比可知，在 120 阶内，通过 GRACE 卫星重力梯度法反演地球重力场精度较 EIGEN-GRACE02S 模型精度平均提高 72%。主要原因分析如下：由于当前的动力法、能量法、加速度法等均基于 SST 观测模式解算 GRACE 地球重力场，而 GRACE 卫星重力梯度法通过联合 SST 和 SGG 观测模式的优点反演地球重力场，因此有利于进一步提高地球重力场的解算精度。

第二，据图 10.3 中十字线和实线对比可知，基于下一代 GRACE Follow-On 卫星重力计划解算地球重力场精度较当前 GRACE 计划平均提高 61 倍，因此 GRACE Follow-On 卫星重力梯度法是建立下一代高精度和高空间分辨率地球重力场模型的有效途径。主要原因分析如下：①GRACE Follow-On（200～300 km）卫星轨道高度低于 GRACE（400～500 km）。GRACE 卫星采用加速度计实时测量非保守力，在数据后处理中再扣除非保守力。由于非保守力随着卫星轨道高度降低而急剧增加，因此 GRACE 卫星无法采用超低轨道设计。GRACE Follow-On 卫星将采用非保守力补偿系统精确屏蔽作用于卫星的非保守力，因此可实质性降低卫星轨道高度，进而有效抑制地球重力场信号随轨道高度的衰减。②GRACE Follow-On 卫星关键载荷测量精度高于 GRACE。GRACE 卫星采用 K 波段测距系统测量星间距离（10 μm）和星间速度（1 μm/s），利用加速度计测量卫星受到的非保守力（10^{-10} m/s^2）。GRACE Follow-On 卫星基于激光干涉测距系统高精度测量星间距离（10～1000 nm）和星间速度（1～100 nm/s），通过非保守力补偿系统消除作用于卫星的非保守力（10^{-11}～10^{-13} m/s^2）效应。③GRACE Follow-On 星间距离短于 GRACE。适当增加星间距离有利于提高地球长波重力场的精度，适当缩短星间距离有利于提高地球短波重力场的精度。GRACE Follow-On（50～100 km）卫星较 GRACE（220 km）缩短了星间距离，进一步提高了地球中高频重力场的感测精度。

10.4 本章小结

基于当前 GRACE 卫星重力测量计划对相关学科（大地测量学、地球物理学、海洋学、水文学、冰川学等）的卓越贡献和固有局限性（轨道高度无法降低、载荷精度无法提高等），国内外众多学者正在积极寻求下一代更高时空分辨率的卫星重力测量计划。基于以上原因，本章通过联合星间距离、星间速度、星间加速度、以及地球引力位二阶张量数据精确和快速反演了 120 阶 GRACE Follow-On 地球重力场。研究结果显示：基于将来 GRACE Follow-On 卫星反演地球重力场精度较当前 GRACE 卫星至少提高 10 倍，因此 GRACE Follow-On 卫星重力梯度反演法有利于建立下一代高精度和高空间分辨率的地球重力场模型。

参考文献

程芦颖，许厚泽. 2006. 地球重力场恢复中的位旋转效应. 地球物理学报, 49(1): 93–98.

沈云中，许厚泽，吴斌. 2005. 星间加速度解算模式的模拟与分析. 地球物理学报, 48(4): 807–811.

张捍卫，许厚泽，刘学谦. 2004. 固体潮 Love 数的基本理论和数值结果. 地球物理学进展, 19(2): 372–378.

郑伟，许厚泽，钟敏，员美娟，彭碧波. 2011. 利用改进的预处理共轭梯度法和三维插值法精确和快速解算 GRACE 地球重力场. 地球物理学进展, 26(3): 805–812.
周旭华, 许厚泽, 吴斌, 彭碧波, 陆洋. 2006. 用 GRACE 卫星跟踪数据反演地球重力场. 地球物理学报, 49(3): 718–723.
Flechtner F, Neumayer K H, Doll B, Munder J, Reigber C, Raimondo J C. 2009. GRAF-A GRACE follow-on mission feasibility study. Geophysical Research Abstracts, Vol. 11, EGU2009-8516.
Jekeli C. 1999. The determination of gravitational potential differences from SST tracking. Celestial Mechanics and Dynamical Astronomy, 75(2): 85–101.
Keller W, Heβ D. 1998. Gradiometrie mit GRACE. Z Vermess, 124: 137–144.
Keller W, Sharifi M A. 2005. Satellite gradiometry using a satellite pair. Journal of Geodesy, 78(9): 544–557.
Koop P. 1993. Global gravity field modeling using satellite gravity gradiometry. Netherlands Geodetic Commission, Publ. Geod. Series No. 38, Delft.
Loomis B. 2009. Simulation study of a follow-on gravity mission to GRACE. Boulder: University of Colorado, 1–193.
Loomis B D, Nerem R S, Luthcke S B. 2012. Simulation study of a follow-on gravity mission to GRACE. Journal of Geodesy, 86(5): 319–335.
Reigber C, Schmidt R, Flechtner F. 2005. An Earth gravity field model complete to degree and order 150 from GRACE: EIGEN-GRACE02S. Journal of Geodynamics, 39(1): 1–10.
Rummel R, van Gelderen M, Koop R. 1993. Spherical harmonic analysis of satellite gradiometry. Rep New Series 39, Netherlands Geodetic Commission, Delft.
Stephens M, Craig R, Leitch J, Pierce R. 2006. Demonstration of an interferometric laser ranging system for a Follow-On gravity mission to GRACE. Proceedings of IEEE International Conference on Geoscience and Remote Sensing Symposium, Denver, CO: IEEE, 1115–1118.
Tapley B, Ries J, Bettadpur S, Chambers D, Cheng M, Condi F, Gunter B, Kang Z, Nagel P, Pastor R, Pekker T, Poole S, Wang F. 2005. GGM02-An improved Earth gravity field model from GRACE. Journal of Geodesy, 79(8): 467–478.
Xu P L. 2008. Position and velocity perturbations for the determination of geopotential from space geodetic measurements. Celestial Mechanics and Dynamical Astronomy, 100(3): 231–249.
Zheng W, Lu X L, Xu H Z, Shao C G, Luo J, Wang N C. 2005. Simulation of Earth's gravitational field recovery from GRACE using the energy balance approach. Progress in Natural Science, 15(7): 596–601.
Zheng W, Shao C G, Luo J, Xu H Z. 2006. Numerical simulation of Earth's gravitational field recovery from SST based on the energy conservation principle. Chinese Journal of Geophysics, 49(3): 712–717.
Zheng W, Xu H Z, Zhong M, Yun M J. 2009a. Accurate and rapid error estimation on global gravitational field from current GRACE and future GRACE Follow-On missions. Chinese Physics B, 18(8): 3597–3604.
Zheng W, Xu H Z, Zhong M, Yun M J. 2011a. Efficient calibration of the non-conservative force data from the space-borne accelerometers of the twin GRACE satellites. Transactions of the Japan Society for Aeronautical and Space Sciences, 54(184): 106–110.
Zheng W, Xu H Z, Zhong M, Yun M J. 2012a. Efficient accuracy improvement of GRACE global gravitational field recovery using a new inter-satellite range interpolation method. Journal of Geodynamics, 53: 1–7.
Zheng W, Xu H Z, Zhong M, Yun M J. 2012b. Precise recovery of the Earth's gravitational field with GRACE: Intersatellite Range-Rate Interpolation Approach. IEEE Geoscience and Remote Sensing Letters, 9(3): 422–426.
Zheng W, Xu H Z, Zhong M, Yun M J. 2012c. Impacts of interpolation formula, correlation coefficient and sampling interval on the accuracy of GRACE Follow-On intersatellite range-acceleration. Chinese Journal of Geophysics, 55(3): 822–832.
Zheng W, Xu H Z, Zhong M, Yun M J. 2014. Precise recovery of the Earth's gravitational field by GRACE Follow-On satellite gravity gradiometry method. Chinese Journal of Geophysics, 57(3): 269–279.
Zheng W, Xu H Z, Zhong M, Yun M J, Zhou X H. 2011b. Accurate and rapid determination of GOCE Earth's gravitational field using time-space-wise approach associated with Kaula regularization. Chinese Journal of Geophysics, 54(1): 14–21.

Zheng W, Xu H Z, Zhong M, Yun M J, Zhou X H, Peng B B. 2008. Efficient and rapid estimation of the accuracy of GRACE global gravitational field using the semi-analytical method. Chinese Journal of Geophysics, 51(6): 1704–1710.

Zheng W, Xu H Z, Zhong M, Yun M J, Zhou X H, Peng B B. 2009b. Influence of the adjusted accuracy of center of mass between GRACE satellite and SuperSTAR accelerometer on the accuracy of Earth's gravitational field. Chinese Journal of Geophysics, 52(6): 1465–1473.

Zheng W, Xu H Z, Zhong M, Yun M J, Zhou X H, Peng B B. 2009c. Effective processing of measured data from GRACE key payloads and accurate determination of Earth's gravitational field. Chinese Journal of Geophysics, 52(8): 1966–1975.

Zheng W, Xu H Z, Zhong M, Yun M J, Zhou X H, Peng B B. 2009d. Demonstration on the optimal design of resolution indexes of high and low sensitive axes from space-borne accelerometer in the satellite-to-satellite tracking model. Chinese Journal of Geophysics, 52(11): 2712–2720.

Zheng W, Xu H Z, Zhong M, Yun M J, Zhou X H, Peng B B. 2010. Efficient and rapid estimation of the accuracy of future GRACE Follow-On Earth's gravitational field using the analytic method. Chinese Journal of Geophysics, 53(4): 796–806.

第 11 章 卫星重力梯度测量研究进展

本章首先阐述了重力梯度测量原理、从 20 世纪初到 21 世纪初重力梯度仪的研究历程、卫星重力梯度仪（静电悬浮重力梯度仪、超导重力梯度仪和量子重力梯度仪）的技术特征以及卫星重力梯度测量的特点；其次，介绍了国内外卫星重力梯度反演法的研究进展；再次，对比分析了目前国际公布的 GOCE 卫星重力模型精度，旨在为建立下一代更高精度的 GOCE Follow-On 卫星重力模型提供理论参考和技术借鉴；最后，建议我国尽早开展基于时空域混合法解算中高频地球重力场和卫星重力梯度测量系统误差分析的预先研究（郑伟等，2010a，2010b，2014）。

11.1 研究背景

卫星重力测量技术的实现是继美国 GPS 星座成功构建之后在大地测量领域的又一项创新和突破，它之所以被国际大地测量学界公认为是当前地球重力场探测研究中最高效、最经济和最有发展潜力的方法之一，是因为它既不同于传统的车载、船载和机载重力测量，也不同于卫星测高和轨道摄动分析，而是通过卫星跟踪卫星（SST）和卫星重力梯度（SGG）恢复高精度和高空间分辨率的全球重力场（宁津生和罗志才，2000；许厚泽，2001；胡明城，2003）。SGG 是国际大地测量学界创新提出的又一项探测地球重力场特性特征、精细结构和演变过程的新技术和新领域，目前它已逐渐发展成为专门研究空间重力梯度测量的理论、方法、载荷和应用的新兴科学。SGG 在基础科学研究（如大地测量学、地球物理学、地震学、海洋学、惯性导航学、空间微重力学等）和国防建设领域都具有极其重要的科学意义和应用前景（陈俊勇，2002；许厚泽等，2005；郑伟等，2008）。

探测和研究地球重力场精细结构是地球科学的基础性工作，也是大地测量学的主要科学任务之一。21 世纪空间技术、惯性导航技术和卫星定位技术的快速发展以及地球深部结构和动力过程的深入研究，不仅对了解重力场精细结构提出了更高层次的需求，而且进一步明确了通过大地测量研究重力场的科学目标，使物理大地测量面临着新的挑战。本世纪目标是在全频段确定 cm 级精度大地水准面，而目前全球中高频大地水准面精度与此要求至少还相差一个量级。纵观现有重力测量技术的发展潜力：首先，SST 模式仅适于确定中长波（2～120 阶）地球重力场，由于其观测量是重力异常产生的轨道摄动，同时由于未采用无阻尼补偿技术和卫星轨道高度无法进一步降低，因此中短波重力场恢复精度难以达到 cm 级；其次，由于卫星轨道覆盖在地球南北极存在测量空白区、若干高阶次引力位系数之间强相关产生的混叠和共振影响等缺点，只有精心设计多种不同卫星轨道倾角和运行周期的卫星群联合测量才能解决，而要发射大量轨道根数互补的重力卫星从经济角度考虑得不偿失（郑伟，2007）。SGG 的优点是直接测定地球引力位的二次微分，其结果是将球谐系数放大了 l^2 倍，因此可有效抑制地球引力位随高度的衰减效应，直接确定高阶次地球重力场的精细结构。近年来，为了进一步提高地球重力场的精度和空间分辨率，国际众多科研机构已相继于 2000 年 7 月 15 日和 2002 年 3 月 17 日成功实施了基于 SST 模式的 CHAMP（宋雷等，2006）和 GRACE（Xu，2008；钟波等，2008）重力卫星计划。但由于轨道高度和测量模式的局限性，其对中高频地球重力场信号的敏感性较弱。为了弥补 CHAMP 和 GRACE 的不足进而达到高精度恢复全频段地球重力场的目的，GOCE 卫星重力梯度计划应运而生，其对空间分辨率为 100 km 的大地水准面的测量精度将优于 1 cm。

11.2 卫星重力梯度仪研究进展

11.2.1 重力梯度测量原理

自 20 世纪 70 年代末开始，国际大地测量学界的众多研究机构基于 SGG 测量原理、技术模式、误差分析、数据处理等方面开展了大量的数值模拟研究。经过 30 多年的潜心研究和需求论证，SGG 原理已趋向成熟。自 20 世纪初以来，重力梯度测量原理从早期的扭力测量发展到目前的差分加速度测量。前者通过测定作用于检测质量的力矩来间接获取重力梯度值；后者通过测量两加速度计之间的加速度差来获得重力梯度观测值，可消除加速度计之间大部分公共误差的影响，因此较前者更有发展前景。目前 SGG 主要采用差分加速度测量原理。

11.2.2 重力梯度仪研究进程

重力梯度测量技术的创新和突破极大地推动了重力梯度仪的迅速发展。随着电子技术、计算机技术、低温超导技术等的发展，重力梯度仪在灵敏度和稳定性方面均有显著提升。重力梯度仪的研究大致经历了从单轴旋转到三轴定向，从室温到超低温（<4.2 K），从扭力、静电悬浮到超导的发展过程，仪器灵敏度日益提高（van Gelderen and Koop，1997；Albertella et al.，2002）。20 世纪初期，匈牙利物理学家 R.Eötvös 建立了第一台重力梯度仪（R.Eötvös 扭秤），主要用于地球表面引力位二阶张量的测量（$1\text{E}=10^{-9}/\text{s}^2$）；20 世纪中叶，扭秤逐步被易于操作的相对重力仪（如 LaCoste，测量精度 0.5 μGal，$1\ \text{Gal}=10^{-2}\ \text{m/s}^2$）替代；20 世纪 70 年代末，美国国家航空航天局提出了 SGG 的远期重力场飞行计划 Gravity B，其最终目标是获得空间分辨率 25 km，重力异常精度 $10^{-6}\ \text{m/s}^2$ 的全球重力场；20 世纪 80 年代，法国提出了 GRADIO 计划，星载重力梯度仪灵敏度为 $10^{-2}\ \text{E/Hz}^{1/2}$；20 世纪 90 年代，欧空局（ESA）制定了 ARISTOTELES 计划，星载重力梯度仪灵敏度为 $10^{-3}\ \text{E/Hz}^{1/2}$；20 世纪 90 年代中期，ESA 提出了 GOCE 卫星重力梯度计划，星载重力梯度仪测量精度为 3×10^{-3} E（郑伟等，2004）；21 世纪初期，NASA 启动了超导重力梯度测量计划（SGGM），其科学目标是以 50 km 的空间分辨率和 2～3 mGal 的重力异常精度确定 360 阶地球重力场；近几年，美意两国正在研究系留卫星系统（TSS），星载重力梯度仪精度为 $10^{-6}\ \text{E/Hz}^{1/2}$，可望获得 25 km 的空间分辨率和 1～2 mGal 的重力异常精度。

11.2.3　卫星重力梯度仪的技术特征

卫星重力梯度仪是一种能直接探测空间重力加速度矢量梯度的传感器。由于重力梯度可以较好地反映等位面的曲率和力线的弯曲程度，因此其敏感于中短波地球重力场的信号，更能反应重力场的精细结构。在地球卫星内的微重力环境中，由于不同位置点加速度的差异较小，因此不同属性的重力梯度仪通常由 1～3 对属性相同的加速度计按不同的排列方式组合而成，精确测定每对加速度计检验质量之间的相对位置变化，通过观测重力加速度的差进而得到重力梯度张量，此为 SGG 能在微重力环境下直接测量地球重力场参数的主要原因。目前重力梯度仪主要包括旋转式重力梯度仪（RGG）、静电悬浮重力梯度仪（ESG）、超导重力梯度仪（SGG）、量子重力梯度仪（QGG）等。旋转式重力梯度仪比较适合自旋稳定的小卫星，而新一代重力探测卫星通常为非自旋稳定的且旋转式重力梯度仪精度相对较低，因此较少用于 SGG。将来国际 SGG 工程的发展方向以采用静电悬浮重力梯度仪、超导重力梯度仪、量子重力梯度仪等为主流。

1. 静电悬浮重力梯度仪

GOCE 卫星采用的静电悬浮差分重力梯度仪（图 11.1）由三对静电悬浮三轴加速度计对称排列组成，每个加速度计均设计为 2 个高灵敏轴和 1 个低灵敏轴，主要测定 5 个独立引力梯度分量中的 4 个（V_{xx}，V_{yy}，V_{zz}和 V_{xz}）。重力梯度仪的质心与卫星体质心相距 10 cm，长 1320 mm，直径 850 mm，重 137 kg，基线长 0.5 m，测量精度 3×10^{-3} E/Hz$^{1/2}$。其测量原理是利用卫星内固定基线上的差分加速度计检验质量之间的重力加速度差值来得到三维重力梯度张量。重力梯度仪的三轴指向与卫星体坐标系严格一致，不仅测量线性加速度，同时测量角加速度、离心力加速度、科里奥利（Coriolis）加速度，以及其他扰动加速度。静电悬浮重力梯度仪具有结构简单、成本低、灵敏度高、抗外界干扰能力强、易于自动化数据采集等优点（Sneeuw et al.，2002；Muller and Wermut，2003）。

图 11.1　静电悬浮重力梯度仪组件图

2. 超导重力梯度仪

超导重力梯度仪由三对超导加速度计对称排列构成。如图 11.2 所示，单轴超导加速度计由弱弹簧、超导检测质量、电磁传感器和超导量子干涉仪（SQUID）组成。SQUID以10^{-16} m的精度测定超导检测质量的位移变化，电磁传感器所产生的磁场被超导检测质量的运动调制并由SQUID检测放大，最后转化为电压信号输出。类似于静电悬浮重力梯度仪，超导重力梯度仪可测定重力梯度张量的所有分量，同时用于改正运动平台的线性加速度和角加速度。在同轴分量系统中，信号正比于对角线元素和线性加速度（平移），而交叉分量系统则传递非对角线元素和角加速度（旋转），通过加速计不同方式的组合可确定对角线分量和全部分量。超导重力梯度仪与静电悬浮重力梯度仪相比，仅在加速度计测量原理上存在差别，前者用超导检测质量代替后者的电磁检测质量，用超导量子干涉仪代替电容装置来测量检测质量的位移，而重力梯度测量原理基本相同。由于超导感应检测质量的位移比静电悬浮法具有更高的灵敏度，因此超导重力梯度仪比静电悬浮重力梯度仪具有更大的发展潜力。

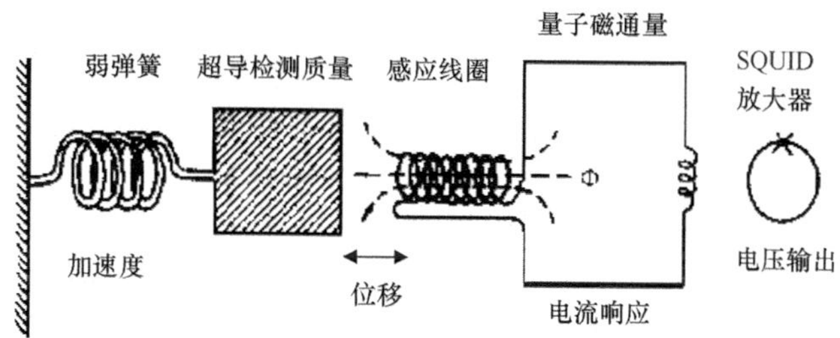

图 11.2　单轴超导加速度计示意图

3. 量子重力梯度仪

诺贝尔物理学奖得主、中国科学院外籍院士、美籍华人物理学家朱棣文教授领导的研究团队通过“坠落”原子精确测算出了单个原子的重力加速度，并得到重力加速度与宏观物体所受重力加速度相同的结论。此发现被物理学界称为“比萨斜塔实验”的现代版。量子重力梯度仪由1～3对原子干涉加速度计两两相互垂直排列组成（测量精度10^{-7} E/$Hz^{1/2}$）。原子干涉加速度计是重力梯度仪的核心部件，与静电悬浮重力梯度仪和超导重力梯度仪存在本质上的区别。如图11.3所示，基本原理如下：首先，利用激光将大量铯原子冷却至超低温度，在超低温状态下通常以超音速运动的原子速度将降低至1 cm/s左右，使测量其位置和速度变得更为容易；其次，将缓慢运动的原子置于重力场

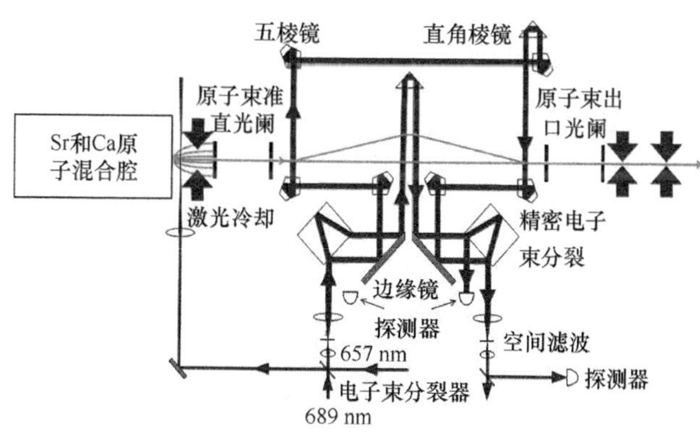

图 11.3　原子干涉测量原理图

中做类似自由落体的“坠落”；最后，基于原子在激光作用下会形成相互重叠干涉的不同量子态的原理，利用原子受重力场作用前后所引起的相位差精确测出重力加速度。由于量子重力梯度仪对周围环境的质量分布极为敏感，因此它将有望为未来高精度和高空间分辨率地球重力场的探测带来革命性的影响。

11.3 卫星重力梯度测量特点

（1）高精度和高空间分辨率解算中高频地球重力场。传统卫星重力技术一般只能恢复重力场的低频分量，而 SGG 张量可直接感测引力位的二阶梯度，进而获得较高阶次重力场精细结构的信息。模拟研究表明：当引入卫星轨道误差 1 cm 和卫星重力梯度值误差 $3\times10^{-12}/s^2$，在 250 阶处恢复 GOCE 累计大地水准面的精度为 9.025 cm。因此，卫星重力梯度测量是精化中短波重力场的有效途径之一。

（2）全球重力场测定速度快、代价低和效益高。实施卫星重力梯度测量的单颗卫星在近圆、近极轨和低轨道上连续飞行可获得全球覆盖和规则分布的重力梯度数据，数据的密度和分布取决于卫星飞行的时间、数据采样间隔、轨道参数等。GOCE 重力梯度卫星在 250 km 低轨道上作 20 个月的绕地球飞行，基于 1 s 数据采样间隔可获得约 5200 万个重力梯度实测数据，全球观测数据空间分辨率可达到 $1'\times1'$。从观测数据的精度、密度和分布来看传统卫星重力技术均难以达到，因此 SGG 是一种低代价、高效益和高效率测定全球重力场的技术。

（3）不受惯性加速度的影响。从重力梯度测量中有效分离出引力梯度张量不仅在理论上是严格的，而且在实际操作中也是可行的。因此，利用 SGG 技术可有效解决引力加速度与惯性加速度的分离问题。

（4）直接测定引力场的内部结构。据广义相对论可知，当有引力场存在时，四维时空是弯曲的黎曼空间。黎曼曲率张量刻画了该空间的几何结构，其主要分量与引力位的二阶导数成正比，因此测定引力位的二阶导数实际等价与测定四维时空的几何结构。从此意义上讲，SGG 揭示了引力场的物理性质和几何性质之间的相互关系。

（5）大气阻力对重力梯度观测信号的影响较小。由于重力梯度观测信号是通过每对加速度计的输出量之差求得的，只要每对加速度计的性能指标尽可能一致，则大气阻力对每对加速度计的影响就基本相同，因此差分后的重力梯度观测信号可以基本上消除大气阻力的影响。

（6）仪器灵敏度和稳定度较高。静电悬浮技术和低温超导技术的成功应用，使重力梯度仪在灵敏度和稳定度方面有了较大的提高，特别是低温超导重力梯度仪具有零漂低、尺度因子稳定和灵敏度高的特性，测量精度可达 $10^{-4}\sim10^{-6}$ E。

（7）对卫星定轨精度要求较低。基于卫星轨道摄动分析的传统卫星重力测量技术主要取决于卫星定轨精度的高低，而 SGG 对定轨精度的要求相对较低。其原因是加速度计阵列本身可测定卫星的运动姿态，而且重力梯度数据的后处理可进一步改善卫星定轨的精度。

（8）SGG 能感测重力梯度张量的所有分量。由于不同的卫星重力梯度张量反应不同的地球重力场信息，因此在地球物理解释中采用重力梯度张量比用重力标量将得到更丰富的地壳深部构造信息。

11.4　卫星重力梯度反演法研究进展

卫星重力梯度反演是指通过分析卫星观测数据［卫星重力梯度 V_{ij}、轨道位置 $\boldsymbol{r}$ 及轨道速度 $\dot{\boldsymbol{r}}$、加速度计非保守力 $\boldsymbol{f}$、恒星敏感器三维姿态（$\boldsymbol{q}_{1,2,3}, q_4$）等］和地球重力场模型中引力位系数（$C_{lm}, S_{lm}$）的关系，建立并求解卫星运动观测方程，进而确定地球引力位系数，反演高精度和高空间分辨率的地球重力场。在利用卫星重力梯度观测数据反演地球重力场的众多方法中，按地球引力位系数解算方法的差异可分为空域法、时域法、直接法、解析法等。空域法（space-wise method）的优点是因网格点数固定从而方程维数一定，且可利用快速傅里叶（FFT）方法进行批量处理，极大地降低了计算量；缺点是在进行网格化处理中作了不同程度的近似，且不能处理色噪声。时域法（time-wise method）的优点是可直接对卫星观测数据进行处理，不需作任何近似，求解精度较高且能有效处理色噪声；缺点是随着卫星观测数据的增多，观测方程数量剧增，极大地增加了计算量。直接法（direct method）将卫星精密定轨和地球重力场反演合二为一，基于各种卫星观测值同时求解卫星轨道、地面站坐标、地球自转参数、海潮模型、地球重力场模型及其他动力学和非动力学参数；优点是不依赖于任何先验地球重力场模型，理论框架严密，各种地球重力场参数求解精度较高；缺点是整体解算过程较复杂，需要高性能的并行计算机支持。解析法（analytical method）通过分析地球重力场精度和卫星观测数据误差的关系建立卫星观测方程误差模型，进而估计地球重力场精度；优点是卫星观测方程物理含义明确，易于误差分析，可快速求解高阶地球重力场；缺点是在建立卫星观测方程误差模型时作了不同程度的近似。

国内外学者已围绕卫星重力梯度反演的理论和方法开展了广泛研究。Rummel（1984）首次提出卫星重力梯度超定边值问题解法；Holota（1989）研究了卫星重力梯度球边界面的边值问题，引入引力梯度张量的不变量，并将 5 个独立边界条件归结为 2 个；Tshcherning 等（1990）基于最小二乘配置法和积分法精密确定局部地球重力场，提出在梯度观测值中移去低频重力场信号和利用残差地形模型平滑高频重力场信号以提高重力场反演区域精度；吴晓平（1991）利用球谐分析法研究了地球重力场元在地面和空间的谱分布特征和向下延拓问题，以及重力梯度数据对地球重力场精度和空间分辨率的影响；Rummel 等（1993）详细对比了时域法和空域法的优缺点，并基于时域最小二乘误差分析法论证了卫星重力梯度测量对地球重力场反演精度的贡献；费志凌（1994）构建了基于卫星重力梯度观测数据确定高分辨率地球重力场模型的单层位方法；罗志才（1996）提出了频域最小二乘配置法，并基于球谐分析、准解模型和谱组合解模型对全球和局部地球重力场逼近开展了数值模拟研究；Sneeuw（2000）系统研究了频域最小二乘法的基本原理，推导了不同类型卫星重力观测数据（SST-HL、SST-LL 和 SGG）对应频域最小二乘法中转换系数的表达式，并利用最小二乘误差分析法开展了不同卫星重力梯度张量和卫星跟踪卫星观测量反演地球引力位系数的误差特性研究；张传定（2000）提出了最小二乘复配置法，并应用到水平重力梯度观测量，通过使协方差阵具有块对角占优结构，进而提高了重力场计算速度；Tshcherning（2001）论证了基于最小二乘配置法确定全球引力位系数的可行性，以及分析了地球引力位径向二阶导数在不同卫星轨道高度和观测数据长度的情况下对解算地球引力位系数的影响；李迎春（2004）研究了卫星重力梯度的空间传播特性，通过数值模拟分析对比了球谐分析法、最小二乘迭代法和最小二乘配置法在卫星重力梯度数据处理中的特点和适应性；徐新禹（2008）利用频域最小二乘法开展了基于三类正则化矩阵（ZOT、FOT 和 Kaula）求解地球重力场稳定性的数值模拟研究论证，并对比了频域最小二乘法和空域最小二乘法确定地球重力场的解算精度和计算速度；吴星（2009）提出利用卫星重力梯度张量反演地球重力场的广义轮胎调和分析法，并通过数值模拟验证了有效性；于锦海和赵东明（2010）利用引力梯度不变量理论和 GOCE 实际观测数据反演地球重力场，并建立了 2 个地球重力场模型：GUCAS_EGM 和 GUCAS_EGM_DL；钟波（2010）建立了基于卫星跟踪卫星和卫星重力梯度观测数据的最小二乘联合平差模型，通过加速度法和空域最小二乘法并联合利用 GOCE 轨道数据和卫星重力梯度数据求解了 200 阶地球重力场模型；刘晓刚（2011）论述了谱组合法的基本原理，给出了多类重力测量数据联合处理的谱权及谱组合的通用表达式，基于调和分析法推导了 SST+SGG、SST+SGG+Δg 和 SST+SGG+Δg+N 恢复地球重力场模型的谱组合公式及对应谱权的具体形式；Zheng 等（2011）基于时空域混合法，利用 Kaula 正则化反演了 250 阶 GOCE 地球重力场，模拟结果表明：基于卫星轨道误差 1 cm 和卫星重力梯度误差 $3\times10^{-12}/s^2$，在 250 阶处反演累计大地水准面和重力异常的精度分别为 9.295 cm 和 0.204 mGal；Zheng 等（2012）基于解析模型和数值模拟，对比论证了卫星重力梯度的一维垂向分量和三维全张量对 250 阶 GOCE 地球重力场反演精度的影响，结果表明：首先开展一维垂向冷原子干涉重力梯度仪的研制，进而建立下一代高精度和高空间分辨率的全球重力场模型可行；Zheng 等（2013）基于方差-协方差原理和利用卫星重力梯度对角张量建立了累积大地水准面解析误差模型，并通过解析法有效和快速估计了下一代 GOCE Follow-On 地球重力场精度。

11.5 GOCE 地球重力场模型研究进展

表 11.1 为目前国际众多研究机构基于 GOCE 卫星观测数据建立的多个地球重力场模型，主要包括：①GOCE-only 卫星重力模型（仅采用 GOCE 卫星观测数据）：GO_CONS_GCF_2_SPW_R1/R2（空域法）、GO_CONS_GCF_2_TIM_R1/R2/R3/R4（时域法）、GO_CONS_GCF_2_DIR_R1/R2（直接法）、EIGEN-6S、DGM-1S、ITG-GOCE02 等；②GOCE-combined 卫星重力模型（联合 GOCE、GRACE、CHAMP、LAGEOS 等卫星观测数据，以及先验重力模型 ITG-GRACE2010s、DTU10 等）：GO_CONS_GCF_2_DIR_R3/R4（直接法）、GOCO01S/02S/03S、EIGEN-6C/C2、GOGRA02S 等。

图 11.4 表示基于空域法，分别采用 2 个月和 8 个月的 GOCE 卫星观测数据建立的 210 阶和 240 阶地球重力场模型 GO_CONS_GCF_2_SPW_R1 和 GO_CONS_GCF_2_SPW_R2，累计大地水准面精度统计结果如表 11.2 所示。结果表明：①在 210 阶处，GO_CONS_GCF_2_SPW_R1 累计大地水准面精度为 1.512×10^{-1} m；在 240 阶处，GO_CONS_GCF_2_SPW_R2 累计大地水准面精度为 2.059×10^{-1} m；在 210 阶内，GO_CONS_

GCF_2_SPW_R1 重力模型精度较 GO_CONS_GCF_2_SPW_R2 重力模型精度平均提高约 2 倍（图 11.5）。②GO_CONS_GCF_2_SPW_R2 模型精度低于 GO_CONS_GCF_2_SPW_R1 模型精度的原因分析如下：（a）由于 GO_CONS_GCF_2_SPW_R2 模型（240 阶）的阶数高于 GO_CONS_GCF_2_SPW_R1 模型（210 阶），因此，较高阶正规矩阵的病态性对地球重力场反演精度的负面影响更大；（b）由于建立 GO_CONS_GCF_2_SPW_R2 模型时采用的观测数据（8 个月）多于 GO_CONS_GCF_2_SPW_R1 模型（2 个月），因此，在理论上，GO_CONS_GCF_2_SPW_R2 模型精度应略高于 GO_CONS_GCF_2_SPW_R1 模型。但随着观测数据信号量的增加，观测数据误差量也同时增长，因此观测数据的优化预处理至关重要。

表 11.1 GOCE 卫星重力模型

<table>
<tr><th>模型名称</th><th>年份</th><th>研制机构</th><th>阶数</th><th>数据</th></tr>
<tr><td>GOCO01S
（Pail et al.，2010b）</td><td>2010</td><td>德国慕尼黑工业大学①
奥地利格拉茨技术大学②
德国波恩大学③
奥地利科学院④
瑞士伯尔尼大学⑤</td><td>224</td><td>GOCE SGG（224 阶，2 个月）+ITG-GRACE2010s（180 阶，7.5 年）+Kaula 正规化（170～224 阶）</td></tr>
<tr><td>GOCO02S
（Goiginger et al.，2011）</td><td>2011</td><td>奥地利格拉茨技术大学⑥
德国慕尼黑工业大学①
德国波恩大学③
瑞士伯尔尼大学⑤
奥地利科学院④</td><td>250</td><td>GOCE SGG（250 阶，8 个月）+GOCE SST（110 阶，12 个月）+ITG-GRACE 2010s（180 阶，7.5 年）+CHAMP（120 阶，8 年）+SLR（5 阶，5 年，5 颗星）+Kaula 正规化（180～250 阶）</td></tr>
<tr><td>GOCO03S
（Mayer-Gürr et al.，2012）</td><td>2012</td><td>奥地利格拉茨技术大学⑥
奥地利科学院④
德国波恩大学③
德国慕尼黑工业大学①
瑞士伯尔尼大学⑤</td><td>250</td><td>GOCE SGG（250 阶，18 个月）+GOCE SST（110 阶，12 个月）+ITG-GRACE 2010s（180 阶，7.5 年）+CHAMP（120 阶，8 年）+SLR（5 阶，5 年，5 颗星）+Kaula 正规化（180～250 阶）</td></tr>
<tr><td>GO_CONS_GCF_2_SPW_R1
（Migliaccio et al.，2010）</td><td>2010</td><td>意大利米兰理工大学⑦
丹麦哥本哈根大学⑧</td><td>210</td><td>GOCE（2 个月）</td></tr>
<tr><td>GO_CONS_GCF_2_SPW_R2
（Migliaccio et al.，2011）</td><td>2011</td><td>意大利米兰理工大学⑦
丹麦国家空间研究所⑨</td><td>240</td><td>GOCE（8 个月）</td></tr>
<tr><td>GO_CONS_GCF_2_TIM_R1
（Pail et al.，2010a）</td><td>2010</td><td>德国慕尼黑工业大学①
奥地利格拉茨技术大学②
德国波恩大学③
奥地利科学院④</td><td>224</td><td>GOCE（2 个月）</td></tr>
<tr><td>GO_CONS_GCF_2_TIM_R2
（Pail et al.，2011）</td><td>2011</td><td rowspan="3">德国慕尼黑工业大学①
法国国家空间研究中心⑩
意大利米兰理工大学⑦
德国波兹坦地学研究中心
奥地利格拉茨技术大学⑥
德国波恩大学③
奥地利科学院④
丹麦哥本哈根大学⑧</td><td>250</td><td>GOCE（8 个月）</td></tr>
<tr><td>GO_CONS_GCF_2_TIM_R3
（Bruinsma et al.，2010）</td><td>2011</td><td>250</td><td>GOCE（18 个月）</td></tr>
<tr><td>GO_CONS_GCF_2_TIM_R4
（Pail et al.，2011）</td><td>2013</td><td>250</td><td>GOCE（26.5 个月）</td></tr>
<tr><td>GO_CONS_GCF_2_DIR_R1
（Bruinsma et al.，2010）</td><td>2010</td><td rowspan="3">法国国家空间研究中心⑩
德国波兹坦地学研究中心</td><td>240</td><td>GOCE（2 个月）</td></tr>
<tr><td>GO_CONS_GCF_2_DIR_R2
（Bruinsma et al.，2010）</td><td>2011</td><td>240</td><td>GOCE（8 个月）</td></tr>
<tr><td>GO_CONS_GCF_2_DIR_R3
（Bruinsma et al.，2010）</td><td>2011</td><td>240</td><td>GOCE（350 天）+GRACE（6.5 年）+LAGEOS（6.5 年）</td></tr>
</table>

续表

模型名称	年份	研制机构	阶数	数据
GO_CONS_GCF_2_DIR_R4（Bruinsma et al.，2010）	2013	法国国家空间研究中心⑩ 德国波兹坦地学研究中心	260	GOCE（837 天）+GRACE（9 年）+LAGEOS（25 年）
EIGEN-6S（Förste et al.，2011）	2011		240	GOCE（6.7 个月）+GRACE（7.5 年）+ LAGEOS（6.5 年）
EIGEN-6C（Förste et al.，2011）	2011	德国波兹坦地学研究中心 法国国家空间研究中心⑩	1420	GOCE（6.7 个月）+GRACE（7.5 年）+LAGEOS（6.5 年）+DTU10
EIGEN-6C2（Förste et al.，2012）	2012		1949	GOCE（350 天）+GRACE（7.8 年）+LAGEOS（25 年）+DTU10
DGM-1S（Hashemi Farahani et al.，2013）	2012	荷兰代尔夫特技术大学⑪	250	GOCE SGG（10 个月）+GOCE SST（14 个月）+GRACE KBR（7 年）+GRACE GPS（4 年）
ITG-GOCE02（Schall et al.，2014）	2013	德国波恩大学③	240	GOCE（8 个月）
GOGRA02S（Yi，2012；Yi et al.，2013）	2013	德国慕尼黑工业大学①	230	GOCE(33 个月)+ ITG-GRACE2010s（180 阶，7.5 年）

① Institute of Astronomical and Physical Geodesy，Technische Universität München，Germany；

② Institute of Navigation and Satellite Geodesy，Graz University of Technology，Austria；

③ Institute of Geodesy and Geoinformation，University of Bonn，Germany；

④ Space Research Institute，Austrian Academy of Sciences，Austria；

⑤ Astronomical Institute，University of Bern，Switzerland；

⑥ Institute of Theoretical and Satellite Geodesy，Graz University of Technology，Austria；

⑦ DIIAR，Politecnico di Milano，Italy；

⑧ Niels Bohr Institute，University of Copenhagen，Denmark；

⑨ DTU Space，National Space Institute，Denmark；

⑩ Department of Terrestrial and Planetary Geodesy，CNES-DCT/SI/GS，France；

⑪ DEOS，Delft University of Technology，Netherlands.

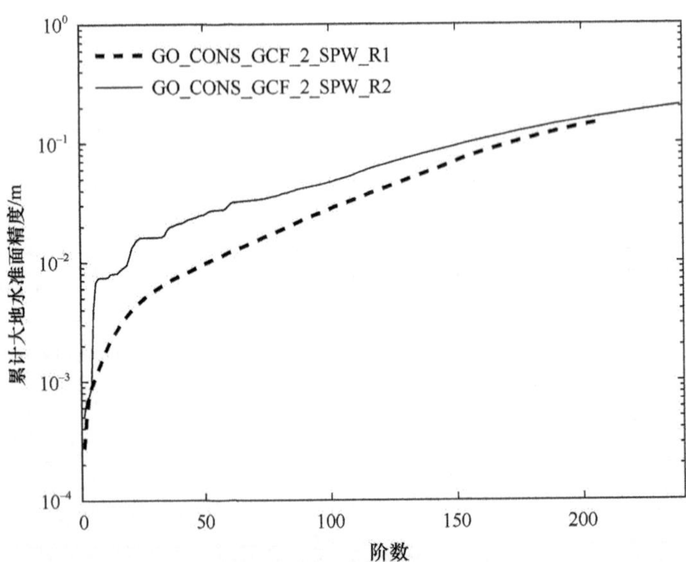

图 11.4　GO_CONS_GCF_2_SPW_R1 和 GO_CONS_GCF_2_SPW_R2 累计大地水准面精度对比

表 11.2　GO_CONS_GCF_2_SPW_R1 和 GO_CONS_GCF_2_SPW_R2 累计大地水准面精度统计

重力模型	累计大地水准面精度/m				
	50 阶	100 阶	150 阶	210 阶	240 阶
GO_CONS_GCF_2_SPW_R1	3.561×10^{-3}	2.738×10^{-2}	6.848×10^{-2}	1.512×10^{-1}	—
GO_CONS_GCF_2_SPW_R2	9.480×10^{-3}	4.642×10^{-2}	9.361×10^{-2}	1.686×10^{-1}	2.059×10^{-1}

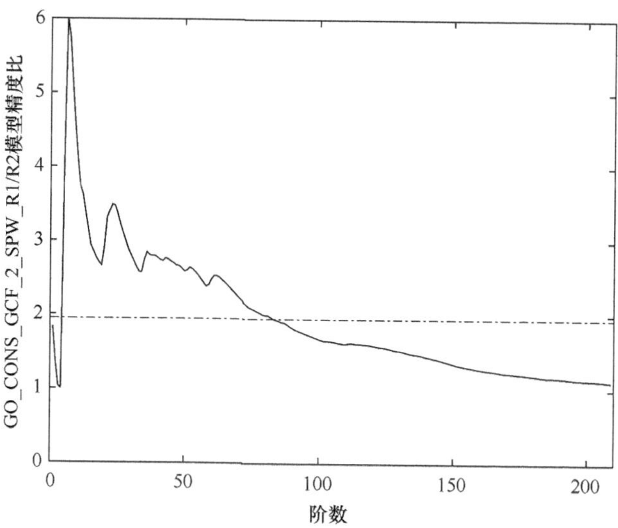

图 11.5　GO_CONS_GCF_2_SPW_R1 和 GO_CONS_GCF_2_SPW_R2 模型精度之比

图 11.6 表示基于时域法，分别采用 2、8、18 和 26.5 个月的 GOCE 卫星观测数据建立的 224 阶和 250 阶地球重力场模型 GO_CONS_GCF_2_TIM_R1、GO_CONS_GCF_2_TIM_R2、GO_CONS_GCF_2_TIM_R3 和 GO_CONS_GCF_2_TIM_R4，累计大地水准面精度统计结果如表 11.3 所示。结果表明：①在 240 阶处，GO_CONS_GCF_2_TIM_R1 累计大地水准面精度为 1.689×10^{-1} m；在 250 阶处，GO_CONS_GCF_2_TIM_R2、

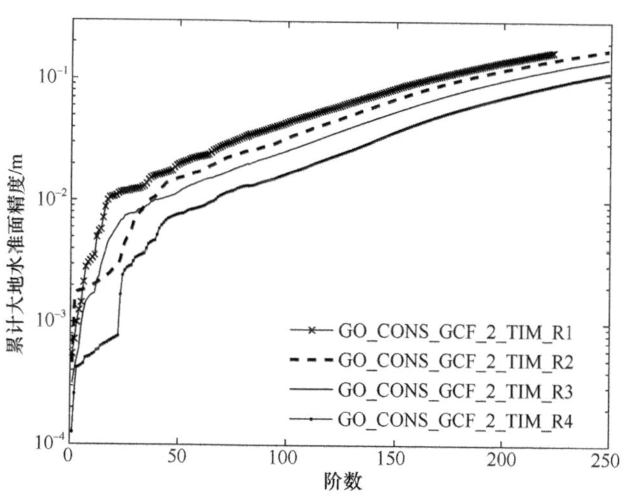

图 11.6　GO_CONS_GCF_2_TIM_R1、GO_CONS_GCF_2_TIM_R2、GO_CONS_GCF_2_TIM_R3 和 GO_CONS_GCF_2_TIM_R4 累计大地水准面精度对比

表 11.3　GO_CONS_GCF_2_TIM_R1、GO_CONS_GCF_2_TIM_R2、GO_CONS_GCF_2_TIM_R3 和 GO_CONS_GCF_2_TIM_R4 累计大地水准面精度统计

重力模型	累计大地水准面精度/m				
	50 阶	100 阶	150 阶	224 阶	250 阶
GO_CONS_GCF_2_TIM_R1	1.946×10^{-2}	4.375×10^{-2}	8.417×10^{-2}	1.689×10^{-1}	—
GO_CONS_GCF_2_TIM_R2	1.493×10^{-2}	3.225×10^{-2}	6.881×10^{-2}	1.461×10^{-1}	1.758×10^{-1}
GO_CONS_GCF_2_TIM_R3	1.139×10^{-2}	2.561×10^{-2}	5.416×10^{-2}	1.221×10^{-1}	1.487×10^{-1}
GO_CONS_GCF_2_TIM_R4	7.606×10^{-3}	1.651×10^{-2}	3.705×10^{-2}	9.085×10^{-2}	1.135×10^{-1}

GO_CONS_GCF_2_TIM_R3 和 GO_CONS_GCF_2_TIM_R4 累计大地水准面精度分别为 1.758×10^{-1} m、1.487×10^{-1} m 和 1.135×10^{-1} m。②随着 GOCE 卫星观测数据增加，地球重力场反演精度逐步提高，因此尽可能延长卫星寿命进而增加有效观测数据量是建立高精度和高空间分辨率地球重力场模型的关键因素。

图 11.7 表示基于直接法，分别采用 2 个月和 8 个月的 GOCE 卫星观测数据建立的 240 阶地球重力场模型 GO_CONS_GCF_2_DIR_R1 和 GO_CONS_GCF_2_DIR_R2，以及联合 GOCE、GRACE 和 LAGEOS 观测数据建立的 240 阶和 260 阶地球重力场模型 GO_CONS_GCF_2_DIR_R3 和 GO_CONS_GCF_2_DIR_R4，累计大地水准面精度统计结果如表 11.4 所示。结果表明：①在 240 阶处，GO_CONS_GCF_2_DIR_R1、GO_CONS_GCF_2_DIR_R2、GO_CONS_GCF_2_DIR_R3 累计大地水准面精度分别为 8.523×10^{-2} m、9.132×10^{-2} m 和 5.650×10^{-2} m；在 260 阶处，GO_CONS_GCF_2_DIR_R4 累计大地水准面精度为 4.372×10^{-2} m。②由于 GO_CONS_GCF_2_DIR_R1 和 GO_CONS_GCF_2_DIR_R2 模型建立仅采用 GOCE 卫星观测数据，而 GO_CONS_GCF_2_DIR_R3 和 GO_CONS_GCF_2_DIR_R4 模型是联合 GOCE、GRACE 和 LAGEOS 观测数据获得，因此 GO_CONS_GCF_2_DIR_R3 和 GO_CONS_GCF_2_DIR_R4 模型精度整体高于 GO_CONS_GCF_2_DIR_R1 和 GO_CONS_GCF_2_DIR_R2 模型精度。

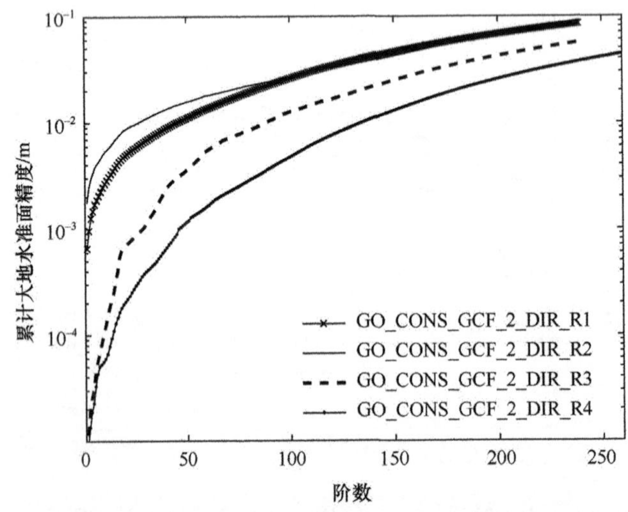

图 11.7　GO_CONS_GCF_2_DIR_R1、GO_CONS_GCF_2_DIR_R2、GO_CONS_GCF_2_DIR_R3 和 GO_CONS_GCF_2_DIR_R4 累计大地水准面精度对比

表 11.4　GO_CONS_GCF_2_DIR_R1、GO_CONS_GCF_2_DIR_R2、GO_CONS_GCF_2_DIR_R3 和 GO_CONS_GCF_2_DIR_R4 累计大地水准面精度统计

重力模型	累计大地水准面精度/m				
	50 阶	100 阶	150 阶	240 阶	260 阶
GO_CONS_GCF_2_DIR_R1	1.076×10^{-2}	2.570×10^{-2}	4.571×10^{-2}	8.523×10^{-2}	—
GO_CONS_GCF_2_DIR_R2	1.541×10^{-2}	2.649×10^{-2}	4.176×10^{-2}	9.132×10^{-2}	—
GO_CONS_GCF_2_DIR_R3	3.415×10^{-3}	1.233×10^{-2}	2.455×10^{-2}	5.650×10^{-2}	—
GO_CONS_GCF_2_DIR_R4	1.111×10^{-3}	4.609×10^{-3}	1.269×10^{-2}	3.739×10^{-2}	4.372×10^{-2}

图 11.8 表示联合 GOCE、GRACE、CHAMP 和 SLR 卫星观测数据建立的 224 阶和 250 阶地球重力场模型 GOCO01S、GOCO02S 和 GOCO03S，累计大地水准面精度统计结果如表 11.5 所示。结果表明：①在 224 阶处，GOCO01S 累计大地水准面精度为 1.565×10^{-1} m；在 250 阶处，GOCO02S 和 GOCO03S 累计大地水准面精度为 1.639×10^{-1} m 和 1.553×10^{-1} m。②虽然建立 GOCO02S 和 GOCO03S 模型较建立 GOCO01S 模型采用的观测数据无论在类型还是在数量方面均有增加，但 GOCO02S 和 GOCO03S 模型精度较 GOCO01S 模型精度提升不显著。

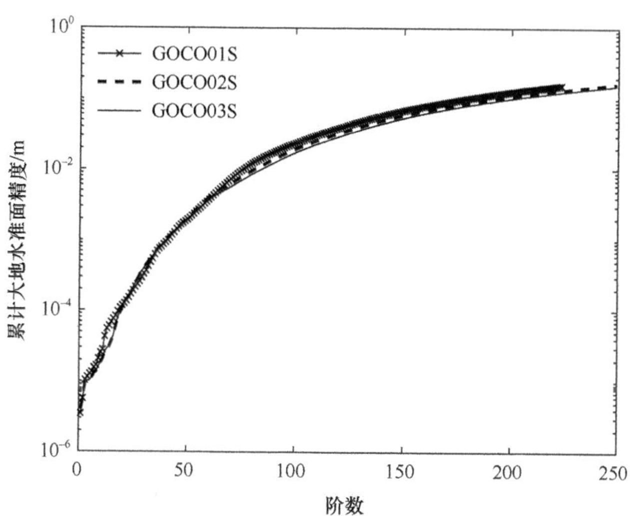

图 11.8　GOCO01S、GOCO02S 和 GOCO03S 累计大地水准面精度对比

表 11.5　GOCO01S、GOCO02S 和 GOCO03S 累计大地水准面精度统计

重力模型	累计大地水准面精度/m				
	50 阶	100 阶	150 阶	224 阶	250 阶
GOCO01S	1.847×10^{-3}	2.276×10^{-2}	6.843×10^{-2}	1.565×10^{-1}	—
GOCO02S	1.873×10^{-3}	1.866×10^{-2}	5.835×10^{-2}	1.353×10^{-1}	1.639×10^{-1}
GOCO03S	1.758×10^{-3}	1.662×10^{-2}	5.318×10^{-2}	1.272×10^{-1}	1.553×10^{-1}

如图 11.9 所示，十字线表示基于空域法建立的 210 阶地球重力场模型 GO_CONS_GCF_2_SPW_R1 的精度，虚线表示基于时域法建立的 250 阶地球重力场模型 GO_CONS_GCF_2_TIM_R4 的精度，实线表示基于直接法建立的 260 阶地球重力场模型 GO_CONS_

GCF_2_DIR_R4 的精度。结果表明：如图 11.10 所示，在 210 阶内，GO_CONS_GCF_2_DIR_R4 模型精度较 GO_CONS_GCF_2_SPW_R1 模型精度平均提高 8.883 倍；在 250 阶内，GO_CONS_GCF_2_DIR_R4 模型精度较 GO_CONS_GCF_2_TIM_R4 模型精度平均提高 4.388 倍。原因分析如下：①由于空域法需要将卫星观测数据进行网格化归算，而且存在许多近似处理，因此地球重力场反演精度相对较低（十字线）；②由于时域法将卫星观测数据按照时间序列进行解算，而且不需要近似处理，因此地球重力场反演精度相对较高（虚线）；③由于直接法不依赖于任何先验地球重力场模型，而且理论框架非常严密，因此地球重力场反演精度最高（实线）。

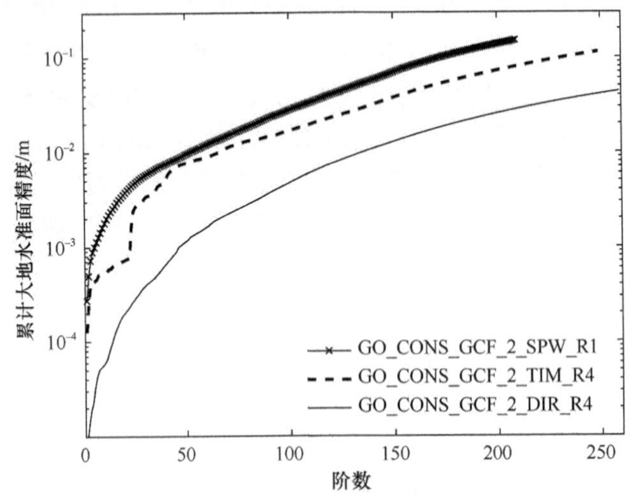

图 11.9 GO_CONS_GCF_2_SPW_R1、GO_CONS_GCF_2_TIM_R4 和 GO_CONS_GCF_2_DIR_R4 累计大地水准面精度对比

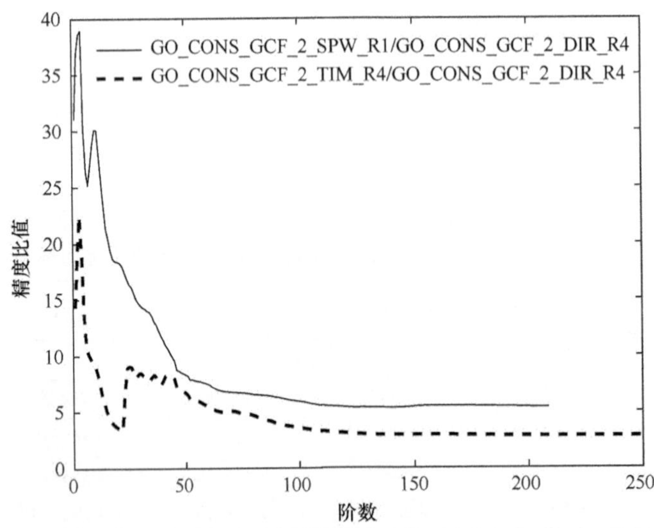

图 11.10 GO_CONS_GCF_2_DIR_R4 模型精度分别与 GO_CONS_GCF_2_SPW_R1、GO_CONS_GCF_2_TIM_R4 模型精度之比

11.6 我国将来卫星重力梯度计划实施建议

国际众多科研机构经过 30 多年孜孜不倦的探索终将 SGG 计划推向实际操作阶段。GOCE 卫星的即将发射昭示着人类将迎来一个前所未有的卫星重力梯度探测时代。国内外众多学者在基于 SGG 技术恢复地球重力场的理论和方法方面已开展了较为广泛而深入的研究和论证（吴晓平和陆仲连，1992；Klees et al.，2000；Visser et al.，2001；宁津生等，2002；沈云中和刘大杰，2002；Drinkwater et al.，2003；姜卫平等，2003；Muzi and Allasio，2003；Pail and Wermuth，2003；Preimesberger and Pail，2003；Bouman et al.，2004；Pail，2005；Zheng et al.，2005，2006，2008a，2008b，2008c，2009a，2009b，2009c，2009d；郑伟等，2009，2011）。国外 SGG 计划的即将实施对我国既存在机遇又不乏挑战。我国应尽快汲取国外长期积累的成功经验，积极推动我国自主 SGG 计划的实施，加快我国研制重力梯度卫星的步伐，通过 SGG 计划的成功实现带动相关领域（地学、航天、电子、通信、材料等）的发展，进而达到推动国民经济的目标。目前根据我国具体国情以及 SGG 计划需求分析和关键载荷研制进展，建议我国预先开展 SGG 理论研究、解算方法、数值模拟、载荷研制、误差分析等方面的研究和论证。

11.6.1 建议尽早开展时空域混合法解算中高频地球重力场研究

由于在国际上目前尚未公布卫星重力梯度实测数据，所有研究论证和需求分析只能以数值模拟的重力梯度数据为基础，因此模拟方法的优劣和模拟数据的精度将直接影响最终研究结果的有效性和准确性，同时也影响将来对卫星重力梯度实测数据的最优解算。SGG 的数值模拟是指利用现有地球重力场模型（如 EGM96）模拟卫星轨道（位置矢量和速度矢量）和重力梯度观测值（5 个独立的重力梯度分量）进而高精度解算中高频地球重力场。目前计算方法主要包括两类：①在卫星轨道处逐点计算的时域法（Reguzzoni，2003；Sneeuw，2003）；②在空间参考球面处格网计算的空域法（Migliaccio et al.，2004）。其中在卫星轨道处逐点计算的时域法精度较高，但对于数据量超大的卫星观测值而言，耗时较多且需高性能的并行计算机支持；在空间参考球面上格网计算的空域法计算速度较快，但由于存在许多人为性的假设，因此解算精度相对较低。基于时域法和空域法各自的优点，建议我国先期开展卫星轨道和空间参考球面相结合的时空域混合法，进而精确和快速解算中高阶地球重力场。

11.6.2 建议先期开展卫星重力梯度测量系统误差分析

误差分析包括各类综合因素对 SGG 整体的影响、卫星关键载荷精度指标匹配关系的论证以及利用 SGG 数据恢复全球和局部重力场所能达到的精度和空间分辨率。SGG 的精度受卫星重力梯度仪、GPS/GLONASS 接收机、恒星敏感器、无阻尼离子微推进器等关键载荷误差，大气阻力、太阳光压、地球辐射压、卫星轨道和姿态力等非保守力误差以及日月引力、地球潮汐力、相对论效应等保守力误差因素的综合影响。关于利用卫星重力梯度数据恢复重力场所能达到的精度和分辨率，则主要取决于卫星轨道高度、轨道倾角、轨道离心率、卫星寿命、数据采样间隔、载荷精度、测量跟踪模式等因素。研究结果表明，采用不同误差分析方法所得的结果间存在差异，其原因是所采用的精度分析方法和考虑的影响因子略有不同，因此现有精度分析方法均不能综合考虑各种因素的影响。同时，通过数值模拟提出的各类精度指标仅表示所应用模型的内符合精度，某些系统偏差或模型误差可能被掩盖。因此，将来寻求新的和更有效的理论和方法是基于卫星重力梯度数据恢复高精度和高空间分辨率地球中高频重力场的重要保证。

（1）星载重力梯度仪误差分析。重力梯度仪误差主要包括加速度计的定向误差、加速度计的非线性影响、加速度计各敏感轴不严格正交产生的误差、检测质量的几何形状发生变化引起的各敏感轴耦合效应、环境温度和电磁场变化引起的仪器噪声、加速度计各敏感轴的尺度误差、重力梯度仪质心与卫星质心的相对位置变化产生的误差等。为了减弱重力梯度仪各项误差的影响，必须严格设计重力梯度仪。现代科学技术的发展为此提供了必要的技术保障，特别是电子技术和低温超导技术的发展和应用，使研制高稳定度和高灵敏度的重力梯度仪已成为现实。目前采用静电悬浮加速度计的 GOCE 卫星重力梯度仪的精度已达 10^{-3} E，超导重力梯度仪的精度可达 10^{-4}～10^{-5} E，因此将来有望较大程度精化中短波地球重力场。

（2）卫星轨道误差分析。SGG 是沿着卫星实际运行轨道进行重力梯度数据采样的，卫星实际轨道主要受非均匀重力场、大气阻力等影响而产生摄动，不可能准确测定，因此对重力梯度数据产生的误差称为卫星轨道误差。模拟研究表明，卫星轨道误差主要反映在重力梯度信号的低频部分，因此可采用高通滤波技术来消除或减弱，从而获得高精度的重力梯度信号。在重力梯度数据的后处理阶段，采用重力梯度分量的各种组合可基本消除轨道误差，因此可进一步改善卫星轨道的精度，从而达到精化地球重力场的目的。基于 10^{-3}～10^{-4} E 精度指标的重力梯度仪进行 SGG 测量能使定轨精度优化至约 3 cm。

（3）卫星姿态误差分析。卫星在空间的姿态测定不准确及重力梯度仪旋转效应对重力梯度数据产生的误差与扰动力矩的频率成反比，主要反映在重力梯度信号的低频部分。类似于卫星轨道误差的处理方法，可采用高通滤波技术减弱此项误差效应。即使卫星姿态的测量精度不够高，由于引力梯度张量的不变性与坐标系的选取无关，因此处理引力梯度张量的不变量可代替重力梯度仪坐标系在空间的定向，从而获得精确的重力场信息。

（4）卫星主体自引力误差分析。卫星主体包括卫星及携带的重力梯度仪、GPS 接收机、燃料等。卫星主体自引力的影响是指卫星主体的质量及其变化所产生的引力信号对重力梯度的影响，主要是燃料的消耗和其在容器内的晃动引起的重力梯度观测量的变化。解决此问题的关键是严格设计卫星及其燃料容器装置，以便于计算自引力的变化量和限制燃料晃动的频率在重力梯度仪观测频带之外。

（5）大气阻力影响误差分析。重力梯度卫星在空间飞行将受到外部阻力（以大气阻力为主，在 200 km 轨道高度上大气阻力可达 10^{-5} m/s^2）的影响，由于重力梯度仪与卫星处于固联状态，因此组成重力梯度仪的每对加速度计将受到大气阻力的影响。根据加速度差分测量原理，若每对加速度计的所有性能技术指标相同且大气阻力在加速度计各轴的投影一样，则大气阻力对重力梯度观测量的影响可基本消除。实际过程中上述条件不可能严格满足，因此对重力梯度信号将产生额外误差，主要包括大气阻力随时间和地点的变化而产生的误差，以及加速度计的性能技术指标受大气阻力的影响对重力梯度观测量产生的误差。若重力梯度观测量的精度为 10^{-2} E，则大气阻力的相对变化需小于 1%，加速度计敏感轴定向的稳定度优于 2×10^{-7} rad，尺度因子的变化远小于 2×10^{-6}。为削弱大气阻力对重力梯度观测量的影响：第一，可在卫星上装载非保守力补偿系统，以减小大气阻力的相对变化量；第二，在设计加速度时，使其性能技术指标尽可能一致且具有较高的稳定度；第三，在卫星飞行中适当改变其姿态，使加速度计阵列平面尽量与大气阻力方向垂直。

（6）数学模型误差分析。主要指卫星重力梯度测量中的相对论效应和线性误差，相对论效应主要对卫星轨道、重力梯度观测信号和重力梯度仪坐标系产生影响。模拟研究表明，当长弧和长周期轨道确定的精度优于 1 cm，重力梯度仪精度优于 10^{-6} E 及重力梯度仪敏感轴的定向精度达到 0.0001″时，必须考虑相对论效应的影响。在推导卫星重力梯度的基础观测方程时，仅考虑了线性项而忽略了高次项，这样将产生线性化误差效应。随着科学技术的进步和重力梯度仪精度的进一步提高，SGG 测量的数学模型需进一步完善，以减小模型误差的影响。

11.7 本章小结

本章开展了卫星重力梯度反演研究，力争为进一步提高下一代 GOCE Follow-On 卫星重力反演的时空分辨率提供理论依据和技术支持。具体结论如下。

（1）GO_CONS_GCF_2_SPW_R2 模型精度低于 GO_CONS_GCF_2_SPW_R1 模型精度的原因如下：较高阶正规矩阵的病态性对地球重力场反演精度的负面影响较大；随着观测数据信号量增加，数据误差量也同时增长，因此观测数据的优化预处理非常重要。

（2）随着 GOCE 卫星观测数据增加，重力场反演精度逐步提高，因此延长卫星寿命是建立高精度地球重力场模型的有效手段。

（3）由于 GO_CONS_GCF_2_DIR_R1/R2 模型仅采用 GOCE 观测数据建立，而 GO_CONS_GCF_2_DIR_R3/R4 模型是联合 GOCE、GRACE 和 LAGEOS 观测数据获得，因此 GO_CONS_GCF_2_DIR_R3/R4 模型精度整体高于 GO_CONS_GCF_2_DIR_R1/R2 模型精度。

（4）GO_CONS_GCF_2_DIR_R4 模型精度较 GO_CONS_GCF_2_SPW_R1 模型精度平均提高 8.883 倍，较 GO_CONS_GCF_2_TIM_R1 模型精度平均提高 4.388 倍。因此，基于空域法反演重力场精度较低，利用时域法反演重力场精度较高，采用直接法反演重力场精度最高。

参考文献

陈俊勇. 2002. 现代低轨卫星对地球重力场探测的实践和进展. 测绘科学, 27(1): 8–10.
费志凌. 1994. 利用卫星重力梯度数据确定地球重力场的单层位模型. 测绘学报, 23(1): 29–36.
胡明城. 2003. 星载重力测量和固体地球的透视. 测绘科学, 28(4): 66–68.

姜卫平, 章传银, 李建成. 2003. 重力卫星主要有效载荷指标分析与确定. 武汉大学学报・信息科学版, 28: 104–109.
李迎春. 2004. 利用卫星重力梯度测量数据恢复地球重力场的理论和方法. 郑州: 解放军信息工程大学博士学位论文.
刘晓刚. 2011. GOCE 卫星测量恢复地球重力场模型的理论与方法. 郑州: 解放军信息工程大学博士学位论文.
罗志才. 1996. 利用卫星重力梯度数据确定地球重力场的理论和方法. 武汉: 武汉测绘科技大学博士学位论文.
宁津生, 罗志才. 2000. 卫星跟踪卫星技术的进展及应用前景. 测绘科学, 25(4): 1–4.
宁津生, 罗志才, 陈永奇. 2002. 卫星重力梯度数据用于精化地球重力场的研究. 中国工程科学, 4(7): 23–28.
沈云中, 刘大杰. 2002. 正则化解的单位权方差无偏估计公式. 武汉大学学报・信息科学, 27(6): 604–606.
宋雷, 吴斌, 彭碧波, 周旭华. 2006. 使用能量守恒方法恢复 CHAMP 地球重力场. 测绘科学, 31(4): 45–47.
吴晓平. 1991. 利用卫星重力梯度与地面数据确定地球重力场的分析. 解放军测绘学院学报, 1: 19–32.
吴晓平, 陆仲连. 1992. 卫星重力梯度向下延拓的最佳积分核谱组合解. 测绘学报, 21(2): 123–133.
吴星. 2009. 卫星重力梯度数据处理理论与方法. 郑州: 解放军信息工程大学博士学位论文.
徐新禹. 2008. 卫星重力梯度及卫星跟踪卫星数据确定地球重力场的研究. 武汉: 武汉大学博士学位论文.
许厚泽. 2001. 卫星重力研究: 21 世纪大地测量研究的新热点. 测绘科学, 26(3): 1–3.
许厚泽, 周旭华, 彭碧波. 2005. 卫星重力测量. 地理空间信息, 3(1): 1–3.
于锦海, 赵东明. 2010. 引力梯度不变量与相关边界条件. 中国科学 D 辑: 地球科学, 40(2): 178–187.
张传定. 2000. 卫星重力测量——基础、模型化方法与数据处理算法. 郑州: 信息工程大学.
郑伟. 2007. 基于卫星重力测量恢复地球重力场的理论和方法. 武汉: 华中科技大学博士学位论文.
郑伟, 邵成刚, 罗俊. 2004. 近地极轨卫星恢复地球重力场的研究. 见: 朱耀仲主编, 大地测量与地球动力学进展. 武汉: 湖北科学技术出版社, 328–333.
郑伟, 许厚泽, 钟敏, 刘成恕, 员美娟. 2014. 卫星重力梯度反演研究进展. 大地测量与地球动力学, 34(4): 1–8.
郑伟, 许厚泽, 钟敏, 员美娟. 2008. 国际卫星重力测量研究进展. 中国地球物理学会第二十四届学术年会论文集, 北京, 346–347.
郑伟, 许厚泽, 钟敏, 员美娟. 2010a. 国际重力卫星研究进展和我国将来卫星重力测量计划. 测绘科学, 35(1): 5–9.
郑伟, 许厚泽, 钟敏, 员美娟. 2010b. 国际卫星重力梯度测量计划研究进展. 测绘科学, 35(2): 57–61.
郑伟, 许厚泽, 钟敏, 员美娟, 彭碧波. 2011. 利用改进的预处理共轭梯度法和三维插值法精确和快速解算 GRACE 地球重力场. 地球物理学进展, 26(3): 805–812.
郑伟, 许厚泽, 钟敏, 员美娟, 周旭华, 彭碧波. 2009. 卫-卫跟踪测量模式中轨道高度的优化选取. 大地测量与地球动力学, 29(2): 100–105.
钟波. 2010. 基于 GOCE 卫星重力测量技术确定地球重力场的研究. 武汉: 武汉大学博士学位论文.
钟波, 罗志才, 吴云龙, 罗佳. 2008. 卫星跟踪卫星测量主要技术指标仿真分析软件的设计与实现. 测绘科学, 33(3): 146–148.
Albertella A, Migliaccio F, Sanso F. 2002. GOCE: The Earth gravity field by space gradiometry. Celestial Mechanics and Dynamical Astronomy, 83(1): 1–15.
Bouman J, Koop R, Tscherning C C, Visser P. 2004. Calibration of GOCE SGG data using high-low SST, terrestrial gravity data and global gravity field models. Journal of Geodesy, 78(1): 124–137.
Bruinsma S L, Marty J C, Balmino G, Biancale R, Foerste C, Abrikosov O, Neumayer H. 2010. GOCE gravity field recovery by means of the direct numerical method. ESA Living Planet Symposium 2010, Bergen.

Drinkwater M R, Floberghagen R, Haagmans R, Muzi D, Popescu A. 2003. GOCE: ESA's first Earth explorer core mission. Space Science Reviews, 108(1): 419–432.

Klees R, Koop R, Visser P, Ijssel J V D. 2000. Efficient gravity field recovery from GOCE gravity gradient observations. Journal of Geodesy, 74(7): 561–571.

Förste C, Bruinsma S, Flechtner F, Marty J, Lemoine J M, Dahle C, Abrikosov O, Neumayer H, Biancale R, Barthelmes F, Balmino G. 2012. A preliminary update of the Direct approach GOCE Processing and a new release of EIGEN-6C. AGU Fall Meeting, San Francisco.

Förste C, Bruinsma S, Shako R, Marty J C, Flechtner F, Abrikosov O. Dahle C, Lemoine J M, Neumayer H, Biancale R, Barthelmes F, Konig R, Balmino G. 2011. EIGEN-6 - A new combined global gravity field model including GOCE data from the collaboration of GFZ-Potsdam and GRGS-Toulouse. Geophysical Research Abstracts, 13.

Goiginger H, Rieser D, Mayer-Guerr T, Pail R, Schuh W D, Jäggi A, Maier A. 2011. The combined satellite-only global gravity field model GOCO02S. 2011 General Assembly of the European Geosciences Union, Vienna, Austria, April 4-8.

Hashemi Farahani H, Ditmar P, Klees R, Liu X, Zhao Q, Guo J. 2013. The static gravity field model DGM-1S from GRACE and GOCE data: Computation, validation and an analysis of GOCE mission's added value. Journal of Geodesy, 87(9): 843–867.

Holota P. 1989. Boundary value problems and invariants of the gravitational tensor in satellite gradiometry. Theory of satellite of geodesy and gravity field determination, Lecture Notes in Earth Sciences.

Mayer-Gürr T, Rieser D, Hoeck E, Brockmann J M, Schuh W D, Krasbutter I, Kusche J, Maier A, Krauss S, Hausleitner W, Baur O, Jäggi A, Meyer U, Prange L, Pail R, Fecher T, Gruber T. 2012. The new combined satellite only model GOCO03S. International Symposium on Gravity, Geoid and Height Systems GGHS 2012, Venice.

Migliaccio F, Reguzzoni M, Gatti A, Sansò F, Herceg M. 2011. A GOCE-only global gravity field model by the space-wise approach. 4th International GOCE User Workshop, Munich.

Migliaccio F, Reguzzoni M, Sanso F. 2004. Space-wise approach to satellite gravity field determination in the presence of coloured noise. Journal of Geodesy, 78(4): 304–313.

Migliaccio F, Reguzzoni M, Sanso F, Tscherning C C, Veicherts M. 2010. GOCE data analysis: The space-wise approach and the first space-wise gravity field model. ESA Living Planet Symposium 2010, Bergen.

Muller J, Wermut M. 2003. GOCE gradients in various reference frames and their accuracies. Advances in Geosciences, 1: 33–38.

Muzi D, Allasio A. 2003. GOCE: The first core Earth explorer of ESA's Earth observation program. Acta Astronautica, 54(3): 167–175.

Pail R. 2005. A parametric study on the impact of satellite attitude errors on GOCE gravity field recovery. Journal of Geodesy, 79(4): 231–241.

Pail R, Bruinsma S, Migliaccio F, Foerste C, Goiginger H, Schuh W D, Höck E, Reguzzoni M, Brockmann J M, Abrikosov O, Veicherts M, Fecher T, Mayrhofer R, Krasbutter I, SansòF, Tscherning C C. 2011. First GOCE gravity field models derived by three different approaches. Jounal of Geodesy, 85: 819–843.

Pail R, Goiginger H, Mayrhofer R, Schuh W D, Brockmann J M, Krasbutter I, Höck E, Fecher T. 2010a. GOCE gravity field model derived from orbit and gradiometry data applying the time-wise method. ESA Living Planet Symposium 2010, Bergen.

Pail R, Goiginger H, Schuh W D, Höck E, Brockmann J M, Fecher T, Gruber T, Mayer-Gürr T, Kusche J, Jäggi A, Rieser D. 2010b. Combined satellite gravity field model GOCO01S derived from GOCE and GRACE. Geophysical Research Letters, 37, L20314.

Pail R, Wermuth M. 2003. GOCE SGG and SST quick-look gravity field analysis. Advances in Geosciences, 1: 5–9.

Preimesberger T, Pail R. 2003. GOCE quick-look gravity solution: Application of the semianalytic approach in the case of data gaps and non-repeat orbits. Studia Geophysica et Geodaetica, 47(3): 435–453.

Reguzzoni M. 2003. From the time-wise to space-wise GOCE observables. Advances in Geosciences, 1: 137–142.

Rummel R. 1984. From the observation model to gravity parameter estimation. Summer School on Local Gravity Field Approximation, Beijing, China.

Rummel R, van Gelderen M, Koop R. 1993. Spherical harmonic analysis of satellite gradiometry, Netherlands Geodetic Commission, Publications on Geodesy, No. 39, Delft.

Schall J, Eicker A, Kusche J. 2014. The ITG-Goce02 gravity field model from GOCE orbit and gradiometer data based on the short arc approach. Journal of Geodesy, 88(4): 403–409.

Sneeuw N J. 2003. Space-wise, time-wise, torus and rosborough representations in gravity field modeling. Space Science Reviews, 108(1): 37–46.

Sneeuw N J. 2000. A semi-analytical approach to gravity field analysis from satellite observations. University of Munchen.

Sneeuw N J, van den IJssel J, Koop R, Visser P, Gerlach C. 2002. Validation of fast pre-mission error analysis of the GOCE gradiometry mission by a full gravity field recovery simulation. Journal of Geodynamics, 33(1): 43–52.

Tscherning C C. 2001. Computation of spherical harmonic coefficients and their error estimates using Least Squares Collocation. Journal of Geodesy, 75: 12–18.

Tscherning C C, Forsberg R, Vermeer M. 1990. Methods for the regional gravity field modeling from SST and SGG date. Reports of the Finnish Geodetic Institute, No. 90, Helsinki.

van Gelderen M, Koop R. 1997. The use of degree variances in satellite gradiometry. Journal of Geodesy, 71(4): 337–343.

Visser P, van den IJssel J, Koop R, Klees R. 2001. Exploring gravity field determination from orbit perturbations of the European gravity mission GOCE. Journal of Geodesy, 75(2): 89–98.

Xu P L. 2008. Position and velocity perturbations for the determination of geopotential from space geodetic measurements. Celestial Mechanics and Dynamical Astronomy, 100(3): 231–249.

Yi W Y. 2012. An alternative computation of a gravity field model from GOCE. Advances in Space Research, 50(3): 371–384.

Yi W Y, Rummel R, Gruber T. 2013. Gravity field contribution analysis of GOCE gravitational gradient components. Studia Geophysica et Geodaetica, 174–202.

Zheng W, Lu X L, Xu H Z, Shao C G, Luo J, Wang N C. 2005. Simulation of Earth's gravitational field recovery from GRACE using the energy balance approach. Progress in Natural Science, 15(7): 596–601.

Zheng W, Shao C G, Luo J, Xu H Z. 2006. Numerical simulation of Earth's gravitational field recovery from SST based on the energy conservation principle. Chinese Journal of Geophysics, 49(3): 644–650.

Zheng W, Shao C G, Luo J, Xu H Z. 2008a. Improving the accuracy of GRACE Earth's gravitational field using the combination of different inclinations. Progress in Natural Science, 18(5): 555–561.

Zheng W, Xu H Z, Zhong M, Liu C S, Yun M J. 2013. Efficient and rapid accuracy estimation of the Earth's gravitational field from next-generation GOCE Follow-On by the analytical method. Chinese Physics B, 22(4): 049101-1–049101-8.

Zheng W, Xu H Z, Zhong M, Yun M J. 2008b. Physical explanation on designing three axes as different resolution indexes from GRACE satellite-borne accelerometer. Chinese Physics Letters, 25(12): 4482–4485.

Zheng W, Xu H Z, Zhong M, Yun M J. 2009a. Physical explanation of influence of twin and three satellites formation mode on the accuracy of Earth's gravitational field. Chinese Physics Letters, 26(2), 029101-1–029101-4.

Zheng W, Xu H Z, Zhong M, Yun M J. 2009b. Accurate and rapid error estimation on global gravitational field from current GRACE and future GRACE Follow-On missions. Chinese Physics B, 18(8): 3597–3604.

Zheng W, Xu H Z, Zhong M, Yun M J. 2012. A contrastive study on the influences of radial and three-dimensional satellite gravity gradiometry on the accuracy of the Earth's gravitational field recovery. Chinese Physics B, 21(10): 109101-1–109101-8.

Zheng W, Xu H Z, Zhong M, Yun M J, Zhou X H. 2011. Accurate and rapid determination of GOCE Earth's gravitational field using time-space-wise approach associated with Kaula regularization. Chinese Journal of Geophysics, 54(1): 240–249.

Zheng W, Xu H Z, Zhong M, Yun M J, Zhou X H, Peng B B. 2008c. Efficient and rapid estimation of the accuracy of GRACE global gravitational field using the semi-analytical method. Chinese Journal of Geophysics, 51(6): 1143–1150.

Zheng W, Xu H Z, Zhong M, Yun M J, Zhou X H, Peng B B. 2009c. Influence of the adjusted accuracy of center of mass between GRACE satellite and SuperSTAR accelerometer on the accuracy of Earth's gravitational field. Chinese Journal of Geophysics, 52(3): 564–574.

Zheng W, Xu H Z, Zhong M, Yun M J, Zhou X H, Peng B B. 2009d. Demonstration on the optimal design of resolution indexes of high and low sensitive axes from space-borne accelerometer in the satellite-to-satellite tracking model. Chinese Journal of Geophysics, 52(6): 1200–1209.

第12章 基于时空域混合法和Kaula正则化解算GOCE重力场

本章基于时空域混合法，利用Kaula正则化反演了250阶GOCE地球重力场，旨在研究卫星重力梯度技术对中高频地球重力场反演精度的影响。模拟结果表明：第一，时空域混合法是精确和快速求解高阶地球重力场的有效方法；第二，Kaula正则化是降低正规矩阵病态性的重要方法；第三，基于改进的预处理共轭梯度迭代法可快速求解大型线性方程组，计算时速度较直接最小二乘法至少提高1000倍；第四，基于卫星轨道误差1 cm和卫星重力梯度误差$3\times10^{-12}/s^2$，在250阶处反演累计大地水准面和重力异常的精度分别为9.295 cm和0.204 mGal；第五，论证了基于国际GRACE和GOCE卫星计划反演高精度和高空间分辨率地球重力场的互补性（Zheng et al.，2011b）。

12.1 研究背景

地球重力场及其时变反映地球表层及内部物质的空间分布、运动和变化，同时决定着大地水准面的起伏和变化，因此确定地球重力场的精细结构及其时变不仅是大地测量学、地震学、海洋学、空间科学、国防建设等的需求，同时也将为全人类寻求资源、保护环境和预测灾害提供重要的信息资源（许厚泽等，1994；许厚泽和张赤军，1997；郑伟等，2010a）。

GOCE重力梯度卫星由欧洲空间局（ESA）独立研制，已于2009年3月17日发射升空，主要用于中短波地球重力场的精密测量。GOCE采用近圆（轨道离心率0.001）、近极地（轨道倾角96.5°）和太阳同步轨道，经过20个月的飞行计划，轨道高度由250 km降为240 km。GOCE采用卫星跟踪卫星高低（SST-HL）和卫星重力梯度（SGG）模式的结合，除基于高轨道的GPS/GLONASS卫星对低轨道的GOCE卫星进行精密跟踪定位（1 cm）外，利用定位于质心处的重力梯度仪（$3\times10^{-12}/s^2$）高精度测量卫星轨道高度处引力位的二阶导数，同时基于无阻尼离子微推进器补偿卫星受到的非保守力（郑伟等，2010b）。早在20世纪80年代，国外便开始制定国际卫星重力梯度计划。Klees等（2000）、Visser和van den IJssel（2000）、Pail和Wermut（2003）等在基于卫星重力梯度反演地球重力场方面开展了广泛的研究。由于地球重力场信号随卫星轨道高度的增加而急剧衰减$(R_e/r)^l$，基于分析卫星轨道运动仅适合于精密确定中长波地球重力场，而卫星重力梯度技术可直接测定地球引力位的二次微分，进而在一定程度上抑制了地球重力场信号的衰减效应，因此卫星重力梯度测量有利于高精度感测中短波地球重力场信号。

在利用卫星重力测量数据反演地球重力场的众多方法中，按引力位系数解算方法的差异可分为空域法和时域法。空域法（宁津生等，2002；Reguzzoni，2003；Sneeuw，2003；Migliaccio et al.，2004）的优点是因网格点数固定从而方程维数一定，且可利用快速傅里叶（FFT）方法进行批量处理，因此极大地降低了计算量；缺点是在进行网格化处理中作了近似处理，且不能处理色噪声。时域法（Sneeuw et al.，2002；Arsov and Pail，2003；Bouman et al.，2004；沈云中等，2005；Zheng et al.，2005，2006，2008a，2008b，2008c，2009a，2009b，2009c，2009d，2009e，2010a，2010b，2011a；程芦颖和许厚泽，2006；Xu，2008；郑伟等，2009a，2009b，2010c，2010d）的优点是直接对卫星观测数据进行处理，不需作任何近似，求解精度较高且能有效处理色噪声；缺点是随着卫星观测数据的增多，观测方程数量剧增，极大地增加了计算量。为了满足下一代卫星重力测量计划中精密和快速解算高阶地球重力场的要求，国际大地测量学界将空域法和时域法的优点进行有效结合，正致力于提出时空域混合法的新思想。Ditmar 等（2003）基于一阶 Tikhonov 正则化法解算了 GOCE 地球重力场，提出采用 Kaula 正则化降低正规阵病态性不可行（发散）。本章紧跟国际卫星重力测量的热点和动态，分别利用 Kaula 正则化和一阶 Tikhonov 正则化解算了 GOCE 地球重力场，结果表明：基于 Kaula 正则化降低正规矩阵病态性是可行的（收敛）。因此，本章基于时空域混合法利用 Kaula 正则化和改进的预处理共轭梯度法精确和快速反演了 250 阶 GOCE 地球重力场。

12.2 时空域混合卫星重力梯度反演法

12.2.1 卫星重力梯度观测方程的建立

在地固系中，地球引力位按球谐函数展开的表达式为

$$V(r,\theta,\lambda)=\frac{GM}{R_{\mathrm{e}}}\sum_{l=0}^{L}\left(\frac{R_{\mathrm{e}}}{r}\right)^{l+1}\sum_{m=0}^{l}(\bar{C}_{lm}\cos m\lambda+\bar{S}_{lm}\sin m\lambda)\bar{\mathrm{P}}_{lm}(\cos\theta) \tag{12.1}$$

其中，GM 为地球质量 M 和万有引力常数 G 之积；R_{e} 为地球的平均半径；L 为球函数展开的最大阶数；$r=\sqrt{x^2+y^2+z^2}$ 为卫星的地心半径，x，y，z 分别为卫星位置矢量 $\boldsymbol{r}$ 的三个分量；θ 和 λ 为地心余纬度和经度；$\bar{\mathrm{P}}_{lm}(\cos\theta)$ 为规格化的 Legendre 函数，l 为阶数，m 为次数；$\bar{C}_{lm}$ 和 $\bar{S}_{lm}$ 为待求的规格化引力位系数。

地球引力位 $V(r,\theta,\lambda)$分别对 x，y，z 的二阶导数表示如下：

$$\Re=\begin{bmatrix}V_{xx} & V_{xy} & V_{xz}\\ V_{yx} & V_{yy} & V_{yz}\\ V_{zx} & V_{zy} & V_{zz}\end{bmatrix} \tag{12.2}$$

其中，地球引力位二阶导数是对称张量，同时在真空情况下满足 Laplace 方程表现为无迹性，$V_{xx}+V_{yy}+V_{zz}=0$，因此在 9 个重力梯度分量中有 5 个是独立的。

在地心惯性系中，卫星观测方程建立如下：

$$\boldsymbol{y}_{g\times1}=\boldsymbol{\Gamma}_{g\times n}\bar{\boldsymbol{x}}_{n\times1} \tag{12.3}$$

其中，$\boldsymbol{y}_{g\times1}$ 为卫星轨道处的重力梯度观测值，g 为重力梯度观测值的个数；$\boldsymbol{\Gamma}_{g\times n}$ 为 g 行 n 列的设计矩阵，$n=L^2+2L-3$；$\bar{\boldsymbol{x}}_{n\times1}$ 为 $n\times1$ 列的待求引力位系数矩阵。地固系和地心系的转换关系请见参考文献（郑伟，2007）。

如图 12.1 所示，本章基于时空域混合法利用卫星重力梯度技术反演 250 阶 GOCE 地球重力场的主要思想如下：第一，以地心为球心选择四个等间距且规则的参考球面 $\boldsymbol{r}_1$，$\boldsymbol{r}_2$，$\boldsymbol{r}_3$ 和 $\boldsymbol{r}_4$，GOCE 卫星轨道位于 $\boldsymbol{r}_2$ 和 $\boldsymbol{r}_3$ 之间，同时在每个参考球面上按照经纬度进行均匀网格划分；第二，在每个参考球面上利用 FFT 批量计算出卫星重力梯度值，并基于三维插值技术得到卫星轨道处的卫星重力梯度值（空域法）；第三，在卫星轨道处求解卫星观测方程（12.3），利用最小二乘法拟合出地球引力位系数（时域法）。

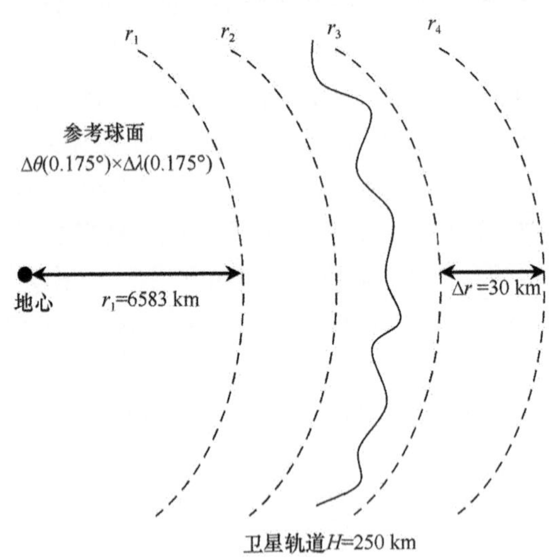

图 12.1　基于时空域混合法解算地球重力场的原理图

12.2.2　卫星重力梯度观测值的模拟

在求解大型线性方程组（12.3）时，$\boldsymbol{\Gamma}_{g\times n}$ 的求解是核心环节。假设采用 30 d（d 表示天数）的 GOCE 卫星全张量重力梯度观测值，采样间隔设计为 5 s，当反演 L=250 阶地球重力场时，$\boldsymbol{\Gamma}_{g\times n}$ 为 9×30×24×3600/5＝4665600 行和 L^2=62500 列的长方设计矩阵，因此对 $\boldsymbol{\Gamma}_{g\times n}$ 的求解和存储都较困难。为了高精度和快速地解算 $\boldsymbol{\Gamma}_{g\times n}$，本章将 $\boldsymbol{\Gamma}_{g\times n}$ 分解为网格划分矩阵 $\boldsymbol{\Gamma}_{\mathrm{G}}$、三维插值矩阵 $\boldsymbol{\Gamma}_{\mathrm{I}}$、坐标转换矩阵 $\boldsymbol{\Gamma}_{\mathrm{R}}$ 和重力梯度分量选择矩阵 $\boldsymbol{\Gamma}_{\mathrm{S}}$ 四个部分进行分步解算（Ditmar et al.，2003）：

$$\boldsymbol{y}=(\boldsymbol{\Gamma}_{\mathrm{S}}\cdot\boldsymbol{\Gamma}_{\mathrm{R}}\cdot\boldsymbol{\Gamma}_{\mathrm{I}}\cdot\boldsymbol{\Gamma}_{\mathrm{G}})\cdot\overline{\boldsymbol{x}} \tag{12.4}$$

1. 卫星重力梯度网格划分

卫星重力梯度网格划分的观测方程表示如下：

$$\boldsymbol{y}_{\mathrm{G}}=\boldsymbol{\Gamma}_{\mathrm{G}}\cdot\boldsymbol{x} \tag{12.5}$$

其中，$\boldsymbol{x}$ 为 EGM2008 地球重力场模型的引力位系数；$\boldsymbol{y}_{\mathrm{G}}$ 为在规则参考球面网格点上求得的重力梯度值；$\boldsymbol{\Gamma}_{\mathrm{G}}$ 为网格划分矩阵。

由于卫星轨道处观测点的空间位置不规则，所以直接计算轨道位置上的重力梯度值耗时较大（利用 CPU 为 2.0 GHz，内存为 1 GB 的普通计算机解算先验重力场为 250 阶、时间为 30 d 和采样间隔为 5 s 的全张量重力梯度值耗时至少 6 d）。为了克服上述耗时的缺点，本章具体处理如下：第一，以地心为球心选择 4 个等间距且规则的参考球面

（距地心最近参考球面的半径为 6583 km，球面间隔为 30 km），并在每个球面上按照分辨率=经度（360°/2048）×纬度（180°/1024）进行均匀网格划分；第二，由于 Legendre 函数 $\overline{P}_{lm}(\cos\theta)$ 的计算是耗时较多部分，所以固定每个规则参考球面上有限的纬度网格划分值 θ（1024 份），通过有效的递推公式按纬圈快速计算 $\overline{P}_{lm}(\cos\theta)$，并将计算结果存储以备后面调用；第三，固定极径 r 和余纬度 θ，利用 FFT 按纬圈 θ 计算参考球面上的全张量重力梯度观测值，这是运算速度加快的主要原因。

2. 卫星重力梯度三维插值

卫星重力梯度三维插值的观测方程表示如下：

$$\boldsymbol{y}_{\mathrm{I}} = \boldsymbol{\Gamma}_{\mathrm{I}} \cdot \boldsymbol{y}_{\mathrm{G}} \tag{12.6}$$

其中，$\boldsymbol{y}_{\mathrm{I}}$ 为在卫星轨道处且位于局部指北坐标系（local north-orbital frame，LNF）的全张量重力梯度值，卫星局部指北系的原点位于卫星的质心，X_{LNF} 轴指向北，Y_{LNF} 轴指向西，Z_{LNF} 轴与 X_{LNF}、Y_{LNF} 轴构成右手系（图 12.2）；$\boldsymbol{\Gamma}_{\mathrm{I}}$ 为由 4 个规则参考球面网格点的重力梯度值三维插值到卫星轨道处的转换矩阵（Overhauser，2005）。

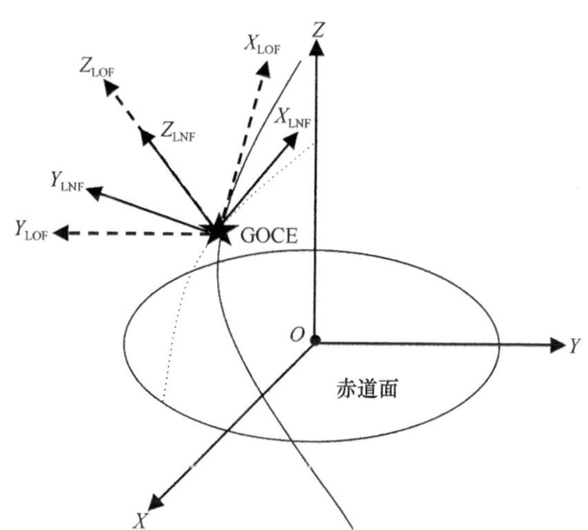

图 12.2　卫星局部指北系（LNF）和卫星局部轨道系（local orbital frame，LOF）示意图

如图 12.3 所示，本章采用的三维插值是用 1 个单元格子的 4^3=64 个全张量重力梯度三维插值得到位于第二和第三个参考球面间的卫星轨道上的 1 个重力梯度值。单元格子的分辨率设计为经度（0.175°）×纬度（0.175°）×径向（30 km）。

由于卫星重力梯度值需要由 4 个规则参考球面插值到卫星轨道处，因此本章利用 9 阶 Runge-Kutta 线性单步法结合 12 阶 Adams-Cowell 线性多步法数值积分公式模拟了 GOCE 卫星的轨道位置和速度。轨道数值模拟的参数如表 12.1 所示，模拟过程共耗时 8 h。

3. 卫星重力梯度坐标转换

卫星重力梯度坐标转换的观测方程表示如下：

$$\boldsymbol{y}_{\mathrm{R}} = \boldsymbol{\Gamma}_{\mathrm{R}} \cdot \boldsymbol{y}_{\mathrm{I}} \tag{12.7}$$

其中，$\boldsymbol{y}_{\mathrm{R}}$ 为位于卫星局部轨道坐标系（LOF）的全张量重力梯度值，卫星轨道坐标系的原点位于卫星的质心，X_{LOF} 轴指向卫星瞬时速度的方向，Y_{LOF} 轴指向卫星瞬时轨道角动量的方向，Z_{LOF} 轴与 X_{LOF}、Y_{LOF} 轴构成右手系（图 12.2）；$\boldsymbol{\Gamma}_{\mathrm{R}}$ 为将重力梯度值由 LNF 转换到 LOF 的转换矩阵。

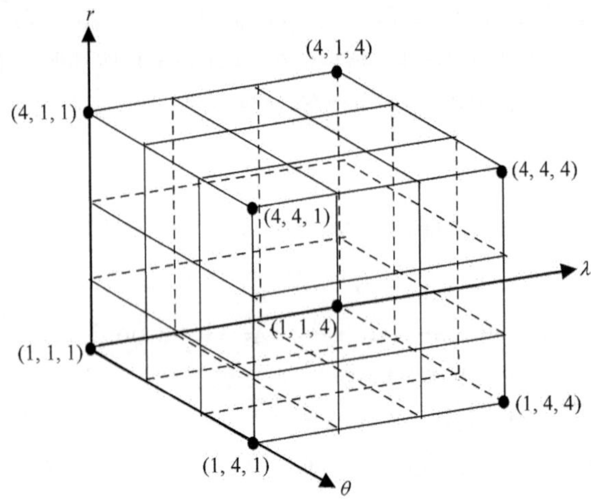

图 12.3　位于 4 个参考球面的 SGG 三维插值单元格子

表 12.1　GOCE 卫星轨道模拟参数

参数	指标
参考模型	EGM2008
轨道高度	250 km
轨道倾角	96.5°
轨道离心率	0.001
模拟时间	30 天
采样间隔时间	5 s

4. 卫星重力梯度分量选择

卫星重力梯度值分量选择的观测方程表示如下：

$$\boldsymbol{y}_{\mathrm{S}} = \boldsymbol{\Gamma}_{\mathrm{S}} \cdot \boldsymbol{y}_{\mathrm{R}} \tag{12.8}$$

其中，$\boldsymbol{\Gamma}_{\mathrm{S}}$ 为重力梯度分量的选择单位矩阵；$\boldsymbol{y}_{\mathrm{S}}$ 为位于 LOF 的全张量或几个分量的重力梯度观测值：

$$\boldsymbol{y}_S = \begin{bmatrix} \eta_{xx} & 0 & 0 & 0 & 0 & 0 & 0 & 0 & 0 \\ 0 & \eta_{xy} & 0 & 0 & 0 & 0 & 0 & 0 & 0 \\ 0 & 0 & \eta_{xz} & 0 & 0 & 0 & 0 & 0 & 0 \\ 0 & 0 & 0 & \eta_{yx} & 0 & 0 & 0 & 0 & 0 \\ 0 & 0 & 0 & 0 & \eta_{yy} & 0 & 0 & 0 & 0 \\ 0 & 0 & 0 & 0 & 0 & \eta_{yz} & 0 & 0 & 0 \\ 0 & 0 & 0 & 0 & 0 & 0 & \eta_{zx} & 0 & 0 \\ 0 & 0 & 0 & 0 & 0 & 0 & 0 & \eta_{zy} & 0 \\ 0 & 0 & 0 & 0 & 0 & 0 & 0 & 0 & \eta_{zz} \end{bmatrix} \begin{bmatrix} V_{xx} \\ V_{xy} \\ V_{xz} \\ V_{yx} \\ V_{yy} \\ V_{yz} \\ V_{zx} \\ V_{zy} \\ V_{zz} \end{bmatrix} \tag{12.9}$$

其中，在卫星重力梯度的 9 个分量中，如果某些分量被选择，则 $\eta_{ij}=1$；反之，$\eta_{ij}=0\ (i,j=x,y,z)$。

12.2.3 卫星重力梯度观测方程的求解

卫星观测方程（12.3）是大型线性超定方程组，因此没有精确解，只有最小二乘解。在方程两边同乘 $\boldsymbol{\Gamma}^{\mathrm{T}}\boldsymbol{E}^{-1}$ 得

$$\boldsymbol{\Gamma}^{\mathrm{T}}\boldsymbol{E}^{-1}\boldsymbol{y}=\boldsymbol{\Gamma}^{\mathrm{T}}\boldsymbol{E}^{-1}\boldsymbol{\Gamma}\cdot\overline{\boldsymbol{x}} \tag{12.10}$$

其中，$\boldsymbol{E}=\boldsymbol{D}(\boldsymbol{y})$ 为重力梯度观测值噪声的协方差矩阵，$\boldsymbol{D}$ 为方差算子。本章在模拟的卫星轨道位置和重力梯度观测值中引入了色噪声（Ditmar et al.，2003）。

由于随着阶数 l 的增加，$\boldsymbol{\Gamma}^{\mathrm{T}}\boldsymbol{\Gamma}$ 的病态性急剧增强，进而影响地球重力场反演的精度，因此正则化处理较为关键，主要作用是降低 $\boldsymbol{\Gamma}^{\mathrm{T}}\boldsymbol{\Gamma}$ 的病态性（Xu et al.，2006）。本章采用了 Kaula 正则化：

$$\boldsymbol{K}=K_0K_1 \tag{12.11}$$

其中，K_0 为 Kaula 正则化参数，本章基于全张量卫星重力梯度反演 250 阶 GOCE 地球重力场，$K_0=2\times10^{-10}$；K_1 为正则化函数：

$$K_1=\delta_{ij}\,l^4(i) \tag{12.12}$$

其中，δ_{ij} 为 Kronecker 符号，$l(i)$ 为第 i 行（列）对应的引力位系数的阶数。

在观测方程（12.10）中加入 Kaula 正则化后可改写为

$$\boldsymbol{\Gamma}^{\mathrm{T}}\boldsymbol{E}^{-1}\boldsymbol{y}=(\boldsymbol{\Gamma}^{\mathrm{T}}\boldsymbol{E}^{-1}\boldsymbol{\Gamma}+\boldsymbol{K})\cdot\overline{\boldsymbol{x}} \tag{12.13}$$

令 $\boldsymbol{G}=\boldsymbol{\Gamma}^{\mathrm{T}}\boldsymbol{E}^{-1}\boldsymbol{y}$，$\boldsymbol{N}=\boldsymbol{\Gamma}^{\mathrm{T}}\boldsymbol{E}^{-1}\boldsymbol{\Gamma}+\boldsymbol{K}$，则方程（12.13）可变为

$$\boldsymbol{G}_{n\times1}=\boldsymbol{N}_{n\times n}\cdot\overline{\boldsymbol{x}}_{n\times1} \tag{12.14}$$

在方程（12.14）两边同乘 $\boldsymbol{P}_{n\times n}^{-1}$ 得

$$\boldsymbol{P}_{n\times n}^{-1}\boldsymbol{G}_{n\times1}=\boldsymbol{P}_{n\times n}^{-1}\boldsymbol{N}_{n\times n}\cdot\overline{\boldsymbol{x}}_{n\times1} \tag{12.15}$$

其中，$\boldsymbol{P}_{n\times n}$ 为预处理矩阵。

$\boldsymbol{\Gamma}_{g\times n}$ 是一个庞大的长方矩阵，存储需占用大量的内存空间，因此直接存储较难实现，而正规方阵 $\boldsymbol{N}_{n\times n}$ 虽较 $\boldsymbol{\Gamma}_{g\times n}$ 缩小了许多，但如果直接存储也会占用大量的内存空间（约占 12 GB）。如图 12.4 所示，$\boldsymbol{N}_{n\times n}$ 是一个块对角占优的方阵，此性质为本章迭代求解的加速提供了有利条件。

预处理共轭梯度迭代法（preconditioned conjugate gradient，PCCG）是目前求解大型线性方程组的有效方法之一，主体思想如下：第一，每一步迭代均对待求参量进行修正，直到达到预期精度为止；第二，每一步迭代的方向选择以误差最小为原则；第三，回避最小二乘法的直接矩阵求逆，通过循环迭代求解真值（Hestenes and Stiefel，1952；Schuh，1996）。利用 PCCG 求解观测方程（12.15），不需要直接存储 $\boldsymbol{N}_{n\times n}$，总运算量只需要 900 MB 的内存空间。PCCG 最关键的部分是 $\boldsymbol{P}_{n\times n}$ 的选取，标准如下：第一，$\boldsymbol{P}_{n\times n}^{-1}$ 与 $\boldsymbol{N}_{n\times n}^{-1}$ 越接近越好，保证了大型线性方程组求解的精度；第二，$\boldsymbol{P}_{n\times n}^{-1}$ 易于计算，提高了大型线性方程

组求解的速度。本章选取 $\boldsymbol{N}_{n\times n}$ 的块对角部分作为预处理矩阵，形成的 $\boldsymbol{P}_{n\times n}$ 为主对角线上按次数 m 排列且其余部分为 0 的块对角方阵，如此选取不仅保留了 $\boldsymbol{N}_{n\times n}$ 的主要特征，而且 $\boldsymbol{P}_{n\times n}^{-1}$ 较 $\boldsymbol{N}_{n\times n}^{-1}$ 易于计算。总而言之，适当选取预处理阵可极大地减少 PCCG 求解引力位系数中循环迭代的次数，较直接最小二乘法计算速度至少提高 1000 倍。本章基于改进的 PCCG（郑伟，2007）反演了 250 阶 GOCE 地球重力场，经过 65 步迭代，总计耗时为 46 小时。

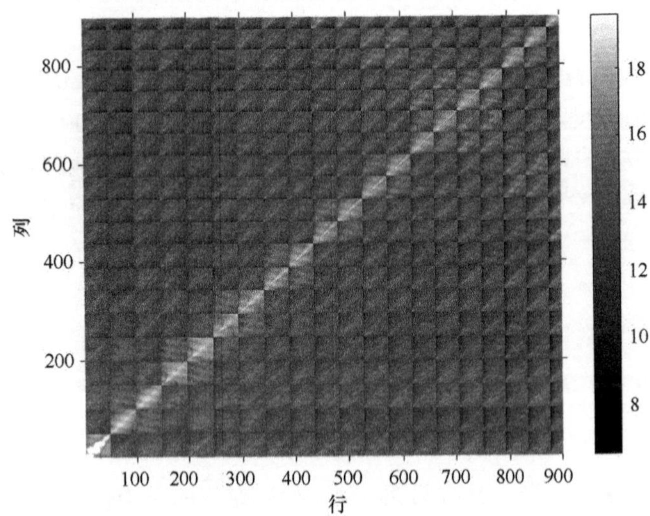

图 12.4　正规方阵 $\boldsymbol{N}_{n\times n}$ 的块对角占优特性（l=30）

色标代表矩阵元素数值的大小，色标条采用以 10 为底的对数表示

12.3　时空域混合卫星重力梯度反演结果

本章首先利用一阶 Tikhonov 正则化反演了 250 阶 GOCE 地球重力场，其与 Ditmar 等（2003）的模拟结果符合较好，从而验证了本章整体算法的可靠性。图 12.5 表示经过

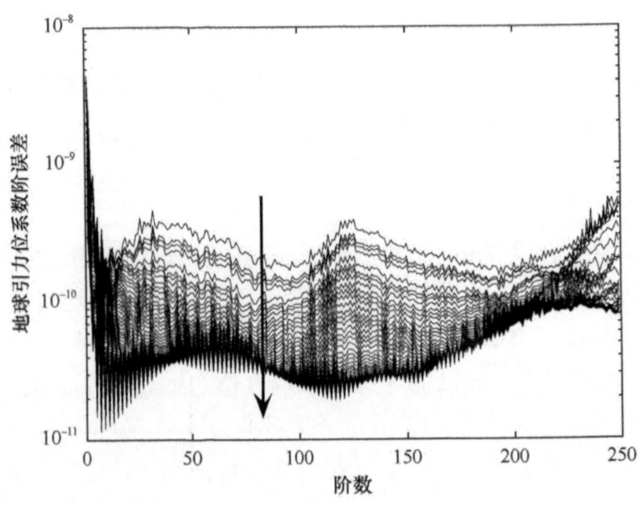

图 12.5　基于卫星重力梯度分量反演地球引力位系数精度

65 步迭代，基于时空域混合法利用卫星重力梯度分量（V_{xx}，V_{yy}，V_{zz}，V_{xz}）结合 Kaula 正则化反演 250 阶 GOCE 地球引力位系数的精度（由上而下），其中轨道误差为 1 cm，卫星重力梯度误差为 $3\times10^{-12}/s^2$。在 250 阶处，反演地球引力位系数的精度为 8.402×10^{-11}（第 65 步迭代），在各阶处的统计结果如表 12.2 所示。

表 12.2　基于 Kaula 正则化反演 GOCE 地球重力场精度在各阶处的统计结果

参数	误差				
	50 阶	100 阶	150 阶	200 阶	250 阶
地球引力位系数/10^{-11}	4.301	2.421	2.699	6.554	8.402
累计大地水准面/（10^{-2} m）	1.163	2.253	2.916	4.864	9.295
累计重力异常/（10^{-7} m/s^2）	0.976	2.698	4.189	9.064	20.372

据图 12.5 和表 12.2 可知：①在地球重力场长波部分（$2\leqslant L\leqslant50$），地球引力位系数反演精度较低。由于卫星重力梯度是地球引力位的二阶导数，所以在二次微分的过程中，在一定程度上损失了低频重力场的精度，但可以通过 GRACE 高精度的长波地球重力场精度弥补其不足。②在地球重力场中长波部分（$50<L\leqslant110$），地球引力位系数反演精度逐渐提高，说明随着球函数阶数的增加，卫星重力梯度对探测地球重力场的敏感性逐步加强。③在地球重力场中短波部分（$110<L\leqslant250$），地球引力位系数误差增长缓慢，充分体现了基于卫星重力梯度高精度和高空间分辨率感测中高频地球重力场的优越性。通过本章基于 Kaula 正则化和 Ditmar 等（2003）基于一阶 Tikhonov 正则化反演 GOCE 地球重力场精度的对比可知，Kaula 正则化是降低正规阵病态性的有效方法。

如图 12.6 所示，实线和虚线分别表示在第 65 步迭代处，基于卫星重力梯度分量（V_{xx}，V_{yy}，V_{zz}，V_{xz}），利用 Kaula 正则化反演 250 阶 GOCE 累计大地水准面精度和累计重力异常精度。在 250 阶处，累计大地水准面和累计重力异常的精度分别为 9.295 cm 和 2.037×10^{-6} m/s^2，在各阶处的统计结果如表 12.2 所示。

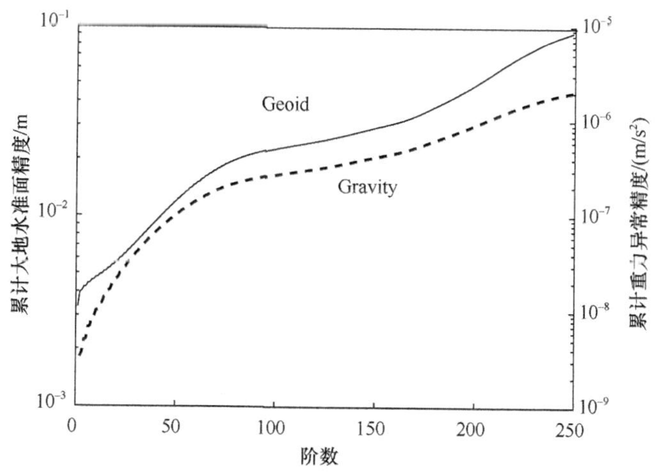

图 12.6　基于卫星重力梯度分量反演大地水准面和重力异常累积误差

如图 12.7 所示，虚线表示德国地学研究中心（GFZ）公布的 120 阶 EIGEN-GRACE02S 地球重力场模型的实测精度，在 120 阶处累计大地水准面精度为 18.938 cm；实线表示基于时空域混合法，利用Kaula正则化反演250阶GOCE地球重力场的模拟精度。GRACE和GOCE卫星工作在不同的地球重力场波谱内，它们各自具有不同的科学应用。由于GRACE卫星敏感于中长波地球重力场（$2 \leqslant L < 80$阶），而GOCE卫星敏感于中短波地球重力场（$80 \leqslant L \leqslant 250$阶），因此GRACE和GOCE卫星计划不是相互竞争，而明显具有互补性，联合求解二者的观测数据可反演高精度、高空间分辨率和全频段的地球重力场。

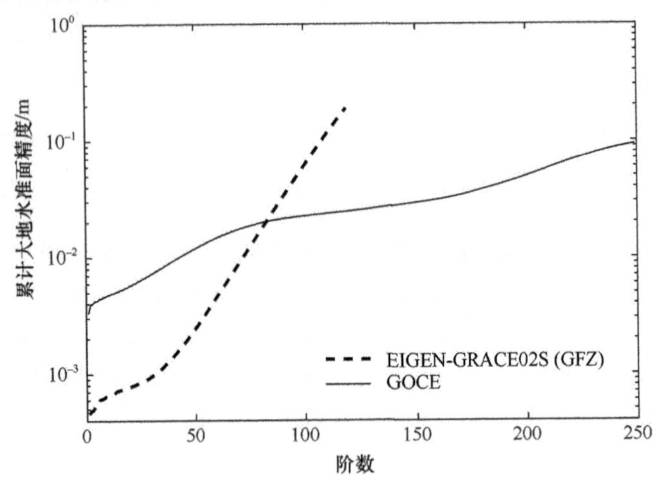

图12.7　GRACE和GOCE大地水准面累积误差对比

12.4　本 章 小 结

（1）为了克服地球引力位随高度的衰减效应，卫星重力梯度技术直接测定地球引力位的二阶导数，进而高精度感测中短波地球重力场的信号。

（2）为高精度和快速解算转换矩阵$\boldsymbol{\Gamma}_{g\times n}$，本章将其分解为网格划分矩阵、三维插值矩阵、坐标转换矩阵和重力梯度分量选择矩阵四个部分进行分步解算。

（3）通过本章基于Kaula正则化和Ditmar等（2003）基于一阶Tikhonov正则化反演GOCE地球重力场精度的对比可知，Kaula正则化是降低正规阵病态性的有效方法。改进的PCCG是目前求解大型线性方程组的有效方法之一，适当选取预处理阵可较大程度地减少PCCG求解引力位系数中循环迭代的次数。

（4）基于时空域混合法利用卫星重力梯度分量（V_{xx}，V_{yy}，V_{zz}，V_{xz}）结合Kaula正则化反演了GOCE地球重力场。在250阶处，反演地球引力位系数、累计大地水准面和累计重力异常的精度分别为8.402×10^{-11}、9.295 cm和0.204 mGal。

（5）由于GRACE和GOCE分别敏感于中长波和中短波重力场，因此联合求解二者的卫星观测数据可反演高精度、高空间分辨率和全频段的地球重力场。

参 考 文 献

程芦颖, 许厚泽. 2006. 地球重力场恢复中的位旋转效应. 地球物理学报, 49(1): 93–98.

宁津生, 罗志才, 陈永奇. 2002. 卫星重力梯度数据用于精化地球重力场的研究. 中国工程科学, 4(7):

23–28.

沈云中, 许厚泽, 吴斌. 2005. 星间加速度解算模式的模拟与分析. 地球物理学报, 48(4): 807–811.

许厚泽, 王谦身, 陈益惠. 1994. 中国重力测量与研究的进展. 地球物理学报, 37(S1): 339–352.

许厚泽, 张赤军. 1997. 我国大地重力学和固体潮研究进展. 地球物理学报, 40(S1): 192–205.

郑伟. 2007. 基于卫星重力测量恢复地球重力场的理论和方法. 武汉: 华中科技大学博士学位论文, 1–135.

郑伟, 许厚泽, 钟敏, 员美娟. 2010a. 国际重力卫星研究进展和我国将来卫星重力测量计划. 测绘科学, 35(1): 5–9.

郑伟, 许厚泽, 钟敏, 员美娟, 彭碧波, 周旭华. 2010c. Improved-GRACE 卫星重力轨道参数优化研究. 大地测量与地球动力学, 30(2): 43–48.

郑伟, 许厚泽, 钟敏, 员美娟, 彭碧波, 周旭华. 2010d. 地球重力场模型研究进展和现状. 大地测量与地球动力学, 30(4): 83–91.

郑伟, 许厚泽, 钟敏, 员美娟, 周旭华, 彭碧波. 2009a. 卫-卫跟踪测量模式中轨道高度的优化选取. 大地测量与地球动力学, 29(2): 100–105.

郑伟, 许厚泽, 钟敏, 员美娟, 周旭华, 彭碧波. 2009b. 两种 GRACE 地球重力场精度评定方法的检验. 大地测量与地球动力学, 29(5): 89–93.

郑伟, 许厚泽, 钟敏, 员美娟, 周旭华, 彭碧波. 2010b. 国际卫星重力梯度测量计划研究进展. 测绘科学, 35(2): 57–61.

Arsov K, Pail R. 2003. Assessment of two methods for gravity field recovery from GOCE GPS-SST orbit solutions. Advances in Geosciences, 1: 121–126.

Bouman J, Koop R, Tscherning C C, Visser P. 2004. Calibration of GOCE SGG data using high-low SST, terrestrial gravity data and global gravity field models. Journal of Geodesy, 78(1): 124–137.

Ditmar P, Klees R, Kostenko F. 2003. Fast and accurate computation of spherical harmonic coefficients from satellite gravity gradiometry data. Journal of Geodesy, 76: 690–705.

Hestenes M R, Stiefel E. 1952. Methods of conjugate gradients for solving linear systems. Journal of Research of the National Bureau of Standards, 49: 409–438.

Klees R, Koop R, Visser P, Ijssel J V D. 2000. Efficient gravity field recovery from GOCE gravity gradient observations. Journal of Geodesy, 74: 561–571.

Migliaccio F, Reguzzoni M, Sanso F. 2004. Space-wise approach to satellite gravity field determination in the presence of coloured noise. Journal of Geodesy, 78(4): 304–313.

Overhauser A W. 2005. Analytic definition of curves and surfaces by parabolic blending. Tech rep SL68-40, Scientific research staff publication. Ford Motor Company, Detroit, 196.

Pail R, Wermuth M. 2003. GOCE SGG and SST quick-look gravity field analysis. Advances in Geosciences, 1: 5–9.

Reguzzoni M. 2003. From the time-wise to space-wise GOCE observables. Advances in Geosciences, 1: 137–142.

Schuh W D. 1996. Taylored numerical solution strategies for the global determination of the Earth's gravity field, Mitteilungen geod. Inst. TU Graz, no. 81, Graz Univ. of Technology, Graz.

Sneeuw N. 2003. Space-wise, time-wise, torus and rosborough representations in gravity field modelling. Space Science Reviews, 108(1): 37–46.

Sneeuw N, van den IJssel J, Koop R, Visser P, Gerlach C. 2002. Validation of fast pre-mission error analysis of the GOCE gradiometry mission by a full gravity field recovery simulation. Journal of Geodynamics, 33(1): 43–52.

Visser P, van den IJssel J. 2000. GPS-based precise orbit determination of the very low earth-orbiting gravity mission GOCE. Journal of Geodesy, 74(7): 590–602.

Xu P L. 2008. Position and velocity perturbations for the determination of geopotential from space geodetic measurements. Celestial Mechanics and Dynamical Astronomy, 100(3): 231–249.

Xu P L, Fukuda Y, Liu Y M. 2006. Multiple parameter regularization: Numerical solutions and applications to the determination of geopotential from precise satellite orbits. Journal of Geodesy, 80(1): 17–27.

Zheng W, Lu X L, Xu H Z, Shao C G, Luo J, Wang N C. 2005. Simulation of Earth's gravitational field recovery from GRACE using the energy balance approach. Progress in Natural Science, 15(7): 596–601.

Zheng W, Shao C G, Luo J, Xu H Z. 2006. Numerical simulation of Earth's gravitational field recovery from SST based on the energy conservation principle. Chinese Journal of Geophysics, 49(3): 712–717.

Zheng W, Shao C G, Luo J, Xu H Z. 2008a. Improving the accuracy of GRACE Earth's gravitational field using the combination of different inclinations. Progress in Natural Science, 18(5): 555–561.

Zheng W, Xu H Z, Zhong M, Yun M J. 2008b. Physical explanation on designing three axes as different resolution indexes from GRACE satellite-borne accelerometer. Chinese Physics Letters, 25(12): 4482–4485.

Zheng W, Xu H Z, Zhong M, Yun M J. 2009a. Physical explanation of influence of twin and three satellites formation mode on the accuracy of Earth's gravitational field. Chinese Physics Letters, 26(2): 029101-1–029101-4.

Zheng W, Xu H Z, Zhong M, Yun M J. 2009b. Accurate and rapid error estimation on global gravitational field from current GRACE and future GRACE Follow-On missions. Chinese Physics B, 18(8): 3597–3604.

Zheng W, Xu H Z, Zhong M, Yun M J. 2011a. Efficient calibration of the non-conservative force data from the space-borne accelerometers of the twin GRACE satellites. Transactions of the Japan Society for Aeronautical and Space Sciences, 54(184): 106–110.

Zheng W, Xu H Z, Zhong M, Yun M J, Zhou X H, Peng B B. 2008c. Efficient and rapid estimation of the accuracy of GRACE global gravitational field using the semi-analytical method. Chinese Journal of Geophysics, 51(6): 1704–1710.

Zheng W, Xu H Z, Zhong M, Yun M J, Zhou X H, Peng B B. 2009c. Effective processing of measured data from GRACE key payloads and accurate determination of Earth's gravitational field. Chinese Journal of Geophysics, 52(4): 772–782.

Zheng W, Xu H Z, Zhong M, Yun M J, Zhou X H, Peng B B. 2009d. Influence of the adjusted accuracy of center of mass between GRACE satellite and SuperSTAR accelerometer on the accuracy of Earth's gravitational field. Chinese Journal of Geophysics, 52(6): 1465–1473.

Zheng W, Xu H Z, Zhong M, Yun M J, Zhou X H, Peng B B. 2009e. Demonstration on the optimal design of resolution indexes of high and low sensitive axes from space-borne accelerometer in the satellite-to-satellite tracking model. Chinese Journal of Geophysics, 52(11): 2712–2720.

Zheng W, Xu H Z, Zhong M, Yun M J, Zhou X H, Peng B B. 2010a. Efficient and rapid estimation of the accuracy of future GRACE Follow-On Earth's gravitational field using the analytic method. Chinese Journal of Geophysics, 53(4): 796–806.

Zheng W, Xu H Z, Zhong M, Yun M J, Zhou X H, Peng B B. 2010b. Requirement analysis of orbit parameters in the satellite-to-satellite tracking model. Chinese Astronomy and Astrophysics, 51(1): 65–74.

Zheng W, Xu H Z, Zhong M, Yun M J, Zhou X H. 2011b. Accurate and rapid determination of GOCE Earth's gravitational field using time-space-wise approach associated with Kaula regularization. Chinese Journal of Geophysics, 54(1): 240–249.

第 13 章　一维垂向和三维卫星重力梯度影响地球重力场精度对比

本章分别基于解析模型和数值模拟，对比论证了卫星重力梯度（SGG）的一维垂向分量 V_{zz} 和三维全张量 V_{ij} 对 250 阶 GOCE 地球重力场反演精度的影响。第一，分别建立了一维垂向分量 V_{zz} 和三维全张量 V_{ij} 重力梯度影响累计大地水准面精度的解析误差模型。在 250 阶内，基于三维全张量重力梯度解析误差模型估计 GOCE 累计大地水准面的精度较基于一维垂向分量重力梯度解析误差模型估计精度平均提高约 $2^{1/2}$ 倍。第二，基于时空域混合数值模拟法，分别利用卫星重力梯度的一维垂向分量 V_{zz} 和三维全张量 V_{ij} 反演了 250 阶 GOCE 地球重力场。研究结果表明：当轨道误差为 1 cm 和卫星重力梯度误差为 3×10^{-12} /s^2，在 250 阶处，分别基于一维垂向分量 V_{zz} 和三维全张量 V_{ij} 反演累计大地水准面的精度为 9.295 cm 和 12.319 cm；在 250 阶内，基于三维全张量 V_{ij} 反演累计大地水准面精度较一维垂向分量 V_{zz} 平均提高约 30%～40%。第三，通过解析模型和数值模拟研究结果的相互验证，基于一维垂向卫星重力梯度仪反演地球重力场的精度较三维卫星重力梯度仪无数量级的实质差别。因此，首先开展一维垂向冷原子干涉重力梯度仪(测量精度 10^{-13}～10^{-15} /s^2)的研制，进而建立下一代高精度和高空间分辨率的GOCE Follow-On 全球重力场模型是可行的（Zheng et al.，2012a）。

13.1　研 究 背 景

地球重力场及其时变反映地球表层及内部物质的空间分布、运动和变化，同时决定着大地水准面的起伏和变化（许厚泽，2001；许厚泽等，2005）。因此，确定地球重力场的精细结构及其时变不仅是大地测量学、地球物理学、海洋学、冰川学、空间科学、国防建设等的需求，同时也将为全人类寻求资源、保护环境和预测灾害提供了重要的信息资源。

不同于 GRACE 双星高精度感测中长波地球重力场（Zheng et al.，2005，2006，2008a，2008b，2008c，2009a，2009b，2009c，2009d，2009e，2010，2011a，2012b，2012c，2012d），欧空局（ESA）提出了专用于中短波地球重力场精密探测的 GOCE 卫星重力梯度（SGG）计划。GOCE 已于 2009 年 3 月 17 日成功发射升空，采用近圆、极地和太阳同步轨道，轨道离心率 0.001，轨道倾角 96.5°，经过 20 个月的飞行计划，轨道高度由 250 km 降为 240 km（Aguirre-Martinez and Sneeuw，2003；Muzi and Allasio，2003；郑伟等，2010a，2010b）。GOCE 卫星采用卫星跟踪卫星高低模式（SST-HL）和卫星重力梯度模式的结合，除基于高轨道的 GPS 和 GLONASS 卫星对低轨道的 GOCE 进行精密跟踪定位（定轨精度 1 cm）（Visser and van den Ijssel，2000），同时利用定位于卫星质心处的重力梯度仪（测量精度 3×10^{-12}/s^2）高精度测量卫星轨道高度处引力位的二阶导数（Albertella et al.，2002；边少锋和纪兵，2006）。GOCE 采用了非保守力补偿技术（drag-free），首先利用重力梯度仪测量由非保守力（大气阻力、太阳光压、地球辐射压、轨道高度和姿态控制力等）引起的卫星质心的线性加速度与卫星平台的角加速度；最后，结合卫星平台姿态测量数据，通过无阻尼离子微推进器补偿卫星受到的非保守力（Canuto et al.，2003）。由于卫星重力梯度观测值中的非保守力效应得到了有效扣除，因此进一步提高了地球重力场反演的精度和空间分辨率。自 20 世纪初匈牙利物理学家 R.Eötvös 设计出第一台重力梯度仪（R.Eötvös 扭秤）以来，重力梯度仪经历了从单轴旋转到三轴定向，从室温到低温（低于 4.2 K），从扭力、静电悬浮、超导到冷原子干涉的发展过程，测量精度日益提高（Drinkwater et al.，2003）。由于地球重力场信号随卫星轨道高度的增加而急剧衰减$(R_e/r)^l$，基于分析卫星轨道运动仅适合于确定中长波地球重力场，而卫星重力梯度是直接测定地球引力位的二次微分，其结果将球谐系数放大了 l^2 倍，因此可有效抑制引力位随高度的衰减效应，进而高精度感测中高频地球重力场信号（郑伟，2007）。欧空局独立研制的 GOCE 卫星原计划于 2004 年 6 月发射，由于星载三维静电悬浮重力梯度仪未能达到预期精度指标 3×10^{-12} /s^2（单个加速度计的分辨率超过 10^{-13} m/s^2，较 GRACE 卫星加速度计分辨率高约 3 个数量级），以及重力梯度卫星整体系统研制的困难性，因此距成功发射为止已推迟至少 6 次之多。

基于 GOCE 卫星重力梯度测量计划预计于 2013 年前结束，而且为了进一步提高地球重力场中短波信号的探测精度，目前国际众多科研机构正积极推动下一代 GOCE Follow-On 卫星重力梯度测量计划的成功实施。我国相关研究机构紧跟国际卫星重力梯度测量的热点和动态，正积极投身于下一代卫星重力梯度测量计划的需求论证和载荷预研之中。由于地球引力位的二阶导数对卫星轨道测量精度敏感性较低，因此进一步提高星载卫星重力梯仪的测量精度是建立下一代高精度、高空间分辨率和全频段地球重力场模型的主要必由之路。冷原子干涉卫星重力梯度仪对地球质量分布极为敏感，因此有望为下一代高精度和高空间分辨率的 GOCE Follow-On 地球重力场的探测带来革命性的贡献。冷原子干涉卫星重力梯度仪的测量原理如下：第一，利用激光将大量铯原子冷却至超低温度，在超低温状态下通常以超音速运动的原子速度将降低至 1 cm/s 左右，使测量其位置和速度变得更为容易；第二，将缓慢运动的原子置于重力场中做类似自由落体的"坠落"；第三，基于原子在激光作用下会形成相互重叠干涉的不同量子态的原理，利用原子受重力场作用前后所引起的相位差精确测出重力加速度。

目前，国内外众多学者在基于卫星重力梯度原理反演地球重力场的理论和方法等方面已开展了广泛研究（吴晓平和陆仲连，1992；Petrovskaya and Zielinski，1997；Klees et al.，2000；张传定等，2000；宁津生等，2002；Ditmar et al.，2003；Pail and Wermuth，2003；Zheng et al.，2011b），但对卫星重力梯度一维垂向分量和三维全张量影响 GOCE 地球重力场精度的对比研究论证尚未深入开展。不同于前人的研究，本章开展了基于卫星重力梯度的一维垂向分量和三维全张量反演250阶 GOCE 地球重力场的解析计算和数值模拟的对比论证研究，建议为适当降低星载重力梯度仪研制的难度以及避免不必要的人力、物力和财力的浪费，我国可预先开展下一代 GOCE Follow-On 重力梯度卫星系统中一维垂向冷原子干涉重力梯度仪的研制。本章的研究不仅可为我国将来冷原子干涉卫星重力梯度仪的优化设计提供理论基础和计算保证，同时对国际下一代卫星重力梯度测量的发展方向具有一定的参考意义。

13.2 解析误差模型建立

在地固系中，地球扰动位按球谐函数展开的表达式如下：

$$T(r,\theta,\lambda)=\frac{GM}{R_e}\sum_{l=2}^{L}\left(\frac{R_e}{r}\right)^{l+1}\sum_{m=0}^{l}(\bar{C}_{lm}\cos m\lambda+\bar{S}_{lm}\sin m\lambda)\bar{P}_{lm}(\cos\theta) \tag{13.1}$$

其中，GM为地球质量M和万有引力常数G之积；R_e为地球的平均半径；$r=\sqrt{x^2+y^2+z^2}$为卫星的地心半径，x, y, z 分别为卫星轨道位置矢量 $\boldsymbol{r}$ 的三个分量；θ 和 λ 分别为卫星的地心余纬度和经度；$\bar{P}_{lm}(\cos\theta)$ 为规格化的 Legendre 函数，l 为阶数，m 为次数；$\bar{C}_{lm}$ 和 $\bar{S}_{lm}$ 为待求规格化引力位系数。

$T(r,\theta,\lambda)$ 分别对 x, y, z 的二阶导数表示如下：

$$\frac{\partial^2 T}{\partial x\partial y}=\begin{bmatrix} T_{xx} & T_{xy} & T_{xz}\\ T_{yx} & T_{yy} & T_{yz}\\ T_{zx} & T_{zy} & T_{zz}\end{bmatrix} \tag{13.2}$$

其中，地球扰动位二阶导数是对称张量，同时在真空情况下满足 Laplace 方程表现为无迹性，$T_{xx}+T_{yy}+T_{zz}=0$，因此在 9 个卫星重力梯度分量中有 5 个是独立的。全张量重力梯度的 9 个分量表示如下：

$$\begin{cases} T_{xx}(r,\theta,\lambda)=\dfrac{1}{r}T_r(r,\theta,\lambda)+\dfrac{1}{r^2}T_{\theta\theta}(r,\theta,\lambda),\\ T_{yy}(r,\theta,\lambda)=\dfrac{1}{r}T_r(r,\theta,\lambda)+\dfrac{1}{r^2}\cot\theta T_\theta(r,\theta,\lambda)+\dfrac{1}{r^2\sin^2\theta}T_{\lambda\lambda}(r,\theta,\lambda),\\ T_{zz}(r,\theta,\lambda)=T_{rr}(r,\theta,\lambda),\\ T_{xy}(r,\theta,\lambda)=T_{yx}(r,\theta,\lambda)=\dfrac{1}{r^2\sin\theta}[-\cot\theta T_\lambda(r,\theta,\lambda)+T_{\theta\lambda}(r,\theta,\lambda)],\\ T_{xz}(r,\theta,\lambda)=T_{zx}(r,\theta,\lambda)=\dfrac{1}{r^2}T_\theta(r,\theta,\lambda)-\dfrac{1}{r}T_{r\theta}(r,\theta,\lambda),\\ T_{yz}(r,\theta,\lambda)=T_{zy}(r,\theta,\lambda)=\dfrac{1}{r\sin\theta}\left[\dfrac{1}{r}T_\lambda(r,\theta,\lambda)-T_{r\lambda}(r,\theta,\lambda)\right] \end{cases} \tag{13.3}$$

其中，地球扰动位$T(r,\theta,\lambda)$分别对r,θ,λ的一阶导数表示为

$$\begin{cases} T_r(r,\theta,\lambda)=-\dfrac{GM}{R_e^2}\displaystyle\sum_{l=2}^{L}(l+1)\left(\frac{R_e}{r}\right)^{l+2}\sum_{m=0}^{l}(\bar{C}_{lm}\cos m\lambda+\bar{S}_{lm}\sin m\lambda)\bar{P}_{lm}(\cos\theta),\\ T_\theta(r,\theta,\lambda)=-\dfrac{GM}{R_e}\displaystyle\sum_{l=2}^{L}\left(\frac{R_e}{r}\right)^{l+1}\sum_{m=0}^{l}(\bar{C}_{lm}\cos m\lambda+\bar{S}_{lm}\sin m\lambda)\bar{P}'_{lm}(\cos\theta)\sin\theta,\\ T_\lambda(r,\theta,\lambda)=\dfrac{GM}{R_e}\displaystyle\sum_{l=2}^{L}\left(\frac{R_e}{r}\right)^{l+1}\sum_{m=0}^{l}m(-\bar{C}_{lm}\sin m\lambda+\bar{S}_{lm}\cos m\lambda)\bar{P}_{lm}(\cos\theta) \end{cases} \tag{13.4}$$

地球扰动位$T(r,\theta,\lambda)$分别对r,θ,λ的二阶导数表示为

$$
\begin{cases}
T_{rr}(r,\theta,\lambda)=\dfrac{GM}{R_e^3}\sum\limits_{l=2}^{L}(l+1)(l+2)\left(\dfrac{R_e}{r}\right)^{l+3}\sum\limits_{m=0}^{l}(\bar{C}_{lm}\cos m\lambda+\bar{S}_{lm}\sin m\lambda)\bar{\mathrm{P}}_{lm}(\cos\theta),\\
T_{\theta\theta}(r,\theta,\lambda)=\dfrac{GM}{R_e}\sum\limits_{l=2}^{L}\left(\dfrac{R_e}{r}\right)^{l+1}\sum\limits_{m=0}^{l}(\bar{C}_{lm}\cos m\lambda+\bar{S}_{lm}\sin m\lambda)[\bar{\mathrm{P}}''_{lm}(\cos\theta)\sin^2\theta-\bar{\mathrm{P}}'_{lm}(\cos\theta)\cos\theta],\\
T_{\lambda\lambda}(r,\theta,\lambda)=-\dfrac{GM}{R_e}\sum\limits_{l=2}^{L}\left(\dfrac{R_e}{r}\right)^{l+1}\sum\limits_{m=0}^{l}m^2(\bar{C}_{lm}\cos m\lambda+\bar{S}_{lm}\sin m\lambda)\bar{\mathrm{P}}_{lm}(\cos\theta),\\
T_{r\theta}(r,\theta,\lambda)=T_{\theta r}(r,\theta,\lambda)=\dfrac{GM}{R_e^2}\sum\limits_{l=2}^{L}(l+1)\left(\dfrac{R_e}{r}\right)^{l+2}\sum\limits_{m=0}^{l}(\bar{C}_{lm}\cos m\lambda+\bar{S}_{lm}\sin m\lambda)\bar{\mathrm{P}}'_{lm}(\cos\theta)\sin\theta,\\
T_{r\lambda}(r,\theta,\lambda)=T_{\lambda r}(r,\theta,\lambda)=\dfrac{GM}{R_e^2}\sum\limits_{l=2}^{L}(l+1)\left(\dfrac{R_e}{r}\right)^{l+2}\sum\limits_{m=0}^{l}m(\bar{C}_{lm}\sin m\lambda-\bar{S}_{lm}\cos m\lambda)\bar{\mathrm{P}}_{lm}(\cos\theta),\\
T_{\theta\lambda}(r,\theta,\lambda)=T_{\lambda\theta}(r,\theta,\lambda)=\dfrac{GM}{R_e}\sum\limits_{l=2}^{L}\left(\dfrac{R_e}{r}\right)^{l+1}\sum\limits_{m=0}^{l}m(\bar{C}_{lm}\sin m\lambda-\bar{S}_{lm}\cos m\lambda)\bar{\mathrm{P}}'_{lm}(\cos\theta)\sin\theta
\end{cases}
\tag{13.5}
$$

Legendre 函数及一阶导数和二阶导数表示为

$$
\begin{cases}
\bar{\mathrm{P}}_{lm}(\cos\theta)=\gamma_m 2^{-l}\sin^m\theta\sum\limits_{k=0}^{[(l-m)/2]}(-1)^k\dfrac{(2l-2k)!}{k!(l-k)!(l-m-2k)!}(\cos\theta)^{l-m-2k}\qquad(m\leqslant l),\\
\bar{\mathrm{P}}'_{lm}(\cos\theta)=\dfrac{1}{\sin\theta}\left[(l+1)\cos\theta\bar{\mathrm{P}}_{lm}(\cos\theta)-(l-m-1)\bar{\mathrm{P}}_{l+1,m}(\cos\theta)\right],\\
\bar{\mathrm{P}}''_{lm}(\cos\theta)=-l\bar{\mathrm{P}}_{lm}(\cos\theta)+l\cos\theta\bar{\mathrm{P}}'_{l-1,m}(\cos\theta)+\dfrac{l}{4}\cos^2\theta\left[\bar{\mathrm{P}}'_{l-1,m+1}(\cos\theta)-4\bar{\mathrm{P}}'_{l-1,m-1}(\cos\theta)\right]
\end{cases}
\tag{13.6}
$$

其中，$\gamma_m=\begin{cases}\sqrt{2(2l+1)\dfrac{(l-|m|)!}{(l+|m|)!}}, & m\neq 0,\\ \sqrt{2l+1}, & m=0。\end{cases}$

基于球谐函数的正交性，联合式（13.3）和式（13.5）可得一维垂向重力梯度解析公式：

$$
(\bar{C}_{lm},\bar{S}_{lm})=\frac{R_e^3}{4\pi GM}\left(\frac{r}{R_e}\right)^{l+3}(l+1)^{-1}(l+2)^{-1}\iint\limits_{\sigma}T_{zz}\bar{Y}_{lm}(\theta,\lambda)\,\mathrm{d}\sigma \tag{13.7}
$$

其中，T_{zz}为一维垂向重力梯度，实际计算时需要离散化数值积分。基于等间隔的$\Delta\theta$和$\Delta\lambda$在地球表面进行全球经纬网划分，同时将每个格网中的垂向重力梯度值取平均值$\bar{T}_{zz}\big|_{ij}$，其中i，j表示格网的经纬度标号。因此，式（13.7）可改写为

$$
(\bar{C}_{lm},\bar{S}_{lm})=\frac{R_e^3}{4\pi GM}\left(\frac{r}{R_e}\right)^{l+3}(l+1)^{-1}(l+2)^{-1}\sum_{i,j}\bar{T}_{zz}\big|_{ij}\iint\limits_{\sigma_{ij}}\bar{Y}_{lm}(\theta,\lambda)\,\mathrm{d}\sigma_{ij} \tag{13.8}
$$

累计大地水准面精度公式表示如下：

$$\sigma_N^L = R_e \sqrt{\sum_{l=2}^{L}\sum_{m=0}^{l} (\delta\bar{C}_{lm})^2 + (\delta\bar{S}_{lm})^2} \tag{13.9}$$

其中，$\delta\bar{C}_{lm},\delta\bar{S}_{lm}$ 为地球引力位系数精度。

假设全球均匀分布的一维垂向重力梯度观测值 T_{zz} 有 N_0 个，且 T_{zz} 的精度等于星载重力梯度仪的精度 σ_γ。若 N_0 个观测值的误差满足正态分布随机特性，大量数据的平均可有效降低噪声，因此引力位系数的方差正比于 $1/N_0$。联合式（13.8）和式（13.9），可得基于一维垂向重力梯度 T_{zz} 反演累计大地水准面精度的近似解析公式：

$$\sigma_N(T_{zz}) \approx R_e \frac{\sigma_\gamma}{GM/R_e^3} \sqrt{\sum_{l=2}^{L} \frac{2l+1}{(l+1)^2(l+2)^2} \left(\frac{r}{R_e}\right)^{2(l+3)} \frac{1}{N_0}} \tag{13.10}$$

基于球谐函数的正交性，联合式（13.3）、式（13.4）和式（13.5）可得水平方向重力梯度 $T_{xx(yy)}$ 解析公式：

$$(\bar{C}_{lm},\bar{S}_{lm}) = \frac{R_e^3}{4\pi GM}\left(\frac{r}{R_e}\right)^{l+3} (l+1)^{-1}(m-l-1)^{-1} \iint_\sigma T_{xx(yy)} \bar{Y}_{lm}(\theta,\lambda)\,\mathrm{d}\sigma \tag{13.11}$$

假设水平方向重力梯度 T_{xx} 和 T_{yy} 的精度等于星载梯度仪的精度 σ_γ，N_0 个观测值的误差满足正态分布随机特性。联合式（13.9）和式（13.11），可得分别基于 T_{xx} 和 T_{yy} 反演累计大地水准面精度的近似解析公式：

$$\sigma_N(T_{xx}) = \sigma_N(T_{yy}) \approx R_e \frac{\sigma_\gamma}{GM/R_e^3} \sqrt{\sum_{l=2}^{L} \frac{2l+1}{\dfrac{4(l+1)^3(l+2)(2l+3)}{9(2l+1)}} \left(\frac{r}{R_e}\right)^{2(l+3)} \frac{1}{N_0}} \tag{13.12}$$

如式（13.2）所示，在卫星重力梯度的 9 个张量中，对角张量（垂向分量 T_{zz} 和水平分量 T_{xx}，T_{yy}）是主要分量，非对角张量对地球重力场精度的影响相对于对角张量基本可忽略。因此，联合式（13.3）、式（13.4）、式（13.5）和式（13.9），卫星重力梯度全张量对累计大地水准面精度的影响表示如下：

$$\sigma_N(T_{ij}) \approx R_e \frac{\sigma_\gamma}{GM/R_e^3} \sqrt{\sum_{l=2}^{L} \frac{2l+1}{\left[(l+1)^2(l+2)^2 + \dfrac{8(l+1)^3(l+2)(2l+3)}{9(2l+1)}\right]} \left(\frac{r}{R_e}\right)^{2(l+3)} \frac{1}{N_0}} \tag{13.13}$$

如图 13.1 所示，卫星重力梯度一维垂向分量相对于三维全张量对大地水准面累积误差的平均影响表示如下：

$$\text{Mean}\left(\sigma_N(T_{zz})\big/\sigma_N(T_{ij})\right) \approx \sqrt{2} \tag{13.14}$$

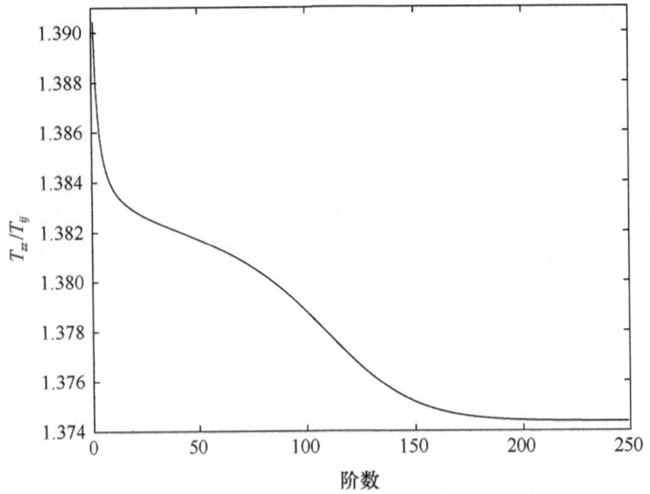

图 13.1　卫星重力梯度一维垂向分量 T_{zz} 与三维全张量 T_{ij} 影响大地水准面累积误差之比

13.3　数值模拟

在地心惯性系中，卫星观测方程建立如下：

$$\boldsymbol{y}_{k\times1} = \boldsymbol{A}_{k\times n} \cdot \overline{\boldsymbol{x}}_{n\times1} \tag{13.15}$$

其中，$\boldsymbol{y}_{k\times1}$ 为卫星轨道处重力梯度观测值，k 为卫星重力梯度观测值的个数；$\boldsymbol{A}_{k\times n}$ 为 k 行 n 列的设计矩阵，$n = L^2 + 2L - 3$；$\overline{\boldsymbol{x}}_{n\times1}$ 为 $n\times1$ 列的待求引力位系数矩阵。

如图 13.2 所示，本章基于卫星重力梯度时空域混合法结合 Kaula 正则化反演 250 阶 GOCE 地球重力场的具体计算过程请见参考文献（Zheng et al.，2011b），主要思想如下：第一，以地心为球心选择四个等间距且规则的参考球面 $\boldsymbol{r}_1$，$\boldsymbol{r}_2$，$\boldsymbol{r}_3$ 和 $\boldsymbol{r}_4$，GOCE 卫星轨道位于 $\boldsymbol{r}_2$ 和 $\boldsymbol{r}_3$ 之间，同时在每个参考球面上按照经纬度进行均匀网格划分；第二，在每个参考球面上利用快速傅里叶技术批量计算出卫星重力梯度值，并基于三维插值技术得到卫星轨道处的重力梯度值（空域法）；第三，在卫星轨道处求解卫星观测方程（13.15），利用最小二乘法拟合出地球引力位系数（时域法）。

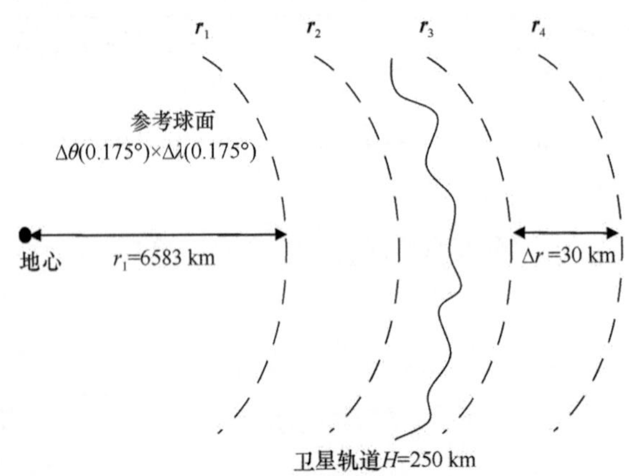

图 13.2　基于时空域混合法解算 GOCE 地球重力场的原理图

本章首先利用 9 阶 Runge-Kutta 线性单步法结合 12 阶 Adams-Cowell 线性多步法数值积分公式模拟了 GOCE 卫星的星历，轨道数值模拟参数如表 13.1 所示。

表 13.1　GOCE 卫星轨道模拟参数

参数	指标
参考模型	EGM2008
轨道高度	250 km
轨道倾角	96.5°
轨道离心率	0.001
模拟时间	60 天
采样间隔时间	5 s

如图 13.3 所示，叉号线表示法国空间研究中心（CNES）基于直接法，利用 2 个月的 GOCE 卫星观测数据，建立的 240 阶 GO_CONS_GCF_2_DIR_R1 实测地球重力场模型，在 240 阶处，累计大地水准面精度为 8.523 cm；实线和虚线分别表示基于卫星重力梯度的一维垂向分量 T_{zz} 和三维全分量 T_{ij} 反演 250 阶 GOCE 地球重力场精度的对比，其中引入轨道测量误差为 1 cm，卫星重力梯度测量误差为 $3\times10^{-12}/s^2$；累计大地水准面精度的统计结果如表 13.2 所示。研究结果表明：第一，在 250 阶处，基于三维全分量 T_{ij} 反演累计大地水准面精度为 9.295 cm，此结果与 GO_CONS_GCF_2_DIR_R1 实测地球重力场模型（Bruinsma et al.，2010）符合较好；基于一维垂向分量 T_{zz} 反演累计大地水

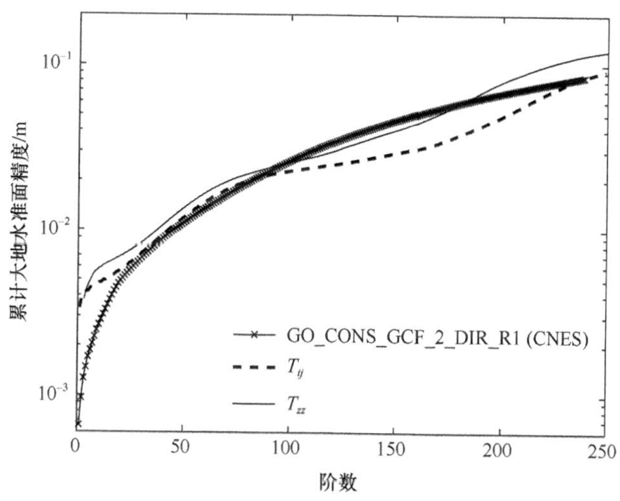

图 13.3　基于卫星重力梯度一维垂向分量 T_{zz} 和三维全分量 T_{ij} 反演 GOCE 累计大地水准面精度的对比

表 13.2　基于不同卫星重力梯度分量反演累计大地水准面精度统计结果

重力梯度	累计大地水准面精度/（10^{-2} m）					
	20 阶	50 阶	100 阶	150 阶	200 阶	250 阶
GO_CONS_GCF_2_DIR_R1	0.471	1.076	2.570	4.571	6.751	8.523
全张量梯度 T_{ij}	0.553	1.163	2.253	2.916	4.864	9.295
垂向梯度 T_{zz}	0.701	1.389	2.575	4.059	8.089	12.319

准面精度为 12.319 cm；第二，在 250 阶内，基于卫星重力梯度三维全分量 T_{ij} 反演累计大地水准面精度较一维垂向分量 T_{zz} 平均提高约 30%～40%。

13.4 本章小结

基于下一代 GOCE Follow-On 重力梯度卫星系统中高精度三维冷原子干涉重力梯度仪（测量精度 10^{-13}～$10^{-15}/s^2$）研制困难性较大的原因，本章以欧空局 GOCE 卫星重力梯度计划为例，基于解析模型和数值模拟，围绕卫星重力梯度一维垂向分量 V_{zz} 和三维全张量 V_{ij} 对地球重力场反演精度的影响开展了对比研究论证，具体结论如下。

（1）在 250 阶内，基于三维全张量重力梯度 V_{ij} 解析误差模型估计 GOCE 累计大地水准面的精度较基于一维垂向分量重力梯度 V_{zz} 解析误差模型估计精度平均提高约 $2^{1/2}$ 倍。

（2）在 250 阶内，基于时空域混合数值模拟法结合 Kaula 正则化，利用卫星重力梯度三维全张量 V_{ij} 反演 GOCE 累计大地水准面精度较一维垂向分量 V_{zz} 平均提高约 30%～40%。

（3）冷原子干涉重力梯度仪基于冷原子物质波的特性研制而成，由于冷原子具有较小的速度和良好的相干性，因此冷原子干涉重力梯度仪具有较高的测量灵敏度。由于一维垂向卫星重力梯度仪反演地球重力场的精度较三维卫星重力梯度仪无数量级的实质差别，因此建议我国可先期开展一维垂向冷原子干涉重力梯度仪的预先研制，进而反演下一代高精度和高空间分辨率的 GOCE Follow-On 地球重力场。

参考文献

边少锋, 纪兵. 2006. 重力梯度仪的发展及其应用. 地球物理学进展, 21(2): 660–664.

宁津生, 罗志才, 陈永奇. 2002. 卫星重力梯度数据用于精化地球重力场的研究. 中国工程科学, 4(7): 23–28.

吴晓平, 陆仲连. 1992. 卫星重力梯度向下延拓的最佳积分核谱组合解. 测绘学报. 21(2): 123–133.

许厚泽. 2001. 卫星重力研究: 21 世纪大地测量研究的新热点. 测绘科学, 26(3): 1–3.

许厚泽, 周旭华, 彭碧波. 2005. 卫星重力测量. 地理空间信息, 3(1): 1–3.

张传定, 吴晓平, 陆仲连. 2000. 全张量重力梯度数据的谱表示方法. 测绘学报, 29(4): 297–304.

郑伟. 2007. 基于卫星重力测量恢复地球重力场的理论和方法. 武汉: 华中科技大学博士学位论文, 1–135.

郑伟, 许厚泽, 钟敏, 员美娟. 2010a. 国际重力卫星研究进展和我国将来卫星重力测量计划. 测绘科学, 35(1): 5–9.

郑伟, 许厚泽, 钟敏, 员美娟, 周旭华, 彭碧波. 2010b. 国际卫星重力梯度测量计划研究进展. 测绘科学, 35(2): 57–61.

Aguirre-Martinez M, Sneeuw N. 2003. Needs and tools for future gravity measuring missions. Space Science Reviews, 108(1): 409–416.

Albertella A, Migliaccio F, Sanso F. 2002. GOCE: The Earth gravity field by space gradiometery. Celestial Mechanics and Dynamical astronomy, 83: 1–15.

Bruinsma S L, Marty J C, Balmino G. 2010. GOCE gravity field recovery by means of the direct numerical method. presented at the ESA Living Planet Symposium 2010, Bergen, June 27 - July 2, Bergen, Noway.

Canuto E, Martella P, Sechi G. 2003. Attitude and drag control: An application to GOCE satellite. Space Science Reviews, 108(1): 357–366.
Ditmar P, Klees R, Kostenko F. 2003. Fast and accurate computation of spherical harmonic coefficients from satellite gravity gradiometry data. Journal of Geodesy, 76: 690–705.
Drinkwater M R, Floberghagen R, Haagmans R, Muzi D, Popescu A. 2003. GOCE: ESA's first Earth explorer core mission. Space Science Reviews, 108(1): 419–432.
Klees R, Koop R, Visser P, Ijssel J V D. 2000. Efficient gravity field recovery from GOCE gravity gradient observations. Journal of Geodesy, 74: 561–571.
Muzi D, Allasio A. 2003. GOCE: The first core Earth explorer of ESA's Earth observation programme. Acta Astronautica, 54(3): 167–175.
Pail R, Wermuth M. 2003. GOCE SGG and SST quick-look gravity field analysis. Advances in Geosciences, 1: 5–9.
Petrovskaya M S, Zielinski J B. 1997. Determination of the global and regional gravitational fields from satellite and balloon gradiometry missions. Advances in Space Research, 19(11): 1723–1728.
Visser P, van den IJssel J. 2000. GPS-based precise orbit determination of the very low earth-orbiting gravity mission GOCE. Journal of Geodesy, 74(7): 590–602.
Zheng W, Lu X L, Xu H Z, Shao C G, Luo J, Wang N C. 2005. Simulation of Earth's gravitational field recovery from GRACE using the energy balance approach. Progress in Natural Science, 15(7): 596–601.
Zheng W, Shao C G, Luo J, Xu H Z. 2006. Numerical simulation of Earth's gravitational field recovery from SST based on the energy conservation principle. Chinese Journal of Geophysics, 49(3): 712–717.
Zheng W, Shao C G, Luo J, Xu H Z. 2008a. Improving the accuracy of GRACE Earth's gravitational field using the combination of different inclinations. Progress in Natural Science, 18(5): 555–561.
Zheng W, Xu H Z, Zhong M, Yun M J. 2008b. Physical explanation on designing three axes as different resolution indexes from GRACE satellite-borne accelerometer. Chinese Physics Letters, 25(12): 4482–4485.
Zheng W, Xu H Z, Zhong M, Yun M J. 2009a. Physical explanation of influence of twin and three satellites formation mode on the accuracy of Earth's gravitational field. Chinese Physics Letters, 26(2): 029101-1–029101-4.
Zheng W, Xu H Z, Zhong M, Yun M J. 2009b. Accurate and rapid error estimation on global gravitational field from current GRACE and future GRACE Follow-On missions. Chinese Physics B, 18(8): 3597–3604.
Zheng W, Xu H Z, Zhong M, Yun M J. 2011a. Efficient calibration of the non-conservative force data from the space borne accelerometers of the twin GRACE satellites. Transactions of the Japan Society for Aeronautical and Space Sciences, 54(184): 106–110.
Zheng W, Xu H Z, Zhong M, Yun M J. 2012a. A contrastive study on the influences of radial and three-dimensional satellite gravity gradiometry on the accuracy of the Earth's gravitational field recovery. Chinese Physics B, 21(10): 109101-1–109101-8.
Zheng W, Xu H Z, Zhong M, Yun M J. 2012b. Efficient accuracy improvement of GRACE global gravitational field recovery using a new inter-satellite range interpolation method. Journal of Geodynamics, 53: 1–7.
Zheng W, Xu H Z, Zhong M, Yun M J. 2012c. Precise recovery of the Earth's gravitational field with GRACE: Intersatellite Range-Rate Interpolation Approach. IEEE Geoscience and Remote Sensing Letters, 9(3): 422–426.
Zheng W, Xu H Z, Zhong M, Yun M J. 2012d. Influences of interpolation formula, correlation coefficient and sample interval on the accuracy of GRACE Follow-On intersatellite range-acceleration. Chinese Journal of Geophysics, 55(2): 100–111.
Zheng W, Xu H Z, Zhong M, Yun M J, Zhou X H. 2011b. Accurate and rapid determination of GOCE Earth's gravitational field using time-space-wise approach associated with Kaula regularization. Chinese Journal of Geophysics, 54(1): 240–249.
Zheng W, Xu H Z, Zhong M, Yun M J, Zhou X H, Peng B B. 2008c. Efficient and rapid estimation of the accuracy of GRACE global gravitational field using the semi-analytical method. Chinese Journal of

Geophysics, 51(6): 1704–1710.
Zheng W, Xu H Z, Zhong M, Yun M J, Zhou X H, Peng B B. 2009c. Influence of the adjusted accuracy of center of mass between GRACE satellite and SuperSTAR accelerometer on the accuracy of Earth's gravitational field. Chinese Journal of Geophysics, 52(6): 1465–1473.
Zheng W, Xu H Z, Zhong M, Yun M J, Zhou X H, Peng B B. 2009d. Effective processing of measured data from GRACE key payloads and accurate determination of Earth's gravitational field. Chinese Journal of Geophysics, 52(8): 1966–1975.
Zheng W, Xu H Z, Zhong M, Yun M J, Zhou X H, Peng B B. 2009e. Demonstration on the optimal design of resolution indexes of high and low sensitive axes from space-borne accelerometer in the satellite-to-satellite tracking model. Chinese Journal of Geophysics, 52(11): 2712–2720.
Zheng W, Xu H Z, Zhong M, Yun M J, Zhou X H, Peng B B. 2010. Efficient and rapid estimation of the accuracy of future GRACE Follow-On Earth's gravitational field using the analytic method. Chinese Journal of Geophysics, 53(4): 796–806.

第14章　基于解析法估计下一代GOCE Follow-On地球重力场精度

本章基于方差-协方差原理和利用卫星重力梯度对角张量建立了累积大地水准面解析误差模型；基于新型卫星重力梯度解析误差模型，利用不同卫星轨道高度和不同卫星重力梯度仪精度指标，开展下一代GOCE Follow-On卫星重力梯度系统的需求论证研究。结果表明：卫星轨道高度设计为300～400 km和重力梯度仪精度指标设计为10^{-13}～10^{-15} /s^2较优；论证过去CHAMP、当前GRACE和GOCE，以及下一代GOCE Follow-On卫星重力计划联合反演高精度、高空间分辨和全频段地球重力场精度的互补性（Zheng et al.，2013）。

14.1　研究背景

地球重力场及其时变反映地球表层及内部物质的空间分布、运动和变化，同时决定着大地水准面的起伏和变化（许厚泽，2001；郑伟等，2010a）。因此，确定地球重力场的精细结构及其时变不仅是卫星大地测量学、海洋学、地震学、空间科学、国防建设等的需求，同时也将为寻求资源、保护环境和预测灾害提供重要的信息资源。欧洲空间局（ESA）独立研制的GOCE重力梯度卫星已于2009年3月17日成功发射升空；采用近圆（轨道离心率0.001）、极地（轨道倾角96.5°）和太阳同步轨道；经过20个月的飞行计划，轨道高度由250 km降为240 km；主要用于精密探测地球重力场的中短波信号。GOCE采用卫星跟踪卫星高低和卫星重力梯度（SST-HL/SGG）模式的结合，除基于高轨道的GPS/GLONASS卫星对低轨道的GOCE进行精密跟踪定位（定轨精度1 cm），同时利用定位于卫星质心处的重力梯度仪（测量精度$3\times10^{-12}/s^2$）高精度测量卫星轨道高度处引力位的二阶导数（边少锋和纪兵，2006）。GOCE采用了非保守力补偿技术，首先，利用重力梯度仪测量由非保守力（大气阻力、太阳光压、地球辐射压、轨道高度和姿态控制力等）引起的卫星质心的线性加速度与卫星平台的角加速度；其次，结合卫星平台姿态测量数据，通过无阻尼离子微推进器补偿卫星受到的非保守力。由于SGG观测值中的非保守力效应得到了有效扣除，因此进一步提高了重力场反演的精度和空间分辨率。由于地球重力场信号随卫星轨道高度的增加而呈指数急剧衰减$[R_e/(R_e+H)]^{l+1}$，其中R_e为地球的平均半径，H为卫星轨道高度，l为地球引力位按球函数展开的阶数。基于分析卫星轨道运动仅适合于确定中长波地球重力场，而SGG是直接测定地球引力位的二次微分，其结果将球谐系数放大了l^2倍，因此可有效抑制引力位随高度的衰减效应，进而高精度感测中高频地球重力场信号。基于GOCE重力梯度卫星在高精度感测中高频地球重力场中的优秀表现，以及GOCE卫星重力梯度计划预计于2015年前结束的原因，国际大地测量、空间科学等交叉研究领域的众多科研机构正积极开展下一代 GOCE Follow-On 卫星重力梯度计划的研究论证，旨在进一步提高全球重力场的测量精度及获得地球重力场的时变信号（Aguirre-Martinez and Sneeuw，2003；Rummel，2003；Sneeuw，2005）。

在众多卫星重力梯度反演方法中，按照卫星观测方程的建立和求解的不同可分为数值法和解析法。数值法是指将卫星观测数据按时间序列处理，卫星星历值直接表示成引力位系数的函数，由最小二乘法、预处理共轭梯度法等解算超定方程组，进而获得地球引力位系数（Klees et al.，2000；Ditmar et al.，2003；Pail and Wermuth，2003；Cesare et al.，2010；Visser，2011；Zheng et al.，2011b）。优点是地球重力场求解精度较高；缺点是不易于误差分析、求解速度较慢、对计算机性能要求较高，难以解算下一代高阶次地球重力场模型。本章于 2011 年基于时空域混合数值法结合 Kaula 正则化反演了 250 阶 GOCE 地球重力场（Zheng et al.，2011b）。解析法是指通过分析地球重力场和卫星观测数据的关系建立卫星观测方程模型，进而估计地球重力场的精度。优点是卫星观测方程物理含义明确，易于误差分析且可快速求解高阶地球重力场；缺点是在建立卫星观测方程模型时作了不同程度的近似。由于卫星重力梯度测量计划整体的复杂性，因此较难建立解析观测方程以描述地球重力场反演的过程。但在下一代卫星重力计划可行性研究的地球重力场需求分析阶段，可通过解析法有效和快速论证卫星观测模式、卫星轨道参数（轨道高度、轨道倾角、轨道离心率等）、关键载荷匹配精度指标（重力梯度仪、GPS 接收机、非保守力补偿系统等）等的合理性和最优设计，分析卫星系统各项误差源对地球重力场反演精度的影响。

本章建立了新型卫星重力梯度对角张量解析误差模型；利用不同卫星轨道高度和卫星重力梯度仪精度指标，开展了下一代 GOCE Follow-On 卫星重力梯度系统的需求分析研究；论证了四期卫星重力计划联合反演高精度、高空间分辨和全频段地球重力场精度的互补性。本章的研究不仅为下一代卫星重力梯度系统的轨道参数和关键载荷精度指标的优化设计提供了理论依据和计算支持，同时对国际月球和太阳系火星等行星卫星重力测量的发展方向具有一定的借鉴意义。

14.2 解析误差模型建立

在地固系中，地球引力位 $V(r,\theta,\lambda)$按球谐函数展开的表达式为

$$V(r,\theta,\lambda)=\frac{GM}{R_e}\sum_{l=0}^{L}\sum_{m=0}^{l}\left(\frac{R_e}{r}\right)^{l+1}\bar{Y}_{lm}(\theta,\lambda)\bar{X}_{lm} \tag{14.1}$$

其中，$\bar{Y}_{lm}(\theta,\lambda)$ 为球函数，$\bar{Y}_{lm}(\theta,\lambda)=\bar{\mathrm{P}}_{l|m|}(\cos\theta)Q_m(\lambda)$，$Q_m(\lambda)=\begin{cases}\cos m\lambda, & m\geqslant 0\\ \sin|m|\lambda, & m<0\end{cases}$；$GM$ 为地球质量 M 和万有引力常数 G 之积；R_e 为地球平均半径；$r=\sqrt{x^2+y^2+z^2}$ 为卫星的地心半径，x, y, z 分别为卫星位置矢量 $\boldsymbol{r}$ 的三个分量；θ 和 λ 分别为卫星的地心余纬度和经度；$\bar{\mathrm{P}}_{lm}(\cos\theta)$ 为规格化 Legendre 函数，l 为阶数，m 为次数；$\bar{X}_{lm}=(\bar{C}_{lm},\bar{S}_{lm})$ 为待求规格化地球引力位系数。

地球引力位 $V(r,\theta,\lambda)$分别对 x, y, z 的二阶导数表示如下：

$$\boldsymbol{\Gamma}=\begin{bmatrix} V_{xx} & V_{xy} & V_{xz} \\ V_{yx} & V_{yy} & V_{yz} \\ V_{zx} & V_{zy} & V_{zz} \end{bmatrix} \tag{14.2}$$

其中，地球引力位二阶导数是对称张量，同时在真空情况下满足 Laplace 方程表现为无迹性，$V_{xx}+V_{yy}+V_{zz}=0$，因此，在 9 个重力梯度分量中有 5 个是独立的。全张量重力梯度的 9 个分量表示如下：

$$\begin{cases} V_{xx}(r,\theta,\lambda)=\dfrac{1}{r}V_r(r,\theta,\lambda)+\dfrac{1}{r^2}V_{\theta\theta}(r,\theta,\lambda), \\ V_{yy}(r,\theta,\lambda)=\dfrac{1}{r}V_r(r,\theta,\lambda)+\dfrac{1}{r^2}\cot\theta V_\theta(r,\theta,\lambda)+\dfrac{1}{r^2\sin^2\theta}V_{\lambda\lambda}(r,\theta,\lambda), \\ V_{zz}(r,\theta,\lambda)=V_{rr}(r,\theta,\lambda), \\ V_{xy}(r,\theta,\lambda)=V_{yx}(r,\theta,\lambda)=\dfrac{1}{r^2\sin\theta}[-\cot\theta V_\lambda(r,\theta,\lambda)+V_{\theta\lambda}(r,\theta,\lambda)], \\ V_{xz}(r,\theta,\lambda)=V_{zx}(r,\theta,\lambda)=\dfrac{1}{r^2}V_\theta(r,\theta,\lambda)-\dfrac{1}{r}V_{r\theta}(r,\theta,\lambda), \\ V_{yz}(r,\theta,\lambda)=V_{zy}(r,\theta,\lambda)=\dfrac{1}{r\sin\theta}\left[\dfrac{1}{r}V_\lambda(r,\theta,\lambda)-V_{r\lambda}(r,\theta,\lambda)\right] \end{cases} \tag{14.3}$$

其中，地球引力位 $V(r,\theta,\lambda)$分别对 r,θ,λ 的一阶导数表示为

$$\begin{cases} V_r(r,\theta,\lambda)=-\dfrac{GM}{R_e^2}\sum\limits_{l=0}^{L}(l+1)\left(\dfrac{R_e}{r}\right)^{l+2}\sum\limits_{m=0}^{l}(\bar{C}_{lm}\cos m\lambda+\bar{S}_{lm}\sin m\lambda)\bar{P}_{lm}(\cos\theta), \\ V_\theta(r,\theta,\lambda)=-\dfrac{GM}{R_e}\sum\limits_{l=0}^{L}\left(\dfrac{R_e}{r}\right)^{l+1}\sum\limits_{m=0}^{l}(\bar{C}_{lm}\cos m\lambda+\bar{S}_{lm}\sin m\lambda)\bar{P}'_{lm}(\cos\theta)\sin\theta, \\ V_\lambda(r,\theta,\lambda)=\dfrac{GM}{R_e}\sum\limits_{l=0}^{L}\left(\dfrac{R_e}{r}\right)^{l+1}\sum\limits_{m=0}^{l}m(-\bar{C}_{lm}\sin m\lambda+\bar{S}_{lm}\cos m\lambda)\bar{P}_{lm}(\cos\theta) \end{cases} \tag{14.4}$$

地球引力位 $V(r,\theta,\lambda)$分别对 r,θ,λ 的二阶导数表示为

$$\begin{cases} V_{rr}(r,\theta,\lambda)=\dfrac{GM}{R_e^3}\sum\limits_{l=0}^{L}(l+1)(l+2)\left(\dfrac{R_e}{r}\right)^{l+3}\sum\limits_{m=0}^{l}(\bar{C}_{lm}\cos m\lambda+\bar{S}_{lm}\sin m\lambda)\bar{P}_{lm}(\cos\theta), \\ V_{\theta\theta}(r,\theta,\lambda)=\dfrac{GM}{R_e}\sum\limits_{l=0}^{L}\left(\dfrac{R_e}{r}\right)^{l+1}\sum\limits_{m=0}^{l}(\bar{C}_{lm}\cos m\lambda+\bar{S}_{lm}\sin m\lambda)[\bar{P}''_{lm}(\cos\theta)\sin^2\theta-\bar{P}'_{lm}(\cos\theta)\cos\theta], \\ V_{\lambda\lambda}(r,\theta,\lambda)=-\dfrac{GM}{R_e}\sum\limits_{l=0}^{L}\left(\dfrac{R_e}{r}\right)^{l+1}\sum\limits_{m=0}^{l}m^2(C_{lm}\cos m\lambda+S_{lm}\sin m\lambda)\bar{P}_{lm}(\cos\theta), \\ V_{r\theta}(r,\theta,\lambda)=V_{\theta r}(r,\theta,\lambda)=\dfrac{GM}{R_e^2}\sum\limits_{l=0}^{L}(l+1)\left(\dfrac{R_e}{r}\right)^{l+2}\sum\limits_{m=0}^{l}(\bar{C}_{lm}\cos m\lambda+\bar{S}_{lm}\sin m\lambda)\bar{P}'_{lm}(\cos\theta)\sin\theta, \\ V_{r\lambda}(r,\theta,\lambda)=V_{\lambda r}(r,\theta,\lambda)=\dfrac{GM}{R_e^2}\sum\limits_{l=0}^{L}(l+1)\left(\dfrac{R_e}{r}\right)^{l+2}\sum\limits_{m=0}^{l}m(\bar{C}_{lm}\sin m\lambda-\bar{S}_{lm}\cos m\lambda)\bar{P}_{lm}(\cos\theta), \\ V_{\theta\lambda}(r,\theta,\lambda)=V_{\lambda\theta}(r,\theta,\lambda)=\dfrac{GM}{R_e}\sum\limits_{l=0}^{L}\left(\dfrac{R_e}{r}\right)^{l+1}\sum\limits_{m=0}^{l}m(\bar{C}_{lm}\sin m\lambda-\bar{S}_{lm}\cos m\lambda)\bar{P}'_{lm}(\cos\theta)\sin\theta \end{cases} \tag{14.5}$$

Legendre 函数及一阶导数和二阶导数表示为

$$
\begin{cases}
\overline{\mathrm{P}}_{lm}(\cos\theta)=\gamma_m 2^{-l}\sin^m\theta\sum_{k=0}^{[(l-m)/2]}(-1)^k\dfrac{(2l-2k)!}{k!(l-k)!(l-m-2k)!}(\cos\theta)^{l-m-2k}\quad(m\leqslant l),\\
\overline{\mathrm{P}}'_{lm}(\cos\theta)=\dfrac{1}{\sin\theta}[(l+1)\cos\theta\overline{\mathrm{P}}_{lm}(\cos\theta)-(l-m-1)\overline{\mathrm{P}}_{l+1,m}(\cos\theta)],\\
\overline{\mathrm{P}}''_{lm}(\cos\theta)=-l\overline{\mathrm{P}}_{lm}(\cos\theta)+l\cos\theta\overline{\mathrm{P}}'_{l-1,m}(\cos\theta)+\dfrac{l}{4}\cos^2\theta[\overline{\mathrm{P}}'_{l-1,m+1}(\cos\theta)-4\overline{\mathrm{P}}'_{l-1,m-1}(\cos\theta)]
\end{cases}
\tag{14.6}
$$

其中，$\gamma_m=\begin{cases}\sqrt{2(2l+1)\dfrac{(l-|m|)!}{(l+|m|)!}}, & m\neq 0\\ \sqrt{2l+1}, & m=0\end{cases}$。

式（14.3）的矩阵形式表示如下：

$$
\boldsymbol{y}=\boldsymbol{A}\cdot\boldsymbol{x}\tag{14.7}
$$

其中，$\boldsymbol{y}$ 为全张量重力梯度的 9 个分量；$\boldsymbol{A}$ 为转换矩阵；$\boldsymbol{x}$ 为待求的规格化地球引力位系数 $\overline{C}_{lm}$ 和 $\overline{S}_{lm}$。在式（14.7）两边同乘以 $\boldsymbol{A}^{\mathrm{T}}$ 得

$$
\boldsymbol{A}^{\mathrm{T}}\boldsymbol{y}=\boldsymbol{A}^{\mathrm{T}}\boldsymbol{A}\cdot\boldsymbol{x}\tag{14.8}
$$

基于最小二乘平差法，根据方差-协方差矩阵公式，正规方阵逆 $(\boldsymbol{A}^{\mathrm{T}}\boldsymbol{A})^{-1}$ 的主对角元素为地球引力位系数的阶方差：

$$
\sigma_l^2(\overline{C}_{lm},\overline{S}_{lm})=\sigma_0^2\cdot\mathrm{Diag}(\boldsymbol{A}^{\mathrm{T}}\boldsymbol{A})^{-1}\tag{14.9}
$$

其中，σ_0 为卫星重力梯度仪的测量精度。

联合式（14.3）和式（14.8），基于球函数的正交归一性，垂向重力梯度 V_{zz} 正规方阵 $(\boldsymbol{A}^{\mathrm{T}}\boldsymbol{A})_{V_{zz}}$ 的对角元素表示如下：

$$
\mathrm{Diag}(\boldsymbol{A}^{\mathrm{T}}\boldsymbol{A})_{V_{zz}}=\left(\frac{GM}{R_{\mathrm{e}}^3}\right)^2\left(\frac{R_{\mathrm{e}}}{R_{\mathrm{e}}+H}\right)^{2l+6}(l+1)^2(l+2)^2\tag{14.10}
$$

其中，H 为卫星的平均轨道高度。

水平重力梯度 V_{xx} 和 V_{yy} 正规方阵 $(\boldsymbol{A}^{\mathrm{T}}\boldsymbol{A})_{V_{xx}}$ 和 $(\boldsymbol{A}^{\mathrm{T}}\boldsymbol{A})_{V_{yy}}$ 的对角元素表示如下：

$$
\mathrm{Diag}(\boldsymbol{A}^{\mathrm{T}}\boldsymbol{A})_{V_{xx}}\approx\mathrm{Diag}(\boldsymbol{A}^{\mathrm{T}}\boldsymbol{A})_{V_{yy}}=\left(\frac{GM}{R_{\mathrm{e}}^3}\right)^2\left(\frac{R_{\mathrm{e}}}{R_{\mathrm{e}}+H}\right)^{2l+6}\frac{(l+1)^3(l+2)(2l+3)}{9(2l+1)}\tag{14.11}
$$

据误差原理可知，如果在卫星轨道采样点处重力梯度观测值有 K_0 个，那么地球引力位系数方差正比于 $1/K_0$：

$$
K_0=T/\Delta t\tag{14.12}
$$

其中，T 为卫星观测时间；Δt 为卫星观测点的采样间隔。

在卫星重力梯度的 9 个张量中，对角张量垂向梯度 V_{zz} 和水平梯度 V_{xx}，V_{yy} 是主要分量，其他非对角张量对地球重力场精度的影响较对角张量可忽略。因此，联合式（14.9）、式（14.10）和式（14.11），基于卫星重力梯度对角张量 V_{ij} 估计地球引力位系数的方差表示如下：

$$\sigma_l^2(\bar{C}_{lm},\bar{S}_{lm})_{V_{ij}}=\frac{\sigma_0^2}{K_0[\mathrm{Diag}(\boldsymbol{A}^{\mathrm{T}}\boldsymbol{A})_{V_{xx}}+\mathrm{Diag}(\boldsymbol{A}^{\mathrm{T}}\boldsymbol{A})_{V_{yy}}+\mathrm{Diag}(\boldsymbol{A}^{\mathrm{T}}\boldsymbol{A})_{V_{zz}}]} \tag{14.13}$$

大地水准面方差表示如下：

$$\sigma_l^2(N)=R_{\mathrm{e}}^2\sum_{l=0}^{L}\sum_{m=-l}^{l}[(\delta\bar{C}_{lm})^2+(\delta\bar{S}_{lm})^2] \tag{14.14}$$

联合式（14.10）、式（14.11）、式（14.12）、式（14.13）和式（14.14），基于卫星重力梯度垂向张量 V_{zz}，累积大地水准面解析误差模型表示如下：

$$\sigma_l(N)_{V_{zz}}=\frac{\sigma_0}{\sqrt{T/\Delta t}}\frac{R_{\mathrm{e}}^4}{GM}\sqrt{\sum_{l=0}^{L}\frac{2l+1}{\left(\frac{R_{\mathrm{e}}}{R_{\mathrm{e}}+H}\right)^{2l+6}(l+1)^2(l+2)^2}} \tag{14.15}$$

基于卫星重力梯度水平张量 V_{xx} 和 V_{yy}，累积大地水准面解析误差模型表示如下：

$$\sigma_l(N)_{V_{xx}}\approx\sigma_l(N)_{V_{yy}}=\frac{\sigma_0}{\sqrt{T/\Delta t}}\frac{R_{\mathrm{e}}^4}{GM}\sqrt{\sum_{l=0}^{L}\frac{2l+1}{\left(\frac{R_{\mathrm{e}}}{R_{\mathrm{e}}+H}\right)^{2l+6}\frac{(l+1)^3(l+2)(2l+3)}{9(2l+1)}}} \tag{14.16}$$

基于卫星重力梯度对角张量 V_{ij}，累积大地水准面联合解析误差模型表示如下：

$$\sigma_l(N)_{V_{ij}}=\frac{\sigma_0}{\sqrt{T/\Delta t}}\frac{R_{\mathrm{e}}^4}{GM}\sqrt{\sum_{l=0}^{L}\frac{2l+1}{\left(\frac{R_{\mathrm{e}}}{R_{\mathrm{e}}+H}\right)^{2l+6}\left[(l+1)^2(l+2)^2+\frac{2(l+1)^3(l+2)(2l+3)}{9(2l+1)}\right]}} \tag{14.17}$$

14.3 下一代 GOCE Follow-On 卫星系统需求论证

14.3.1 卫星轨道高度影响

图 14.1 表示基于解析法，利用相同的卫星重力梯度反演参数（表 14.1）和不同的卫星轨道高度（200～500 km）估计下一代 GOCE Follow-On 地球重力场的精度；大地水准面累积误差的统计结果如表 14.2 所示。

研究结果表明：下一代重力梯度卫星 GOCE Follow-On 的轨道高度设计为 300～400 km 较优，原因分析如下。

第一，据欧空局公布的 GOCE-Level-1B 中 GPS 导航实测数据可知，GOCE 卫星的轨道高度主要分布在距地面 200～300 km 的空间范围。经过 2 年多的全球重力场测量，GOCE 卫星已高精度和高空间分辨率地感测了中短波静态地球重力场。由于不同卫星轨道高度敏感于不同频段的地球重力场信号，因此 GOCE 卫星仅能在特定轨道高度区间发挥其优越性，而在轨道覆盖空间范围之外基本无能为力。如果下一代重力梯度卫星的轨道高度也同样设计在 200～300 km 的空间范围，除非反演地球重力场的精度高于 GOCE 卫星，否则其效果仅相当于 GOCE 卫星的简单重复测量，对于地球重力场精度的进一步提高没有实质性贡献。因此，下一代重力梯度卫星的轨道高度应尽可能选择在 GOCE 的测量盲区，进而与 GOCE 形成互补的态势。

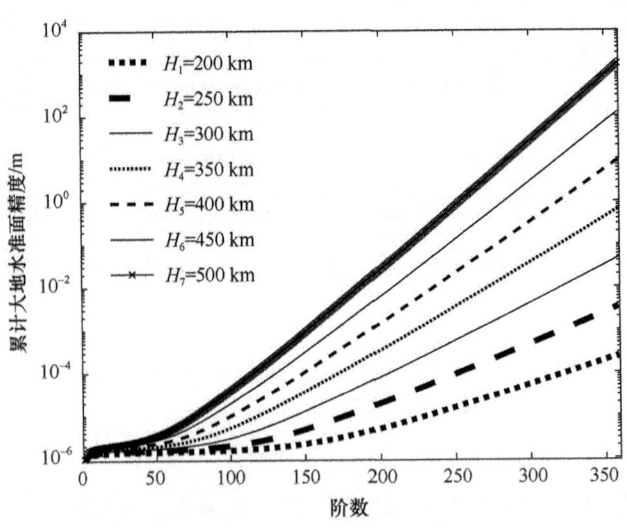

图 14.1　基于不同轨道高度估计 GOCE Follow-On 地球重力场精度

表 14.1　GOCE Follow-On 卫星重力梯度联合解析误差模型参数

参数	指标
平均轨道高度 H	300 km
卫星重力梯度仪精度 σ_0	10^{-15} /s^2
观测时间 T	60 天
采样间隔时间 Δt	5 s
地球平均半径 R_e	6378 km
地球引力常数 GM	3.986004415×10^{14} Nm^2/kg

表 14.2　基于不同轨道高度估计 GOCE Follow-On 地球重力场精度统计

轨道高度/km	大地水准面累积误差/m						
	50 阶	100 阶	150 阶	200 阶	250 阶	300 阶	360 阶
H_1=200	1.416×10^{-6}	1.556×10^{-6}	2.145×10^{-6}	4.803×10^{-6}	1.486×10^{-5}	5.157×10^{-5}	2.459×10^{-4}
H_2=250	1.543×10^{-6}	1.971×10^{-6}	4.617×10^{-6}	1.848×10^{-5}	8.785×10^{-5}	4.500×10^{-4}	3.398×10^{-3}
H_3=300	1.706×10^{-6}	2.917×10^{-6}	1.228×10^{-5}	7.589×10^{-5}	5.306×10^{-4}	3.973×10^{-3}	4.723×10^{-2}
H_4=350	1.924×10^{-6}	5.006×10^{-6}	3.465×10^{-5}	3.161×10^{-4}	3.223×10^{-3}	3.513×10^{-2}	6.546×10^{-1}
H_5=400	2.227×10^{-6}	9.381×10^{-6}	9.936×10^{-5}	1.322×10^{-3}	1.957×10^{-2}	3.094×10^{-1}	9.001×10^{0}
H_6=450	2.659×10^{-6}	1.827×10^{-5}	2.864×10^{-4}	5.525×10^{-3}	1.184×10^{-1}	2.706×10^{0}	1.224×10^{2}
H_7=500	3.281×10^{-6}	3.617×10^{-5}	8.263×10^{-4}	2.303×10^{-2}	7.116×10^{-1}	2.345×10^{1}	1.645×10^{3}

第二，利用重力卫星作为传感器进行地球重力场测量的最大弱点是卫星轨道高度处的地球重力场成指数衰减。随着重力卫星轨道逐步升高，地球重力场的长波信号衰减幅度较小，中波信号衰减幅度次之，短波信号衰减幅度最大。因此，较高轨道的重力卫星对地球重力场中波和短波信号的敏感性较弱，不利于高阶地球重力场反演。为了克服上述缺点进而反演高精度、高空间分辨率和全频段的地球重力场，目前最有效的办法是适当降低卫星轨道高度。GOCE 卫星为了尽可能抑制地球重力场信号随卫星轨道高度的衰减效应，因此采用了极低轨设计（平均轨道高度 250 km），虽然理论上可以提高地球重

力场反演的精度和空间分辨率，但其实际负面效应不容忽视：①卫星轨道高度每降低 100 km，大气阻力将提高约 10 倍，为调整卫星轨道高度和姿态需频繁进行轨道机动，不稳定的卫星平台工作环境将影响关键载荷的测量精度；②由于卫星频繁喷气引起喷气燃料消耗，将导致星体质心和加速度计检验质量质心存在实时偏差；③卫星使用寿命极大地缩减，将影响静态和时变地球重力场反演的精度和空间分辨率。因此，合理选择卫星轨道高度是反演高精度和高空间分辨率地球重力场的重要保证。为了有效弥补 GOCE 卫星设计的不足，下一代 GOCE Follow-On 重力梯度卫星可将轨道高度设计在 300～400 km 区间，不仅可有效提高卫星的使用寿命进而获得地球重力场时变信号，而且通过适当升高轨道高度可为卫星关键载荷（冷原子干涉重力梯度仪、GNSS 复合接收机、非保守力补偿系统，以及恒星敏感器等）的高精度测量提供安静和稳定的卫星平台工作环境。

14.3.2 重力梯度仪精度影响

图 14.2 表示基于解析法，利用相同的卫星重力梯度反演参数（表 14.1）和不同的重力梯度仪精度指标（10^{-11}～$10^{-15}/s^2$）估计下一代 GOCE Follow-On 地球重力场的精度。下一代重力梯度卫星 GOCE Follow-On 的重力梯度仪精度指标可设计为 10^{-13}～$10^{-15}/s^2$，具体原因分析如下：卫星重力梯度仪是一种能直接探测空间重力加速度矢量梯度的传感器。由于重力梯度可以较好地反映等位面的曲率和力线的弯曲程度，所以敏感于中短波地球重力场的信号，更能反应重力场的精细结构。在地球卫星内的微重力环境中，不同位置点加速度的差异较小，因此不同属性的重力梯度仪通常由 1～3 对属性相同的加速度计按不同的排列方式组合而成，精确测定每对加速度计检验质量之间的相对位置变化，通过观测重力加速度差进而得到重力梯度张量，此为卫星重力梯度仪能在微重力环境下直接测量地球重力场参数的主要原因。目前卫星重力梯度仪主要包括旋转式重力梯度仪、静电悬浮重力梯度仪（GOCE 卫星）、超导重力梯度仪、冷原子干涉重力梯度仪等。下一代国际卫星重力梯度测量工程的发展方向以采用高精度和新型的冷原子干涉重力梯度仪为主流。冷原子干涉重力梯度仪具有灵敏度高、结构简单、成本低、抗外界干扰能力强、

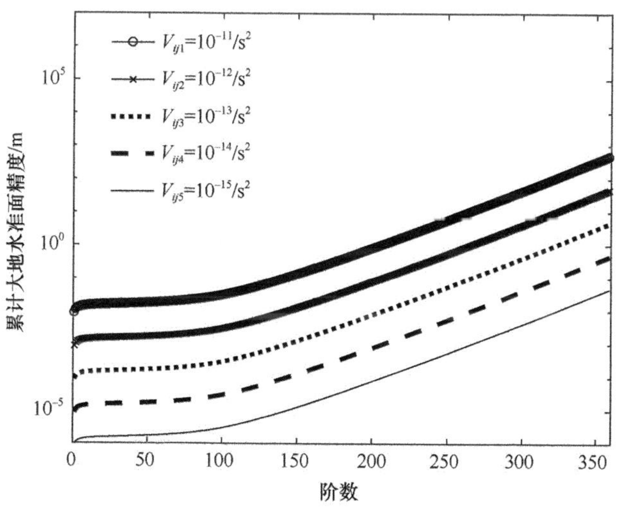

图 14.2 基于不同卫星重力梯度仪精度估计 GOCE Follow-On 地球重力场精度

易于自动化数据采集等优点，同时我国已具有一定的研究基础，因此，下一代 GOCE Follow-On 卫星重力梯度计划搭载冷原子干涉重力梯度仪（10^{-13}～$10^{-15}/s^2$）较优。

14.4 四期卫星重力计划反演地球重力场精度对比

图 14.3 表示基于过去 CHAMP、GRACE 和 GOCE，以及下一代 GOCE Follow-On 卫星重力计划反演地球重力场的精度对比，其中 CHAMP、GRACE 和 GOCE 卫星重力反演采用国际已公布的卫星轨道参数和关键载荷精度指标；GOCE Follow-On 卫星重力梯度反演的轨道高度为 300 km、星载重力梯度仪测量精度为 $10^{-15}/s^2$，其他参数如表 14.1 所示。基于四期卫星重力计划反演大地水准面累积误差的统计如表 14.3 所示。

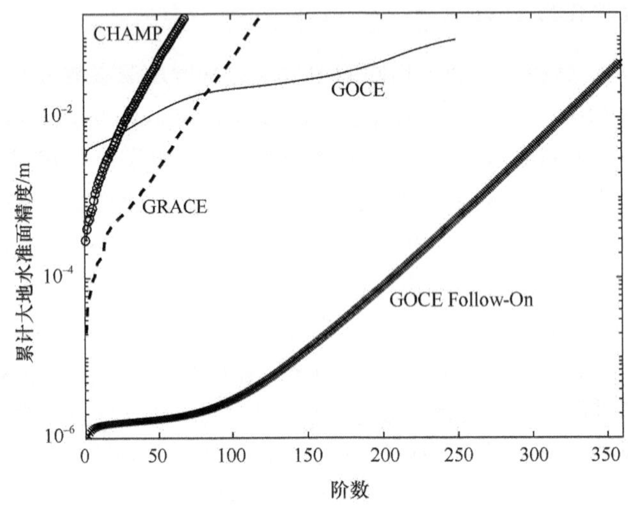

图 14.3 基于 CHAMP、GRACE 和 GOCE，以及下一代 GOCE Follow-On 卫星重力计划反演地球重力场精度对比

表 14.3 基于四期卫星重力计划反演地球重力场精度统计

重力卫星	大地水准面累积误差/m					
	20 阶	50 阶	70 阶	120 阶	250 阶	360 阶
CHAMP	3.732×10^{-3}	4.226×10^{-2}	1.727×10^{-1}	—	—	—
GRACE	4.441×10^{-4}	2.108×10^{-3}	8.123×10^{-3}	1.732×10^{-1}	—	—
GOCE	5.535×10^{-3}	1.163×10^{-2}	1.718×10^{-2}	2.463×10^{-2}	9.295×10^{-2}	—
GOCE Follow-On	1.523×10^{-6}	1.706×10^{-6}	1.927×10^{-6}	4.749×10^{-6}	5.306×10^{-4}	4.723×10^{-2}

（1）CHAMP 单星采用卫星跟踪卫星高低模式（SST-HL）探测地球重力场的最高能力约 70 阶（空间分辨率 286 km）。如图 14.3 中圆圈线所示，本章基于能量守恒法反演了 70 阶 CHAMP 地球重力场（郑伟等，2008），在 70 阶处累计大地水准面精度为 17.273 cm，其结果和德国波兹坦地学研究中心（GFZ）公布的 EIGEN-CHAMP03S（Reigber，2004）地球重力场模型符合较好。CHAMP 作为首颗专用于地球重力场探测的重力卫星，由于轨道高度（454 km）、关键载荷精度和测量模式（SST-HL）的制约仅适于探测地球重力

场的长波信号，因此仅是人类利用专用重力卫星高精度探测地球重力场的探索性试验，对提高现有地球重力场模型的精度和空间分辨率的贡献有限，但它将大大提高目前地球重力场模型的可靠性。

（2）GRACE 双星采用卫星跟踪卫星高低/低低模式（SST-HL/LL）探测地球重力场的最高能力约 120 阶（空间分辨率 167 km）。如图 14.3 中虚线所示，本章基于能量守恒法反演了 120 阶 GRACE 地球重力场（Zheng et al.，2005，2006），在 120 阶处累计大地水准面的精度为 17.316 cm，其结果和德国 GFZ 公布的 EIGEN-GRACE02S（Reigber et al.，2004）地球重力场模型符合较好。另外，国内学者已在基于当前 GRACE 和下一代 GRACE Follow-On 卫星重力计划反演地球重力场方面开展了广泛的研究论证（张捍卫和刘学谦，2004；沈云中和吴斌，2005；程芦颖，2006；周旭华等，2006；Zheng et al.，2008a，2008b，2008c，2009a，2009b，2009c，2009d，2009e，2010，2011a，2012a，2012b，2012c；郑伟等，2010b，2011）。GRACE 计划的成功实施使人类对地球重力场的认识提升到前所未有的高度，它每隔 15～30 天会产生一个新的地球重力场模型，其对探测高精度地球重力场的贡献甚至超越过去 30 年地球重力场探测信息量的总和。GRACE 包含两组 SST-HL，同时以差分原理测定两个低轨卫星之间的相互运动，因此它所得到的静态和动态地球重力场的精度比 CHAMP 至少高一个数量级。

（3）GOCE 单星采用卫星跟踪卫星高低/卫星重力梯度模式（SST-HL/SGG）探测地球重力场的最高能力约 250 阶（空间分辨率 80 km）。如图 14.3 中实线所示，本章基于时空域混合法反演了 250 阶 GOCE 地球重力场，在 250 阶处累计大地水准面的精度为 9.295 cm。由于地球重力场随卫星轨道高度的增加而急剧衰减，因此以分析卫星轨道运动确定地球重力场的方法只能精确探测中长波地球重力场。GOCE 利用星载重力梯度仪直接测定卫星轨道高度处重力梯度的二阶导数（重力梯度张量），相应于地球重力场球谐级数的二次微分，其结果是将球谐系数放大了 l^2 倍，因此卫星重力梯度测量技术可以有效克服卫星轨道的衰减效应，进而反演高精度和高空间分辨率的中短波地球重力场。

（4）GOCE Follow-On 卫星采用 SST HL/SGG 探测地球重力场的最高能力至少为 360 阶（空间分辨率 55 km）。如图 14.3 中叉号线所示，在 360 阶处累计大地水准面的精度为 4.723 cm。下一代 GOCE Follow-On 全球重力场的精度较 GOCE 至少高一个数量级的主要原因为 GOCE Follow-On 卫星重力梯度计划大幅度提高了星载重力梯度仪的测量精度（提高约 1～3 个数量级）。

（5）重力卫星 CHAMP、GRACE、GOCE 和 GOCE Follow-On 工作在不同的地球重力场波谱内，它们各自具有不同的科学应用。上述 4 期国际卫星重力计划不是相互竞争，而是具有明显的互补性，因此联合求解 4 颗重力卫星的观测数据可反演高精度、高空间分辨率和全频段的地球重力场。

14.5 本 章 小 结

国际大地测量学等交叉领域的众多学者经过 40 多年的探索终将卫星跟踪卫星（SST）和卫星重力梯度（SGG）计划推向实际操作阶段。国际众多科研机构应尽快利用长期积累的卫星重力测量成功经验，积极推动下一代卫星重力计划 GOCE Follow-On 的实施，通过采用多种观测技术重力卫星的联测反演高精度、高空间分辨率和全频段的地球重力场，进而全面提升人类对赖以生存的“数字地球”的认知能力，并通过卫星重力计划的实现促进相关学科领域（地学、航天、通信、电子、材料、军事等）的发展。基于以上研究动机，本章首次基于解析法开展了 GOCE Follow-On 卫星重力梯度系统的需求分析，为下一代卫星重力梯度计划论证研究的深入开展搭建了桥梁和纽带。首先，建立了新型用于估计累计大地水准面精度的卫星重力梯度对角张量联合解析误差模型；其次，基于联合解析误差模型，利用不同卫星轨道高度和不同卫星重力梯度仪精度指标，开展了下一代 GOCE Follow-On 卫星重力梯度系统的需求分析；最后，论证了过去 CHAMP、GRACE 和 GOCE，以及下一代 GOCE Follow-On 卫星重力计划联合反演高精度、高空间分辨和全频段地球重力场精度的互补性。

参 考 文 献

边少锋, 纪兵. 2006. 重力梯度仪的发展及其应用. 地球物理学进展, 21(2): 660–664.

程芦颖. 2006. 地球重力场恢复中的位旋转效应. 地球物理学报, 49(1): 93–98.

沈云中, 吴斌. 2005. 星间加速度解算模式的模拟与分析. 地球物理学报, 48(4): 807–811.

许厚泽. 2001. 卫星重力研究: 21 世纪大地测量研究的新热点. 测绘科学, 26(3): 1–3.

张捍卫, 刘学谦. 2004. 固体潮 Love 数的基本理论和数值结果. 地球物理学进展, 19(2): 372–378.

郑伟, 许厚泽, 钟敏, 员美娟. 2008. 利用国际卫星跟踪卫星高低测量模式恢复 CHAMP 地球重力场. 中国测绘学会九届四次理事会暨 2008 年学术年会论文集, 广西桂林, 372–380.

郑伟, 许厚泽, 钟敏, 员美娟. 2010a. 国际重力卫星研究进展和我国将来卫星重力测量计划. 测绘科学, 35(1): 5–9.

郑伟, 许厚泽, 钟敏, 员美娟. 2011. 卫星跟踪卫星测量模式中关键载荷精度指标不同匹配关系论证. 宇航学报, 32(3): 697–706.

郑伟, 许厚泽, 钟敏, 员美娟, 周旭华, 彭碧波. 2010b. 卫星跟踪卫星模式中轨道参数需求分析. 天文学报, 51(1): 65–74.

周旭华, 吴斌, 彭碧波, 陆洋. 2006. 用 GRACE 卫星跟踪数据反演地球重力场. 地球物理学报, 49(3): 718–723.

Aguirre-Martinez M, Sneeuw N. 2003. Needs and tools for future gravity measuring missions. Space Science Reviews, 108(1): 409–416.

Cesare S, Aguirre M, Allasio A, Leone B, Massotti L, Muzi D, Silvestrin P. 2010. The measurement of Earth's gravity field after the GOCE mission. Acta Astronautica, 67(7): 702–712.

Ditmar P, Klees R, Kostenko F. 2003. Fast and accurate computation of spherical harmonic coefficients from satellite gravity gradiometry data. Journal of Geodesy, 76: 690–705.

Klees R, Koop R, Visser P, Ijssel J V D. 2000. Efficient gravity field recovery from GOCE gravity gradient observations. Journal of Geodesy, 74: 561–571.

Pail R, Wermuth M. 2003. GOCE SGG and SST quick-look gravity field analysis. Advances in Geosciences, 1: 5–9.

Reigber C, Schmidt R, Flechtner F. 2004. An Earth gravity field model complete to degree and order 150 from GRACE: EIGEN-GRACE02S. Journal of Geodynamics, 39(1): 1–10.

Rummel R. 2003. How to climb the gravity wall. Space Science Reviews, 108(1): 1–14.

Sneeuw N. 2005. Science requirements on future missions and simulated mission scenarios. Earth, Moon, and Planets, 94(1): 113–142.

Visser P. 2011. A glimpse at the GOCE satellite gravity gradient observations. Advances in Space Research, 47(3): 393–401.

Zheng W, Lu X L, Xu H Z, Shao C G, Luo J, Wang N C. 2005. Simulation of Earth's gravitational field recovery

from GRACE using the energy balance approach. Progress in Natural Science, 15(7): 596–601.
Zheng W, Shao C G, Luo J, Xu H Z. 2006. Numerical simulation of Earth's gravitational field recovery from SST based on the energy conservation principle. Chinese Journal of Geophysics, 49(3): 644–650.
Zheng W, Shao C G, Luo J, Xu H Z. 2008a. Improving the accuracy of GRACE Earth's gravitational field using the combination of different inclinations. Progress in Natural Science, 18(5): 555–561.
Zheng W, Xu H Z, Zhong M, Liu C S, Yun M J. 2013. Efficient and rapid accuracy estimation of the Earth's gravitational field from next-generation GOCE Follow-On by the analytical method. Chinese Physics B, 22(4): 049101-1–049101-8.
Zheng W, Xu H Z, Zhong M, Yun M J. 2008b. Physical explanation on designing three axes as different resolution indexes from GRACE satellite-borne accelerometer. Chinese Physics Letters, 25(12): 4482–4485.
Zheng W, Xu H Z, Zhong M, Yun M J. 2009a. Physical explanation of influence of twin and three satellites formation mode on the accuracy of Earth's gravitational field. Chinese Physics Letters, 26(2): 029101-1–029101-4.
Zheng W, Xu H Z, Zhong M, Yun M J. 2009b. Accurate and rapid error estimation on global gravitational field from current GRACE and future GRACE Follow-On missions. Chinese Physics B, 18(8): 3597–3604.
Zheng W, Xu H Z, Zhong M, Yun M J. 2011a. Efficient calibration of the non-conservative force data from the space-borne accelerometers of the twin GRACE satellites. Transactions of the Japan Society for Aeronautical and Space Sciences, 54(184): 106–110.
Zheng W, Xu H Z, Zhong M, Yun M J. 2012a. Efficient accuracy improvement of GRACE global gravitational field recovery using a new inter-satellite range interpolation method. Journal of Geodynamics, 53: 1–7.
Zheng W, Xu H Z, Zhong M, Yun M J. 2012b. Precise recovery of the Earth's gravitational field with GRACE: Intersatellite range-rate interpolation approach. IEEE Geoscience and Remote Sensing Letters, 9(3): 422–426.
Zheng W, Xu H Z, Zhong M, Yun M J. 2012c. Influences of interpolation formula, correlation coefficient and sample interval on the accuracy of GRACE Follow-On intersatellite range-acceleration. Chinese Journal of Geophysics, 55(2): 100–111.
Zheng W, Xu H Z, Zhong M, Yun M J, Zhou X H. 2011b. Accurate and rapid determination of GOCE Earth's gravitational field using time-space-wise approach associated with Kaula regularization. Chinese Journal of Geophysics, 54(1): 240–249.
Zheng W, Xu H Z, Zhong M, Yun M J, Zhou X H, Peng B B. 2008c. Efficient and rapid estimation of the accuracy of GRACE global gravitational field using the semi-analytical method. Chinese Journal of Geophysics, 51(6): 1143–1150.
Zheng W, Xu H Z, Zhong M, Yun M J, Zhou X H, Peng B B. 2009c. Influence of the adjusted accuracy of center of mass between GRACE satellite and SuperSTAR accelerometer on the accuracy of Earth's gravitational field. Chinese Journal of Geophysics, 52(3): 564–574.
Zheng W, Xu H Z, Zhong M, Yun M J, Zhou X H, Peng B B. 2009d. Effective processing of measured data from GRACE key payloads and accurate determination of Earth's gravitational field. Chinese Journal of Geophysics, 52(4): 772–782.
Zheng W, Xu H Z, Zhong M, Yun M J, Zhou X H, Peng B B. 2009e. Demonstration on the optimal design of resolution indexes of high and low sensitive axes from space-borne accelerometer in the satellite-to-satellite tracking model. Chinese Journal of Geophysics, 52(6): 1200–1209.
Zheng W, Xu H Z, Zhong M, Yun M J, Zhou X H, Peng B B. 2010. Efficient and rapid estimation of the accuracy of future GRACE Follow-On Earth's gravitational field using the analytic method. Chinese Journal of Geophysics, 53(2): 218–230.

第15章 重力梯度解析误差模型建立和 GOCE Follow-On 需求论证

第一，建立了卫星重力梯度信号功率谱模型，并通过Kaula公式检验了其正确性。第二，基于卫星重力梯度信号功率谱和幅度谱模型开展了敏感度分析研究，结果表明：①卫星重力梯度垂向张量 V_{zz} 是最主要分量，对地球重力场反演精度最敏感；②卫星重力梯度水平张量 V_{xx} 和 V_{yy} 是保证地球重力场反演精度的重要组成部分；③卫星重力梯度交叉张量 V_{xz} 对地球重力场反演精度的贡献相对较小。第三，首次建立了卫星重力梯度仪的重力梯度张量误差和 GPS/GLONASS 复合接收机的轨道位置误差影响累计大地水准面精度的单独和联合解析误差模型。在250阶处，基于卫星重力梯度张量和轨道位置联合解析误差模型估计累计大地水准面精度为 1.769×10^{-1} m，其结果与德国慕尼黑工业大学（TUM）公布的GO_CONS_GCF_2_TIM_R2地球重力场模型精度 1.760×10^{-1} m 符合较好，进而证明了本章建立的联合解析误差模型是正确的。第四，基于不同卫星重力梯度测量精度、不同卫星轨道位置测量精度和不同卫星轨道高度开展了下一代 GOCE Follow-On 重力梯度卫星需求论证研究，结果表明：①建议卫星重力梯度测量精度设计为 $10^{-13}\sim10^{-15}$ /s^2；②建议卫星定轨精度设计为1～0.1 cm；③建议卫星轨道高度选择在200～300 km（Zheng et al.，2016）。

15.1 研 究 背 景

卫星重力梯度测量（SGG）技术的实现是继美国全球定位系统（GPS）星座成功构建之后在大地测量领域的又一项创新和突破，被国际大地测量学界公认为是当前地球重力场探测研究中最高效、最经济和最有发展潜力的方法之一（许厚泽，2001；郑伟等，2010a）。欧空局（ESA）独立研制的GOCE重力梯度卫星已于2009年3月17日成功发射升空。GOCE采用近圆极地和太阳同步低轨道，轨道倾角96.5°，轨道离心率0.001，轨道高度250 km。为了最大程度减少空间环境扰动导致卫星姿态的变化，GOCE设计为严格对称的八角形棱柱体。GOCE卫星采用卫星跟踪卫星高低（SST-HL）和卫星重力梯度的结合模式，除基于高轨道的GPS/GLONASS卫星对低轨道的GOCE卫星进行精密跟踪定位，利用定位于卫星质心处的重力梯度仪高精度测量卫星轨道高度处引力位的二阶导数（边少锋和纪兵，2006），同时利用非保守力补偿技术精密屏蔽作用于卫星体的大气阻力、太阳光压、地球辐射压，以及轨道高度和姿态控制力等。由于地球重力场信号随卫星轨道高度的增加而急剧衰减 $[R_e/(R_e+H)]^{l+1}$，基于卫星跟踪卫星模式（SST）仅适合于精密确定地球中长波重力场（Zheng et al.，2006，2008，2009a，2009b，2009c，2010，2011a，2012a，2012b，2012c），而卫星重力梯度测量是直接测定地球引力位的二次微分，其结果是将球谐系数放大了 l^2 倍，因此卫星重力梯度测量可抑制地球引力位随高度的衰减效应，进而高精度感测地球中短波重力场信号（郑伟等，2010b）。

目前国内外科研机构采用的卫星重力梯度反演法主要包括空域法（张传定等，2000；Reguzzoni，2003；Migliaccio et al.，2004；Reguzzoni and Tselfes，2009；Migliaccio et al.，2010；Pertusini et al.，2010；Reguzzoni et al.，2010； Frederica et al.，2011；Sanso et al.，2011）、时域法（Milani et al. 2005；Pail et al.，2010a，2010b，2011a，2011b；Reguzzoni et al.，2010；Goiginger et al.，2011；徐天河和贺凯飞，2011）、时空域混合法（Zheng et al.，2011b）、直接法（Bruinsma et al.，2010）等。①空域法是指不直接处理空间位置相对不规则的卫星轨道采样点的观测值，而将卫星观测值归算到以卫星平均轨道高度为半径的球面上利用快速傅里叶变换进行网格化处理，将问题转化为某类型边值问题的解。优点：网格点数固定从而方程维数一定，且可以利用 FFT 方法进行快速批量处理，因此极大地降低了计算量；缺点：在进行网格化处理中作了不同程度的近似计算，且不能对色噪声进行处理。②时域法是指将卫星观测数据按时间序列处理，卫星星历值直接表示成引力位系数的函数，由最小二乘等方法直接反求引力位系数。优点：直接对卫星观测数据进行处理，不需作任何近似，求解精度较高且能有效处理色噪声；缺点：随着卫星观测数据的增多，观测方程数量剧增，极大地增加了计算量。③时空域混合法是指联合空域法的快速性和时域法的精确性反演地球重力场。优点：在保证地球重力场解算精度的前提下，有效改善了计算速度；缺点：相对于单独的空域法和时域法，计算过程较复杂。④直接法是指将卫星精密定轨和地球重力场反演合二为一，基于各种卫星观测值同时求解卫星轨道、地面站坐标、地球自转参数、海潮模型和地球重力场模型，以及其他动力学和非动力学参数，通过综合卫星运动学、卫星动力学、大地测量学、地球物理学等多学科的知识建立的一种合乎自然规律的解算方法。优点：不依赖于任何先验的地球重力场模型，理论框架严密，各种地球重力场参数求解精度较高；缺点：整体解算过程较复杂，需要高性能的并行计算机支持。

为了满足 21 世纪科学和国防对地球重力场精度进一步提高的迫切需求，同时因为 GOCE 重力梯度卫星的工作寿命已于 2013 年结束，所以目前国内外科研机构正积极开展下一代更高精度的 GOCE Follow-On 卫星重力梯度测量计划的需求分析和载荷研制（Bender et al.，2003；Rummel，2003；Zheng et al.，2012d；郑伟等，2012）。由于现有卫星重力梯度反演法的计算过程较复杂和计算速度较慢，因此，本章首次建立了卫星重力梯度仪的重力梯度张量误差和 GPS/GLONASS 复合接收机的轨道位置误差影响累计大地水准面精度的单独和联合解析误差模型，进而精确和快速地开展了下一代 GOCE Follow-On 重力梯度卫星的需求论证研究。

15.2 卫星重力梯度张量的信号功率谱

在球坐标系中，地球引力位按球谐函数展开的表达式为

$$V(r,\theta,\lambda)=\frac{GM}{R_{\mathrm{e}}}\sum_{l=0}^{L}\left(\frac{R_{\mathrm{e}}}{r}\right)^{l+1}\sum_{m=0}^{l}(\bar{C}_{lm}\cos m\lambda+\bar{S}_{lm}\sin m\lambda)\bar{\mathrm{P}}_{lm}(\cos\theta) \tag{15.1}$$

其中，GM 为地球质量 M 和万有引力常数 G 之积；R_e 为地球的平均半径；$r=\sqrt{x^2+y^2+z^2}$ 为卫星的地心半径，x，y，z 分别为卫星位置矢量 $\boldsymbol{r}$ 的三个分量；θ 和 λ 为地心余纬度和经度；$\overline{\mathrm{P}}_{lm}(\cos\theta)$ 为规格化的 Legendre 函数，l 为阶数；m 为次数；$\bar{C}_{lm}$ 和 $\bar{S}_{lm}$ 为待求的规格化引力位系数。

地球引力位 $V(r,\theta,\lambda)$ 分别对 x,y,z 的二阶导数表示如下：

$$\Gamma=\begin{bmatrix} V_{xx} & V_{xy} & V_{xz} \\ V_{yx} & V_{yy} & V_{yz} \\ V_{zx} & V_{zy} & V_{zz} \end{bmatrix} \tag{15.2}$$

其中，球坐标系 (r,θ,λ) 和直角坐标系 (x,y,z) 的互换公式表示为

$$\begin{cases} r=\sqrt{x^2+y^2+z^2}, \\ \sin\theta=\dfrac{\sqrt{x^2+y^2}}{\sqrt{x^2+y^2+z^2}}, \\ \cos\theta=\dfrac{z}{\sqrt{x^2+y^2+z^2}}, \\ \sin\lambda=\dfrac{y}{\sqrt{x^2+y^2}}, \\ \cos\lambda=\dfrac{x}{\sqrt{x^2+y^2}} \end{cases} \tag{15.3}$$

地球引力位二阶导数是对称张量，同时在真空情况下满足 Laplace 方程表现为无迹性，$V_{xx}+V_{yy}+V_{zz}=0$，因此，在 9 个重力梯度分量中有 5 个是独立的。全张量重力梯度的 9 个分量表示如下：

$$\begin{cases} V_{xx}(r,\theta,\lambda)=\dfrac{GM}{R_e^3}\displaystyle\sum_{l=2}^{L}\left(\dfrac{R_e^3}{r}\right)^{l+3}\sum_{m=0}^{l}(\bar{\boldsymbol{C}}_{lm}\cos m\lambda+\bar{\boldsymbol{S}}_{lm}\sin m\lambda)\boldsymbol{H}^{xx}(\theta), \\ V_{yy}(r,\theta,\lambda)=\dfrac{GM}{R_e^3}\displaystyle\sum_{l=2}^{L}\left(\dfrac{R_e^3}{r}\right)^{l+3}\sum_{m=0}^{l}(\bar{\boldsymbol{C}}_{lm}\cos m\lambda+\bar{\boldsymbol{S}}_{lm}\sin m\lambda)\boldsymbol{H}^{yy}(\theta), \\ V_{zz}(r,\theta,\lambda)=\dfrac{GM}{R_e^3}\displaystyle\sum_{l=2}^{L}\left(\dfrac{R_e^3}{r}\right)^{l+3}\sum_{m=0}^{l}(\bar{\boldsymbol{C}}_{lm}\cos m\lambda+\bar{\boldsymbol{S}}_{lm}\sin m\lambda)\boldsymbol{H}^{zz}(\theta), \\ V_{xy}(r,\theta,\lambda)=\dfrac{GM}{R_e^3}\displaystyle\sum_{l=2}^{L}\left(\dfrac{R_e^3}{r}\right)^{l+3}\sum_{m=0}^{l}(-\bar{\boldsymbol{C}}_{lm}\sin m\lambda+\bar{\boldsymbol{S}}_{lm}\cos m\lambda)\boldsymbol{H}^{xy}(\theta), \\ V_{xz}(r,\theta,\lambda)=\dfrac{GM}{R_e^3}\displaystyle\sum_{l=2}^{L}\left(\dfrac{R_e^3}{r}\right)^{l+3}\sum_{m=0}^{l}(\bar{\boldsymbol{C}}_{lm}\cos m\lambda+\bar{\boldsymbol{S}}_{lm}\sin m\lambda)\boldsymbol{H}^{xz}(\theta), \\ V_{yz}(r,\theta,\lambda)=\dfrac{GM}{R_e^3}\displaystyle\sum_{l=2}^{L}\left(\dfrac{R_e^3}{r}\right)^{l+3}\sum_{m=0}^{l}(-\bar{\boldsymbol{C}}_{lm}\sin m\lambda+\bar{\boldsymbol{S}}_{lm}\cos m\lambda)\boldsymbol{H}^{yz}(\theta) \end{cases} \tag{15.4}$$

其中，

$$\begin{cases} \boldsymbol{H}^{xx}(\theta)=\overline{\mathbf{P}}''_{lm}(\cos\theta)-(n+1)\overline{\mathbf{P}}_{lm}(\cos\theta), \\ \boldsymbol{H}^{yy}(\theta)=\arctan\theta\overline{\mathbf{P}}'_{lm}(\cos\theta)-[n+1+m^2(\arcsin\theta)^2]\overline{\mathbf{P}}_{lm}(\cos\theta), \\ \boldsymbol{H}^{zz}(\theta)=(l+1)(l+2)\overline{\mathbf{P}}_{lm}(\cos\theta), \\ \boldsymbol{H}^{xy}(\theta)=m\sin^{-1}\theta[\overline{\mathbf{P}}'_{lm}(\cos\theta)-\arctan\theta\overline{\mathbf{P}}_{lm}(\cos\theta)], \\ \boldsymbol{H}^{xz}(\theta)=(l+2)\overline{\mathbf{P}}'_{lm}(\cos\theta), \\ \boldsymbol{H}^{yz}(\theta)=m(l+2)\arcsin\theta\overline{\mathbf{P}}_{lm}(\cos\theta) \end{cases}$$

Legendre 函数及一阶导数、二阶导数：

$$\begin{cases} \overline{\mathbf{P}}_{lm}(\cos\theta)=\gamma_m 2^{-l}\sin^m\theta\sum\limits_{k=0}^{[(l-m)/2]}(-1)^k\dfrac{(2l-2k)!}{k!(l-k)!(l-m-2k)!}(\cos\theta)^{l-m-2k}, \quad m\leqslant l, \\ \overline{\mathbf{P}}'_{lm}(\cos\theta)=\dfrac{1}{\sin\theta}[(l+1)\cos\theta\overline{\mathbf{P}}_{lm}(\cos\theta)-(l-m-1)\overline{\mathbf{P}}_{l+1,m}(\cos\theta)], \\ \overline{\mathbf{P}}''_{lm}(\cos\theta)=-l\overline{\mathbf{P}}_{lm}(\cos\theta)+l\cos\theta\overline{\mathbf{P}}'_{l-1,m}(\cos\theta)+\dfrac{l}{4}\cos^2\theta[\overline{\mathbf{P}}'_{l-1,m-1}(\cos\theta)-4\overline{\mathbf{P}}'_{l-1,m-1}(\cos\theta)] \end{cases}$$

其中，$\gamma_m=\begin{cases}\sqrt{2(2l+1)\dfrac{(l-|m|)!}{(l+|m|)!}}, & m\neq 0 \\ \sqrt{2l+1}, & m=0\end{cases}$。

卫星重力梯度张量 V_{ab} 的功率谱表示为

$$P^2(V_{ab})=\sum_{l=0}^{L}\sum_{m=0}^{l}\left[\frac{1}{4\pi}\iint V_{ab}(r,\phi,\lambda)\overline{Y}_{lm}(\phi,\lambda)\cos\phi\mathrm{d}\phi\mathrm{d}\lambda\right]^2 \tag{15.5}$$

其中，$\overline{Y}_{lm}(\phi,\lambda)=\overline{\mathrm{P}}_{l|m|}(\sin\phi)Q_m(\lambda)$，$Q_m(\lambda)=\begin{cases}\cos m\lambda, & m\geqslant 0 \\ \sin|m|\lambda, & m<0\end{cases}$，$a$，$b$=$x$，$y$，$z$。

基于式（15.4）和式（15.5），以及球函数的正交归一性，卫星重力梯度张量的信号功率谱表示如下：

$$P^2(V_{ab})=\left(\frac{GM}{R_{\mathrm{e}}^3}\right)^2\sum_{l=0}^{L}A_{ab}^2\left(\frac{R_{\mathrm{e}}}{R_{\mathrm{e}}+H}\right)^{2l+6}\sum_{m=0}^{l}(\overline{C}_{lm}^2+\overline{S}_{lm}^2) \tag{15.6}$$

其中，A_{ab} 为敏感度系数；H 为卫星轨道高度；$\overline{C}_{lm}$ 和 $\overline{S}_{lm}$ 可由德国慕尼黑工业大学公布的 GO_CONS_GCF_2_TIM_R2 地球重力场模型获得。

基于式（15.6），卫星重力梯度全张量 V_{xyz} 的信号功率谱表示如下：

$$P^2(V_{xyz})=P^2(V_{xx})+P^2(V_{yy})+P^2(V_{zz}) \tag{15.7}$$

表 15.1 表示基于式（15.4）获得的卫星重力梯度张量（$V_{xx},V_{yy},V_{zz},V_{xz},V_{xyz}$）的敏感度系数表达式（$A_{xx},A_{yy},A_{zz},A_{xz},A_{xyz}$）。图 15.1 表示在各阶处卫星重力梯度张量的敏感度系数$|A_{ab}|$，统计结果如表 15.2 所示。研究结果表明：第一，卫星重力梯度垂向张量 V_{zz} 是最主要分量，对地球重力场反演精度最敏感；第二，卫星重力梯度水平张量（V_{xx}，

V_{yy}）是保证地球重力场反演精度的重要组成部分；第三，卫星重力梯度交叉张量 V_{xz} 对地球重力场反演精度的贡献相对较小。

表 15.1　卫星重力梯度张量功率谱的敏感度系数

重力梯度功率谱	敏感度系数 A_{ab}
$P^2(V_{xx})$	$A_{xx}=-\sqrt{\dfrac{(l+1)^3(l+2)(2l+3)}{3(2l+1)}}$
$P^2(V_{yy})$	$A_{yy}=-\left[(l+1)(l+2)-\sqrt{\dfrac{(l+1)^3(l+2)(2l+3)}{3(2l+1)}}\right]$
$P^2(V_{zz})$	$A_{zz}=(l+1)(l+2)$
$P^2(V_{xz})$	$A_{xz}=-(l+1)/5$
$P^2(V_{xyz})$	$A_{xyz}=\sqrt{A_{xx}^2+A_{yy}^2+A_{zz}^2+A_{xz}^2}$

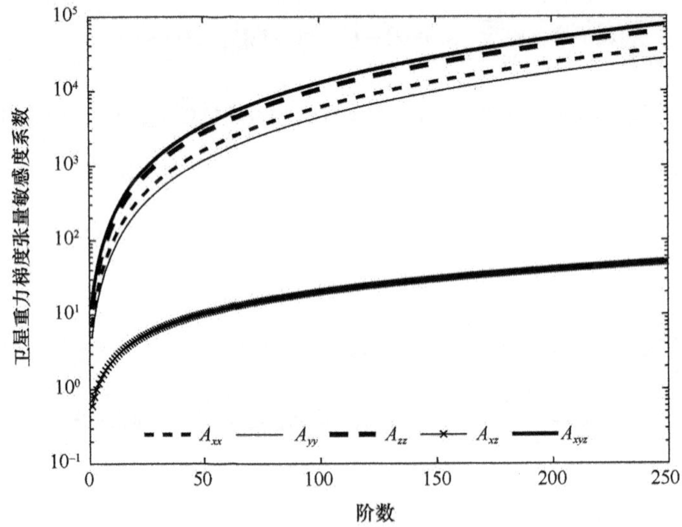

图 15.1　卫星重力梯度张量的敏感度系数$|A_{ab}|$（每阶）

表 15.2　卫星重力梯度张量的敏感度系数$|A_{ab}|$统计

参数	敏感度系数$\|A_{ab}\|$					
	20 阶	50 阶	100 阶	150 阶	200 阶	250 阶
A_{xx}	267	1531	5948	13251	23442	36519
A_{yy}	195	1121	4354	9701	17160	26733
A_{zz}	462	2652	10302	22952	40602	63252
A_{xz}	4	10	20	30	40	50
A_{xyz}	568	6261	12668	28222	49925	77776

如图 15.2 所示，细虚线、粗实线、粗虚线、细实线、圆圈线和十字线分别表示 Kaula 垂向张量 V_{Kzz} 和卫星重力梯度张量（V_{xx}，V_{yy}，V_{zz}，V_{xz}，V_{xyz}）的信号幅度谱，其中卫星轨道高度 H=250 km，引力质量常数 GM=3.986004415×10^{14} N·m^2/kg^2，地球平均半径 R_e=6378 km，统计结果如表 15.3 所示。研究结果表明：第一，通过 V_{Kzz} 和 V_{zz} 信号幅度谱在各阶处的符合性可有效验证卫星重力梯度张量的信号功率谱公式（15.6）的正确性；

第二，卫星重力梯度垂向分量 V_{zz} 信号最强，水平分量 V_{xx}、V_{yy} 次之，交叉分量 V_{xz} 最弱；第三，卫星重力梯度对角张量（V_{xx}，V_{yy}，V_{zz}，）是反演高精度和高空间分辨率地球重力场的必备分量。

基于 Kaula 规则，卫星重力梯度张量的信号功率谱表示如下：

$$P_{\mathrm{K}}^2(V_{ab})=\left(\frac{GM}{R_{\mathrm{e}}^3}\right)^2\sum_{l=0}^{L}A_{ab}^2\left(\frac{R_{\mathrm{e}}}{R_{\mathrm{e}}+H}\right)^{2l+6}(2l+1)\frac{10^{-10}}{l^4} \tag{15.8}$$

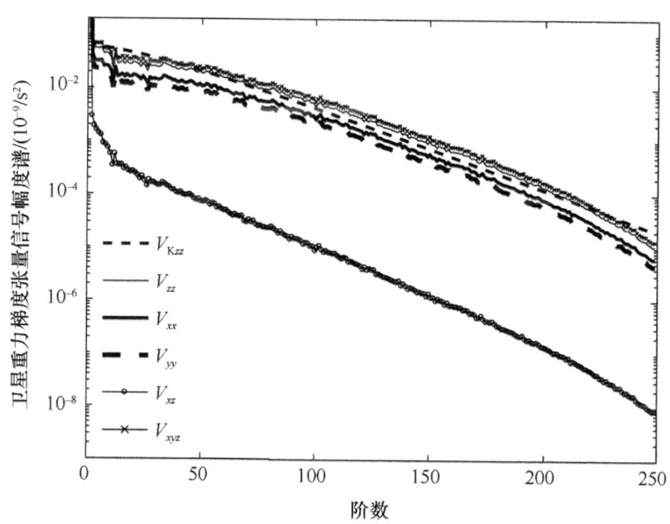

图 15.2　卫星重力梯度张量的信号幅度谱（每阶）

表 15.3　卫星重力梯度张量的信号幅度谱统计

参数	信号幅度谱/（1/s²）					
	20 阶	50 阶	100 阶	150 阶	200 阶	250 阶
V_{Kzz}	4.692×10^{-11}	2.135×10^{-11}	4.276×10^{-12}	7.579×10^{-13}	1.273×10^{-13}	2.075×10^{-14}
V_{xx}	1.622×10^{-11}	1.192×10^{-11}	3.053×10^{-12}	5.335×10^{-13}	8.196×10^{-14}	6.273×10^{-15}
V_{yy}	1.186×10^{-11}	8.725×10^{-11}	2.235×10^{-12}	3.905×10^{-13}	5.999×10^{-14}	4.592×10^{-15}
V_{zz}	2.807×10^{-11}	2.065×10^{-11}	5.288×10^{-12}	9.239×10^{-13}	1.419×10^{-13}	1.086×10^{-14}
V_{xz}	2.552×10^{-13}	7.941×10^{-14}	1.036×10^{-14}	1.216×10^{-15}	1.405×10^{-16}	8.623×10^{-18}
V_{xyz}	3.452×10^{-11}	2.539×10^{-11}	6.502×10^{-12}	1.136×10^{-12}	1.745×10^{-13}	1.336×10^{-14}

15.3　卫星重力梯度反演解析误差模型

15.3.1　卫星重力梯度张量的解析误差模型

基于式（15.4）和式（15.5），以及球函数的正交归一性，卫星重力梯度张量误差 δV_{ab} 的功率谱表示如下：

$$P^2(\delta V_{ab})=\left(\frac{GM}{R_{\mathrm{e}}^3}\right)^2\sum_{l=0}^{L}A_{ab}^2\left(\frac{R_{\mathrm{e}}}{R_{\mathrm{e}}+H}\right)^{2l+6}\sum_{m=0}^{l}(\delta\bar{C}_{lm})^2+(\delta\bar{S}_{lm})^2 \tag{15.9}$$

其中，$\delta\bar{C}_{lm},\delta\bar{S}_{lm}$ 为地球引力位系数精度。

累积大地水准面误差公式表示如下：

$$\sigma_{\mathrm{N}}^{L}=R_{\mathrm{e}}\sqrt{\sum_{l=2}^{L}\sum_{m=0}^{l}(\delta\bar{C}_{lm})^2+(\delta\bar{S}_{lm})^2} \tag{15.10}$$

联合式（15.9）和式（15.10），卫星重力梯度张量的累积大地水准面误差公式表示如下：

$$\sigma_{\mathrm{N}}(\delta V_{ab})=\frac{R_{\mathrm{e}}^4}{GM(\sqrt{T/\Delta t})}\sqrt{\sum_{l=2}^{L}\frac{2l+1}{A_{ab}^2}\left(\frac{R_{\mathrm{e}}+H}{R_{\mathrm{e}}}\right)^{2l+6}\sigma^2(\delta V_{ab})} \tag{15.11}$$

其中，$\sigma^2(\delta V_{ab})$ 为卫星重力梯度张量的方差；T 为卫星重力梯度观测总时间；Δt 为卫星重力梯度观测数据的采样间隔；$T/\Delta t$ 为卫星重力梯度观测值的数量，据统计学原理可知，如果卫星重力梯度观测值的数量增加 $T/\Delta t$ 倍，地球重力场反演精度提高约 $\sqrt{T/\Delta t}$ 倍。

基于式（15.11）和表 15.1，卫星重力梯度张量（V_{xx}，V_{yy}，V_{zz}，V_{xz}，V_{xyz}）的累积大地水准面误差公式表示如下：

$$\sigma_{\mathrm{N}}(\delta V_{xx})=\frac{R_{\mathrm{e}}^4}{GM(\sqrt{T/\Delta t})}\sqrt{\sum_{l=2}^{L}\frac{2l+1}{\frac{(l+1)^3(l+2)(2l+3)}{3(2l+1)}}\left(\frac{R_{\mathrm{e}}+H}{R_{\mathrm{e}}}\right)^{2l+6}\sigma^2(\delta V_{xx})} \tag{15.12}$$

$$\sigma_{\mathrm{N}}(\delta V_{yy})=\frac{R_{\mathrm{e}}^4}{GM(\sqrt{T/\Delta t})}\sqrt{\sum_{l=2}^{L}\frac{2l+1}{\left[(l+1)(l+2)-\sqrt{\frac{(l+1)^3(l+2)(2l+3)}{3(2l+1)}}\right]^2}\left(\frac{R_{\mathrm{e}}+H}{R_{\mathrm{e}}}\right)^{2l+6}\sigma^2(\delta V_{yy})} \tag{15.13}$$

$$\sigma_{\mathrm{N}}(\delta V_{zz})=\frac{R_{\mathrm{e}}^4}{GM(\sqrt{T/\Delta t})}\sqrt{\sum_{l=2}^{L}\frac{2l+1}{(l+1)^2(l+2)^2}\left(\frac{R_{\mathrm{e}}+H}{R_{\mathrm{e}}}\right)^{2l+6}\sigma^2(\delta V_{zz})} \tag{15.14}$$

$$\sigma_{\mathrm{N}}(\delta V_{xz})=\frac{R_{\mathrm{e}}^4}{GM(\sqrt{T/\Delta t})}\sqrt{\sum_{l=2}^{L}\frac{2l+1}{[(l+1)/5]^2}\left(\frac{R_{\mathrm{e}}+H}{R_{\mathrm{e}}}\right)^{2l+6}\sigma^2(\delta V_{xz})} \tag{15.15}$$

$$\sigma_{\mathrm{N}}(\delta V_{xyz})=\frac{R_{\mathrm{e}}^4}{GM(\sqrt{T/\Delta t})}\cdot\sqrt{\sum_{l=2}^{L}\frac{2l+1}{\frac{(l+1)^3(l+2)(2l+3)}{3(2l+1)}+\left[(l+1)(l+2)-\sqrt{\frac{(l+1)^3(l+2)(2l+3)}{3(2l+1)}}\right]^2+(l+1)^2(l+2)^2+\left(\frac{l+1}{5}\right)^2}\left(\frac{R_{\mathrm{e}}+H}{R_{\mathrm{e}}}\right)^{2l+6}\sigma^2(\delta V_{xyz})} \tag{15.16}$$

15.3.2 卫星轨道位置的解析误差模型

卫星向心加速度 $\ddot{r}$ 和卫星轨道位置 r 之间的关系表示如下：

$$\ddot{r}=\frac{GM}{r^2} \tag{15.17}$$

在式（15.17）两边同除 r 可得

$$\frac{\ddot{r}}{r}=\frac{GM}{r^3} \tag{15.18}$$

其中，$V_{xyz}=\dfrac{\ddot{r}}{r}$ 为卫星重力梯度。

基于功率谱原理，并在式（15.18）两边同时微分可得

$$P^2(\delta V_{xyz})=\left(-\frac{3GM}{r^4}\right)^2\sigma^2(\delta r) \tag{15.19}$$

其中，$\sigma^2(\delta r)$ 为卫星轨道位置的方差，

$$P^2(\delta V_{xyz})=\frac{\sigma^2(\delta V_{xyz})}{L_{\max}} \tag{15.20}$$

式中，$\sigma^2(\delta V_{xyz})$ 为卫星重力梯度张量的方差，$L_{\max}$ 表示地球重力场理论上可反演的最高阶数（由于地球重力场的部分高频信号湮没于观测误差，因此实测最高阶数将低于理论值）：

$$L_{\max}=\frac{\pi r}{D} \tag{15.21}$$

其中，$D=\dot{r}_0\Delta t$ 表示半波长空间分辨率，$\dot{r}_0=\sqrt{GM/r}$ 表示卫星平均速度，Δt 表示卫星重力梯度观测值的采样间隔时间。

联合式（15.19）～式（15.21），卫星重力梯度张量误差 δV_{xyz} 和轨道位置误差 δr 之间的转换关系表示如下：

$$\delta V_{xyz}=\sqrt{\frac{9GM\pi^2}{r^5\Delta t^2}}\delta r \tag{15.22}$$

基于式（15.16）和式（15.22），轨道位置误差 δr 影响累计大地水准面精度的解析误差模型表示如下：

$$\sigma_{\mathrm{N}}(\delta r)=\frac{R_{\mathrm{e}}^4}{GM(\sqrt{T/\Delta t})}\cdot\sqrt{\sum_{l=2}^{L}\frac{2l+1}{\dfrac{(l+1)^3(l+2)(2l+3)}{3(2l+1)}+\left[(l+1)(l+2)-\sqrt{\dfrac{(l+1)^3(l+2)(2l+3)}{3(2l+1)}}\right]^2+(l+1)^2(l+2)^2+\left(\dfrac{l+1}{5}\right)^2}\left(\frac{R_{\mathrm{e}}+H}{R_{\mathrm{e}}}\right)^{2l+6}\sigma^2\left(\sqrt{\frac{9GM\pi^2}{r^5\Delta t^2}}\delta r\right)} \tag{15.23}$$

15.3.3 卫星重力梯度和轨道位置的联合解析误差模型

基于式（15.16）和式（15.23），GOCE 卫星重力梯度仪的重力梯度张量误差和 GPS/GLONASS 接收机的轨道位置误差影响累计大地水准面精度的联合解析误差模型可表示如下：

$$\sigma_{\mathrm{N}}(\delta V_{xyz},\delta r)=\frac{R_{\mathrm{e}}^4}{GM(\sqrt{T/\Delta t})}\cdot\sqrt{\sum_{l=2}^{L}\frac{2l+1}{\dfrac{(l+1)^3(l+2)(2l+3)}{3(2l+1)}+\left[(l+1)(l+2)-\sqrt{\dfrac{(l+1)^3(l+2)(2l+3)}{3(2l+1)}}\right]^2+(l+1)^2(l+2)^2+\left(\dfrac{l+1}{5}\right)^2}\left(\frac{R_{\mathrm{e}}+H}{R_{\mathrm{e}}}\right)^{2l+6}\sigma^2(\delta\eta)} \tag{15.24}$$

其中，$\delta\eta=\sqrt{\sigma^2(\delta V_{xyz})+\sigma^2\left(\sqrt{\frac{9GM\pi^2}{r^5\Delta t^2}}\delta r\right)}$ 为 GOCE 重力梯度卫星关键载荷的总误差，$\sigma^2(\delta V_{xyz})$ 为卫星重力梯度张量方差，$\sigma^2\left(\sqrt{\frac{9GM\pi^2}{r^5\Delta t^2}}\delta r\right)$ 为卫星轨道位置方差。

15.4 研 究 结 果

15.4.1 单独和联合解析误差模型的检验

如图 15.3 所示，实线、虚线和星号线分别表示单独引入 GOCE 卫星重力梯度仪的重力梯度张量误差（V_{xyz}）和 GPS/GLONASS 复合接收机的轨道位置误差（r），以及联合误差（$V_{xyz}+r$）估计累计大地水准面的精度，统计结果如表 15.4 所示，其中 GOCE 关键载荷精度指标的匹配关系如表 15.5 所示，解析误差模型的其他参数如表 15.6 所示。据图中实线和虚线在各阶处的符合性，可验证本章在表 15.5 中提出的 GOCE 各项关键载荷精度指标是匹配的。同时，通过本章在表 15.5 中提出的 GOCE 卫星关键载荷匹配精度指标和欧空局公布的 GOCE-Level-1B 实测精度指标的符合性，充分证明了本章建立的卫星重力梯度［式（15.16）］和卫星轨道位置［式（15.23）］的单独解析误差模型是可靠和匹配的。在 250 阶处，基于卫星重力梯度张量和轨道位置联合解析误差模型［式（15.24）］，估计累计大地水准面精度为 1.769×10^{-1} m，其结果与德国慕尼黑工业大学公布的 GO_CONS_GCF_2_TIM_R2（采用 8 个月的 GOCE 卫星重力梯度观测数据）地球重力场模型精度 1.760×10^{-1} m 符合较好，进而证明了本章建立的联合解析误差模型是正确的。

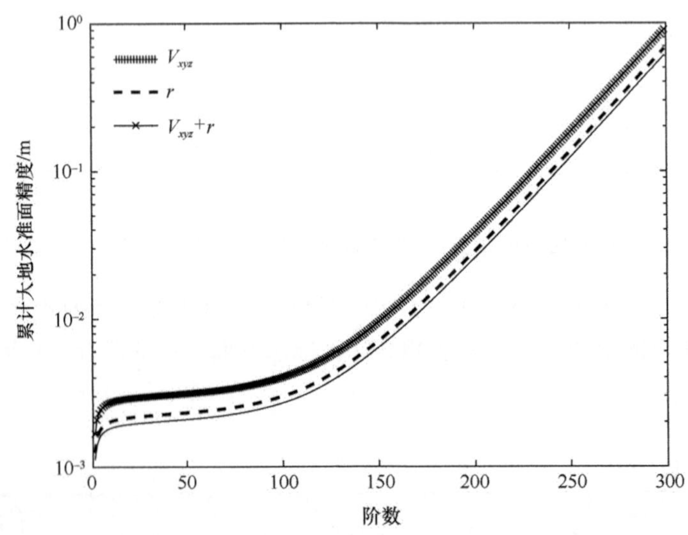

图 15.3 基于 GOCE 关键载荷匹配精度指标分别估计累计大地水准面精度

表 15.4　基于各关键载荷匹配精度指标估计累计大地水准面精度统计

关键载荷误差	累计大地水准面精度/m					
	50 阶	100 阶	150 阶	200 阶	250 阶	300 阶
重力梯度（V_{xyz}）	2.083×10^{-3}	2.660×10^{-3}	6.228×10^{-3}	2.492×10^{-2}	1.185×10^{-1}	6.068×10^{-1}
轨道位置（r）	2.310×10^{-3}	2.950×10^{-3}	2.906×10^{-3}	2.765×10^{-2}	1.313×10^{-1}	6.730×10^{-1}
联合模型（$V_{xyz}+r$）	3.110×10^{-3}	3.972×10^{-3}	9.299×10^{-3}	3.722×10^{-2}	1.769×10^{-1}	9.062×10^{-1}

表 15.5　基于单独解析误差模型提出的 GOCE 卫星关键载荷匹配精度指标

观测值	精度指标
卫星重力梯度	$3\times10^{-12}/s^2$
卫星轨道位置	1×10^{-2} m

表 15.6　GOCE 解析误差模型的相关参数

参数	指标
平均轨道高度 H	250 km
地球平均半径 R_e	6370 km
观测时间 T	8 个月
采样间隔时间 Δt	5 s
地球引力常数 GM	3.986004415×10^{14} Nm^2/kg

15.4.2　下一代 GOCE Follow-On 重力梯度卫星需求论证

1. 卫星重力梯度测量精度影响

如图 15.4 所示，基于不同卫星重力梯度测量精度 $3\times10^{-12}/s^2$、$3\times10^{-13}/s^2$、$3\times10^{-14}/s^2$ 和 $3\times10^{-15}/s^2$，分别估计了 300 阶 GOCE Follow-On 累计大地水准面精度，统计结果如表 15.7 所示。研究结果表明：在 300 阶处，基于卫星重力梯度测量精度 $3\times10^{-12}/s^2$，估计 GOCE Follow-On 累计大地水准面精度为 6.068×10^{-1} m；如果采用卫星重力梯度测量精度

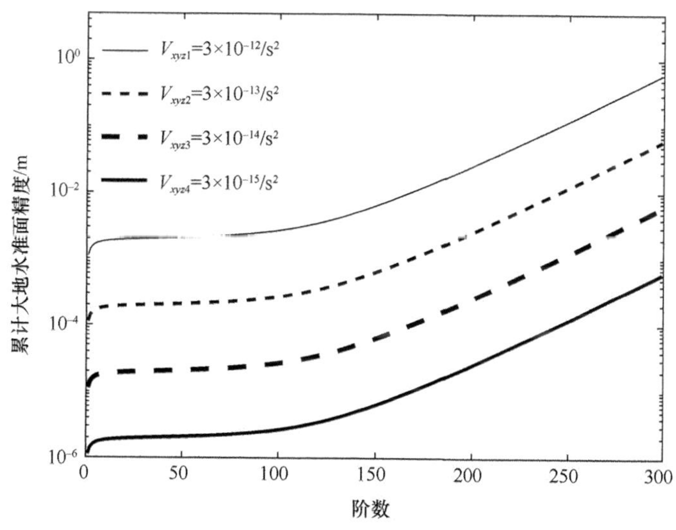

图 15.4　基于不同卫星重力梯度测量精度估计累计大地水准面精度

表 15.7　不同卫星重力梯度测量精度影响累计大地水准面精度统计

重力梯度精度（V_{xyz}）	累计大地水准面精度/m					
	50 阶	100 阶	150 阶	200 阶	250 阶	300 阶
$3\times10^{-12}/s^2$	2.083×10^{-3}	2.659×10^{-3}	6.227×10^{-3}	2.492×10^{-2}	1.185×10^{-1}	6.068×10^{-1}
$3\times10^{-13}/s^2$	2.083×10^{-4}	2.659×10^{-4}	6.227×10^{-4}	2.492×10^{-3}	1.185×10^{-2}	6.068×10^{-2}
$3\times10^{-14}/s^2$	2.083×10^{-5}	2.659×10^{-5}	6.227×10^{-5}	2.492×10^{-4}	1.185×10^{-3}	6.068×10^{-3}
$3\times10^{-15}/s^2$	2.083×10^{-6}	2.659×10^{-6}	6.227×10^{-6}	2.492×10^{-5}	1.185×10^{-4}	6.068×10^{-4}

$3\times10^{-13}/s^2$、$3\times10^{-14}/s^2$ 和 $3\times10^{-15}/s^2$，估计累计大地水准面精度将分别提高 10 倍、100 倍和 1000 倍。由于星载重力梯度仪的测量精度是决定地球重力场反演精度的最主要因素，因此，如果下一代 GOCE Follow-On 卫星重力梯度计划采用冷原子干涉重力梯度仪（测量精度 $10^{-13}\sim10^{-15}/s^2$）（Yu et al.，2006；Johnson，2011），其地球重力场的感测精度较当前 GOCE 重力梯度卫星至少可提高一个数量级。

2. 卫星轨道位置测量精度影响

图 15.5 表示分别基于卫星轨道位置测量精度 10^{-2} m、10^{-3} m、10^{-4} m 和 10^{-5} m，估计 300 阶 GOCE Follow-On 累计大地水准面精度，统计结果如表 15.8 所示。研究结果表明：在 300 阶处，基于卫星轨道位置测量精度 10^{-2} m 估计地球重力场精度为 6.730×10^{-1} m；如果卫星轨道位置测量精度分别提高 10 倍、100 倍和 1000 倍，估计地球重力场精度呈线性升高趋势。由于卫星重力梯度测量对卫星轨道位置精度敏感性较低，而且目前国际全球导航系统（美国 GPS、俄罗斯 GLONASS、中国北斗、欧洲 Galileo 等）的最优绝对定轨精度仅为 cm 级，因此，建议下一代 GOCE Follow-On 卫星重力梯度计划的定轨精度设计为 1～0.1 cm。

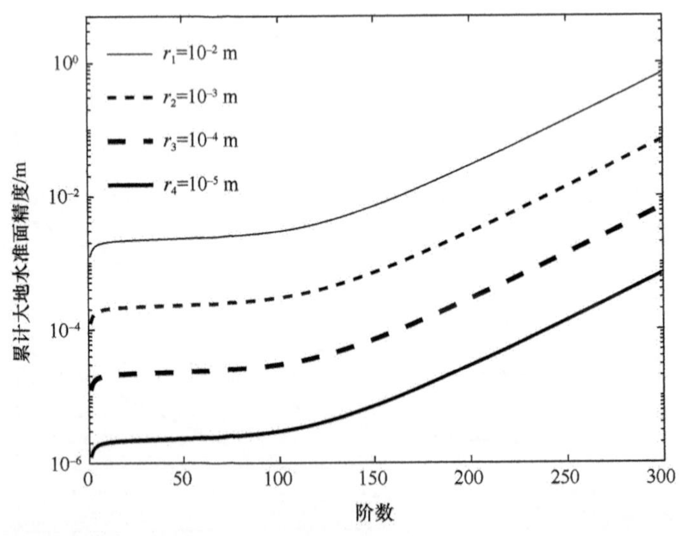

图 15.5　基于不同卫星轨道位置测量精度估计累计大地水准面精度

表 15.8　不同卫星轨道位置测量精度影响累计大地水准面精度统计

轨道位置精度（r）	累计大地水准面精度/m					
	50 阶	100 阶	150 阶	200 阶	250 阶	300 阶
10^{-2} m	2.310×10^{-3}	2.950×10^{-3}	6.906×10^{-3}	2.765×10^{-2}	1.313×10^{-1}	6.730×10^{-1}
10^{-3} m	2.310×10^{-4}	2.950×10^{-4}	6.906×10^{-4}	2.765×10^{-3}	1.313×10^{-2}	6.730×10^{-2}
10^{-4} m	2.310×10^{-5}	2.950×10^{-5}	6.906×10^{-5}	2.765×10^{-4}	1.313×10^{-3}	6.730×10^{-3}
10^{-5} m	2.310×10^{-6}	2.950×10^{-6}	6.906×10^{-6}	2.765×10^{-5}	1.313×10^{-4}	6.730×10^{-4}

3. 卫星轨道高度影响

如图 15.6 所示，粗实线、粗虚线、细虚线和细实线分别表示基于不同卫星轨道高度 200 km、250 km、300 km 和 350 km，估计 300 阶 GOCE Follow-On 累计大地水准面精度，统计结果如表 15.9 所示。研究结果表明：在 300 阶处，基于卫星轨道高度 200 km 估计累计大地水准面精度为 1.049×10^{-1} m；如果卫星轨道高度升高到 250 km、300 km 和 350 km，估计累计大地水准面精度分别降低了 8.639 倍、75.491 倍和 660.819 倍。由于地球引力位随卫星轨道高度的升高呈指数衰减，因此，有效降低卫星轨道高度是反演下一代高精度和高空间分辨率地球重力场的重要保障。但随着轨道高度每降低 100 km，作用于重力卫星的空气阻力约提高一个数量级。因此，虽然下一代 GOCE Follow-On 重力梯度卫星携带了非保守力补偿系统，但卫星轨道高度的优化选取至关重要。综上所述，建议下一代 GOCE Follow-On 重力梯度卫星的轨道高度选择在 200～300 km。

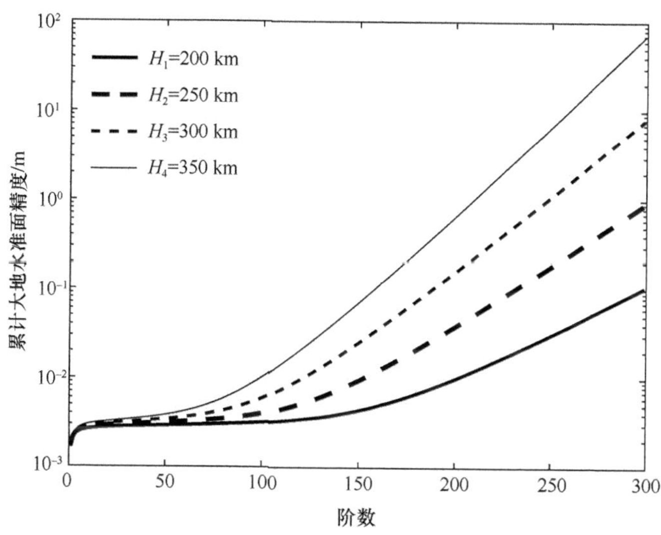

图 15.6　基于不同卫星轨道高度估计累计大地水准面精度

表 15.9　不同卫星轨道高度影响累计大地水准面精度统计

轨道高度（H）	累计大地水准面精度/m					
	50 阶	100 阶	150 阶	200 阶	250 阶	300 阶
200 km	2.885×10^{-3}	3.170×10^{-3}	4.366×10^{-3}	9.776×10^{-3}	3.025×10^{-2}	1.049×10^{-1}
250 km	3.110×10^{-3}	3.972×10^{-3}	9.299×10^{-3}	3.722×10^{-2}	1.769×10^{-1}	9.062×10^{-1}
300 km	3.403×10^{-3}	5.816×10^{-3}	2.448×10^{-2}	1.512×10^{-1}	1.058×10^{0}	7.919×10^{0}
350 km	3.800×10^{-3}	9.882×10^{-3}	6.836×10^{-2}	6.238×10^{-1}	6.360×10^{0}	6.932×10^{1}

15.5 本 章 小 结

本章首次基于功率谱原理精确建立了卫星重力梯度反演解析误差模型和开展了下一代更高精度的GOCE Follow-On重力梯度卫星系统的需求分析研究。具体结论如下。

第一，首次建立了卫星重力梯度仪的重力梯度张量误差和GPS/GLONASS复合接收机的轨道位置误差影响累计大地水准面精度的单独和联合解析误差模型。

（1）基于新型单独解析误差模型，提出了GOCE关键载荷精度指标的匹配关系，并通过与ESA公布的GOCE-Level-1B实测精度指标的符合性，验证了本章建立的单独解析误差模型的可靠性。

（2）基于新型联合解析误差模型，在250阶处估计累计大地水准面精度为1.769×10^{-1} m，其结果与德国TUM公布的全球重力场模型GO_CONS_GCF_2_TIM_R2的精度1.760×10^{-1} m符合较好，进而检验了本章构建的联合解析误差模型的正确性。

第二，基于不同卫星重力梯度测量精度、不同卫星轨道位置测量精度和不同卫星轨道高度开展了下一代GOCE Follow-On重力梯度卫星需求论证研究。

（1）如果下一代重力梯度卫星采用冷原子干涉重力梯度仪，其重力场测量精度较当前GOCE重力梯度卫星至少可提高一个数量级。因此，建议下一代星载重力梯度仪的测量精度设计为$10^{-13}\sim10^{-15}/s^2$较优。

（2）由于卫星重力梯度测量对定轨精度不敏感，而且目前美国GPS、俄罗斯GLONASS、中国北斗、欧洲Galileo等全球导航系统的最优绝对定轨精度仅为cm级，因此，建议下一代重力梯度卫星的轨道位置测量精度设计为1～0.1 cm较优。

（3）由于地球重力场信号随卫星轨道升高呈指数衰减，但随着轨道降低，作用于重力卫星的非保守力急剧增大。因此，建议下一代重力梯度卫星的轨道高度选择在200～300 km较优。

参 考 文 献

边少锋, 纪兵. 2006. 重力梯度仪的发展及其应用. 地球物理学进展, 21(2): 660–664.

徐天河, 贺凯飞. 2011. 利用交叉点不符值对 GOCE 卫星重力梯度数据进行精度评定. 武汉大学学报 • 信息科学版, 36(5): 617–620.

许厚泽. 2001. 卫星重力研究: 21世纪大地测量研究的新热点. 测绘科学, 26(3): 1–3.

张传定, 吴晓平, 陆仲连. 2000. 全张量重力梯度数据的谱表示方法. 测绘学报, 29(4): 297–304.

郑伟, 许厚泽, 钟敏, 员美娟. 2010a. 国际重力卫星研究进展和我国将来卫星重力测量计划. 测绘科学, 35(1): 5–9.

郑伟, 许厚泽, 钟敏, 员美娟. 2012. 国际下一代卫星重力测量计划研究进展. 大地测量与地球动力学, 32(3): 152–159.

郑伟, 许厚泽, 钟敏, 员美娟, 周旭华, 彭碧波. 2010b. 国际卫星重力梯度测量计划研究进展. 测绘科学, 35(2): 57–61.

Bender P L, Nerem R S, Wahr J M. 2003. Possible future use of LASER gravity gradiometers. Space science reviews, 108(1): 385–392.

Bruinsma S L, Marty J C, Balmino G. 2010. GOCE gravity field recovery by means of the direct numerical method. Presented at the ESA Living Planet Symposium 2010, Bergen, June 27-July 2, Bergen, Noway.

Frederica M, Mirko R, Andrea G, Sansò F, Herceg M. 2011. A GOCE-only global gravity field model by the space-wise approach. Presented at European Geosciences Union(EGU), Vienna, Austria.

Goiginger H, Höck E, Rieser D, Mayer-Guerr T, Maier A, Krauss S, Fecher T, Gruber T, Brockmann J M, Krasbutter I, Schuh W D, Jaeggi A, Prange L, Hausleitner W, Baur O, Kusche J. 2011. The combined satellite-only global gravity field model GOCO02S. Presented at the 2011 General Assembly of the European Geosciences Union, Vienna, Austria, April 4-8.

Johnson D M S. 2011. Long baseline atom interferometry. Stanford University, 1–142.

Migliaccio F, Reguzzoni M, Sanso F. 2004. Space-wise approach to satellite gravity field determination in the presence of coloured noise. Journal of Geodesy, 78(4): 304–313.

Migliaccio F, Reguzzoni M, Sanso F, Tscherning C C, Veicherts M. 2010. GOCE data analysis: The space-wise approach and the first space-wise gravity field model. Presented at the ESA Living Planet Symposium 2010, Bergen, June 27 - July 2, Bergen, Noway.

Milani A, Rossi A, Villani D. 2005. A timewise kinematic method for satellite gradiometry: GOCE simulations. Earth, Moon, and Planets, 97(1): 37–68.

Pail R, Albertella A, Goiginger H. 2011a. Time-wise global GOCE gravity field models and their use for modelling ocean circulation. Presented at International Union of Geodesy and Geophysics (IUGG), Melbourne, Australia, 28 June – 7 July.

Pail R, Bruinsma S, Migliaccio F, Förste C, Goiginger H. Schuh W D, Höck E, Reguzzoni M, Brockmann J M, Abrikosov O, Veicherts M, Fecher T, Mayrhofer R, Krasbutter I, SansòF, Tscherning C C. 2011b. First GOCE gravity field models derived by three different approaches. Jounal of Geodesy, 85: 819–843.

Pail R, Goiginger H, Mayrhofer R, Schuh W D, Brockmann J M, Krasbutter I, Höck E, Fecher T. 2010a. GOCE gravity field model derived from orbit and gradiometry data applying the time-wise method. Presented at the ESA Living Planet Symposium 2010, Bergen, June 27 - July 2, Bergen, Noway.

Pail R, Goiginger H, Schuh W. 2010b. Global gravity field models from GOCE applying the time-wise method. Presented at American Geophysical Union(AGU).

Pertusini L, Reguzzoni M, Sansó F. 2010. Analysis of the covariance structure of the GOCE space-wise solution with possible applications. In: Mertikas SP(Ed.), Gravity, Geoid and Earth Observation: IAG Commission 2: Gravity Field, Chania, Crete, Greece, 23–27 June 2008. International Association of Geodesy Symposia, Berlin and Heidelberg.

Reguzzoni M. 2003. From the time-wise to space-wise GOCE observables. Advances in Geosciences, 1: 137–142.

Reguzzoni M, Gatti A, Veicherts M. 2010. The Space-wise Approach for the computation of a GOCE-only gravity field solution. Presented at American Geophysical Union(AGU).

Reguzzoni M, Tselfes N. 2009. Optimal multi-step collocation: Application to the space-wise approach for GOCE data analysis. Journal of Geodesy, 83(1): 13–29.

Rummel R. 2003. How to climb the gravity wall. Space Science Reviews, 108(1): 1–14.

Sanso F, Gatti A, Migliaccio F. 2011. A space-wise gravity field model from one year of GOCE data. Presented at International Union of Geodesy and Geophysics(IUGG), Melbourne, Australia, 28 June – 7 July.

Yu N, Kohel J M, Kellogg J R, Maleki L. 2006. Developement of an atom-interferometer gravity gradiometer for gravity measurement in space. Applied Physics B, 84(4): 647–652.

Zheng W, Shao C G, Luo J, Xu H Z. 2006. Numerical simulation of Earth's gravitational field recovery from SST based on the energy conservation principle. Chinese Journal of Geophysics, 49(3): 712–717.

Zheng W, Wang Z K, Ding Y W, Li Z W. 2016. Accurate establishment of error models for satellite gravity gradiometry recovery and requirements analysis for the future GOCE Follow-On mission. Acta Geophysica, 64(3): 732–754.

Zheng W, Xu H Z, Zhong M, Yun M J. 2011a. Efficient calibration of the non-conservative force data from the space-borne accelerometers of the twin GRACE satellites. Transactions of the Japan Society for Aeronautical and Space Sciences, 54(184): 106–110.

Zheng W, Xu H Z, Zhong M, Yun M J. 2012a. Impacts of interpolation formula, correlation coefficient and sampling interval on the accuracy of GRACE Follow-On intersatellite range-acceleration. Chinese Journal of Geophysics, 55(3): 822–832.

Zheng W, Xu H Z, Zhong M, Yun M J. 2012b. Efficient accuracy improvement of GRACE global gravitational field recovery using a new inter-satellite range interpolation method. Journal of Geodynamics, 53: 1–7.

Zheng W, Xu H Z, Zhong M, Yun M J. 2012c. Precise recovery of the Earth's gravitational field with GRACE: Intersatellite Range-Rate Interpolation Approach. IEEE Geoscience and Remote Sensing Letters, 9(3): 422–426.

Zheng W, Xu H Z, Zhong M, Yun M J. 2012d. A contrastive study on the influences of radial and three-dimensional satellite gravity gradiometry on the accuracy of the Earth's gravitational field recovery. Chinese Physics B, 21(10): 109101-1–109101-8.

Zheng W, Xu H Z, Zhong M, Yun M J, Zhou X H. 2011b. Accurate and rapid determination of GOCE Earth's gravitational field using time-space-wise approach associated with Kaula regularization. Chinese Journal of Geophysics, 54(1): 14–21.

Zheng W, Xu H Z, Zhong M, Yun M J, Zhou X H, Peng B B. 2008. Efficient and rapid estimation of the accuracy of GRACE global gravitational field using the semi-analytical method. Chinese Journal of Geophysics, 51(6): 1704–1710.

Zheng W, Xu H Z, Zhong M, Yun M J, Zhou X H, Peng B B. 2009a. Influence of the adjusted accuracy of center of mass between GRACE satellite and SuperSTAR accelerometer on the accuracy of Earth's gravitational field. Chinese Journal of Geophysics, 52(6): 1465–1473.

Zheng W, Xu H Z, Zhong M, Yun M J, Zhou X H, Peng B B. 2009b. Effective processing of measured data from GRACE key payloads and accurate determination of Earth's gravitational field. Chinese Journal of Geophysics, 52(8): 1966–1975.

Zheng W, Xu H Z, Zhong M, Yun M J, Zhou X H, Peng B B. 2009c. Demonstration on the optimal design of resolution indexes of high and low sensitive axes from space-borne accelerometer in the satellite-to-satellite tracking model. Chinese Journal of Geophysics, 52(11): 2712–2720.

Zheng W, Xu H Z, Zhong M, Yun M J, Zhou X H, Peng B B. 2010. Efficient and rapid estimation of the accuracy of future GRACE Follow-On Earth's gravitational field using the analytic method. Chinese Journal of Geophysics, 53(4): 796–806.

第 16 章 基于激光干涉星间测距原理的月球卫星重力计划需求论证

月球卫星重力测量是 21 世纪国际开展深空探测的发展趋势和追逐热点。月球重力场的精密测量是国际探月计划的重要组成部分，它决定着月球探测器的轨道优化设计和载人登月飞船月面理想着陆点的合适选取。本章首先介绍了国际将来 GRAIL（gravity recovery and interior laboratory）月球重力场探测双星计划的总体概述、关键载荷以及科学目标和研究方向。其次，重点阐述了月球卫星观测模式可行性论证、月球卫星关键载荷的优化选取、卫星轨道参数的优化设计、仿真模拟研究的先期开展等我国将来月球卫星重力测量计划的实施建议。第一，卫星跟踪卫星高低/低低结合多普勒和甚长基线干涉系统观测模式（SST-HL/LL-Doppler-VLBI）对中长波月球重力场的探测精度较高，技术要求相对较低，月球重力场测定速度快、代价低和效益高，可借鉴地球重力卫星 GRACE 整体系统的成功经验，对定轨精度的要求较低，而且可有效探测远月面区域的月球重力场信号，因此我国将来首期月球卫星重力测量计划采用 SST-HL/LL-Doppler- VLBI 观测模式较优。第二，我国应先期开展高精度的月球重力卫星关键载荷（激光干涉星间测距仪、非保守力补偿系统等）和地面 Doppler-VLBI 系统的研制工作。第三，月球卫星轨道高度（50～100 km）和星间距离［（100±50）km］的优化设计是成功实施我国将来月球卫星重力测量计划的重要保证。第四，建议我国将仿真技术应用于月球重力卫星的方案论证、系统设计、部件研制、产品检验、实际应用、故障分析等研制和运行的全过程。本章的研究不仅对我国将来首期月球卫星重力测量计划的成功实施具有重要的参考价值，同时对国际未来太阳系行星重力探测的发展方向具有广泛的指导意义（郑伟等，2011a）。

16.1 研 究 背 景

月球重力场反映月球表层及内部物质的空间分布、运动和变化，因此确定月球重力场的精细结构不仅是宇航学、天文学、空间科学、行星科学、地球科学、生命科学、国防建设等的需求，同时也将为全人类开展月体地形地貌和内部结构研究、月壤新能源和资源探测、月面宇宙环境分析（电磁、微粒子、高能等）、月球和地月系统起源和演化历史论证等提供重要和丰富的信息资源。

月球卫星重力场反演是指通过分析月球卫星观测数据（Doppler-VLBI 轨道位置及速度、星间测距仪的星间距离及速度、加速度计的非保守力、恒星敏感器的卫星姿态等）和月球重力场模型中引力位系数的关系，建立并求解卫星运动观测方程，进而恢复月球引力位系数，最终目的是恢复高精度和高空间分辨率的月球重力场。月球重力场的精密测量是国际探月计划的重要组成部分，决定着月球探测器的轨道优化设计和载人登月飞船月面理想着陆点的合适选取。探月卫星在月球重力场作用下绕月球作近圆极轨运动，若精密定轨必须知道精确的月球重力场参数；反之，精确测定卫星轨道摄动，利用摄动跟踪观测数据又可以提高月球重力场参数的精度，两者相辅相成。由于月海盆地内存在数量众多且重力异常显著的“质量瘤”（mascon），所以月球重力场的分布极不均匀。至今为止，月球重力场探测主要依靠环月飞行器的轨道摄动观测来完成。由于月球具有相同自转和公转周期的特性，因此目前人类只能直接观测月球正面的重力场异常，而月球背面的重力场异常只能通过拟合推估来补充确定。

国际月球卫星重力测量计划的开展和实施对我国既存在机遇又不乏挑战，机遇是指我国应尽快汲取国外长期积累的月球卫星重力测量的成功经验，积极推动我国将来月球卫星重力测量计划的实施，加快我国研制月球重力卫星的步伐，通过月球卫星重力测量计划的实现带动相关领域的发展；挑战是指我国对星载仪器的研制、观测手段的研究和观测数据的处理尚处于起步和跟踪阶段，而且对于月球重力场恢复方法以及观测结果物理解释的基础相对薄弱。至今为止，国内外宇航、天文等领域的众多科学研究者已围绕月球重力场测量开展了广泛的研究工作（Akim，1966；Lorell and Sjogren，1968；Muller and Sjogren，1968；Nance，1969；Gottlieb et al.，1970；Liu and Laing，1971；Nance，1971；Wong et al.，1971；Michael and Blackshear，1972；Phillips et al.，1972；Ferrari，1975；Ananda，1977；Ferrari，1977；Bills and Ferrari，1980；Floberghagen et al.，1996；Lemoine et al.，1997；Arkani-Hamed，1998；Konopliv et al.，1998；Floberghagen et al.，1999；Konopliv et al.，2001；欧阳自远，2004；Sugano and Heki，2004；陈俊勇等，2005；Goossens et al.，2005；胡小工等，2005；李斐等，2006；栾恩杰，2006；介鸣等，2007；宁津生和罗佳，2007；鄢建国等，2007；Chambat and Valette，2008；陈金宝等，2008；Flechtner et al.，2008；高玉东等，2008；Gregnanin et al.，2009；Han et al.，2009；刘睿等，2009；Namiki et al.，2009；郑伟等，2012）。基于此目的，本章首先介绍了国际将来 GRAIL 月球重力场探测双星计划；其次，提出了我国将来基于激光干涉星间测距原理的下一代月球卫星重力测量计划的实施建议。本章的研究不仅对我国将来第二、三和四期“嫦娥探月”工程以及载人登月的成功实施具有重要借鉴价值，同时对国际未来月球、火星和太阳系其他行星探测的发展方向具有一定的参考意义。

16.2 国际探月计划研究进展

国际迄今为止共开展了 127 项月球探测计划，其中美国 57 项、苏联 64 项、日本和中国各 2 项、欧空局和印度各 1 项。在所有已执行的探月计划中，成功或基本成功 64 项、失败 63 项，成功率约为 50%。

16.2.1 国际第一期探月计划（1958～1976 年）

自 20 世纪中叶开始，随着火箭技术的迅猛发展，国际众多研究机构相继掀起了多轮探月热潮。1969 年 7 月 20 日美国“Apollo-11 号”宇宙飞船的首次成功载人登月，以及 Apollo-12、14、15、16、17 和苏联的 Luna-16、20 和 24 的相继载人和非载人登月标志着人类奏响了月球探测的新篇章。如表 16.1 所示，在第一次探月高潮期间，苏联和美国围绕月球探测开展了长期对峙和声势浩大的“星球争霸”，双方共发射了 83 颗月球探测器（成功率 55.5%），成功实现了 6 次载人登月，12 名美国宇航员完成月球漫步，带回月球的岩石和土壤样品 382 kg。

表 16.1　国际第一期探月计划发展历程

发射时间	计划名称	探测器质量	运载火箭	科学目标和任务
一、苏联“月球号”（Luna）探月计划（1959～1976 年）（研制机构：苏联科学院和第 88 研究所第 1 特别设计局）				
1959-01-02	月球 1 号（Luna-1）	361 kg	月球号	人类首颗探月人造卫星，由于轨道偏离，永远围绕太阳公转
1959-09-12	月球 2 号（Luna-2）	390.2 kg		首颗月面硬着陆和成功撞月航天器，探明月球没有磁场
1959-10-04	月球 3 号（Luna-3）	278 kg		首次成功拍摄月球背面 70%面积的照片
1963-04-02	月球 4 号（Luna-4）	1422 kg	闪电号	原计划实现月面软着陆，但由于轨道偏差，成为地球卫星
1965-05-09	月球 5 号（Luna-5）	1474 kg		原计划实现月面软着陆，最终坠毁于月表
1965-06-08	月球 6 号（Luna-6）	1440 kg		原计划实现月面软着陆，由于轨道偏离，永远围绕太阳公转
1965-10-04	月球 7 号（Luna-7）	1504 kg		原计划实现月面软着陆，最终撞毁于月海风暴洋
1965-12-03	月球 8 号（Luna-8）	1550 kg		原计划实现月面软着陆，最终撞毁于月海风暴洋
1966-01-31	月球 9 号（Luna-9）	1538 kg		首次成功月球软着陆
1966-03-31	月球 10 号（Luna-10）	1600 kg		首颗成功环月卫星
1966-08-24	月球 11 号（Luna-11）	1640 kg		无人月球探测器
1966-10-22	月球 12 号（Luna-12）	1620 kg		无人月球探测器，在月球赤道上空拍摄图像
1966-12-21	月球 13 号（Luna-13）			首次成功分析月壤成分
1968-04-07	月球 14 号（Luna-14）	1700 kg		主要探测月球重力场
1969-07-13	月球 15 号（Luna-15）	5700 kg	质子-K/D 组级	原计划自动取样并返回，最终坠毁于危海
1970-09-12	月球 16 号（Luna-16）	5600 kg		首次利用无人探测器在月球自动取样并成功返回
1970-11-10	月球 17 号（Luna-17）	5700 kg		首次搭载自动月球车 1 号登月
1971-09-02	月球 18 号（Luna-18）	5600 kg		绕月球运转 54 周后，与地面失去联系
1971-09-28	月球 19 号（Luna-19）			性能优于月球 10 号的环月卫星
1972-02-14	月球 20 号（Luna-20）			再次利用无人探测器在月球自动取样并返回
1973-01-08	月球 21 号（Luna-21）			成功将自动月球车 2 号送上月球
1974-05-29	月球 22 号（Luna-22）	5700 kg		月球拍照和探测月球磁场
1974-11-28	月球 23 号（Luna-23）	5600 kg		原计划采集月球表面深处的样本，但着陆时出现故障
1976-08-09	月球 24 号（Luna-24）	5700 kg		携带 170 g 月岩标本成功返回（苏联最后一次探月）
二、苏联“探测器号”（Zond）探月计划（1965～1970 年）（研制机构：苏联科学院和第 88 研究所第 1 特别设计局）				
发射时间	计划名称	探测器质量	运载火箭	科学目标和任务
1965-07-18	探测器 3 号（Zond-3）	950 kg	质子-K/D 组级	探测器 1 号和 2 号分别用于探测金星和火星；探测器 3 号掠月飞行并传回月球背面照片，最后进入日心轨道飞往火星
1968-03-02	探测器 4 号（Zond-4）	5600 kg		原计划开展绕月后返回地球飞行试验，但最终进入日心轨道
1968-09-14	探测器 5 号（Zond-5）	5800 kg		首次绕过月球后成功返回地球，拍摄地球黑白图片

续表

发射时间	计划名称	探测器质量	运载火箭	科学目标和任务
二、苏联“探测器号”(Zond)探月计划(1965～1970年)(研制机构:苏联科学院和第88研究所第1特别设计局)				
1968-11-10	探测器6号(Zond-6)	5800 kg	质子-K/D组级	绕过月球后返回地球,采用跳跃式再入大气层
1969-08-08	探测器7号(Zond-7)			首次传回彩色照片
1970-10-20	探测器8号(Zond-8)			绕过月球后返回地球,弹道载入式进入北极并水面回收
三、美国“先驱者号”(Pioneer)探月计划(1958～1959年)(研制机构:美国NASA和美国陆军弹道导弹局)				
发射时间	计划名称	探测器质量	运载火箭	科学目标和任务
1958-08-17	先驱者0号(Pioneer-0)	38 kg	雷神系列	人类首次尝试地球以外轨道任务,但在大西洋上空爆炸摧毁
1958-10-11	先驱者1号(Pioneer-1)			原计划探测地球附近和月球轨道上的电离层、宇宙射线和磁场等,但最后坠落到南太平洋
1958-11-08	先驱者2号(Pioneer-2)			摄像机和电池被改进,但最终在非洲大陆上空燃烧
1958-12-06	先驱者3号(Pioneer-3)	5.87 kg		原计划探测器划过月球表面后注入日心轨道,但因运载火箭故障在地球大气层中烧毁
1959-03-03	先驱者4号(Pioneer-4)	6.1 kg	朱诺2型	原计划在月面上空收集并传回科学数据,但因计算错误掠过月球上空成为人造行星
四、美国“徘徊者号”(Ranger)探月计划(1961～1965年)[研制机构:美国NASA喷气推进实验室(JPL)]				
发射时间	计划名称	探测器质量	运载火箭	科学目标和任务
1961-08-23	徘徊者1号(Ranger-1)	306.2 kg	擎天神-爱琴娜B	测试进行月球和行星任务所需要的函数和机械零件性能是否适用,由于火箭故障而失败
1961-11-18	徘徊者2号(Ranger-2)	304 kg		探测地月空间的粒子,由于火箭故障而烧毁于地球大气层
1962-01-26	徘徊者3号(Ranger-3)	329.8 kg		将月面图像传回地球,研究月面反射的雷达信号,但最终未能成功撞击月球
1962-04-23	徘徊者4号(Ranger-4)	331.1 kg		传送月面图片,将测震仪抛掷于月面,搜集γ射线资料,由于机载电脑故障坠毁于月面
1962-10-18	徘徊者5号(Ranger-5)	342.5 kg		将月面图像传回地球,研究月面反射的雷达信号,但最终未能成功撞击月球
1964-01-30	徘徊者6号(Ranger-6)	381 kg		原计划传回月球表面的高分辨率照片,但由于摄影机系统的故障,没有任何影像被传回
1964-07-28	徘徊者7号(Ranger-7)	365.7 kg		首次成功地将月球表面的近距离影像传回地球
1965-02-17	徘徊者8号(Ranger-8)	367 kg		以抛射轨道抵达月球,并在撞击前的最后几分钟飞行时间内传回高清晰的月球表面影像
1965-03-21	徘徊者9号(Ranger-9)			以弹道轨道撞击月球,并传回高清晰的月球表面影像
五、美国“勘测者号”(Surveyor)探月计划(1966～1968年)(研制机构:美国NASA)				
发射时间	计划名称	探测器质量	运载火箭	科学目标和任务
1966-05-30	勘测者1号(Surveyor-1)	292 kg	宇宙神一半人马座	首次成功软着陆于月面风暴洋
1966-09-20	勘测者2号(Surveyor-2)			软着陆失败,撞击在月球南部的哥白尼环形山
1967-04-17	勘测者3号(Surveyor-3)	302 kg		成功软着陆于月球风暴洋地区,并发回6315张照片
1967-07-14	勘测者4号(Surveyor-4)	282 kg		准备软着陆时失去联系
1967-09-08	勘测者5号(Surveyor-5)	303 kg		成功软着陆于月球静海区,发回18000张照片和月球表面的雷达及热辐射数据,人类首次进行月球土壤化学分析

续表

五、美国“勘测者号”（Surveyor）探月计划（1966～1968 年）（研制机构：美国 NASA）				
发射时间	计划名称	探测器质量	运载火箭	科学目标和任务
1967-11-07	勘测者 6 号（Surveyor-6）	299.6 kg	宇宙神－半人马座	成功软着陆，发回 29500 张照片和化学分析数据，并进行了“跳跃”和移动实验
1968-01-07	勘测者 7 号（Surveyor-7）	305.7 kg		成功软着陆，发回 21274 张照片和大量化学分析数据
六、美国“月球轨道器号”（Lunar Orbiter）探月计划（1966～1967 年）（研制机构：美国 NASA）				
发射时间	计划名称	探测器质量	运载火箭	科学目标和任务
1966-08-10	月球轨道器 1 号（LO-1）	386 kg	擎天神-爱琴娜 D	以地基观测为基础，低倾斜轨道飞越，选择了 20 处有潜力的登陆地点
1966-11-06	月球轨道器 2 号（LO-2）	391 kg		
1967-02-05	月球轨道器 3 号（LO-3）	386 kg		
1967-05-04	月球轨道器 4 号（LO-4）	390 kg		拍摄了月球的整个正面与 95%的背面
1967-08-01	月球轨道器 5 号（LO-5）			拍摄了整个月球背面，并获得 36 处预先选定的中等（20 m）和高解析（2 m）的影像
七、美国“阿波罗号”（Apollo）探月计划（1967～1972 年）［研制机构：美国 NASA 兰利研究中心（LRC）］				
发射时间	计划名称	探测器质量	运载火箭	科学目标和任务
1967-02-21	阿波罗 1 号（Apollo-1）	20412 kg	土星 IB 号 SA-204	1967 年 1 月 27 日的例行测试中指令舱发生火灾，随后阿波罗 2 和 3 号任务取消
1967-11-09	阿波罗 4 号（Apollo-4）	36782 kg	土星 5 号 SA-501	土星 5 号首次发射，检验火箭和指令舱发动机
1968-01-22	阿波罗 5 号（Apollo-5）	14360 kg	土星 IB 号 SA-204	测试登月舱的单独起飞和降落的新引擎功能
1968-04-04	阿波罗 6 号（Apollo-6）	36932 kg	土星 5 号 SA-502	检验飞行器的所有功能
1968-10-11	阿波罗 7 号（Apollo-7）	14781 kg	土星 IB 号 SA-204	首次载人环地球飞行
1968-12-21	阿波罗 8 号（Apollo-8）	30320 kg	土星 5 号 SA-503	首次载人环月球飞行
1969-03-03	阿波罗 9 号（Apollo-9）	41376 kg	土星 5 号 SA-504	首次在地球轨道测试登月舱
1969-05-18	阿波罗 10 号（Apollo-10）	42775 kg	土星 5 号 SA-505	首次在月球轨道测试登月舱
1969-07-16	阿波罗 11 号（Apollo-11）	46768 kg	土星 5 号 SA-506	首次载人成功登月
1969-11-14	阿波罗 12 号（Apollo-12）	44073 kg	土星 5 号 SA-507	第二次载人成功登月
1970-04-11	阿波罗 13 号（Apollo-13）	44180 kg	土星 5 号 SA-508	服务舱爆炸，利用登月舱返回地球
1971-01-31	阿波罗 14 号（Apollo-14）	34504 kg	土星 5 号 SA-509	第三次载人成功登月
1971-07-26	阿波罗 15 号（Apollo-15）	46800 kg	土星 5 号 SA-510	第四次载人成功登月，首次使用月球车
1972-04-16	阿波罗 16 号（Apollo-16）	46840 kg	土星 5 号 SA-511	第五次载人成功登月
1972-12-07	阿波罗 17 号（Apollo-17）	46825 kg	土星 5 号 SA-512	第六次载人登月（迄今为止最后一次）

16.2.2 国际第二期探月计划（1990～2040 年）

自第一期探月高潮落幕以来，在经过长达 10 多年的成果转化和蓄势待发之后，国际第二期探月高潮渐开序幕（表 16.2 和表 16.3）。与首期探月相比，第二期探月目标更明确，参与更广泛，规模更宏大，竞争更激烈，收益更丰硕。第二期探月钟声的敲响标志着人类将迎来一个前所未有的月球探测辉煌时代，人类将以百倍的雄心和崭新的姿态重归月球，不久的未来在美丽而神秘的月空将呈现由多国联合或单独研制的众多月球探测器共舞的胜景。

表 16.2　国际现阶段探月计划发展历程（1990～2018 年）

发射时间	计划名称	研制机构	探测器质量	运载火箭	科学目标和任务
1990-01-24	飞天（Hiten）	日本宇宙科学研究所（ISAS）	197.4 kg	M3S2 固体	地-月轨道环境探测
	羽衣（Feather Mantle）		12.2 kg		记录月球周围的温度和电场，并传回“飞天”号和地球
1994-01-25	克莱门汀（Clementine）	美国国防部(DOD)和 NASA	424 kg	大力神 2（23）G	获取了 180 万张月面图像，发现月球极区可能有水存在
1998-01-06	月球勘探者（Lunar Prospector）	美国 NASA	295 kg	雅典娜 II	探明月球南北极存在 0.11～3.30 亿吨的水冰
2003-09-28	智能 1 号（Smart-1）	欧洲空间局（ESA）	367 kg	阿里亚娜 5G 型	欧洲首期探月计划，探测月面地形、矿物分布和是否有水
2007-09-14	月亮女神 1 号（Selene-1）	日本宇宙航空研究开发机构（JAXA）	2914 kg	H2A-13	调查月球表面物质、地形与地质构造、月球环境和重力分布
2007-10-24	嫦娥一号（Chang'e-1）	中国国家航天局（CNSA）	2350 kg	长征三甲	获取月球三维立体影像，分析元素含量和物质分布，探测月壤厚度和空间环境
2008-10-22	月船 1 号（Chandrayaan-1）	印度空间研究组织（ISRO）	1380 kg	PSLV-XL/ PSLV- C11	生成月球化学特性和 3D 拓扑图，探测是否存在固态水
2009-06-18	月球勘测轨道飞行器（LRO）	美国 NASA	1846 kg	大力神五号 401	勘测月球资源和决定可能的登陆点
	月球坑观测和遥感卫星（LCROSS）		834 kg		在月球表面实施两次撞击，探测月面深坑和寻找月球水冰
2010-10-01	嫦娥二号（Chang'e-2）	中国 CNSA	2480 kg	长征三丙	获得更清晰月面数据，为“嫦娥三号”实现软着陆进行试验，探测月面元素、月壤厚度、地月环境
2011-09-10	月球重力恢复和内部实验室（GRAIL）	美国 NASA	132.6 kg	Delta II	探测从月壳到月核内部结构、热量演化以及月球重力场
2013-09-07	月球大气与粉尘环境探测器（LADEE）	美国 NASA	49.6 kg	Minotaur V Flight 1	探测月球大气层的散逸层和周围的尘埃
2013-12-14	嫦娥三号探月计划（Chang'e 3）	中国 CNSA	1200 kg	长征 3B Y-23	月表形貌与地质构造调查；月表物质成分和可利用资源调查；地球等离子体层探测和月基光学天文观测
2018-12-08	嫦娥四号探月计划（Chang'e 4）	中国 CNSA	3780 kg	长征三号乙改二型 Y30	世界首个在月球背面软着陆和巡视探测的航天器，更深层次更加全面地科学探测月球地质、资源等信息

表 16.3　国际未来探月计划发展历程（2020～2040 年）

发射时间	计划名称	研制机构	科学目标和任务
2020～2021	奥赖恩号 13/15/17/19/21 号	美国 NASA	首先无人近月探测飞行，最后实现载人登月
2020	月球-多边形号（Luna-Polygon）	俄罗斯 RSA	无人月球基地计划
2025			实现载人登月
2030			建立永久性常驻基地
2020	探月卫星 1 号（Moon Orbiter-1）	韩国航空宇宙研究院（KARI）	计划发射探月轨道卫星
2025	探月卫星 2 号（Moon Orbiter-2）		携带探月着陆器
2020	月亮女神计划	日本 JAXA	计划实现载人登月
2030			建立永久性常驻基地

续表

发射时间	计划名称	研制机构	科学目标和任务
2020	月船计划	印度 ISRO	计划实现载人登月
2024	尼尔·奥·阿姆斯特朗月球前哨	美国 NASA	在月球建立永久性常驻基地
2024	曙光女神计划	欧洲 ESA	计划实现载人登月
2030			建立永久性常驻基地
2030	嫦娥计划	中国 CNSA	计划实现首次载人登月
2040			建立短期有人值守的月球基地

16.3 GRAIL 探月双星计划

16.3.1 总体概述

GRAIL-A/B 探月双星是诞生于 1992 年由美国 NASA 实施的系列性太阳系探测计划——"未来太空探索计划"的核心部分，基本采用美国洛克希德·马丁公司（Lockheed Martin）成功研制的 XSS-11 卫星的成熟技术进行设计，具有低风险、高稳定、高性能等优点（表 16.4）。GRAIL 双星将由 Delta II 运载火箭同时携带发射升空（为防止相互碰撞，双星各自略微倾斜固定于火箭登月仓内），经过 26 天飞行，火箭登月仓打开并将 GRAIL 双星释放（避免 2011 年 12 月 10 日～2012 年 6 月 4 日期间月蚀对卫星的干扰）；然后，GRAIL 双星再经过 107 天的低能量飞行（卫星速度约 130 m/s，通过日地拉格朗日点）进入近圆、近极、低月球轨道（相对于直接进入月球轨道，低能量注入轨道可以节省卫星携带的燃料，以尽可能延长卫星的探月寿命），在安全进入预定轨道后对月球重力场进行为期 90 天（包括 3 个 27.3 天的月球重力场探测以及数据采集和处理）的高精度和高空间分辨率测量；最后，经过约 46 天，GRAIL 双星燃料耗尽而坠毁于月尘。GRAIL 是美国 NASA 科学项目部于 2007 年 12 月 11 日在 AGU（Amcrican geophysical union）会议上发布的又一项美国将来探月计划，项目首席科学家是麻省理工学院（MIT）地球大气和行星科学系的玛丽亚·朱伯（Maria Zuber），研究目标是精密探测月球表层之下的构造，以进一步提升人类对月球内部奥秘以及月球演化历史的了解和认知。

表 16.4 GRAIL 卫星计划基本参数

参数	指标
研制机构	美国喷气推进实验室（JPL）
发射时间	2011 年 9 月
轨道高度	50 km
星间距离	175～225 km
绕月周期	113 min
卫星寿命	270 天
测量模式	卫星跟踪卫星低低模式

基于由美国NASA和德国航空航天局（DLR）共同研制开发，并于2002年3月17日发射升空的GRACE双星的卫星跟踪卫星高低/低低测量模式（SST-HL/LL）的成功经验以及高精度和高空间分辨率地球重力场及时变探测进而促进大地测量学、固体地球物理学、海洋学、地震学、空间科学、国防建设等领域快速发展的优秀表现（Zheng et al.，2008a，2008b，2008c，2009a，2009b，2010a，2010b，2011；郑伟等，2011b，2014），GRAIL 双星采用在同一轨道平面内前后相互跟踪编队飞行，并利用共轨双星轨道摄动之差以前所未有的精度和空间分辨率测量月球重力场。GRAIL 月球重力场探测计划的Level-0/1级科学观测数据由美国JPL利用已有的GRACE地球重力场探测任务的计算软件进行处理（利用率约 90%），Level-2 级科学观测数据由美国戈达德航天飞行中心（GSFC）和MIT联合处理和解算。GRAIL科学项目组将提供高精度的计算结果和相应的科学解释，所有处理结果最终将由美国MIT交付行星数据系统（PDS）储存。GRAIL实现了高科学价值和低技术与计划风险的完美结合，不仅将创新的高精度地球重力场测量技术SST带到月球重力场探测中，同时未来有望将此技术应用于火星和太阳系其他行星的重力场探测之中。基于 GRAIL 获得的月球重力场信息，不仅可以从月壳到月核对月球进行广泛而深入的分析，进而演绎月球内部的热量演化历史，同时将有助于回答长期以来有关月球的未解之谜，并为人类更好地理解地球以及太阳系中其他岩石行星的形成提供新的理论依据。

16.3.2 关键载荷

GRAIL 卫星关键载荷如图16.1和表16.5所示。

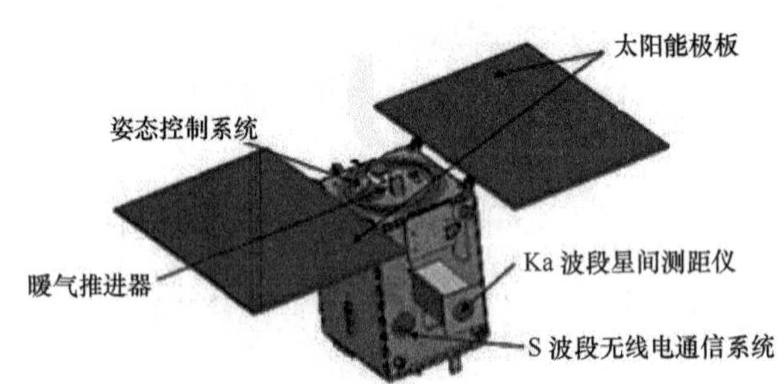

图16.1 GRAIL 卫星关键载荷

表16.5 GRAIL关键载荷名称和用途

名称	用途
Ka 波段星间测距仪	精密测量星间距离，工作频率为32 GHz
姿态控制系统	由惯性测量装置、太阳传感器和恒星跟踪器组成，主要测量卫星体和各载荷的姿态
暖气推进器	调控卫星的轨道高度和姿态（22个）
S 波段无线电通信系统	和地面测控站保持联系以及将观测数据实时传回地面
太阳能极板	为卫星系统和所有载荷提供充足的电源（2个）

16.3.3 科学目标和研究方向

GRAIL 科学目标和研究方向如表16.6所示。

表 16.6　GRAIL 科学目标和研究方向

项目	内容
科学目标	（1）探测从月壳到月核的内部结构； （2）深化理解月球内部的热量演化历史； （3）由月球探测延伸到太阳系其他岩石行星的研究
研究方向	（1）绘制从月壳到岩石圈的结构图； （2）理解月球的非均匀热量演化； （3）探测其他星体撞击月表形成盆地和“质量瘤”的内部结构； （4）探知月壳角砾岩化和岩浆作用的时间演化； （5）探明内部深层结构的潮汐作用； （6）测量固体内核的尺寸

16.4　我国将来月球卫星重力测量计划

16.4.1　月球重力卫星观测模式的可行性论证

1. Doppler-VLBI 系统直接跟踪观测模式

观测模式原理如下：首先，通过 Doppler-VLBI 系统实时跟踪低轨月球重力卫星，基于 Doppler 测距和测速（敏感于径向观测），以及 VLBI 时延和时延率（敏感于横向观测）观测值联合得到卫星轨道位置 $\boldsymbol{r}$；其次，基于星载加速度计测量月球重力卫星受到的非保守力 $\boldsymbol{f}$（如轨道高度和姿态控制力、月球辐射压、太阳光压、宇宙射线和粒子压等）；再次，建立保守力模型 $\boldsymbol{F}$（如日地引力、月球固体潮汐力等）；最后，基于 $\boldsymbol{g}=\ddot{\boldsymbol{r}}-\boldsymbol{f}-\boldsymbol{F}$ 确定月球重力场。目前随着星载加速度计研制精度的不断提高（如法国航天空间研究局研制的静电悬浮加速度计精度可达 10^{-13} m/（s^2·$Hz^{1/2}$），非保守力的感测精度可满足高精度和高空间分辨率月球重力场恢复的需求，但由于 Doppler-VLBI 系统定轨精度（dm 级）的限制，因此基于 Doppler-VLBI 系统直接跟踪观测模式无法实质性提高月球重力场的精度。另外，由于月球的自转周期和绕地球的公转周期相同，因此基于 Doppler-VLBI 系统直接跟踪观测模式无法测量飞行到月球远月面的重力卫星的轨道。综上所述，Doppler-VLBI 系统直接跟踪观测模式仅是月球重力场精密测量的概念性证明和技术性试验，但在精度和空间分辨率上不会对现有月球重力场模型有较大贡献。

2. SGG-Doppler-VLBI 系统观测模式

观测模式原理如下：基于 Doppler-VLBI 系统对低轨月球重力卫星实时定轨，同时利用星载重力梯度仪直接测定卫星轨道高度处引力位的二阶微分，而且通过非保守力补偿系统屏蔽重力卫星受到的非保守力，最后联合上述月球卫星观测值基于卫星重力梯度（SGG）原理感测月球重力场。由于月球卫星重力梯度仪的研制精度要求较高，而且中国目前对高精度重力梯度仪的研究水平尚处于起步和跟踪阶段，因此 SGG-Doppler-VLBI 系统观测模式在现阶段暂时不符合我国的国情。但是，SGG 是一项探测月球重力场特性特征、精细结构和演变过程的新技术和新领域，目前已逐渐发展成为专门研究月球重力梯度测量的理论、方法、载荷和应用的新兴科学，而且星载重力梯度仪可直接测定引力位的二阶导数进而有效抑制月球重力场中高频信号的衰减效应，因此

SGG-Doppler-VLBI 观测模式有望成为我国将来优选的具有发展潜力的月球卫星重力测量模式之一。

3. SST-HL/LL-Doppler-VLBI 系统观测模式

SST-HL/LL-Doppler-VLBI 观测系统由地面 Doppler-VLBI 系统、相互跟踪的低轨月球重力双星、联系 Doppler-VLBI 系统和低轨双星的中继高轨卫星群（类似于地球 GPS 卫星系统）组成。如图 16.2 所示，测量原理如下：利用中继高轨卫星群对低轨月球重力双星精密跟踪定位，同时将观测信号传回地面 Doppler-VLBI 系统测控站，基于非保守力补偿系统屏蔽月球重力双星受到的非保守力，通过姿态和轨道控制系统测量双星和载荷的空间三维姿态，低轨双星在同一轨道平面内前后相互跟踪编队飞行，利用星间测距仪高精度测量星间距离（共轨月球重力双星轨道摄动差），进而高精度和高空间分辨率恢复月球重力场。

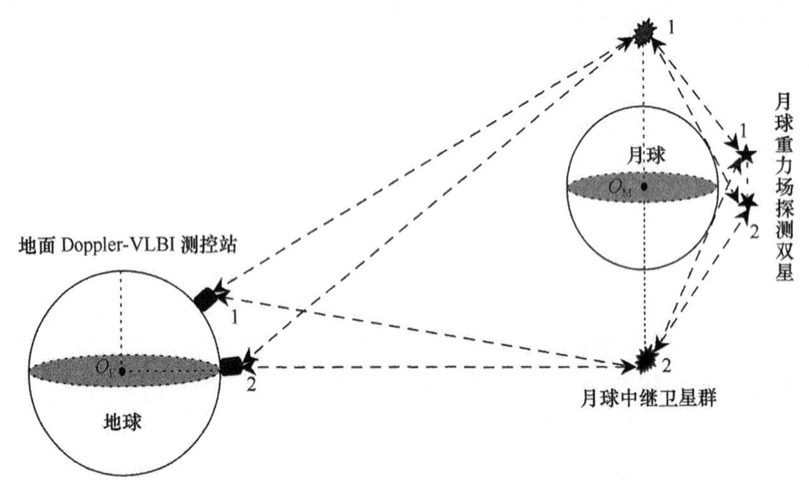

图 16.2 我国将来 SST-HL/LL-Doppler-VLBI 月球卫星重力计划的测量原理

SST-HL/LL-Doppler-VLBI 系统观测模式的优点如下：①包含两组卫星跟踪卫星高低（SST-HL）观测模式，同时以差分原理测定两个低轨月球重力卫星之间的相互运动，因此得到的月球重力场的精度比单独 SST-HL 跟踪观测模式至少高一个数量级；②由于月球重力场恢复精度主要敏感于高精度的星间距离 ρ 和星间速度 $\dot{\rho}$，因此对定轨精度的要求可适当放宽；③对中长波月球重力场的探测精度较高，技术要求相对较低且容易实现，月球重力场测定速度快、代价低和效益高；④可高精度探测远月面处的月球重力场信号，而且可借鉴地球重力卫星 GRACE 整体系统的成功经验。综上所述，我国将来首期月球卫星重力测量计划采用具有中国特色的 SST-HL/LL-Doppler-VLBI 系统观测模式较优。

如图 16.3 所示，月心惯性坐标系 O_M-$X_MY_MZ_M$ 的原点 O_M 位于月球的质心，X_M 轴的正方向指向历元的平春分点，Z_M 轴的正方向为月球自转轴的方向，Y_M 轴和 X_M、Z_M 轴成右手螺旋法则关系。星体坐标系 $O_{S1(2)}$-$X_{S1(2)}Y_{S1(2)}Z_{S1(2)}$的原点 $O_{S1(2)}$分别位于双星各自的质心，$X_{S1(2)}$（翻滚轴）的正方向分别由坐标原点指向激光干涉星间测距仪的相位中心，X_{S1} 和 X_{S2} 轴的正方向反向共线，$Z_{S1(2)}$（偏航轴）垂直于 $X_{1(2)}$轴且位于同一轨道平面内，$Y_{S1(2)}$（倾斜轴）垂直于轨道平面且和 $X_{1(2)}$、$Z_{1(2)}$轴成右手螺旋法则关系。

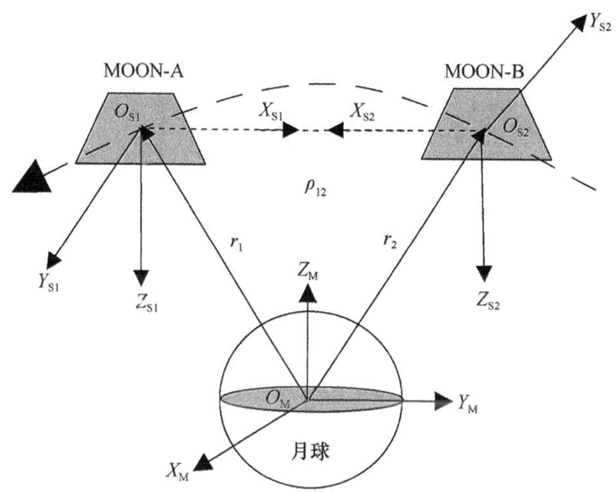

图 16.3　我国将来月球重力双星 MOON-A/B

MOON-A 卫星激光干涉星间测距仪向 MOON-B 发射的激光信号表示为

$$L_A(t) = L_{A0}\cos(\omega_A t + \varphi_{A0}) \tag{16.1}$$

MOON-B 卫星激光干涉星间测距仪向 MOON-A 发射的激光信号表示为

$$L_B(t) = L_{B0}\cos(\omega_B t + \varphi_{B0}) \tag{16.2}$$

其中，$L_{A0} = 2\pi f_A$、$\omega_A = \varphi_{A0}$，分别为 MOON-A 卫星激光干涉星间测距仪向 MOON-B 发射激光信号的振幅、角频率和初相位；L_{B0}、$\omega_B = 2\pi f_B$ 和 φ_{B0} 分别为 MOON-B 卫星激光干涉星间测距仪向 MOON-A 发射激光信号的振幅、角频率和初相位。

在 t 时刻，MOON-A 卫星接收到 MOON-B 卫星激光干涉星间测距仪在 Δt 时间前发射的激光信号 $L_B(t-\Delta t)$，并与本地超稳定振荡器（USO）产生的发射信号 $L_A(t)$混频处理（信号相乘）得

$$L_A(t)L_B(t-\Delta t) = L_{A0}L_{B0}\cos(\omega_A t + \varphi_{A0})\cos[\omega_B(t-\Delta t) + \varphi_{B0}] \tag{16.3}$$

将式（16.3）积化和差可分别得到和频信号及差频信号：

$$L_A(t)L_B(t-\Delta t) = \frac{L_{A0}L_{B0}}{2}\{\cos[\omega_A t + \varphi_{A0} + \omega_B(t-\Delta t) + \varphi_{B0}] + \cos[\omega_A t + \varphi_{A0} - \omega_B(t-\Delta t) - \varphi_{B0}]\} \tag{16.4}$$

经低通滤波，仅保留低频分量（差频信号）得

$$L_A(t)L_B(t-\Delta t) = \frac{L_{A0}L_{B0}}{2}\cos[\omega_A t + \varphi_{A0} - \omega_B(t-\Delta t) - \varphi_{B0}] \tag{16.5}$$

其中，$\varphi_A = \omega_A t + \varphi_{A0} - \omega_B(t-\Delta t) - \varphi_{B0}$ 为 MOON-A 卫星得到的相位。

同理，在 t 时刻，MOON-B 卫星接收到 MOON-A 卫星激光干涉星间测距仪在 Δt 时间前发射的激光信号 $L_A(t-\Delta t)$，并与本地 USO 产生的发射信号 $L_B(t)$混频处理并经低通滤波得

$$L_A(t-\Delta t)L_B(t) = \frac{L_{A0}L_{B0}}{2}\cos[\omega_B t + \varphi_{B0} - \omega_A(t-\Delta t) - \varphi_{A0}] \tag{16.6}$$

其中，$\omega_B t + \varphi_{B0} - \omega_A(t-\Delta t) - \varphi_{A0} = \varphi_B$ 为 MOON-B 卫星得到的相位。

将 MOON-A/B 卫星激光干涉星间测距仪分别得到的相位传回接收站综合处理得

$$\begin{aligned}\varphi_A+\varphi_B&=[\omega_A t+\varphi_{A0}-\omega_B(t-\Delta t)-\varphi_{B0}]+[\omega_B t+\varphi_{B0}-\omega_A(t-\Delta t)-\varphi_{A0}]\\&=(\omega_A+\omega_B)\Delta t\end{aligned} \tag{16.7}$$

由式（16.7）可得 MOON-A/B 双星的星间距离

$$\rho_{12}=c\Delta t \tag{16.8}$$

其中，c 为光速；$\Delta t=\dfrac{\varphi_A+\varphi_B}{\omega_A+\omega_B}$ 为激光干涉星间测距仪的激光信号在星间传输的时间。

MOON-A/B 的星间距离 ρ_{12} 同样可由位于月心惯性系中的位置矢量 $\boldsymbol{r}_1$ 和 $\boldsymbol{r}_2$ 表示。

$$\rho_{12}=\boldsymbol{r}_{12}\cdot\boldsymbol{e}_{12} \tag{16.9}$$

其中，$\boldsymbol{r}_{12}=\boldsymbol{r}_2-\boldsymbol{r}_1$ 为 MOON-A/B 双星位置矢量的差分；$\boldsymbol{e}_{12}$ 为由 MOON-A 指向 MOON-B 的单位矢量。

在式（16.9）两边同时对时间 t 求导数，得到 MOON-A/B 的星间速度 $\dot{\rho}_{12}$：

$$\dot{\rho}_{12}=\dot{\boldsymbol{r}}_{12}\cdot\boldsymbol{e}_{12}+\boldsymbol{r}_{12}\cdot\dot{\boldsymbol{e}}_{12} \tag{16.10}$$

其中，$\dot{\boldsymbol{r}}_{12}=\dot{\boldsymbol{r}}_2-\dot{\boldsymbol{r}}_1$ 为 MOON-A/B 双星速度矢量的差分；$\dot{\boldsymbol{e}}_{12}$ 为垂直于 MOON-A/B 连线的单位矢量：

$$\dot{\boldsymbol{e}}_{12}=\frac{\dot{\boldsymbol{r}}_{12}-\rho_{12}\boldsymbol{e}_{12}}{\rho_{12}} \tag{16.11}$$

因为 $\boldsymbol{r}_{12}\cdot\dot{\boldsymbol{e}}_{12}=0$，所以式（16.10）可简化为

$$\dot{\rho}_{12}=\dot{\boldsymbol{r}}_{12}\cdot\boldsymbol{e}_{12} \tag{16.12}$$

在式（16.12）两边同时对时间 t 求导数，得到 MOON-A/B 的星间加速度 $\ddot{\rho}_{12}$：

$$\ddot{\rho}_{12}=\ddot{\boldsymbol{r}}_{12}\cdot\boldsymbol{e}_{12}+\dot{\boldsymbol{r}}_{12}\cdot\dot{\boldsymbol{e}}_{12} \tag{16.13}$$

其中，$\ddot{\boldsymbol{r}}_{12}=\ddot{\boldsymbol{r}}_2-\ddot{\boldsymbol{r}}_1$ 为 MOON-A/B 双星加速度矢量的差分。

16.4.2 月球卫星关键载荷和地面 Doppler-VLBI 系统的优化组合

鉴于我国在高精度激光干涉星间测距仪、非保守力补偿系统等关键载荷和地面 Doppler-VLBI 系统研制方面距离世界先进水平还有一定差距，而且这些技术不可能通过从国外引进获得，必须依靠独立自主解决，同时上述技术的实现直接决定了我国能否成功实现首期月球卫星重力测量计划，因此我国应先期开展高精度的月球重力卫星关键载荷研制和地面 Doppler-VLBI 系统建立的工作。

1. 激光干涉星间测距仪

在 SST-HL/LL-Doppler-VLBI 跟踪观测模式中，目前国际上通常采用微波测距和激光测距两种模式。微波星间测距模式的优点是对卫星姿态实时控制技术和指向精度的要求较低，缺点是对星间距离和星间速度的测量精度相对较低；激光干涉星间测距模式采用的激光束方向性强，虽然对月球重力卫星整体系统姿态控制的要求较高，但能大幅度提高星间距离和星间速度的感测精度（至少 3 个数量级）。激光干涉星间测距仪是我国将来月球重力卫星的最重要关键载荷，测量原理如下：为了提高星间距离的测量精度以

及消除信号的延迟效应，激光干涉星间测距仪采用双单向和双频段测量模式。首先，月球重力双星的激光干涉星间测距仪分别向对方发送两种不同频率的激光信号；其次，双星各自接收的激光信号与本地超稳定振荡器产生的相应参考频率信号混频处理（信号相乘），通过低通滤波保留差频信号，并送到数据处理器；最后，利用数字锁相环路跟踪差频信号得到相位变化解，并将测量结果传回地面跟踪站综合处理。月球重力双星的轨道除受到非保守力摄动外，主要受到月球静态和时变引力场的综合影响。由于月球重力共轨双星以不同的轨道相位敏感月球质量系统的影响，所以双星间将产生微小的轨道摄动差，进而使月球重力共轨双星连线方向的距离 ρ_{12}、速度 $\dot{\rho}_{12}$ 和加速度 $\ddot{\rho}_{12}$ 实时变化，月球重力双星激光干涉星间测距仪可高精度测量此距离变化 $\Delta\rho_{12}$、速度变化 $\Delta\dot{\rho}_{12}$ 和加速度变化 $\Delta\ddot{\rho}_{12}$。通过对星间距离差、速度差和加速度差的精密测量，月球重力场的高频信号被放大，因此有效地提高了月球重力场高阶谐波分量的测量精度。激光干涉测距仪的研制和应用是今后国际上 SST-HL/LL-VLBI 跟踪模式发展的主流方向，是建立下一代高精度、高空间分辨率和全频段月球重力场模型的重要保证。

2. 非保守力补偿系统

在月球卫星重力测量中，利用月球重力卫星作为传感器高精度感测月球重力场的最大弱点是卫星高度处的重力场成指数衰减 $[R_m/(R_m+H)]^{l+1}$（R_m 为月球的平均半径；H 为月球卫星的轨道高度；l 为月球引力位按球函数展开的阶数）。为了克服上述缺点进而恢复高精度月球重力场，目前最有效的办法是采用低轨重力卫星。但是，随着卫星轨道高度的逐渐降低（50～1000 km），基于月球独特的“质量瘤”现象，为了有效调整月球重力卫星的轨道高度和三维姿态，卫星轨道和姿态微推进器将频繁喷气，不稳定的卫星平台环境将较大幅度地影响各载荷的观测精度；同时，由于月球的热容量和导热率很低，作用于月球重力卫星的月球辐射压也将逐渐增大。另外，由于月球缺失大气层的天然保护屏障，虽然降低了月球重力卫星的大气阻力效应，但是，太阳光压和宇宙射线粒子流对月球重力卫星的影响不可忽视。因此，如果重力卫星受到的非保守力能被高精度扣除，在保证月球重力场恢复精度和空间分辨率的前提下，可以适当降低各核心载荷（星间测距仪、星载加速度计等）研制的难度以及避免不必要的人力、物力和财力的浪费。月球重力卫星非保守力的有效扣除通常包括两种方式：非保守力后期改正技术和非保守力实时补偿技术。

非保守力后期改正技术的原理如下：首先，在前期重力卫星测量月球重力场过程中，通过星载加速度计获得卫星受到的非保守力数据；其次，在后期恢复月球重力场的观测方程中，将卫星受到的非保守力 $\boldsymbol{f}$ 效应从合外力 $\ddot{\boldsymbol{r}}$ 中扣除。优点是非保守力效应的扣除分前期测量和后期改正两步完成，月球重力卫星在飞行过程中通过加速度计仅对卫星受到的非保守力进行测量，不需要实时补偿，因此在一定程度上降低了载荷研制的难度。缺点是随着卫星轨道高度逐渐降低，作用于月球重力卫星的非保守力（以轨道高度和姿态控制力、月球辐射压为主）将急剧增大。

非保守力补偿系统通常由星载加速度计、轨道和姿态微推进器以及实时控制微处理系统组合而成。基本原理如下：首先，通过星载加速度计感测月球重力卫星体受到的非保守力；其次，实时控制微处理系统将星载加速度计测得的非保守力转换为轨道和姿态微推进器的期望推进力和力矩；最后，利用轨道和姿态微推进器实时补偿月球重力卫星体受到的非保守力。优点是影响月球重力卫星平台系统和载荷的非保守力效应被非保守力补偿系统有效屏蔽，不仅为卫星平台系统和载荷提供了安静的工作环境进而保证了测量精度，同时可有效降低月球重力卫星的轨道高度，进而抑制中短波月球重力场信号的衰减。缺点是在月球重力卫星载荷中新增加了非保守力补偿系统，适当增加了月球重力卫星研制的难度。

我国将来月球卫星重力测量计划可采用非保守力补偿系统，优点是有效降低了卫星其他关键载荷的研制难度（适当缩短测量动态范围以保证测量精度）和月球重力卫星的轨道高度，有望进一步提高中高频月球重力场的测量精度。

3. 地面 Doppler-VLBI 系统

目前获得全球、规则、密集、全频段、高精度和高空间分辨率的月球重力场数据必须满足三个基本准则：第一，连续高精度跟踪月球重力卫星的三维空间分量（位置和速度）；第二，精密测量或补偿作用于月球重力卫星的非保守力和精确模型化作用于月球重力卫星的保守力；第三，尽可能降低月球重力卫星的轨道高度（50～200 km）。在三个基本准则之中，连续高精度跟踪月球重力卫星的三维空间分量是恢复高精度和高空间分辨率月球重力场的必要前提和重要基础，需通过 Doppler-VLBI 系统实现。在月球重力测量中，激光干涉星间测距仪、非保守力补偿系等关键载荷的精度指标和地面 Doppler-VLBI 系统定轨精度应严格匹配。如果某个载荷的精度指标高于其他载荷，据误差原理可知，高精度指标的载荷无法发挥自身高精度的优势，只有与其他载荷相匹配的精度部分对月球重力场恢复精度才有贡献。目前激光干涉星间测距仪、非保守力补偿系统等关键载荷的精度指标均可满足将来月球重力测量计划中各关键载荷精度指标匹配的要求。但由于 Doppler-VLBI 本身动态定轨的精度指标（dm 级）相对较低，定轨精度将是影响下一代高精度和高空间分辨率月球重力场模型建立的关键误差源，因此 Doppler-VLBI 定轨精度有待进一步提高。

16.4.3 月球卫星轨道参数的优化设计

月球卫星轨道参数（如轨道高度、星间距离等）的优化设计是成功实施我国将来月球卫星重力测量计划的关键因素和重要保证。

1. 轨道高度

由于不同月球卫星轨道高度敏感于不同阶次的月球引力位系数，所以目前已有月球重力场探测器仅在特定轨道高度区间能发挥其优越性，而在轨道空间范围之外基本无能为力。如果我国将来月球重力卫星也设计在已有月球重力场探测器的轨道高度空间范围，除非恢复月球重力场的精度高于它们，否则效果仅相当于其测量的简单重复，对于月球重力场精度的进一步提高没有实质性贡献。因此，我国将来月球重力卫星的轨道高度应尽可能选择在它们的测量盲区，进而形成互补的态势。我国将来月球卫星重力测量计划虽然可采用非保守力补偿系统，但由于具有一定测量精度的非保守力补偿系统不可能将作用于月球重力卫星体的非保守力完全平衡掉，同时轨道和姿态微推进器的频繁喷气将导致卫星携带燃料的大量损耗。因此，适当降低卫星轨道高度有利于提高月球重力场的恢复精度，其代价是在一定程度上牺牲了卫星的使用寿命。据误差理论可知，如果观测数据增加了 n 倍，那么月球重力场的测量精度仅提高约 $\sqrt{n}$，因此由于适当降低月球重力卫星轨道高度而导致卫星使用寿命缩短不会对月球重力场恢复精度产生本质的影响。因此，我国将来月球重力卫星轨道高度设计为 50～100 km 较优。

2. 星间距离

在 SST-HL/LL-Doppler-VLBI 模式中，适当缩短星间距离有利于高频月球重力场的恢复，但如果星间距离设计太小，在抵消掉双星共同误差的同时，月球重力场信号也将被部分地差分掉，将导致信噪比较低，因此星间距离设计太小不利于低频月球重力场的确定；适当增加星间距离有助于提高低频月球重力场的信噪比，但星间距离设计太大将导致测量噪声急剧增加以及对月球卫星轨道和姿态测量精度的要求提高，不利于高频月球重力场的测量。由于可采用非保守力补偿系统和激光干涉星间测距仪，因此我国将来月球重力卫星的轨道高度可有效降低，进而恢复中短波月球重力场。因此，我国将来月球重力卫星的星间距离设计为（100±50）km 较优。

16.4.4 仿真模拟研究的先期开展

随着科学技术的日新月异，特别是计算机、微电子学和各种运动模拟器的迅速发展，卫星系统仿真日趋完善。建议我国将仿真技术应用于月球重力卫星的研制和运行的全过程。从方案论证、系统设计、部件研制、产品检验、实际应用、故障分析等各个阶段，都进行不同类型的仿真实验，从而达到提高研制质量、缩短研制周期和有效降低成本的目的。

1. 必要性

在接近真空环境条件下以整星方式演示各分系统的技术性能和任务功能的有效性，能够在月球重力卫星发射之前对整体系统设计及性能上的缺陷进行检查和修改，有效降低研制过程中整星的风险性，确保在飞行前各分系统与整体的相容性以及系统参数和结构的最优化，提供有效手段进行故障分析以及研究故障对策。

2. 可行性

现代计算机技术、高水平的仿真软件（如 MATLAB 等）以及各种高精度和高可靠性的环境模拟设备可提供足够的物质条件，同时我国已具有一支从事卫星硬件研制和仿真实验模拟的科研队伍。

16.5 本 章 小 结

本章首先开展了我国将来月球卫星重力测量计划分别采用 Doppler-VLBI 直接跟踪、SGG-Doppler-VLBI 系统和 SST-HL/LL-Doppler-VLBI 系统观测模式的可行性对比研究论证，建议首期采用具有中国特色的基于激光干涉测距原理的 SST-HL/LL-Doppler-VLBI 观测模式较符合国情；其次，不同于 GRAIL 月球卫星重力测量计划的 Ka 波段星间测距仪，建议我国将来月球卫星重力测量计划采用更高精度的激光干涉星间测距仪测量低轨双星的星间距离，以及利用非保守力补偿技术消除作用于卫星体非保守力的负面效应，以期进一步提高月球重力场信号的感测精度，同时建议需进一步提高目前 Doppler-VLBI 定轨精度（dm 级）；再次，论述了月球卫星轨道高度和星间距离的优化设计是建立将来高精度和高空间分辨率月球重力场模型的重要因素；最后，阐述了我国将来月球卫星重力测量计划先期开展仿真模拟研究的必要性和可行性。

月球卫星重力测量是 21 世纪世界各国成功开展月球探测的重要前提和必要基础，是众学科（月球科学、天文学、天体物理学、比较行星学、宇宙学、空间物理学、地球行星学、环境学等）和高科技（航天、通信、材料、能源、电子、遥感、军事等）集成的系统工程，将促进深空测控通信、新型运载火箭和航天工程系统集成等航天技术实现跨越式快速发展，对于迅速提升我国综合实力（政治、经济、科技、文化、军事等）具有重要而深远的意义。

参 考 文 献

陈金宝, 聂宏, 赵金才. 2008. 月球探测器软着陆缓冲机构关键技术研究进展. 宇航学报, 29(3): 731–735.

陈俊勇, 宁津生, 章传银, 罗佳. 2005. 在嫦娥一号探月工程中求定月球重力场. 地球物理学报, 48(2): 275–281.

高玉东, 郗晓宁, 白玉铸, 刘磊. 2008. 月球探测器返回轨道快速搜索设计. 宇航学报, 29(3): 765–771.

胡小工, 黄珹, 黄勇. 2005. 环月飞行器精密定轨的仿真模拟. 天文学报, 46(2): 186–195.

介鸣, 尹航, 黄显林. 2007. 月球探测器自主软着陆中的三维重构技术研究. 宇航学报, 28(4): 203–208.

李斐, 鄢建国, 平劲松. 2006. 月球探测及月球重力场的确定. 地球物理学进展, 21(1): 31–37.

刘睿, 周军, 刘莹莹. 2009. 高阶次月球重力场模型截断下的低轨环月卫星轨道受摄分析. 宇航学报, 30(2): 432–436.

栾恩杰. 2006. 中国的探月工程——中国航天第三个里程碑. 中国工程科学, 8(10): 31–36.

宁津生, 罗佳. 2007. 卫星跟踪卫星应用于月球重力场探测的模拟研究. 航天器工程, 16(1): 18–22.

欧阳自远. 2004. 我国月球探测的总体科学目标与发展战略. 地球科学进展, 19(3): 351–358.

鄢建国, 平劲松, 李斐, 松本晃志, 王广利, 史弦. 2007. 基于绕月单卫星和双星测量的月球重力场恢复仿真分析. 地球物理学报, 50(2): 425–429.

郑伟, 许厚泽, 钟敏, 刘成恕, 员美娟. 2014. 我国将来更高精度 CSGM 卫星重力测量计划研究. 国防科技大学学报, 36(4): 102–111.

郑伟, 许厚泽, 钟敏, 员美娟. 2011a. 基于激光干涉星间测距原理的下一代月球卫星重力测量计划需求论证. 宇航学报, 32(4): 922–932.

郑伟, 许厚泽, 钟敏, 员美娟. 2011b. 卫星跟踪卫星测量模式中关键载荷精度指标不同匹配关系论证. 宇航学报, 32(3): 697–706.

郑伟, 许厚泽, 钟敏, 员美娟. 2012. 月球重力场模型研究进展和我国将来月球卫星重力梯度计划实施. 测绘科学, 37(2): 5–9.

Akim E L. 1966. Determination of the gravitational field of the Moon from the motion of the artificial lunar satellite “Lunar-10”. Dokl. Akad. Nauk SSSR, 170: 799–802.

Ananda M P. 1977. Lunar gravity: A mass point model. Journal of Geophysical Research, 82: 3049–3064.

Arkani-Hamed J. 1998. The lunar mascons revisited. Journal of Geophysical Research, 103: 3709–3739.
Bills B G, Ferrari A J. 1980. A harmonic analysis of lunar gravity. Journal of Geophysical Research, 85: 1013–1025.
Chambat F, Valette B. 2008. A stress interpretation scheme applied to lunar gravity and topography data. Journal of Geophysical Research, 113, E02009.
Ferrari A J. 1975. Lunar gravity: The first farside map. Science, 188(4195): 1297–1300.
Ferrari A J. 1977. Lunar gravity: A harmonic analysis. Journal of Geophysical Research, 82: 3065–3084.
Flechtner F, Neumayer K H, Kusche J. 2008. Simulation study for the determination of the lunar gravity field from PRARE-L tracking onboard the German LEO mission. Advances in Space Research, 42(8): 1405–1413.
Floberghagen R, Noomen R, Visser P, Racca G D. 1996. Global lunar gravity recovery from satellite-to-satellite tracking. Planetary Space Science, 44(10): 1081–1097.
Floberghagen R, Visser P, Weischede F. 1999. Lunar albedo force modeling and its effect on low lunar orbit and gravity field determination. Advanced Space Research, 23(4): 733–738.
Goossens S, Visser P, Ambrosius B. 2005. A method to determine regional lunar gravity fields from earth-based satellite tracking data. Planetary and Space Science, 53(13): 1331–1340.
Gottlieb P, Muller P M, Sjogren W L, Wollenhaupt W R. 1970. Lunar gravity over large craters from Apollo 12 tracking data. Science, 168(3930): 477–479.
Gregnanin M, Marson R, Guarducci F. 2009. Mapping lunar mascons on the hidden side of the Moon: Gravitational field measurement through a micro-satellite mission. Acta Astronautica, 65(3): 572–583.
Han S C, Mazarico E, Lemoine F G. 2009. Improved nearside gravity field of the Moon by localizing the power law constraint. Geophysical Research Letters, 36, L11203, doi: 10.1029/2009GL038556.
Konopliv A S, Asmar S W, Carranza E. 2001. Recent gravity models as a result of the lunar prospector mission. Icarus, 150(1): 1–18.
Konopliv A S, Binder A B, Hood L L, Kucinskas A B, Sjogren W L, Williams J G. 1998. Improved gravity field of the Moon from lunar prospector. Science, 281(5382): 1476–1480.
Lemoine F G R, Smith D E, Zuber M T, Neumann G A, Rowlands D D. 1997. A 70th degree lunar gravity model (GLGM-2) from clementine and other tracking data. Journal of Geophysical Research, 102: 16339–16359.
Liu A S, Laing P S. 1971. Lunar gravity analysis from long term effects. Science, 173(4001): 1017–1020.
Lorell J, Sjogren W L. 1968. Lunar gravity: preliminary estimates from lunar orbiter. Science, 159(3815): 625–627.
Michael W II, Blackshear W T. 1972. Recent results on the mass, gravitational field and moments of inertia of the Moon. Moon, 3: 388–402.
Muller P M, Sjogren W L. 1968. Mascons: Lunar mass concentrations. Science, 161(3842): 680–684.
Namiki N, Iwata T, Matsumoto K, Hanada H, Noda H, Goossens S, Ogawa M, Kawano N, Asari K, Tsuruta S, Ishihara Y, Liu Q, Kikuchi F, Ishikawa T, Sasaki S, Aoshima C, Kurosawa K, Sugita S, Takano T. 2009. Farside gravity field of the moon from four-way Doppler measurements of SELENE(Kaguya). Science, 323(5916): 900–905.
Nance R L. 1969. Gravity: First measurement on the lunar surface. Science, 166(3903): 384–385.
Nance R L. 1971. Gravity measured at the Apollo 14 lading site. Science, 174(4013): 1022–1023.
Phillips R J, Conel J E, Abbott E A, Sjogren W L, Morton J B. 1972. Mascons: Progress toward a unique solution for mass distribution. Journal of Geophysical Research, 77: 7106–7114.
Sugano T, Heki K. 2004. High resolution lunar gravity anomaly map from the lunar prospector line-of-sight acceleration data. Earth Planets Space, 56: 81–86.
Wong L, Buechler G, Downs W, Sjogren W, Muller P. 1971. A surface-layer representation of the lunar gravity field. Journal of Geophysical Research, 76: 6220–6236.
Zheng W, Shao C G, Luo J, Xu H Z. 2008a. Improving the accuracy of GRACE Earth's gravitational field using the combination of different inclinations. Progress in Natural Science, 18(5): 555–561.
Zheng W, Xu H Z, Zhong M, Yun M J. 2009a. Accurate and rapid error estimation on global gravitational field from current GRACE and future GRACE Follow-On missions. Chinese Physics B, 18(8): 3597–

3604.
Zheng W, Xu H Z, Zhong M, Yun M J. 2008b. Physical explanation on designing three axes as different resolution indexes from GRACE satellite-borne accelerometer. Chinese Physics Letters, 25(12): 4482–4485.
Zheng W, Xu H Z, Zhong M, Yun M J. 2011. Efficient calibration of the non-conservative force data from the space-borne accelerometers of the twin GRACE satellites. Transactions of the Japan Society for Aeronautical and Space Sciences, 54(184): 106–110.
Zheng W, Xu H Z, Zhong M, Yun M J, Zhou X H, Peng B B. 2008c. Efficient and rapid estimation of the accuracy of GRACE global gravitational field using the semi-analytical method. Chinese Journal of Geophysics, 51(6): 1704–1710.
Zheng W, Xu H Z, Zhong M, Yun M J, Zhou X H, Peng B B. 2009b. Effective processing of measured data from GRACE key payloads and accurate determination of Earth's gravitational field. Chinese Journal of Geophysics, 52(8): 1966–1975.
Zheng W, Xu H Z, Zhong M, Yun M J, Zhou X H, Peng B B. 2010a. An analysis on requirements of orbital parameters in satellite-to-satellite tracking mode. Chinese Astronomy and Astrophysics, 34: 413–423.
Zheng W, Xu H Z, Zhong M, Yun M J, Zhou X H, Peng B B. 2010b. Efficient and rapid estimation of the accuracy of future GRACE Follow-On Earth's gravitational field using the analytic method. Chinese Journal of Geophysics, 53(2): 218–230.

第17章　国际火星探测计划进展和我国将来火星卫星重力计划研究

本章介绍国际火星探测计划和基于国际火星探测数据建立的火星重力场模型，阐述SGG-Doppler-VLBI 跟踪观测模式的测量原理和优点，并建议我国将来首期火星卫星重力测量计划采用 SGG-Doppler-VLBI 观测模式和静电悬浮重力梯度仪（郑伟等，2011a；Zheng and Li，2018）。

17.1　研 究 背 景

火星重力场的精密测量是国际火星探测计划的重要组成部分，决定着火星探测器轨道的优化设计和载人登火飞船在火星表面理想着陆点的最优选取。重力探测卫星在重力场作用下绕火星作近圆极轨运动，若精密定轨必须知道精确的火星重力场参数；反之，精确测定卫星轨道摄动，利用摄动跟踪观测数据又可以提高火星重力场参数的精度。因此，确定火星重力场的精细结构不仅是测绘科学、宇航科学、行星科学、天文科学、空间科学、生命科学等的需求，同时也将为全人类开展火星地形地貌和内部结构研究、火星新能源和资源探测、火星表面宇宙环境分析、火星系统起源和演化历史论证等提供重要和丰富的信息资源。

目前国内外测绘和航天等领域的众多科学研究者已围绕火星探测开展了广泛而深入的研究（Anderson et al.，1970；Pettengill et al.，1971；Sjogren et al.，1975；Reasenberg and King，1979；Chao and Rubincam，1990；Kolyuka et al.，1990；Folkner et al.，1997a，1997b；Yoder and Standish，1997；Smith et al.，1999a；Carranza et al.，2001；Smith et al.，2001；Neumann et al.，2004；Karatekin et al.，2005；Konopliv et al.，2006；Sanchez et al.，2006；陈昌亚等，2009；吴季等，2009；鄢建国和平劲松，2009；郑伟等，2009，2010a，2010b，2011b，2012）。本章为积极推动我国自主火星卫星重力测量计划的早日实施，加快我国研制火星重力卫星的步伐，提出了我国将来火星卫星重力梯度（SGG）计划的实施建议。

17.2　国际火星探测计划发展历程

国际火星探测计划按发展历程可分为两期，各自的科学目标和任务见表 17.1 和表 17.2。

火星重力场模型是指火星引力位按球谐函数展开中引力位系数的集合。自 20 世纪 60 年代苏联和美国开始发射火星探测器以来，国际众多研究机构已采用多种技术和方法进行了广泛的火星重力场测量（表 17.3）。

表 17.1 国际第一期火星探测计划发展历程

一、苏联“火星号”和“探测器号”火星探测计划（1962～1973 年）[研制机构：苏联科学院（RAS）]			
发射时间	计划名称	探测器质量/kg	科学目标和任务
1962-11-01	火星 1 号（Mars-1）	863.5	携带考察有机物、磁场和辐射带的观测仪器，但升空 4 个月后在距地球 1 亿多千米处与地面通信中断，最终未完成考察火星任务
1971-05-19	火星 2 号（Mars-2）	4650	第一个在火星表面着陆的人造探测器，但最终着陆器在降落时坠毁于火星表面，因此未获取任何探测数据和图像
1971-05-28	火星 3 号（Mars-3）	4650	1971 年 12 月 2 日成功降落于火星，但在开始首次照相扫描 20 s 后，视频信号突然消失，最终永远与地球失去联系
1973-07-21	火星 4 号（Mars-4）	3440	1974 年 2 月 10 日飞到距火星 2200 km 处，由于制动系统故障，最终未能进入火星轨道
1973-07-25	火星 5 号（Mars-5）	3440	1974 年 2 月 12 日进入火星轨道，向地面发回火星表面照片，但很快停止工作
1973-08-05	火星 6 号（Mars-6）	3260	1974 年 3 月 12 日在火星表面着陆，但着陆 1 秒钟后与地面通信中断
1973-08-09	火星 7 号（Mars-7）	3260	1974 年 3 月 9 日从距火星 1300 km 处掠过，由于降落装置发生故障，最终失去联系
1964-11-30	探测器 2 号（Zond-2）	890	飞越火星，最后失踪
1965-07-18	探测器 3 号（Zond-3）	960	掠月飞行并传回月球背面照片，最后进入日心轨道飞往火星
二、美国“水手号”和“海盗号”探测计划（1964～1975 年）（研制机构：美国 NASA）			
发射时间	计划名称	探测器质量/kg	科学目标和任务
1964-11-05	水手 3 号（Mariner-3）	260.8	水手 1、2、5 和 10 号用于探测金星；水手 3 号原计划飞越火星获取表面照片，但由于太阳能电池板不能展开而无法正常工作
1964-11-28	水手 4 号（Mariner-4）	260.68	第一个成功飞越火星的太空船，传回了第一张火星表面照片
1969-02-25	水手 6 号（Mariner-6）	411.8	成功探测火星，共拍摄 143 张照片，照片显示火星表面较荒凉
1969-03-27	水手 7 号（Mariner-7）	411.8	与水手 6 号的结构完全相同，主要执行拍照和研究火星大气及化学成分的任务
1971-05-09	水手 8 号（Mariner-8）	558.8	由于发动机故障而坠回地球大气层，最终坠落于大西洋内
1971-05-30	水手 9 号（Mariner-9）	558.8	首次环绕火星，绘制超过 70%的火星地表，具有前所未有的低高度和高分辨率
1975-08-20	海盗 1 号（Viking-1）	883	着陆器在火星表面工作了 2245 个火星日，第一张照片从着陆后 25 秒开始传回地球
1975-09-09	海盗 2 号（Viking-2）	883	着陆器在火星表面工作了 1281 个火星日，最终电池失效而结束运作

表 17.2 国际第二期火星探测计划发展历程

一、国际火星探测计划（1988～2007 年）					
发射时间	计划名称	研制机构	探测器质量/kg	运载火箭	科学目标和任务
1988-07-07	火卫一 1 号（Phobos-1）	苏联 RAS	2600	质子-K 级	在飞行途中因地面控制中心的错误指令而与地面失去联系
1988-07-12	火卫一 2 号（Phobos-2）				原计划对火星表面进行电视摄像，最终探测器出现故障
1992-09-25	火星观察者号（Mars Observer）	美国 NASA	2500	Titan III	原计划研究火星的气候及地质，在预计进入火星轨道的 3 天前失去联络，最终任务失败
1996-11-07	火星全球勘测者号（Mars Global Surveyor）	美国 NASA	1030.5	Delta II	拍摄火星表面的图像，研究地貌和重力场，探测天气和气候，分析表面和大气的组成

续表

一、国际火星探测计划（1988～2007 年）					
发射时间	计划名称	研制机构	探测器质量/kg	运载火箭	科学目标和任务
1996-11-16	火星-96（Mars-96）	俄罗斯联邦航天局（RSA）	7500	质子号	原计划探测火星表面、环境和气候，因运载火箭发生故障而坠入于地球南太平洋
1996-12-04	火星探路者号（Mars Pathfinder）	美国 NASA	264	Delta II	在火星表面着陆，携带了人类送往火星的第一部火星车
1998-07-03	希望号（Hope）	日本宇宙航空研究开发机构（JAXA）	258	M5	原计划探测火星上部大气层和电离层，重点研究太阳风的影响，并向地球传送图像，最终因无法进入火星轨道而失败
1998-12-11	火星气候探测者号（Mars Climate Orbiter）	美国 NASA	629	Delta II	原计划拍摄大气及表面图像，测定大气温度、压力、尘埃、水蒸气分布和二氧化碳变化，最终进入火星轨道时失去联络
1999-01-03	火星极地着陆者号（Mars Polar Lander）	美国 NASA	290	Delta II	搭载深空 2 号探测器升空，预计登陆火星南极，但在登陆过程中任务失败
	深空 2 号（Deep Space 2）		3.57		
2001-04-07	火星奥德赛号（Mars Odyssey）	美国 NASA	725	Delta II	测量表面化学和矿物组成，寻找可能隐藏的水资源，评估人类登上火星可能面临的危险
2003-06-02	火星快车号（Mars Express）	欧洲空间局（ESA）	1123	联盟号	对火星表面进行拍摄，对土壤颗粒进行分析，记录大气温度、气压和风速，猎兔犬-2 着陆器最终失败
	猎兔犬-2 着陆器（Beagle-2）	英国国家太空中心（BNSC）	33.2		
2003-06-10	勇气号（Spirit）	美国 NASA	185	Delta II	将勇气号和机遇号两辆火星车送往火星，探测是否存在水和生命并分析成分，以推断火星能否通过改造适合生命生存
2003-07-08	机遇号（Opportunity）				
2005-08-12	火星勘测轨道飞行器号（Mars Reconnaissance Orbiter）	美国 NASA	2180	Atlas V	将侦察卫星送往火星，以前所未有的分辨率进行详细考察，并为后续火星地表任务寻找适合的登陆地点
2007-08-04	凤凰号（Phoenix）	美国 NASA	350	Delta II	寻找北极土壤中可能存在的生命特征，研究浅层地下的水冰

二、国际火星探测计划（2011～2018 年）					
发射时间	计划名称	研制机构	探测器质量/kg	运载火箭	科学目标和任务
2011-11-08	火卫一-土壤（Phobos-Grunt）	俄罗斯 RSA	11100	联盟 2-1B	在火卫一提取土壤样本后返回地球，主体部分将继续观测火星气候状况和附近太空环境
	萤火一号（Yinghuo-1）	中国航天局（CNSA）	110		研究火星的电离层、磁场、周围空间环境等
2011-11-26	好奇号（Mars Curiosity）	美国 NASA	3839	Atlas V 541（AV-028）	采集火星土壤样本和岩芯，对现在或过去微生物存在的有机化合物和环境条件进行分析
2013-11-05	火星轨道探测器计划（Mars orbiter Mission）	印度空间研究机构（ISRO）	13.4	PSLV-XL C25	探测火星是否存在水冰，研究化学成分和空间环境，采集样本返回

续表

二、国际火星探测计划（2011～2018年）					
发射时间	计划名称	研制机构	探测器质量/kg	运载火箭	科学目标和任务
2013-11-18	火星大气演化号（Mars Atmosphere and Volatile Evolution）	美国 NASA	65	Atlas V 401 AV-038	探测火星的上层大气、电离层和太阳风
2016-03-14	火星示踪气体计划（Mars Trace Gas Mission）	欧空局（ESA）	113.8	Proton-M/Briz-M	探测火星大气的化学成分，选定理想着陆点
2018-05-05	洞察号（Insight）	美国 NASA	694	Atlas V 401	包括轨道船、登陆器或探测车，登陆器将通过机械手收集各种岩石样本
	火星立方一号（Mars Cube One）		13.5	—	在第 58 届国际宇航联合会上宣布计划派宇航员登上火星

表 17.3　火星重力场模型研究

模型名称	研究机构	建立时间	最高阶数	数据来源
10×10 模型（Lorell et al.，1973）		1973 年	10	Mariner 9 跟踪数据
6×4 模型（带谐项 6 阶×田谐项 4 阶）（Born，1974）		1974 年	6	Mariner 9 和火卫一的光学跟踪数据
Mars50c（Konopliv and Sjogren，1995）	美国 JPL①	1995 年	50	Mariner 9 和 Viking 1/2 跟踪数据
MGS75D/E（Yuan et al.，2001）		2001 年	75	Mariner 9，Viking 1/2 和 MGS 跟踪数据
MGS85F/F2/H2		2002 年	85	Mariner 9，Viking 1/2 和 MGS 跟踪数据
MGS95I/J（Konopliv et al.，2006）		2006 年	95	Mars Global Surveyor（MGS）和 Mars Odyssey 跟踪数据
6×6 模型（Reasenberg et al.，1975）	英国 MIT②	1975 年	6	Mariner 9 跟踪数据
6×6 模型（Gapcynski et al.，1977）	美国 LRC③	1977 年	6	Mariner 9 和 Viking 1/2 跟踪数据
18×18 模型（Balmino et al.，1982）	法国 BGI④	1979 年	18	Mariner 9 和 Viking 1/2 跟踪数据
GMM-1（Smith et al.，1993）		1993 年	50	Mariner 9 和 Viking 1/2 跟踪数据
MGS75B（Smith et al.，1999b）		1999 年	75	MGS、Mariner 9 和 Viking 1/2 跟踪数据
GMM-2B（Lemoine et al.，2001）	美国 GSFC⑤	2001 年	80	MGS 轨道跟踪数据和激光测高数据
GGM1025		2002 年	80	MGS 跟踪数据
GGM1041C			90	
MGGM08A（Marty et al.，2009）	法国 CNES⑥	2009 年	95	MGS 和 Mars Odyssey 跟踪数据

① JPL：Jet Propulsion Laboratory，NASA，USA；

② MIT：Massachusetts Institute of Technology，Cambridge，UK；

③ LRC：Langley Research Center，NASA，USA；

④ BGI：Bureau Gravimétrique International，Toulouse，France；

⑤ GSFC：Goddard Space Flight Center，NASA，USA；

⑥ CNES：Centre National d'Etudes Spatiales，France.

17.3　中国火星卫星重力梯度计划研究

17.3.1　SGG-Doppler-VLBI 观测模式的原理

SGG-Doppler-VLBI（satellite gravity gradiometry associated with Doppler and very long baseline interferometry）观测系统由地面 Doppler-VLBI 系统和低轨火星重力梯度卫

星组成（图 17.1）。测量原理如下：利用地面 Doppler-VLBI 观测系统对低轨火星重力梯度卫星精密跟踪定位，通过星载重力梯度仪直接测定火星卫星轨道高度处引力位的二阶微分，基于非保守力补偿系统屏蔽火星重力梯度卫星受到的非保守力，利用姿态和轨道控制系统测量卫星和载荷的空间三维姿态，最后联合上述火星卫星重力梯度观测值高精度和高空间分辨率反演火星重力场。

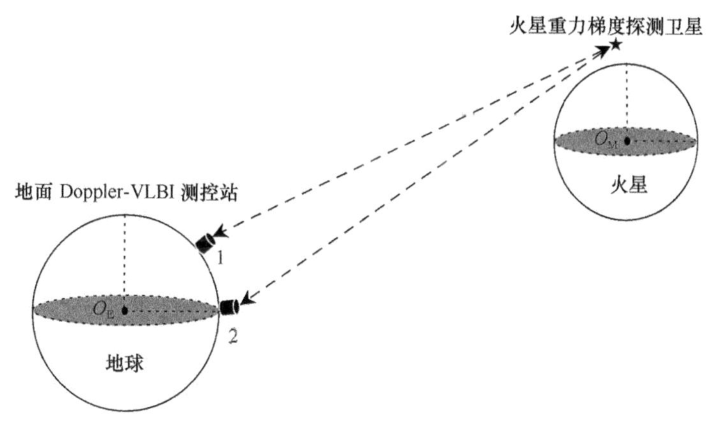

图 17.1　SGG-Doppler-VLBI 的测量原理

17.3.2　SGG-Doppler-VLBI 观测模式的优点

（1）建立高精度和高空间分辨率的中高阶火星重力场模型。基于传统火星探测器轨道摄动技术通常仅能反演火星重力场的长波分量，而 SGG 可直接感测火星引力位的二阶张量，进而获得中短波火星重力场精细结构的信息。因此，卫星重力梯度技术是精化中高频火星重力场的有效途径之一。

（2）对火星重力梯度卫星定轨精度敏感性较低。基于卫星轨道摄动原理的传统卫星重力测量技术主要决定于卫星的定轨精度。由于加速度计阵列本身可测定卫星的运动姿态，而且重力梯度数据的后处理可进一步辅助改善卫星的定轨精度，因此 SGG-Doppler-VLBI 对定轨精度的要求相对较低。

（3）易于感测全张量重力梯度。静电悬浮和低温超导技术的成功应用较大程度提高和改善了重力梯度仪的灵敏度和稳定度。由于不同的卫星重力梯度张量敏感于不同的火星重力场信息，因此在火星物理解释中采用重力梯度张量比用重力标量将获得更丰富的火星深部构造信息。

（4）非保守力对重力梯度观测信号的影响较小。由于重力梯度观测信号是通过每对加速度计的输出量差获得，只要每对加速度计的性能指标尽可能一致，则非保守力对每组加速度计的影响就基本相同，因此差分后的重力梯度观测信号可基本消除非保守力的影响。

（5）直接测定火星引力场的内部结构。据广义相对论可知，当有引力场存在时，四维时空是弯曲的黎曼空间。黎曼曲率张量刻画了空间的几何结构，主要分量与引力位的二阶导数成正比，因此测定火星引力位的二阶导数实际等价与测定四维时空的几何结构。因此，SGG-Doppler-VLBI 可有效揭示火星引力场的物理和几何性质之间的相互关系。

（6）火星重力场测定速度快、代价低和效益高。火星重力梯度卫星在近圆、近极和低轨道上连续飞行可获得全球覆盖和规则分布的重力梯度数据，而且可借鉴地球重力梯度卫星 GOCE 整体系统的成功经验。

17.3.3 卫星重力梯度仪的选取

重力梯度测量技术的创新和突破极大地推动了重力梯度仪的迅速发展。随着电子技术、计算机技术、低温超导技术、量子技术等的发展，重力梯度仪在灵敏度和稳定性方面均有显著提升。20 世纪初以来，重力梯度仪的研究大致经历了从单轴旋转到三轴定向，从室温到超低温（<4.2 K），从扭力、静电悬浮到超导的发展过程，仪器灵敏度日益提高（表 17.4）。扭力测量通过测定作用于检测质量的力矩来间接获取重力梯度值；差分加速度测量通过测量两加速度计之间的加速度差来获得重力梯度观测值，可消除加速度计之间大部分公共误差的影响，因此较前者更有发展前景。

表 17.4 重力梯度仪研究（郑伟等，2010c）

研制时间	研制国家（机构）	梯度仪/计划名称	科学用途和目标
20 世纪初期	匈牙利	Eötvös 扭秤	地球表面引力位二阶张量测量（$1E=10^{-9}/s^2$）
20 世纪中叶	美国	相对重力仪	LaCoste 测量精度 $5\times10^{-9}\ m/s^2$
20 世纪 70 年代末	美国（NASA）	Gravity B 计划	获得空间分辨率 25 km 和重力异常精度 $10^{-6}\ m/s^2$ 的全球重力场
20 世纪 90 年代	欧空局（ESA）	ARISTOTELES 计划	星载重力梯度仪灵敏度为 $10^{-11}/s^2$
20 世纪 90 年代中期	欧空局（ESA）	GOCE 卫星重力梯度计划	星载静电悬浮重力梯度仪测量精度为 $3\times10^{-12}/(s^2\cdot Hz^{1/2})$
21 世纪初期	美国国家航空航天局（NASA）	超导重力梯度测量计划（SGGM）	以空间分辨率 50 km 和重力异常精度（2～3）$\times10^{-5}\ m/s^2$ 确定 360 阶地球重力场
21 世纪初期	美国和意大利	系留卫星系统（TSS）	星载重力梯度仪精度为 $10^{-15}/(s^2\cdot Hz^{1/2})$，可望获得空间分辨率 25 km 和重力异常精度（1～2）$\times10^{-5}\ m/s^2$

卫星重力梯度仪是一种能直接探测空间重力加速度矢量梯度的传感器。由于重力梯度可以较好地反映等位面的曲率和力线的弯曲程度，因此敏感于中短波重力场的信号，更能反应重力场的精细结构。在火星重力卫星内的微重力环境中，由于不同位置点加速度的差异较小，所以不同属性的重力梯度仪通常由 1～3 对属性相同的加速度计按不同的排列方式组合而成，精确测定每对加速度计检验质量之间的相对位置变化，通过观测重力加速度差进而得到重力梯度张量，此为 SGG 能在微重力环境下直接测量火星重力场参数的主要原因。目前卫星重力梯度仪主要包括旋转式重力梯度仪、静电悬浮重力梯度仪、超导重力梯度仪、量子重力梯度仪等。旋转式重力梯度仪比较适合自旋稳定的小卫星，而新一代火星重力探测卫星通常为非自旋稳定且旋转式重力梯度仪精度相对较低，因此较少用于 SGG。将来国际 SGG 工程的发展方向以采用静电悬浮重力梯度仪、超导重力梯度仪、量子重力梯度仪等为主流。由于静电悬浮重力梯度仪具有结构简单、成本低、灵敏度高、抗外界干扰能力强、易于自动化数据采集等优点，同时我国已具有一定的研究基础，而且可借鉴地球重力梯度卫星 GOCE 星载静电悬浮重力梯度仪的成功经验，因此建议我国将来首期火星卫星重力梯度计划采用静电悬浮重力梯度仪高精度和高空间分辨率感测中高频火星重力场。基于超导重力梯度仪和量子重力梯度仪可超高精

度感测火星重力场但研制困难较大的原因，建议我国研究机构尽快开展预先研制，以期尽早应用于后期火星卫星重力梯度计划。

综上所述，SGG-Doppler-VLBI 是一项探测火星重力场特性特征、精细结构和演变过程的新技术和新领域。目前已逐渐发展成为专门研究火星重力梯度测量的理论、方法、载荷和应用的新兴科学，而且星载重力梯度仪可直接测定引力位的二阶导数进而有效抑制火星重力场中高频信号的衰减效应，因此 SGG-Doppler-VLBI 观测模式有望成为我国将来优选的和具有发展潜力的火星卫星重力测量模式之一。

17.4 本 章 小 结

载人登陆火星、共享火星资源，构建火星基地是 21 世纪世界各国开展深空探测的发展趋势和追逐热点。基于此动机，本章围绕“国际火星探测计划进展和我国将来火星卫星重力测量计划”开展研究，具体结论如下。

（1）详细介绍了在国际第一期火星探测计划期间（1962～1975 年），苏联“火星号”和“探测器号”以及美国“水手号”和“海盗号”系列火星探测计划。

（2）详细阐述了在国际第二期火星探测计划期间（1988～2037 年），苏联“火卫一 1/2 号”，美国“火星观察者号”“火星全球勘测者号”“火星探路者号”“火星气候探测者号”“火星极地着陆者号”“火星奥德赛号”“勇气号”“机遇号”“火星勘测轨道飞行器号”和“凤凰号”，俄罗斯“火星-96 号”，日本“希望号”，欧洲“火星快车号”，英国“猎兔犬-2”系列火星探测计划，同时展望了国际未来火星探测计划。

（3）详细介绍了基于国际火星观测数据建立的火星重力场模型。①美国：6×4、6×6、10×10、Mars50c、MGS75B、MGS75D/E、MGS85F/F2/H2、MGS95I/J、GMM-1、GMM-2B、GGM1025 和 GGM1041C；②英国：6×6；③法国：18×18 和 MGGM08A。

（4）详细阐述了 SGG-Doppler-VLBI 跟踪观测模式的测量原理和优缺点，建议我国将来首期火星卫星重力测量计划采用具有中国特色的 SGG-Doppler-VLBI 观测模式。

（5）详细介绍了自 20 世纪初以来重力梯度仪的研究历程，对比了静电悬浮、超导和量子卫星重力梯度仪的优缺点，建议我国将来首期火星卫星重力梯度计划采用静电悬浮重力梯度仪较优。

本章研究不仅可为我国将来首期自主火星卫星重力测量计划的成功实施提供一定的参考价值，同时对将来我国“萤火一号”火星磁场和重力场探测计划、国际众多火星探测和载人登火计划，以及太阳系金星和水星等行星探测计划中高精度和高阶次全球重力场模型的有效和快速建立具有广泛的借鉴意义。

参 考 文 献

陈昌亚, 方宝东, 曹志宇, 江世臣, 侯建文. 2009. YH-1 火星探测器设计及研制进展. 上海航天, 26(3): 21–25.

吴季, 朱光武, 赵华, 王赤, 李磊, 孙越强, 郭伟, 黄乘利. 2009. 萤火一号火星探测计划的科学目标. 空间科学学报, 29(5): 449–455.

鄢建国, 平劲松. 2009. 火星重力场研究现状及发展趋势. 物理, 38(10): 707–711.

郑伟, 许厚泽, 钟敏, 员美娟. 2011a. 国际火星探测计划进展和我国将来火星卫星重力测量计划研究. 大地测量与地球动力学, 31(3): 51–57.

郑伟, 许厚泽, 钟敏, 员美娟. 2011b. 基于激光干涉星间测距原理的下一代月球卫星重力测量计划需求论证. 宇航学报, 32(4): 922–932.

郑伟, 许厚泽, 钟敏, 员美娟. 2012. “萤火一号”火星探测计划进展和 Mars-SST 火星卫星重力测量计划研究. 测绘科学, 37(2): 44–48.

郑伟, 许厚泽, 钟敏, 员美娟, 彭碧波, 周旭华. 2010a. Improved-GRACE 卫星重力轨道参数优化研究. 大地测量与地球动力学, 30(2): 43–48.

郑伟, 许厚泽, 钟敏, 员美娟, 彭碧波, 周旭华. 2010b. 地球重力场模型研究进展和现状. 大地测量与地球动力学, 30(4): 83–91.

郑伟, 许厚泽, 钟敏, 员美娟, 周旭华, 彭碧波. 2009. 卫-卫跟踪测量模式中轨道高度的优化选取. 大地测量与地球动力学, 29(2): 100–105.

郑伟, 许厚泽, 钟敏, 员美娟, 周旭华, 彭碧波. 2010c. 国际卫星重力梯度测量计划研究进展. 测绘科学, 35(2): 57–61.

Anderson J D, Efron L, Wong S K. 1970. Martian mass and Earth-moon mass ratio from coherent S-band tracking of Mariner 6 and 7. Science, 167(3916): 227–279.

Balmino G, Moynot B, Valès N. 1982. Gravity field model of Mars in spherical harmonics up to degree and order eighteen. Journal of Geophysical Research, 87(B12): 9735–9746.

Born G H. 1974. Mars physical parameters as determined from Mariner 9 observations of the natural satellites and Doppler tracking. Journal of Geophysical Research, 79: 4837–4844.

Carranza E, Yuan D N, Konopliv A S. 2001. Mars global surveyor orbit determination uncertainties using high resolution Mars gravity models. In: Spencer D B, Seybold C C, Misra A K, Lisowski R J(Eds.), Advances in the Astronautical Sciences, vol. 109. Univelt, San Diego, CA, 1633–1650.

Chao B F, Rubincam D P. 1990. Variations of Mars gravitational field and rotation due to seasonal CO_2 exchange. Journal of Geophysical Research, 95(B9): 14755–14760.

Folkner W M, Kahn R D, Preston R A. 1997a. Mars dynamics from Earth-based tracking of the Mars Pathfinder lander. Journal of Geophysical Research, 102: 4057–4064.

Folkner W M, Yoder C F, Yuan D N. 1997b. Interior structure and seasonal mass redistribution of Mars from radio tracking of Mars Pathfinder. Science, 278: 1749–1752.

Gapcynski J P, Tolson R H, Michael W H. 1977. Mars gravity field: Combined Viking and Mariner 9 results. Journal of Geophysical Research, 82: 4325–4327.

Karatekin O, Duron J, Rosenblatt P. 2005. Mars' time-variable gravity and its determination: Simulated geodesy experiments. Journal of Geophysical Research, 110(E6), E06001.

Kolyuka Y F, Efimov A E, Kudryavtsev S M. 1990. Refinement of the gravitational constant of Phobos from Phobos 2 tracking data. Soviet Astronomy Letters, 16: 168–170.

Konopliv A S, Sjogren W L. 1995. The JPL Mars Gravity Field, Mars50c, based upon Viking and Mariner 9 Doppler Tracking Data, JPL Publication 95-5, Jet Propulsion Laboratory, Pasadana, Ca.

Konopliv A S, Yoder C F, Standish E M. 2006. A global solution for the Mars static and seasonal gravity, Mars orientation, Phobos and Deimos masses, and Mars ephemeris. Icarus, 182(1): 23–50.

Lemoine F G, Smith D E, Rowlands D D. 2001. An improved solution of the gravity field of Mars (GMM-2B) from Mars Global Surveyor. Journal of Geophysical Research, 106(E10): 23359–23376.

Lorell J, Born G H, Christensen E J. 1973. Gravity field of Mars from Mariner 9 tracking data. Icarus, 18: 304–316.

Marty J C, Balmino G, Duron J. 2009. Martian gravity field model and its time variations from MGS and Odyssey data. Planetary Space Science, 57: 350–363.

Neumann G A, Zuber M T, Wieczorek M A. 2004. Crustal structure of Mars from gravity and topography. Journal of Geophysical Research, 109, doi: 10.1029/2004JE002262. E08002.

Pettengill G H, Rogers A E E, Shapiro I I. 1971. Martian craters and a scarp as seen by radar. Science, 174(4016): 1321–1324.

Reasenberg R D, King R W. 1979. The rotation of Mars. Journal of Geophysical Research, 84: 6231–6240.
Reasenberg R D, Shapiro I I, White R D. 1975. The gravity field of Mars. Geophysical Research Letters, 2(3): 89–92.
Sanchez B V, Rowlands D D, Haberle R M. 2006. Variations of Mars gravitational field based on the NASA/Ames general circulation model. Journal of Geophysical Research, 111, E06010, doi: 10.1029/2005JE002442.
Sjogren W L, Lorell J, Wong L. 1975. Mars gravity field based on a short-arc technique. Journal of Geophysical Research, 80(20): 2899–2908.
Smith D E, Lerch F J, Nerem R S. 1993. An improved gravity model for Mars: Goddard Mars Model-1 (GMM-1). Journal of Geophysical Research, 98: 20781–20889.
Smith D E, Sjogren W L, Tyler G L. 1999b. The gravity field of Mars: Results from Mars global surveyor. Science, 286: 94–97.
Smith D E, Zuber M T, Haberle R M. 1999a. The Mars seasonal CO_2 cycle and the time variation of the gravity field: A general circulation model simulation. Journal of Geophysical Research, 104: 1885–1896.
Smith D E, Zuber M T, Neumann G A. 2001. Seasonal variations of snow depth on Mars. Science, 294: 2141–2146.
Yoder C F, Standish E M. 1997. Martian precession and rotation from Viking lander range data. Journal of Geophysical Research, 102: 4065–4080.
Yuan D N, Sjogren W L, Konopliv A S. 2001. Gravity field of Mars: A 75th degree and order model. Journal of Geophysical Research, 106: 23377–23401.
Zheng W, Li Z W. 2018. Preferred design and error analysis for the future dedicated deep-space Mars-SST satellite gravity mission. Astrophysics and Space Science, 363: 172-1–172-15.

第18章　国际金星探测计划进展和我国金星重力梯度计划实施

本章主要研究内容如下：第一，介绍了国际已实施的金星探测计划，如苏联“金星”（1961～1983），美国“水手”（1962～1973）、“先驱者”（1978-05-20）和“麦哲伦”（1989-05-04），欧洲“金星快车”（2005-11-09），日本“拂晓”（2010-05-20），以及未来开展的金星探测计划：印度“金星探测”（2015），俄罗斯“金星-D”（2016），美国、俄罗斯、法国、日本和德国“联合金星探测计划”（2020～2025）；第二，汇总了利用国际金星探测器跟踪数据建立的金星重力场模型，如美国6×6模型、7×7模型、VGM6A模型、GVM-1模型、60×60模型、90×90模型、MGNP120PSAAP模型、MGNP180U模型和180×180模型；法国60×60模型和180×180模型；第三，建议我国将来金星重力梯度计划采用SST-HL/SGG-Doppler-VLBI观测模式和卫星轨道高度设计为50～100 km；第四，从促进科技发展、提升综合国力和推动国际合作方面阐述了我国实施金星重力梯度计划的重要意义（郑伟等，2014）。

18.1　研究背景

深空探测计划是20世纪国内外研究机构探索空间环境和利用空间资源的关键途径，主要包括5个研究领域：月球探测、火星探测、水星/金星探测、巨行星探测，以及小行星/彗星探测；预期科学目标是：开发空间资源、扩展生存空间、探索宇宙起源。

金星是太阳系中距地球最近的行星（最近4100万km）。金星是除太阳和月球之外，在天空中能直接看到的最明亮天体。虽然金星和地球被称为“孪生姊妹”，但金星在诸多方面与地球迥然不同：①金星自东向西逆向旋转，自转周期（243天）大于公转周期（225天）；②由于日金距离比日地距离短约1/3，因此金星获得的太阳能比地球多1倍；③由于金星具有非常浓密的大气层，因此金星的反照率（0.76）在太阳系行星中名列前茅。为了尽快揭开金星的神秘面纱，自20世纪60年代起，以苏联和美国为代表的国际众多科研机构竞相开展了金星探测计划，并获得了大量的金星研究数据和科学信息，主要包括苏联“金星”系列（16个探测器）、美国“水手”系列（10个探测器：3个飞向金星、6个飞向火星、1个对金星和水星开展双星观测）、美国“麦哲伦”探测器、欧洲“金星快车”探测器、日本“拂晓”探测器等。

金星重力场的精密探测决定着环金飞行器轨道的优化设计和理想着陆点的合适选取。由于当前金星重力场信息均是通过环金飞行器的多普勒跟踪数据获得，其仅敏感于金星重力场的中低频信号，而且探测精度相对较低，因此尽早实施专用金星重力卫星计划，进而构建高精度和高空间分辨率的金星重力场模型刻不容缓。

18.2 国际金星探测计划研究进展

如表 18.1 所示，国际科研机构共发射了 32 个金星探测器，如果将路过金星的探测器计算在内，总数已达 40 余个。国际未来金星探测计划进展如表 18.2 所示。

表 18.1 国际金星探测计划发展历程（Phillips et al.，1979；Reasenberg et al.，1981；Mottinger et al.，1985；Kiefer et al.，1986；Bills et al.，1987；Burša et al.，1992；Reasenberg and Goldberg，1992；Johnson and Cicci，1994；Kaula，1996；Barriot et al.，1997）

一、苏联“金星”（Venus）系列探测计划（1961～1983 年）				
发射时间	计划名称	探测器质量/kg	运载火箭	科学目标和任务
1961-02-04	金星 1A 号（Venus-1A）	644		苏联第一台金星探测器，最终未脱离环绕地球轨道而最终失败
1961-02-12	金星 1 号（Venus-1）	643.5		发射 10 天后与地面失去联系，预期研究太阳风、磁场、陨石、宇宙射线等
1962-08-25	金星 2A 号（Venus-2A）	890		由于火箭末端节推进失败，导致探测器未能进入高椭圆轨道，最终于 3 天后在大气层烧毁
1962-09-01	金星 2B 号（Venus-2B）	890		发射至低地球轨道，但末端节与探测器未能进入高椭圆轨道，最终于 5 天后重返大气层烧毁
1962-09-12	金星 2C 号（Venus-2C）	890		经运载火箭发射至低地球轨道，但因第三节火箭发生爆炸，最终星箭具毁
1963-11-11	金星 2D 号（Venus-2D）	890		火箭末端节未能成功将探测器推向金星，发射 3 天后烧毁于大气层
1964-03-27	金星 2E 号（Venus-2E）	890		由于火箭末端节未能成功将探测器推向金星，最终滞留于低地球轨道
1965-11-12	金星 2 号（Venus-2）	963		距离金星 24000 km 飞掠，但由于通讯系统损毁，无科学数据传回地球，最终进入日心轨道
1965-11-15	金星 3 号（Venus-3）	960		第一台成功着陆于金星的探测器，但由于通信系统失效，最终无任何数据传回
1965-11-23	金星 4A 号（Venus-4A）	960	闪电号	由于火箭末端节将探测器推向金星时发生爆炸，于 16 天后重返大气层烧毁
1967-06-12	金星 4 号（Venus-4）	1106		第二台成功到达金星大气层的探测器（距金星表面 24.96 km），首次成功传回金星科学数据
1967-06-17	金星 5A 号（Venus-5A）	1106		由于火箭末端节未能将探测器推向金星，最终停留于地球轨道
1969-01-05	金星 5 号（Venus-5）	1130		当与金星大气层接触时（距金星表面 24～26 km），释放了金星胶囊，传回 53 分钟科学数据后与地球失去联系
1969-01-10	金星 6 号（Venus-6）	1130		与金星 4 号相似，但功能更强大；当与金星大气层接触时（距金星表面 10～12 km），传回 51 分钟科学数据后停止工作
1970-08-17	金星 7 号（Venus-7）	1180		成功实现软着陆，传回 35 分钟的表面温度等数据资料，测得表面温度为 447℃，气压密度约为地球的 100 倍
1970-08-17	金星 8A 号（Venus-8A）	1180		由于火箭末端节未能成功将探测器推向金星，最终滞留于低地球轨道
1972-03-27	金星 8 号（Venus-8）	1180		由于金星的气候和地形相当恶劣，降落于金星表面后仅传回 50 分钟数据
1972-03-31	金星 9A 号（Venus-9A）	1180		由于火箭末端节未能成功将探测器推向金星，因此最终滞留于低地球轨道

续表

一、苏联“金星”（Venus）系列探测计划（1961～1983年）

发射时间	计划名称	探测器质量/kg	运载火箭	科学目标和任务
1975-06-08	金星 9 号（Venus-9）	2015	质子号	第一台成功环绕金星且成功向地球传回科学数据的探测器，主要包含轨道环绕器和着陆器（轨道参数：离心率 0.89002、倾角 29.5°、远拱点 19.51 RV、近拱点 1.26 RV、轨道周期 48.3 小时）
1975-06-14	金星 10 号（Venus-10）	2015		第二个传回黑白电视影像的探测器，显示金星表面无明显灰尘且布满 30～40 cm 不受侵蚀的岩石（轨道参数：离心率 0.8798、倾角 29.5°、远拱点 19.82 RV、近拱点 1.27 RV、周期 49.4 小时）
1978-09-09	金星 11 号（Venus-11）	4940		由飞掠器和着陆器组成的无人探测器，旨在研究金星大气、宇宙射线和太阳风离子（轨道参数：近拱点 6.62 RV）
1978-09-14	金星 12 号（Venus-12）	4940		类似于金星 11 号的无人探测器，由一台飞掠器和着陆器组成，用于研究金星大气层、宇宙射线和太阳风离子（轨道参数：近拱点 6.62 RV）
1981-10-30	金星 13 号（Venus-13）	4940		着陆舱携带的自动钻探装置深入到金星地表采集了岩石标本，探明金星地质构造仍然很活跃和岩浆里含有水分
1981-11-04	金星 14 号（Venus-14）	4940		由飞掠器和着陆器组成，用于研究金星分子光谱、辐射、太阳风离子等
1983-06-02	金星 15 号（Venus-15）	4000		携带的电视摄像机探测了金星的云层，登陆设备钻探和分析了金星土壤
1983-06-07	金星 16 号（Venus-16）	4000		在表面软着陆，向地球发回电视图像，主要研究分子光谱、辐射、太阳风离子等

二、美国“水手”（Mariner）系列探测计划（1962～1973年）［研制机构：美国国家航空航天局（NASA）］

发射时间	计划名称	探测器质量/kg	运载火箭	科学目标和任务
1962-07-22	水手 1 号（Mariner-1）	200	阿特拉斯	原计划探测金星，但因出现故障而被摧毁
1962-08-27	水手 2 号（Mariner-2）	202.8	擎天神-爱琴娜	成功掠过金星，拍摄了红外及微波段图像
1967-06-14	水手 5 号（Mariner-5）	244.9	阿特拉斯	距金星表面 3990 km 处飞掠，以无线电波手段证实二氧化碳是金星大气主要成分，并侦测了磁场变动
1973-11-03	水手 10 号（Mariner-10）	473.9	阿特拉斯-半人马	第 1 艘利用行星重力同时探测 2 颗行星的探测船，主要探测了金星和水星的环境、大气和地表的特征

三、美国“先驱者”（Pioneer）探测计划［研制机构：美国国家航空航天局（NASA）］

发射时间	计划名称	探测器质量/kg	运载火箭	科学目标和任务
1978-05-20	先驱者-金星 1 号和 2 号（Pioneer-Venus-1/2）	517	阿特拉斯-半人马	主要探测了金星大气，由轨道器（先驱者-金星 1 号和先驱者 12 号）和联合探测器（先驱者-金星 2 号和先驱者 13 号）组成（轨道参数：离心率 0.842、倾角 105°、远拱点 1.03 RV、近拱点 12.01 RV、周期 24 小时）

四、美国“麦哲伦”（Magellan）探测计划［研制机构：美国国家航空航天局（NASA）］

发射时间	计划名称	探测器质量/kg	运载火箭	科学目标和任务
1989-05-04	麦哲伦号（Magellan）	1035	亚特兰蒂斯号航天飞机	用于金星地表的绘制与测量，共绕行 6 圈并获得地表 98%的科学资料，最终冲入金星大气层结束任务（轨道参数：离心率 0.4014、倾角 85.5°、远拱点 2.4116 RV、近拱点 1.0301 RV、周期 3.257 小时）

五、欧洲“金星快车”（Venus Express）探测计划［研制机构：欧洲空间局（ESA）］

发射时间	计划名称	探测器质量/kg	运载火箭	科学目标和任务
2005-11-09	金星快车（Venus Express）	1270	联盟号飞船	在 20 万 km 的环金星椭圆轨道处利用“紫外线、可见光和近红外线成像分光计”和“金星监测照相机”拍摄并传回金星南极地区图片

续表

六、日本“拂晓号”（Venus Climate Orbiter）探测计划［研制机构：日本宇宙航空研究开发机构（JAXA）］				
发射时间	计划名称	探测器质量/kg	运载火箭	科学目标和任务
2010-05-20	拂晓号（Venus Climate Orbiter）	320	H-IIA	原计划探索金星大气的“超自转”现象，最终未进入金星周回轨道（轨道参数：离心率为近赤道、倾角 172°、远拱点 79000 km、近拱点 300 km、周期 30 小时）

表 18.2　国际未来金星探测计划

发射时间	计划名称	研制机构	运载火箭	科学目标和任务
2020～2025	联合金星探测计划（Combined Venus）	美国、俄罗斯、法国、日本和德国	—	主要由 1 个轨道器、2 个气球和 2 个降落在不同地形的着陆器组成，预期对金星开展全面和详细的勘探
2023 年	金星计划（Venus）	印度空间研究组织（ISRO）	PSLV-XL	携带 5 台科学仪器，预期研究金星大气层和类地行星的起源和演变
2030 年	金星-D（Venus-D）	俄罗斯联邦航天局（RSA）	—	主要携带 1 个轨道器、多个气球、1 个着陆器和 1 个新发明的风力飞行器，预期采用雷达研究金星地表并利用登陆艇登陆金星

18.3　金星重力场模型建立进展（1980～2002 年）

金星重力场模型是指金星引力位按球谐函数展开中引力位系数的集合$\{C_{lm},S_{lm}\}$。自苏联于 1961 年 2 月 4 日首次发射金星探测器“金星 1A”以来，国际众多科研机构已利用多种技术开展了大量的金星重力场测量。表 18.3 列出了基于金星探测器观测数据建立的主要金星重力场模型，其中 MGNP180U 模型是利用“麦哲伦”探测器的多普勒跟踪数据建立的 180 阶次金星重力场模型，在 180 阶处解算金星引力位系数精度为 2.5×10^{-9}。虽然 MGNP180U 模型是至今为止解算精度较高的金星重力场模型，但由于“麦哲伦”金星探测器的主要科学目标并非金星重力探测，因此金星重力场测量精度有待进一步提高。基于地球专用重力卫星 CHAMP、GRACE、GOCE 和 GRACE Follow-On，以及月球专用重力测量卫星 GRAIL 在高精度探测重力场方面的卓越贡献，尽早发射金星专用重力卫星是建立更高精度和更高阶次金星重力场模型的优选途径，通过将来专用重力卫星测量金星重力场的预期精度较目前金星探测器精度至少提高 10 倍。

表 18.3　金星重力场模型

模型名称	研究机构	建立时间	最高阶数	数据来源
6×6 模型（Ananda et al.，1980）	美国 JPL①	1980 年	6	“先驱者-金星”探测器的平均轨道根数的长周期变化跟踪数据（220 天）
7×7 模型（Williams and Mottinger，1983）	美国 JPL	1983 年	7	“先驱者-金星”探测器的视线方向多普勒跟踪数据的 43 个短弧长（4 小时）
VGM6A 模型（McNamee et al.，1992）	美国 JPL	1992 年	21	“先驱者-金星”S 波段多普勒数据、以及“麦哲伦”X 和 S 波段多普勒数据
GVM-1 模型（Nerem et al.，1993）	美国 NASA②/GSFC③/JPL	1993 年	50	“先驱者-金星”探测器的 S 波段多普勒跟踪数据（1979～1982 年）
60×60 模型（Konopliv et al.，1993）	美国 JPL/法国 GRGS④	1993 年	60	“先驱者-金星”和“麦哲伦”多普勒跟踪数据（1978～1982 年）
60×60 模型（Konopliv and Sjogren，1994）	美国 JPL	1994 年	60	“麦哲伦”和“先驱者-金星”探测器的无线电跟踪数据

续表

模型名称	研究机构	建立时间	最高阶数	数据来源
90×90 模型（Perini et al.，1996）	美国 GSFC/CSR[⑤]	1996 年	90	"先驱者-金星"和"麦哲伦"探测器的多普勒跟踪数据
MGNP120PSAAP 模（Konopliv et al.，1996）	美国 JPL	1996 年	120	"麦哲伦"探测器的多普勒跟踪数据
180×180 模型（Barriot et al.，1998）	法国 GRGS/CNES[⑥]	1998 年	180	"麦哲伦"探测器视线方向的残余多普勒跟踪数据
MGNP180U 模型（Konopliv et al.，1999）	美国 JPL	1999 年	180	"麦哲伦"探测器的多普勒跟踪数据
180×180 模型（Cox et al.，2002）	美国 GSFC	2002 年	180	"麦哲伦"X 和 S 波段多普勒跟踪数据（1992-09～1994-10），以及"先驱者-金星"S 波段多普勒跟踪数据（1978～1982 年）

① JPL：Jet Propulsion Laboratory，NASA，USA；
② NASA：National Aeronautics and Space Administration，USA；
③ GSFC：Goddard Space Flight Center，NASA，USA；
④ GRGS：Research Group of Space Geodesy，France；
⑤ CSR：Center for Space Research，University of Texas，USA；
⑥ CNES：National Centre for Space Studies，France.

18.4 我国实施金星重力梯度计划建议

18.4.1 SST-HL/SGG-Doppler-VLBI 观测模式的优化选取

SST-HL/SGG-Doppler-VLBI（satellite-to-satellite tracking in high-low/satellite gravity gradiometry mode associated with Doppler and very long baseline interferometry）观测系统由地球 Doppler-VLBI 系统、低轨金星重力梯度卫星、联系 Doppler-VLBI 系统和低轨金星重力梯度卫星的中继高轨卫星群组成。该观测模式的优点如下：①由于采用传统金星探测器的多普勒跟踪数据仅能获得金星重力场的中长波信号，而卫星重力梯度张量可直接测量金星引力位的二阶导数，进而反演金星重力场精细结构的中短波信息。因此，卫星重力梯度测量技术是提高金星中高频重力场信号精度的优选途径。②基于卫星多普勒观测的传统卫星重力测量技术主要取决于卫星定轨精度的高低，而 SST-HL/SGG-Doppler-VLBI 对定轨精度的要求相对较低，主要原因是加速度计阵列本身可测定卫星的运动姿态，而且重力梯度数据的后处理可进一步改善卫星的定轨精度。③金星重力梯度卫星在近圆、近极轨和低轨道上连续飞行可获得全球覆盖和规则分布的重力梯度数据，数据的密度和分布取决于卫星飞行时间、数据采样间隔、轨道参数等；不仅可高精度探测金星重力场信号，而且可借鉴地球重力梯度卫星 GOCE（郑伟等，2010a，2010b；Zheng et al.，2011，2012，2013a）整体系统的成功经验。

18.4.2 卫星轨道高度的优化设计

由于不同金星探测器的轨道高度敏感于不同阶次的金星引力位系数，因此目前已有金星探测器仅在特定轨道高度区间可发挥优越性，而在轨道空间范围外基本无能为力。如果我国将来金星重力梯度卫星也设计在已有金星探测器的轨道高度空间范围，除非金星重力场的反演精度高于它们，否则效果仅相当于其测量的简单重复，对于金星重力场反演精度的进一步提高无实质性贡献。因此，我国将来金星重力梯度卫星的轨道高度应尽可能选择在已有金星探测器的测量盲区，进而信息互补。我国将来金星重力梯度卫星虽然携带了非保守力补偿系统，但由于有限测量精度的非保守力补偿系统无法将作用于金星重力梯度卫星体的非保守力完全平衡掉，同时轨道和姿态微推进器的频繁喷气将导致卫星携带燃料的大量损耗。因此，适当降低我国将来重力梯度卫星的轨道高度有利于提高金星重力场的反演精度，其代价是略微损失了卫星的工作寿命。综上所述，我国将来金星重力梯度卫星的轨道高度设计为 50～100 km 较合理。

18.5　我国实施金星重力梯度计划的重要意义

迄今为止，苏联、美国、欧洲和日本已发射了 40 余颗金星探测器。另外，美国、俄罗斯、法国、日本和德国预计于 2020～2025 年将联合开展更高精度和更加全面的金星探测计划。但至今为止，国际科研机构仍未制定金星专用重力卫星测量计划，因此我国应尽早开展金星重力梯度计划。

金星重力梯度计划是一项多学科和高技术相互交叉、渗透和集成的系统工程。由于地球和金星有较多相似之处，因此基于金星的成因、演变、构造等方面的科学信息，有助于研究地球的起源、发展和演变史，可较大程度提升人类对地球、金星、太阳系、银河系，以及宇宙起源和演变特性的认知和理解。

继探月计划（郑伟等，2011a，2012a，2012c）和火星探测计划（郑伟等，2011b，2012b；Zheng et al.，2013b）之后，金星探测已成为国际众多航天大国关注的研究热点。类似于“嫦娥探月”计划，金星重力梯度计划的成功实施将成为提升我国深空探测科技水平的重要途径。目前我国已在人造卫星、载人航天、月球探测等研究领域取得了重大突破，因此尽早开展金星重力梯度计划和积极参与金星资源的开发和利用是我国航天科技发展的重大举措。

18.6　本 章 小 结

本章开展金星卫星重力梯度计划将填补我国在金星探测方面的空白，为尽快缩短与国际先进金星探测水平的差距提供良好的平台和机遇，有助于进一步增强我国航天大国的影响力。

参 考 文 献

郑伟, 许厚泽, 钟敏, 刘成恕. 2014. 国际金星探测计划进展和我国金星重力梯度计划的实施. 大地测量与地球动力学, 34(1): 8–14.

郑伟, 许厚泽, 钟敏, 刘成恕, 员美娟. 2012c. 月球探测计划研究进展. 地球物理学进展, 27(6): 2296–2307.

郑伟, 许厚泽, 钟敏, 员美娟. 2010a. 国际重力卫星研究进展和我国将来卫星重力测量计划. 测绘科学, 35(1): 5–9.

郑伟, 许厚泽, 钟敏, 员美娟. 2011a. 基于激光干涉星间测距原理的下一代月球卫星重力测量计划需求论证. 宇航学报, 32(4): 922–932.
郑伟, 许厚泽, 钟敏, 员美娟. 2011b. 国际火星探测计划进展和中国火星卫星重力测量计划研究. 大地测量与地球动力学, 31(3): 51–57.
郑伟, 许厚泽, 钟敏, 员美娟. 2012a. 月球重力场模型研究进展和我国将来月球卫星重力梯度计划实施. 测绘科学, 37(2): 5–9.
郑伟, 许厚泽, 钟敏, 员美娟. 2012b. “萤火一号”火星探测计划进展和 Mars-SST 火星卫星重力测量计划研究. 测绘科学, 37(2): 44–48.
郑伟, 许厚泽, 钟敏, 员美娟, 周旭华, 彭碧波. 2010b. 国际卫星重力梯度测量计划研究进展. 测绘科学, 35(2): 57–61.
Ananda M P, Sjogren W L, Phillips R J, Wimberly R N, Bills B G. 1980. A low-order global gravity field of Venus and dynamical implications. Journal of Geophysical Research, 85(A13): 8303–8318.
Barriot J P, Balmino G, Valès N. 1997. Building reliable local models of the Venus gravity field from the cycles 5 and 6 of the Magellan LOS gravity data. Geophysical Research Letters, 24(1): 477–480.
Barriot J P, Valès N, Balmino G, Rosenblatt P. 1998. A 180th degree and order model of the Venus gravity field from Magellan line of sight residual Doppler data. Geophysical Research Letters, 25(19): 3743–3746.
Bills B G, Kiefer W S, Jones R L. 1987. Venus gravity: A harmonic analysis. Journal of Geophysical Research, 92(B10): 10335–10351.
Burša M, Šíma Z, Kostelecký J. 1992. The global and local correlation between the Venus gravity field and its topography. Earth, Moon, and Planets, 57(2): 123–138.
Cox C M, Lemoine F G, Beall J. 2002. Venus gravity model and covariance complete to degree and order 180. American Geophysical Union, Spring Meeting abstract #P21A-07.
Johnson M K, Cicci D A. 1994. Improvements in Venus gravity field determination using ridge-type estimation methods. Journal of the Astronautical Sciences, 42(4): 487–500.
Kaula W M. 1996. Regional gravity fields on Venus from tracking of Magellan cycles 5 and 6. Journal of Geophysical Research, 101(E2): 4683–4690.
Kiefer W S, Richards M A, Hager B H, Bills B G. 1986. A dynamic model of Venus's gravity field. Geophysical Research Letters, 13(1): 14–17.
Konopliv A S, Banerdt W B, Sjogren W L. 1999. Venus gravity: 180th degree and order model. Icarus, 139(1): 3–18.
Konopliv A S, Borderies N J, Chodas P W, Christensen E J, Sjogren W L, Williams B G, Balmino G, Barriot J P. 1993. Venus gravity and topography: 60th degree and order model. Geophysical Research Letters, 20(21): 2403–2406.
Konopliv A S, Sjogren W L. 1994. Venus spherical harmonic gravity model to degree and order 60. Icarus, 112(1): 42–54.
Konopliv A S, Sjogren W L, Yoder C F. 1996. Venus 120th degree and order gravity field. Presented at 1996 AGU Fall Meeting, San Francisco, CA.
McNamee J B, Kronschnabl G R, Ryne M S. 1992. An improved Venus gravity field from Doppler tracking of the Pioneer Venus Orbiter and Magellan spacecraft. Astrodynamics Conference, Hilton Head Island, SC. Washington, American Institute of Aeronautics and Astronautics, 603–610.
Mottinger N A, Sjogren W L, Bills B G. 1985. Venus gravity: A harmonic analysis and geophysical implications. Journal of Geophysical Research, 90(S02): 739–756.
Nerem R S, Bills B G, McNamee J B. 1993. A high resolution gravity model for Venus: GVM-1. Geophysical Research Letters, 20(7): 599–602.
Perini J P, Nerem R S, Lemoine F G. 1996. The development of a high resolution gravity field model for Venus. Lunar and Planetary Science, 27: 1017.
Phillips R J, Sjogren W L, Abbott E A, Smith J C, Wimberly R N, Wagner C A. 1979. Gravity field of Venus: A preliminary analysis. Science, 205(4401): 93–96.
Reasenberg R D, Goldberg Z M. 1992. High-resolution gravity model of Venus. Journal of Geophysical Research, 97(E9): 14681–14690.

Reasenberg R D, Goldberg Z M, MacNeil P E, Shapiro II. 1981. Venus gravity: A high-resolution map. Journal of Geophysical Research, 86(B8): 7173–7179.
Williams B G, Mottinger N A. 1983. Venus gravity field: Pioneer Venus orbiter navigation results. Icarus, 56(3): 578–589.
Zheng W, Xu H Z, Zhong M, Liu C S, Yun M J. 2013a. Efficient and rapid accuracy estimation of the Earth's gravitational field from next-generation GOCE Follow-On by the analytical method. Chinese Physics B, 22(4): 049101-1–049101-8.
Zheng W, Xu H Z, Zhong M, Yun M J. 2012. A contrastive study on the influences of radial and three-dimensional satellite gravity gradiometry on the accuracy of the Earth's gravitational field recovery. Chinese Physics B, 21(10): 109101-1–109101-8.
Zheng W, Xu H Z, Zhong M, Yun M J. 2013b. China's first-phase Mars Exploration Program: Yinghuo-1 orbiter. Planetary and Space Science, 86: 155–159.
Zheng W, Xu H Z, Zhong M, Yun M J, Zhou X H. 2011. Accurate and rapid determination of GOCE Earth's gravitational field using time-space-wise approach associated with Kaula regularization. Chinese Journal of Geophysics, 54(1): 240–249.

第 19 章　总结与展望

地球卫星重力测量计划 CHAMP、GRACE、GOCE、GRACE Follow-On 和月球卫星重力测量计划 GRAIL 的成功实施，以及中国首期地球重力卫星的即将发射昭示着将迎来一个前所未有的高精度和高空间分辨的深空卫星重力探测时代。本章围绕深空卫星重力测量的研究背景、必要性、可行性、卫星重力反演软件平台构建、轨道摄动和未来研究方向开展了研究论证。深空卫星重力测量作为新世纪重力探测技术，对精化天体重力场、提高惯性导航精度，天体动力学、天体物理学和军事技术的研究，以及国民经济建设具有广泛应用前景（郑伟等，2017）。

19.1　卫星重力测量现状

天体重力场是天体（地/月球、火星、金星、水星等）的基本物理场，反映了天体系统的物质分布、运动和变化状态，制约着天体本身及外部空间所有物体的运动，同时决定着大地水准面的起伏和变化，重力场精密测量对于天体测量学、天体物理学、导航与定位、航空航天、水下导航、地质学、地震学、空间科学等具有重要意义。传统的重力探测技术由于受到自然条件的限制，难以获取全球均匀分布和高精度的天体重力场信息。由于全球重力场测量在国防和民用航天、天体物理等领域具有重大的战略和科学意义，天体重力卫星测量自从 20 世纪 70 年代就得到国际科研机构的极大关注和巨大投入。深空卫星重力探测技术是把低轨卫星作为天体重力场的传感器或探测器，获取高精度天体重力场及其时变信息的测量方式。现实意义在于：高精度天体重力场不仅是研究天体表面和内部物质的质量变化和重新分布的基础，而且也是空间飞行器如卫星、导弹、航天飞机和星际探测器的发射、制导、跟踪、遥控以及返回天体的基本保障，对天体物理勘探、全球变化、国防等研究领域具有重要意义，同时高精度星载设备的研制也将带动我国相关高精尖科学应用技术发展。

过去全球重力模型的构建是对地球重力测量数据的一种逼近，由于两极地区、南美和非洲大陆尚有大量重力测量空白区，故目前所构建的重力场模型不可能精确描述实际重力场情况（许厚泽，2001）。为了改善和提高现有地球重力场测量精度，国际上提出了一系列专用重力卫星发展计划。在地球重力场测量中具有划时代意义的德国 CHAMP 卫星（徐天河和杨元喜，2005；张兴福等，2007；郑伟等，2010a，2010c；Zheng and Xu，2015a）、美德 GRACE 双星（姜卫平等，2003；沈云中等，2005；Zheng et al.，2005，2006，2008a，2008b，2008c，2009a，2009c，2009d，2009e，2010a，2011a，2012a，2012b，2012e；周旭华等，2005；肖云等，2007；Xu，2008；郑伟等，2009a，2009b，2011a，2011d，2011e，2013）、欧空局 GOCE 卫星（罗志才等，2009；徐新禹等，2010；郑伟等，2010b，2014c；Zheng et al.，2011b，2012c；刘晓刚等，2014）[未来 GOCE Follow-On

计划（Zheng et al.，2013b，2016a）］和 GRACE Follow-On 双星已相继于 2000 年 7 月、2002 年 3 月、2009 年 3 月和 2018 年 5 月发射升空。研究表明：美德合作的重力卫星 GRACE 每三个月的观测数据恢复地球重力场精度优于人类以前 30 年的所有重力场测量数据的总效果。目前其已在对地观测技术和地学相关研究中取得丰硕成果，包括发现南极冰盖近年来正在迅速融化、苏门答腊地震的同震重力变化、我国华北地区陆地水量明显减少，以及中长波空间尺度上每月确定的静态大地水准面精度较以往 30 年综合观测资料的结果高一个多数量级等重大科学成果。目前美国 NASA 等科研机构已/即将 GRACE/GOCE 模式的重力卫星发往月球［当前 GRAIL 月球重力双星计划（Asmar et al.，2013；Klipstein et al.，2013；Zuber et al.，2013；Klinger et al.，2014；Yan et al.，2015）、未来月球重力计划 Moon-ILRS（郑伟等，2011b；Zheng et al.，2015d）/Moon-Gradiometer（郑伟等，2012a；Zheng et al.，2015c）］/火星［未来 Mars-SST 计划（郑伟等，2011c，2012b）］/金星［未来 Venus-SGG 计划（郑伟等，2014a；Zheng et al.，2016b）］，以期测定重力场、大地水准面等月球（Konopliv et al.，1998；欧阳自远，2004；陈俊勇等，2005；李斐等，2006；宁津生和罗佳，2007；鄢建国等，2007；Namiki et al.，2009；郑伟等，2012d）/火星（Sjogren et al.，1975；Smith et al.，1999；Konopliv et al.，2006；鄢建国和平劲松，2009；Zheng et al.，2013a）/金星（Ananda et al.，1980；Williams and Mottinger，1983；Nerem et al.，1993；Konopliv and Sjogren，1994；Perini et al.，1996；Barriot et al.，1998；Konopliv et al.，1999）物理形状的时空变化。为了迎头赶上国际深空大地测量的发展潮流，我国急需建设自主的下一代高精度深空重力卫星系统，主要目标如下：发展我国相关领域自主和高精度的深空卫星观测技术，包括关键技术设备和应用技术，如深空网（deep space network，DSN）、激光干涉星间测距、加速度计、Drag-free 无拖曳等技术，以及卫星数据处理、精密定轨、重力场反演及应用需求等。为满足长期科学应用需求，研究实施我国下一代高精度的深空重力卫星系统可望弥补此空缺，充分满足全球变化及成因研究对空间观测的需求。

目前基于已发射的 GRACE 重力卫星反演重力场的内符精度为：静态场，分辨率 270 km，精度 1 cm；时变场，分辨率 1000 km，精度 1 mm 或 0.2 mGal。综合国防、地学和测绘研究的需求，要求重力场精度应达到：静态场，100 km，1 cm 精度；时变场，200～400 km，1 mm 或 0.02 μGal 精度。因此，在 GOCE 卫星计划完成后，静态场已基本满足需要，而在时变场方面，还需在 GRACE 卫星基础上，进一步提高空间分辨率。基于模拟研究，GRACE 反演重力场的精度与其有效载荷的精度相匹配，即星间测速精度优于 1 μm/s、轨道精度约 3 cm 和加速度计精度 10^{-10} m/s^2，并且在一定范围内重力场反演精度基本呈线性关系，同时和重力卫星的测量模式相关。

19.2 卫星重力测量必要性

（1）科学难题。地球重力卫星 CHAMP（2000～2010）、GRACE（2002～2017）、GOCE（2009～2013）、GRACE Follow-On（2018～）的成功发射昭示着人类将迎来一个前所未有的卫星重力探测时代。联合上述四期卫星重力计划虽然可精确测量地球重力场的静态及其时变，从而获得地球总体形状随时间变化、地球各圈层物质的迁移、全球海洋质量的分布和变化、冰川的增大和消融以及地下蓄水总量变化信息的特性，但仍无法满足 21 世纪相关学科对地球重力场精度和分辨率需进一步提高的迫切要求。因此，寻求新型、高效、高精度、高空间分辨率的下一代卫星重力计划是当前国际众多科研机构在大地测量学、空间科学、国防建设等交叉领域亟待解决的前沿性科学难题之一。

（2）科学需求。地球重力场及其时变反映地球表层及内部物质的空间分布、运动和变化，同时决定着大地水准面的起伏和变化。因此，确定地球重力场的精细结构及其时变不仅是大地测量学、固体地球物理学、海洋学、冰川学、水文学、天文学、惯性导航学、空间科学等交叉研究领域的需求，同时也将为寻求资源、研究全球变化及北极冰融化、保护环境和预测灾害提供重要的信息资源。重力场信息是进行天体内部结构研究的主要手段，目前对月球内部结构的认识，主要来自于系列探测器得到的重力场。通过早期月球重力场研究，发现了月球质量瘤。现在高精度的月球重力场模型，将为月幔结构（Harada et al.，2014）、月壳厚度（Wieczorek et al.，2013）、月球岩石圈弹性厚度（Zhong et al. 2014）等研究提供详细信息。对火星、金星、水星等其他类地天体而言，由于缺乏地震观测信息，重力场更是开展内部结构研究不可或缺的关键手段（Wieczoreck，2015）。

（3）工程需求。天体重力场对天体探测器准确入轨、执行正确的轨道等起到决定性作用。早期月球和火星探测器存在大量的失败案例，主要原因之一即在于对天体重力场了解有限。重力场在小天体探测任务中尤为重要，特别是采样返回的小天体任务。此任务需要知道降轨段和着陆区域精确的动力学信息，以确保着陆器按要求精确着陆。影响此任务成败的关键因素之一即为重力场。

（4）国家需求。我国西部地区重力场精度较低，卫星重力技术可克服自然条件限制，用于西部环境和资源调查；海洋区域由于受海洋权益的保护或地理位置的限制，无法进行所有海洋领域重力测量，导致海洋重力场可靠性难以保障，影响了陆地和海洋垂直基准面的拼接以及海洋军事的发挥；高精度准实时的重力变化能提供水分布和局部地壳变化信息，进而为我国洪水、地震等自然灾害提供决策依据；我国卫星重力技术起步较晚，导致卫星重力信息严重依赖国外，带来对国家安全不利因素，只有发展我国自主卫星重力计划，才能不受制于人。实施我国卫星重力技术，将带动相关高技术发展，培养交叉领域的科技人才。

（5）国防需求。远程武器系统的精确打击需要地球重力场信息进行弹道修正计算，不仅需要在发射区布设密集和精确的局部重力测量，对导弹进行低空扰动引力计算；在自由飞行段还需用全球重力场模型计算高空扰动引力。发射区局部重力测量可以利用地面和航空重力测量实施，而全球重力信息的获取唯有依靠卫星重力测量技术。由于已有地球重力场模型均为全球重力场信号的平均效应，无法为实际远程武器的精确打击提供实时有效的弹道修正重力信息；同时，由于国家政治制度、军事因素和经济状况的限制，我国无法获得国外重力卫星的原始观测数据，因此成功发射我国自主研制的重力卫星迫在眉睫。

19.3 卫星重力测量可行性

基于 GRACE 计划的局限性（时变重力信号测量的分辨率太低及高频信号混叠效应），以及 GRACE 卫星即将结束测量使命，欧洲空间局拟于 2020 年或稍后发射一组

GRACE 后继星。因此，尽快实施我国自主 GRACE Follow-On 卫星重力计划迫在眉睫（Zheng et al.，2009b，2010b，2012d，2013c，2014a，2014b，2014c，2015b，2015e；郑伟等，2010d，2012c，2014b，2014d）。据数值仿真结果可知，GRACE Follow-On 计划得到的时变地球重力场的精度和分辨率将比 GRACE 卫星至少高 10 倍。目前，我国有关部门已经在重力卫星关键载荷原理样机研制（高精度卫-卫激光干涉星间测距、深空网 DSN、加速度计、Drag-free 无拖曳技术等）、重力卫星平台、数据处理、重力场反演等方面取得了重要成果。

国外卫星重力计划的成功实施对我国既存在机遇又不乏挑战，机遇是指我国应尽快汲取国外长期积累的卫星重力测量的成功经验，积极推动我国自主卫星重力计划的实施，加快研制重力卫星的步伐，特别是 GRACE Follow-On 卫星关键技术的研制，通过卫星重力计划的实现带动相关科学和国防领域的发展；挑战是指我国对星载仪器的研制、观测手段的研究和卫星数据的处理与国外尚存差距。目前，中欧科学家之间正讨论促进中欧联合发射的计划，这可提升我国空间技术水平，减少技术风险。

综上所述，由于 GRACE 重力卫星对全球重力场的探测精度相对较差，同时卫星探测使命已于 2017 年结束，所以我国下一代自主卫星重力计划的成功实施可进一步提高我国及全球重力场模型精度。基于以上原因，我国自主 GRACE Follow-On 地球卫星重力计划应尽快立项。该计划的实施不仅可满足天体科学和国防建设的更高需求，而且对将来月球和火星、金星等天体重力测量的发展方向具有重要借鉴价值。

19.4 卫星重力反演软件平台构建

深空卫星重力反演软件系统包括 6 个子模块（图 19.1）。构建目的如下：以提供高质量的深空重力卫星观测数据为输入，开展深空卫星重力观测数据的精细预处理方法研究；以深空卫星重力边值问题为理论指导，单一深空卫星重力数据的反演方法为基础，建立深空卫星重力观测数据的联合反演模型和高效算法；以应用需求为牵引，开展深空卫星重力探测技术的模拟仿真研究；以产品输出和应用示范为目的，联合深空卫星重力观测数据反演静态和时变重力场模型，开展重力场模型的评价与不确定性分析，探索时变重力场应用于探测地震、干旱等极端事件重力效应的可行性。子模块功能如下。

（1）观测数据的频谱分析模块。通过建立深空卫星重力观测量［SST-HL、SST-LL（satellite-to-satellite tracking in the low/low mode）、SGG（satellite gravity gradiometry）等］与扰动位泛函之间的理论关系，利用误差传播律、Kaula 准则、功率谱信噪比准则等技术手段分析各类深空卫星重力观测数据的精度、频谱特性及相容性，评估它们对反演重力场的贡献，为各类深空卫星重力观测数据的合理赋权提供参考。

（2）数据处理与基准统一模块。深空卫星重力数据预处理模块旨在为地球重力场联合反演提供高质量的计算输入数据，主要用于深空重力卫星有效载荷观测数据的精细预处理，主要包括地基深空网数据预处理模块、激光干涉测距数据预处理模块、加速度计数据预处理模块、卫星姿态数据预处理模块和重力梯度数据预处理模块。深空卫星重力数据的基准统一模块用于将各类观测数据归算到同一时空基准下，进而消除各类数据的基准误差和系统偏差对联合反演结果的影响。

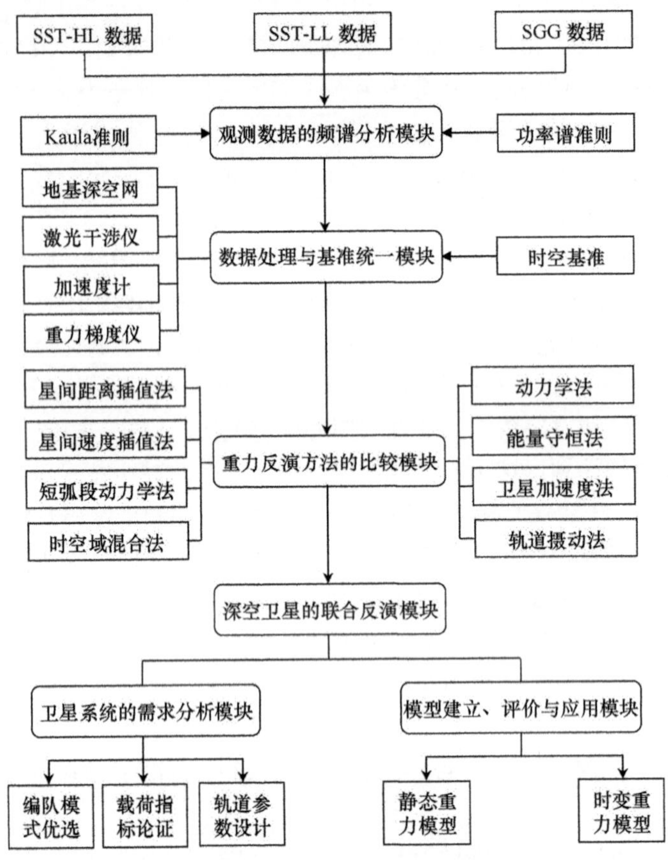

图 19.1 卫星重力反演软件系统流程图

（3）重力反演方法的比较模块。基于理论分析和数值模拟技术，利用 CHAMP、GRACE、GOCE 和 GRAIL 单类卫星重力观测数据，通过与动力法、能量法、加速度法等传统卫星重力反演方法的对比，检验星间速度插值法、短弧段动力学法、时空域混合法等新型卫星重力反演方法的有效性和适应性。

（4）深空卫星的联合反演模块。用于优化设计深空卫星重力数据联合反演的计算方案及流程，编写详细实施方案，考虑软件的交互性、可扩展性、可维护性和兼容性，采用模块化设计及软件集成思想，研制深空卫星重力联合反演软件系统，包括数据预处理模块、配置法模块、联合平差模块、谱组合模块、模拟仿真模块、模型评价与应用模块等，并利用模拟数据和实际观测资料验证其正确性、有效性和适用性。

（5）卫星系统的需求分析模块。通过新型星间速度插值法、短弧段动力学法、时空域混合法等多种卫星重力反演法，论证深空重力卫星系统的编队模式、关键载荷精度指标的优化匹配、轨道参数的优化设计等，进而反演高精度和高空间分辨率的全球重力场。地球重力场的探测数据来源相比天体要多元化，地面重力数据来源主要包括地面实测重力数据、航空重力数据、卫星测高数据、卫星跟踪卫星数据以及卫星梯度数据，为了充分利用这些多元化的数据，衍生出了时域法、频域法、能量法、加速度法等多种处理模式。相比之下，天体重力场的数据来源较为单一，以地面深空网 Doppler 跟踪数据为主。SELENE 和 GRAIL 两个月球探测任务中增加了卫星跟踪卫星模式（李斐等，2016）。因此，对于天体重力场模型的解算，主要手段仍然是动力法，即在精密定轨的同时解算天体重力场模型（Yan et al.，2012）。解算过程中将天体重力场位系数作为全局参数，单个弧段解算时生成对位系数的法方程矩阵，然后联合多个法方程矩阵，解算位系数。由于动力法精密定轨将非线性方程进行了线性化处理，因此整个过程需要迭代，达到收敛准则后输出最终的天体重力场位系数模型。

（6）模型建立、评价及应用模块。采用卫星激光测距（satellite laser ranging，SLR）数据作为低阶约束，联合 CHAMP、GRACE 和 GOCE 观测数据反演高精度静态和时变地球重力场模型；采用国际公布的高精度地球重力场模型和实测数据（如 GPS 水准、重力异常等）对联合反演模型的内符合与外符合精度进行检验；将联合反演的时变重力场模型应用于探测 GRACE 和 GOCE 卫星运行期间地震、干旱等极端事件的时变重力效应。

19.5　卫星重力测量轨道摄动

地球体的质量分布不均匀，它的形状虽近似于一个旋转椭球，但实际形状并不规则，因而地球引力场的空间结构非常复杂。卫星在绕地球运行中，除受到不规则地球引力场的摄动外，还受到大气阻力、日月引力、太阳光压、地球潮汐等摄动力的作用，因而卫星轨道不是一个不变的椭圆（Kepler 轨道），其形状、大小和空间位置都随时间不断变化。在大地测量中，引力位为 $U[\boldsymbol{X}(t)]$，当地球重力场已知时，引力向量 $\mathbf{grad}U[\boldsymbol{X}(t)]$可以计算，其精度取决于地球重力场模型的精度与分辨率。在惯性坐标系中，地球卫星的运动方程可表示为 $\ddot{\boldsymbol{X}}(t)=\mathbf{grad}U[\boldsymbol{X}(t)]+\boldsymbol{a}[\boldsymbol{X}(t),\dot{\boldsymbol{X}}(t),\beta,t]$，其中 $\boldsymbol{X}(t)$、$\dot{\boldsymbol{X}}(t)$ 和 $\ddot{\boldsymbol{X}}(t)$ 分别为 t 时刻卫星在惯性坐标系中的位置、速度和加速度向量，$\mathbf{grad}U[\boldsymbol{X}(t)]$是卫星的地球引力向量，向量 $\boldsymbol{a}$ 为除地球引力外的其他摄动力，根据目前卫星重力测量应用需求和精度水平，可将大于 10^{-9} m/s^2 的非地球引力场摄动力作为主要摄动力，小于 10^{-9} m/s^2 的非主要摄动力可以忽略。

1. 地球引力

地球引力场对卫星的引力包括地球质心引力和地球引力场摄动力（由于地球形状不规则及其质量不均匀而引起）两部分。在人造卫星轨道理论中，地球外部空间的引力位可用球谐函数展开表示

$$U=\frac{\mu}{r}\left\{1-\sum_{n=2}^{\infty}\left(\frac{R_{\mathrm{e}}}{r}\right)^{n}\left[J_{n}\mathrm{P}_{n}(\sin\varphi)-\sum_{m=1}^{n}J_{nm}\mathrm{P}_{nm}(\sin\varphi)\cos m(\lambda-\lambda_{nm})\right]\right\} \tag{19.1}$$

其中，$\mu=GM_{\mathrm{e}}$，G 为万有引力常数，M_{e} 为地球质量；r、λ和φ分别为卫星在球坐标上的地心距、地心经度和纬度；R_{e} 为地球平均半径；P_n 和 P_{nm} 为勒让德多项式，n 为阶数，m 为次数。式（19.1）的右边第一项$U_0=\dfrac{\mu}{r}$表示球对称引力位，它是地球外部引力位的主要部分；其余部分为摄动位，以二阶带谐系数 J_2 引起的摄动位为主。

2. 日月引力

日、月引力造成卫星相对于地球的摄动力加速度为 $F \approx GM_d r/r_d^3$，其中 M_d 为太阳或月球的质量，r_d 为太阳或月球到地心的距离。日、月摄动力加速度与地球对卫星的引力加速度之比为 $\frac{F}{F_e} \approx \frac{M_d}{M_e}\left(\frac{r}{r_d}\right)^3$。对于近地卫星，太阳摄动力加速度与地球对卫星的引力加速度之比为 $F/F_e = 3\times10^{-8}$，月亮摄动力加速度与地球对卫星的引力加速度之比为 $F/F_e = 7\times10^{-8}$。尽管日、月摄动力加速度很大，但仍然可以进行修正。

3. 其他天体引力

其他天体引力加速度的计算与日、月引力加速度类似，对于金星、木星等天体对近地卫星的影响均有 $F/F_e < 1\times10^{-12}$。

4. 大气阻力

大气阻力对低轨卫星的影响较大。以大气分子撞击卫星表面建立阻力模型，有 $F_A = \frac{1}{2}c_d\rho\frac{S}{m}v^2$，其中 c_d 为气动系数，可近似取为 1；ρ 为大气密度；S 为迎风面积。大气阻力加速度与地心引力加速度之比为 $\frac{F_A}{F_e} \approx c_d\frac{S}{m}\rho\frac{a}{2}$，其中 a 为卫星轨道的长半轴。通常卫星面质比 S/m 的数值范围约为 10^{-3}～10^{-2} m^2/kg。在轨道高度 200 km 处，大气密度约为 10^{-10} kg/m^3，$F_A/F_e \approx 3\times10^{-6}$。当卫星轨高设计为 400 km 时，大气阻力降低为 $F_A/F_e \approx 10^{-8}$。

5. 太阳辐射压力

卫星在运动中受到太阳光辐射压加速度为 $F_p = KpS/m$，其中 S 为垂直于太阳光线的卫星截面积，系数 K 与卫星表面材料、形状等性质相关（当全吸收时，则 K=1），p=4.5×10^{-6} N/m^2 表示光压强度。若卫星的面质比 S/m=10^{-2} m^2/kg，对于近地卫星 $F_p/F_e \approx 4\times10^{-9}$。此效应可通过精确测量卫星的面质比并在观测结果中扣除。

6. 地球红外辐射压力

地球红外辐射通量为 2.4×10^5 erg cm^2/s，辐射压为 8×10^{-7} N/m^2。若卫星的面质比 S/m=10^{-2} m^2/kg，则 $F_p/F_e \approx 8\times10^{-10}$。因此，地球的红外辐射压力对空间重力场测量的影响基本可忽略。

7. 空间磁场和电场的影响

电离气体中的磁场会导致磁流体效应，磁场可被看作是施加了一个磁压强 $P_{mag} = B^2/2\mu_0$，取 B=5×10^{-5} T，则 P_{mag}=10^{-3} Pa，磁场作用在卫星上的力是由磁场梯度产生，加速度小于 10^{-11} m/s^2。

8. 太阳风的影响

吹过地球的太阳风是热而稀薄的快速等离子体流，主要是由电离的氢（即质子和几乎等量的电子），以及少量（5%）电离的氦和其他更重的元素组成。其径向动量的通量密度为 2.6×10^{-9} Pa，作用在卫星上的加速度将小于 10^{-11} m/s^2。

9. 卫星姿态控制的影响

由于大气阻力、太阳光压等非保守力的影响，卫星的轨道高度逐步衰减。为保持卫星在确定的轨道上运行，需要通过卫星自身携带的推进器对卫星的轨道进行修正。设用于卫星变轨和姿态控制的推进器能提供的最大推力为 20 mN，如果卫星的质量为 500 kg，则卫星在推进器推力作用下产生的最大加速度为 $\Delta a = 4\times10^{-5}\ \mathrm{m/s^2}$。但通常情况下，推力加速度的大小均控制在 10^{-6} m/s^2 水平。

对于天体重力场探测任务，受到的力模型与地球卫星相比有所区别。对于月球而言，由于没有大气，月球上空接近真空状态，可以不用考虑大气阻力的作用。但是对于 GRAIL 这样的高精度探测任务，需要考虑摄动量级很小的力模型，如太阳帆板对卫星本体的遮挡产生的摄动力和卫星在月影和光照交界面时月球地形的遮挡作用（Konopliv et al.，2013）。对于其他类地天体，包括火星和金星，其力模型的考虑与地球类似（Konopliv et al.，1999）。此外，对于天体探测器而言，由于离地球距离尺度远大于地球卫星，对力模型的考虑中，相对论效应不能忽略。如对于火星探测器——火星快车而言，相对论摄动力的量级与大气阻力和火星固体潮的摄动力量级接近，在精密定轨中必须考虑。

19.6 卫星重力测量科学应用

深空卫星重力测量技术为全球高覆盖率、高分辨率和高精度重力测量开辟了新的有效途径，使本章能够以前所未有的精度和分辨率获取天体重力场的精细结构。利用目前和未来的重力卫星观测量，结合其他学科的观测资料，使本章有可能在测绘学、海洋学、固体天体科学（地震、板块运动）、航空航天、军事应用等领域取得突破性成就。为了深入了解人类赖以生存地球的过去和未来，以及太阳系的起源与演化，人类自进入太空时代以来，已发射了大量深空探测器，目前最远的深空探测器已飞出太阳系。经过近 60 年的发展，人类已经发射了大量的月球、火星、金星、水星等类地天体探测器，同时也对木星、土星和冥王星及其卫星开展了大量探测。对 Ceres、Vesta、Eros、Toutatis 等小天体也获得了大量探测结果。在这些探测任务中，重力场探测是其中的一个重要环节。重力场在其中起到的重要作用是保证探测器成功入轨。经过长时间的巡游阶段后，深空探测器靠近目标天体时，需要对探测器进行精确制动以成功入轨。目标天体重力场即为影响制动的主要因素。早期月球、火星的探测存在大量的失败例子，其中一个主要原因在于没有获取精确的重力场信息，无法对探测器轨道进行精确调整。

天体重力场一般是深空探测任务的主要科学目标，在天体科学研究中扮演着重要角色。月球探测开始于 20 世纪 60 年代初，利用早期的探测数据解算了低阶次月球重力场，取得了一个重要科学成果，即发现了月球质量瘤。此发现极大地改变了人类对月球形成的认识。为了精化对月球重力场的认识，此后陆续发射了多个月球探测器，包括 2007 年发射的高低卫卫跟踪模式的 SELENE 探测任务和 2011 年发射的低低卫卫跟踪模式的 GRAIL 探测任务。SELENE 探测器通过四程测量模式，首次实现了月球背面的测量，发现了月球背面的环状盆地结果。GRAIL 任务则通过亚微米级的星间测速模式，反演了 1500 阶次的重力场模型。此超高精度的重力场模型，极大地改进了对月球内部结构的认识，特别是对月壳密度的结构分布。此外，结合流体动力学仿真程序和布格异常梯度数据，研究人员对月球东方海盆地区域的线性梯度带进行了分析，对环状盆地的起源提出了新的认知，这也为月球上其他环状盆地的形成提供了参考（Zuber et al.，2016）。

火星重力场尚没有达到月球所具有的精度和分辨率。目前对火星重力场的了解主要来自于 MGS、Odyssey、MRO 等探测器的轨道跟踪数据。积累了近十多年的轨道跟踪数据后，陆续解算了多个阶次的火星重力场模型，最新的模型阶次达到 120。在计算稳态重力场的同时，还给出了低阶项位系数的时变信息。火星重力场是刻画火星结构的二分性、火星壳厚度、岩石圈弹性厚度等信息的主要数据源。结合火星重力场和火星自转，可以约束火星核的大小和密度，可以为研究火星的演化提供重要参考。除了对类地天体的研究，对小天体的重力场也开展了大量的研究工作。最新的小天体重力场方面的工作由美国国家航空航天局发射的 Dawn 探测器完成。利用 Dawn 探测器 2011 年至 2012 年围绕 Vesta 运行的轨道探测数据，研究人员解算了 20 阶次的重力场模型。利用重力和地形模型，对 Vesta 的内部结构进行了研究，认为 Vesta 不同于其他均质小天体，它具有明确的分层结构。然而，现有的观测数据精度，尚不能约束 Vesta 是否具有内核（Konopliv et al.，2014）。

19.7　卫星重力测量未来研究方向

1. 一步动力学卫星重力反演法

基于“一步法”理论框架严密和地球重力场解算精度较高的特性，利用美国 JPL 公布的 GRACE-Level-1B 实测数据高精度和高空间分辨率地反演 120 阶 GRACE 双星地球重力场，并将结果和国外现有地球重力场模型（如 EIGEN- GRACE02S、GGM02S 等）进行比对。在卫星重力测量中，目前国际大地测量学界基于 SST 观测数据反演地球重力场通常采用两种方法：两步法和一步法。所谓“两步法”（分步法）是指首先利用高轨 GPS 卫星对低轨重力卫星精密跟踪定轨（位置、速度和加速度）；其次，将精确解算得到的卫星轨道数据作为观测值并联合 K 波段测距系统的星间距离、星间速度和星间加速度，星载加速度计的非保守力，以及恒星敏感器的姿态等观测值共同解算地球重力场。优点是将一个复杂的地球重力场反演问题分步解算，不仅降低了在处理整体问题时遇到的各种困难，而且可采用各种具体有效的方法有针对性地解决每步中存在的实际问题；缺点是由于精密定轨依赖于先验地球重力场模型，因此将不同程度地损失地球重力场解算的精度。所谓“一步法”（整体法）是指将卫星精密定轨和地球重力场反演合二为一，基于各种卫星观测值同时求解卫星轨道、地面站坐标、地球自转参数、海潮模型和地球重力场模型，以及其他动力学和非动力学参数，通过综合卫星运动学、卫星动力学、大地测量学、地球物理学等多学科的知识建立的一种合乎自然规律的解算方法。优点是不依赖于任何先验地球重力场模型，理论框架严密，各种地球重力场参数求解精度较高；缺点是整体解算过程较复杂，需要高性能的并行计算机支持。

2. Mascon 点质量卫星重力反演法

基于可高精度反演局部地球重力场的点质量法（mascon solution），综合利用美国 JPL 公布的 15.5 年 GRACE 卫星实际观测资料及 ICESat 激光测高卫星、GPS 卫星、验潮站洋底压力等多种观测数据，联合监测研究南极和青藏高原现今冰川质量季节变化和长期趋势以及冰后回升效应，提高其长期变化的信噪比，并给出其冰盖变化的时空特性，深入理解人类活动与全球环境变化的内在关系。目前国内外研究机构在基于卫星重力测量反演全球重力场中普遍采用地球引力位按球谐级数展开法（harmonic solution）。但在反演局部地球重力场时，地球引力位按球谐级数展开难以保证其在地球表面及其附近空间的有效性。点质量法是当前国际大地测量学界高精度和高空间分辨率解算南极和青藏高原等区域局部地球重力场的有效途径，可有效提高冰川质量长期变化的信噪比，并给出其冰盖变化的时空特性。该方法的基本原理阐述为结合地球自身的质量分布规律，给出先验的地球异常质量分布信息，以异常质量作为求解参数，建立点质量模型。优点：①可有效抑制局部地球重力场信号的“泄漏”，较好地消除长周期误差的传递；②可实质性提高局部地球重力场反演的时间分辨率和空间分辨率；③计算过程简单，计算速度较快，计算结果可靠。

3. 球面小波函数卫星重力反演法

基于球面小波函数的局部特性和快速算法，将地球重力场球谐函数和球面小波函数相结合共同反演高精度和高空间分辨率的地球重力场。目前地球重力场模型通常按球谐函数展开，由于球谐函数擅长于描述全球重力场而缺乏刻画局部地球重力场的特性，同时任何局部地球重力场的变化都会导致所有球谐系数随之变化，因此国际大地测量联合会成立了小波函数研究组，旨在基于球面小波函数精细刻画局部地球重力场。

4. 基于动力插值法建立时变重力场模型

紧跟国际卫星重力测量的最新热点和动态，面向满足我国日益增长和迫切提出的科学和国防需求，结合动力学法的精确性和空间三维插值法的快速性的优点，构建新型动力插值卫星重力反演观测方程；基于 GRACE 重力卫星实测数据 GRACE-Level-1B 的有效预处理和新型地球静态重力场模型 CAST-GRACE-S 的精确建立，检验新型动力插值法的有效性；利用精确和快速的动力插值法建立新型地球时变重力场模型 CAST-GRACE-T，并通过与美国 CSR 公布的地球时变重力场模型 CSR-RL05 的符合性，检验新型时变模型 CAST-GRACE-T 的可靠性；采用新型动力插值法，论证我国下一代激光干涉测距型 Post-GRACE 重力卫星系统的关键载荷匹配精度指标和轨道参数的优化设计。

参 考 文 献

陈俊勇，宁津生，章传银，罗佳. 2005. 在嫦娥一号探月工程中求定月球重力场. 地球物理学报，48(2):

275–281.
姜卫平, 章传银, 李建成. 2003. 重力卫星主要有效载荷指标分析与确定. 武汉大学学报•信息科学版, 28: 104–109.
李斐, 郝卫峰, 鄢建国, 邵先远, 叶茂, 肖驰. 2016. 空间跟踪技术的发展对月球重力场模型的改进. 地球物理学报, 59(4): 1249–1259.
李斐, 鄢建国, 平劲松. 2006. 月球探测及月球重力场的确定. 地球物理学进展, 21(1): 31–37.
刘晓刚, 孙文, 李新星, 周睿. 2014. 由 GOCE 高低卫卫跟踪数据反演地球重力场的模拟研究. 大地测量与地球动力学, 6: 66–71.
罗志才, 吴云龙, 钟波, 杨光. 2009. GOCE 卫星重力梯度测量数据的预处理. 武汉大学学报•信息科学版, 34(10): 1163–1167.
宁津生, 罗佳. 2007. 卫星跟踪卫星应用于月球重力场探测的模拟研究. 航天器工程, 16(1): 18–22.
欧阳自远. 2004. 我国月球探测的总体科学目标与发展战略. 地球科学进展, 19(3): 351–358.
沈云中, 许厚泽, 吴斌. 2005. 星间加速度解算模式的模拟与分析. 地球物理学报, 48(4): 807–811.
肖云, 夏哲仁, 王兴涛. 2007. 用 GRACE 星间速度恢复地球重力场. 测绘学报, 36(1): 19–25.
徐天河, 杨元喜. 2005. 利用 CHAMP 卫星几何法轨道恢复地球重力场模型. 地球物理学报, 48(2): 288–293.
徐新禹, 李建成, 王正涛, 邹贤才. 2010. Tikhonov 正则化方法在 GOCE 重力场求解中的模拟研究. 测绘学报, 39(5): 465–470.
许厚泽. 2001. 卫星重力研究: 21 世纪大地测量研究的新热点. 测绘科学, 26(3): 1–3.
鄢建国, 平劲松. 2009. 火星重力场研究现状及发展趋势. 物理, 38(10): 707–711.
鄢建国, 平劲松, 李斐, 松本晃志, 王广利, 史弦. 2007. 基于绕月单卫星和双星测量的月球重力场恢复仿真分析. 地球物理学报, 50(2): 425–429.
张兴福, 沈云中, 胡雷鸣. 2007. 基于 CHAMP 短弧长动力学轨道的地球重力场模型. 地球物理学报, 50(1): 106–110.
郑伟, 许厚泽, 钟敏, 刘成恕. 2014a. 国际金星探测计划进展和我国金星重力梯度计划的实施. 大地测量与地球动力学, 34(1): 8–14.
郑伟, 许厚泽, 钟敏, 刘成恕. 2014b. 不同插值法对下一代卫星重力反演精度的影响. 宇航学报, 35(3): 269–276.
郑伟, 许厚泽, 钟敏, 刘成恕, 员美娟. 2012d. 月球探测计划研究进展. 地球物理学进展, 27(6): 2296–2307.
郑伟, 许厚泽, 钟敏, 刘成恕, 员美娟. 2013. 基于新型能量插值法精确建立 GRACE-only 地球重力场模型. 地球物理学进展, 28(3): 1269–1279.
郑伟, 许厚泽, 钟敏, 刘成恕, 员美娟. 2014c. 卫星重力梯度反演研究进展. 大地测量与地球动力学, 34(4): 1–8.
郑伟, 许厚泽, 钟敏, 刘成恕, 员美娟. 2014d. 我国将来更高精度 CSGM 卫星重力测量计划研究. 国防科技大学学报, 36(4): 102–111.
郑伟, 许厚泽, 钟敏, 员美娟. 2010a. 国际重力卫星研究进展和我国将来卫星重力测量计划. 测绘科学, 35(1): 5–9.
郑伟, 许厚泽, 钟敏, 员美娟. 2011a. 卫星跟踪卫星测量模式中关键载荷精度指标不同匹配关系论证. 宇航学报, 32(3): 697–706.
郑伟, 许厚泽, 钟敏, 员美娟. 2011b. 基于激光干涉星间测距原理的下一代月球卫星重力测量计划需求论证. 宇航学报, 32(4): 922–932.
郑伟, 许厚泽, 钟敏, 员美娟. 2011c. 国际火星探测计划进展和我国将来火星卫星重力测量计划研究. 大地测量与地球动力学, 31(3): 51–57.
郑伟, 许厚泽, 钟敏, 员美娟, 彭碧波. 2011d. 利用改进的预处理共轭梯度法和三维插值法精确和快速解算 GRACE 地球重力场. 地球物理学进展, 26(3): 805–812.

郑伟, 许厚泽, 钟敏, 员美娟. 2012a. 月球重力场模型研究进展和我国将来月球卫星重力梯度计划实施. 测绘科学, 37(2): 5–9.
郑伟, 许厚泽, 钟敏, 员美娟. 2012b. “萤火一号”火星探测计划进展和 Mars-SST 火星卫星重力测量计划研究. 测绘科学, 37(2): 44–48.
郑伟, 许厚泽, 钟敏, 员美娟. 2012c. 国际下一代卫星重力测量计划研究进展. 大地测量与地球动力学, 32(3): 152–159.
郑伟, 许厚泽, 钟敏, 员美娟, 彭碧波, 周旭华. 2010c. 地球重力场模型研究进展和现状. 大地测量与地球动力学, 30(4): 83–91.
郑伟, 许厚泽, 钟敏, 员美娟, 彭碧波, 周旭华. 2010d. Improved-GRACE 卫星重力轨道参数优化研究. 大地测量与地球动力学, 30(2): 43–48.
郑伟, 许厚泽, 钟敏, 员美娟, 周旭华, 彭碧波. 2009a. 卫-卫跟踪测量模式中轨道高度的优化选取. 大地测量与地球动力学, 29(2): 100–105.
郑伟, 许厚泽, 钟敏, 员美娟, 周旭华, 彭碧波. 2009b. 两种 GRACE 地球重力场精度评定方法的检验. 大地测量与地球动力学, 29(5): 89–93.
郑伟, 许厚泽, 钟敏, 员美娟, 周旭华, 彭碧波. 2010b. 国际卫星重力梯度测量计划研究进展. 测绘科学, 35(2): 57–61.
郑伟, 许厚泽, 钟敏, 员美娟, 周旭华, 彭碧波. 2011e. 基于星间加速度法精确和快速确定 GRACE 地球重力场. 地球物理学进展, 26(2): 416–423.
郑伟, 鄢建国, 李钊伟. 2017. 深空卫星重力测量计划研究综述. 深空探测学报, 4(1): 3–13.
周旭华, 吴斌, 许厚泽, 彭碧波. 2005. 数值模拟估算低低卫－卫跟踪观测技术反演地球重力场的空间分辨率. 地球物理学报, 48(2): 282–287.
Ananda M P, Sjogren W L, Phillips R J, Wimberly R N, Bills B G. 1980. A low-order global gravity field of Venus and dynamical implications. Journal of Geophysical Research, 85(A13): 8303–8318.
Asmar S W, Konopliv A S, Watkins M M, Williams J G, Park R S, Kruizinga G, Paik M, Yuan D N, Fahnestock E, Strekalov D, Harvey N, Lu W, Kahan D, Oudrhiri K, Smith D E, Zuber M T. 2013. The scientific measurement system of the Gravity Recovery and Interior Laboratory(GRAIL)mission. Space Science Reviews, 178(1): 25–55.
Barriot J P, Valès N, Balmino G, Rosenblatt P. 1998. A 180th degree and order model of the Venus gravity field from Magellan line of sight residual Doppler data. Geophysical Research Letters, 25(19): 3743–3746.
Harada Y, Goossens S, Matsumoto K, Yan J, Ping J, Noda H, Haruyama J. 2014. Strong tidal heating in an ultralow-viscosity zone at the core-mantle boundary of the Moon. Nature Geoscience, 7: 569–572.
Klinger B, Baur O, Mayer-Gürr T. 2014. GRAIL gravity field recovery based on the short-arc integral equation technique: Simulation studies and first real data results. Planetary and Space Science, 91: 83–90.
Klipstein W M, Arnold B W, Enzer D G, Ruiz, A A, Tien J Y, Wang R T, Dunn C E. 2013. The Lunar Gravity Ranging System for the Gravity Recovery and Interior Laboratory(GRAIL)mission. Space Science Reviews, 178(1): 57–76.
Konopliv A S, Asmar S W, Park R S, Bills B G, Centinello F, Chamberlin A B, Ermakov A, Gaskell R W, Rambaux N, Raymond C A, Russell C T, Smith D E, Tricarico P, Zuber M T. 2014. The Vesta gravity field, spin pole and rotation period, landmark positions, and ephemeris from the Dawn tracking and optical data. Icarus, 240: 103–117.
Konopliv A S, Banerdt W B, Sjogren W L. 1999. Venus gravity: 180th degree and order model. Icarus, 139(1): 3–18.
Konopliv A S, Binder A B, Hood L L, Kucinskas A B, Sjogren W L, Williams J G. 1998. Improved gravity field of the Moon from lunar prospector. Science, 281(5382): 1476–1480.
Konopliv A S, Park R S, Yuan D N, Asmar S W, Watkins M M, Williams J G, Fahnestock E, Kruizinga G, Paik M, Strekalov D, Harvey N, Smith D E, Zuber M T. 2013. The JPL lunar gravity field to spherical

harmonic degree 660 from the GRAIL primary mission. Journal Geophysical Research, 118(7): 1415–1434.

Konopliv A S, Sjogren W L. 1994. Venus spherical harmonic gravity model to degree and order 60. Icarus, 112(1): 42–54.

Konopliv A S, Yoder C F, Standish E M. 2006. A global solution for the Mars static and seasonal gravity, Mars orientation, phobos and deimos masses, and Mars ephemeris. Icarus, 182: 23–50.

Namiki N, Iwata T, Matsumoto K, Hanada H, Noda H, Goossens S, Ogawa M, Kawano N, Asari K, Tsuruta S, Ishihara Y, Liu Q, Kikuchi F, Ishikawa T, Sasaki S, Aoshima C, Kurosawa K, Sugita S, Takano T. 2009. Farside gravity field of the moon from four-way Doppler measurements of SELENE (Kaguya). Science, 323(5916): 900–905.

Nerem R S, Bills B G, McNamee J B. 1993. A high resolution gravity model for Venus: GVM-1. Geophysical Research Letters, 20(7): 599–602.

Perini J P, Nerem R S, Lemoine F G. 1996. The development of a high resolution gravity field model for Venus. Lunar and Planetary Science, 27: 1017.

Sjogren W L, Lorell J, Wong L. 1975. Mars gravity field based on a short-arc technique. Journal of Geophysical Research, 80(20): 2899–2908.

Smith D E, Sjogren W L, Tyler G L. 1999. The gravity field of Mars: results from Mars global surveyor. Science, 286: 94–97.

Wieczoreck M A. 2015. Gravity and topography of the terrestrial planets. Treatise on Geophysics, 2rd edition by Gerald Schubert and Tilman Spohn, Elsevier, Amsterdam.

Wieczorek M A, Neumann G A, Nimmo F, Kiefer W S, Taylor G J, Melosh H J, Phillips R J, Solomon S C, Andrews-Hanna J C, Asmar S W, Konopliv A S, Lemoine F G, Smith D E, Watkins M M, Williams J G, Zuber M T. 2013. The crust of the Moon as seen by GRAIL. Science, 339(6120): 671–675.

Williams B G, Mottinger N A. 1983. Venus gravity field: Pioneer Venus orbiter navigation results. Icarus, 56(3): 578–589.

Xu P L. 2008. Position and velocity perturbations for the determination of geopotential from space geodetic measurements. Celestial Mechanics and Dynamical Astronomy, 100(3): 231–249.

Yan J G, Goossens S, Matsumoto K, Ping J, Harada Y, Iwata T, Namiki N, Li F, Tang G, Cao J, Hanad H, Kawano N. 2012. CEGM02: An improved lunar gravity model using Chang'E-1 orbital tracking data. Planetary and Space Science, 62: 1–9.

Yan J G, Xu L Y, Li F, Matsumoto K, Rodriguez J A P, Miyamoto H, Dohm J M. 2015. Lunar core structure investigation: Implication of GRAIL gravity field model. Advances in Space Research, 55(6): 1721–1727.

Zheng W, Lu X L, Xu H Z, Shao C G, Luo J, Wang N C. 2005. Simulation of the Earth's gravitational field recovery from GRACE using the energy balance approach. Progress in Natural Science, 15(7): 596–601.

Zheng W, Shao C G, Luo J, Xu H Z. 2006. Numerical simulation of Earth's gravitational field recovery from SST based on the energy conservation principle. Chinese Journal of Geophysics, 49(3): 644–650.

Zheng W, Shao C G, Luo J, Xu H Z. 2008a. Improving the accuracy of GRACE Earth's gravitational field using the combination of different inclinations. Progress in Natural Science, 18(5): 555–561.

Zheng W, Wang Z K, Ding Y W, Li Z W. 2016a. Accurate establishment of error models for satellite gravity gradiometry recovery and requirements analysis for the future GOCE Follow-On mission. Acta Geophysica, 64(3): 732–754.

Zheng W, Xu H Z. 2015a. Progress in satellite gravity recovery from implemented CHAMP, GRACE and GOCE and future GRACE Follow-On missions. Geodesy and Geodynamics, 6: 241–247.

Zheng W, Xu H Z, Zhong M, Liu C S, Yun M J. 2013b. Efficient and rapid accuracy estimation of the Earth's gravitational field from next-generation GOCE Follow-On by the analytical method. Chinese Physics B, 22(4): 049101-1–049101-8.

Zheng W, Xu H Z, Zhong M, Liu C S, Yun M J. 2013c. Precise and rapid recovery of the Earth's gravitational field by the next-generation four-satellite cartwheel formation system. Chinese Journal of Geophysics, 56(5): 523–531.

Zheng W, Xu H Z, Zhong M, Liu C S, Yun M J. 2014c. Precise and rapid recovery of the Earth's gravity field from the next-generation GRACE Follow-On mission using the residual intersatellite range-rate method. Chinese Journal of Geophysics, 57(1): 11–24.

Zheng W, Xu H Z, Zhong M, Yun M J. 2008b. Physical explanation on designing three axes as different resolution indexes from GRACE satellite-borne accelerometer. Chinese Physics Letters, 25(12): 4482–4485.

Zheng W, Xu H Z, Zhong M, Yun M J. 2009a. Physical explanation of influence of twin and three satellite formation mode on the accuracy of Earth's gravitational field. Chinese Physics Letters, 26(2): 029101-1–029101-4.

Zheng W, Xu H Z, Zhong M, Yun M J. 2009b. Accurate and rapid error estimation on global gravitational field from current GRACE and future GRACE Follow-On missions. Chinese Physics B, 18(8): 3597–3604.

Zheng W, Xu H Z, Zhong M, Yun M J. 2011a. Efficient calibration of the non-conservative force data from the space-borne accelerometers of the twin GRACE satellites. Transactions of the Japan Society for Aeronautical and Space Sciences, 54(184): 106–110.

Zheng W, Xu H Z, Zhong M, Yun M J. 2012a. Precise recovery of the Earth's gravitational field with GRACE: Intersatellite Range-Rate Interpolation Approach. IEEE Geoscience and Remote Sensing Letters, 9(3): 422–426.

Zheng W, Xu H Z, Zhong M, Yun M J. 2012b. Efficient accuracy improvement of GRACE global gravitational field recovery using a new inter-satellite range interpolation method. Journal of Geodynamics, 53: 1–7.

Zheng W, Xu H Z, Zhong M, Yun M J. 2012c. A contrastive study on the influences of radial and three-dimensional satellite gravity gradiometry on the accuracy of the Earth's gravitational field recovery. Chinese Physics B, 21(10): 109101-1–109101-8.

Zheng W, Xu H Z, Zhong M, Yun M J. 2012d. Influences of interpolation formula, correlation coefficient and sample interval on the accuracy of GRACE Follow-On intersatellite range-acceleration. Chinese Journal of Geophysics, 55(2): 100–111.

Zheng W, Xu H Z, Zhong M, Yun M J. 2013a. China's first-phase Mars Exploration Program: Yinghuo-1 orbiter. Planetary and Space Science, 86: 155–159.

Zheng W, Xu H Z, Zhong M, Yun M J. 2014a. Physical analysis on improving the recovery accuracy of the Earth's gravity field by a combination of satellite observations in along-track and cross-track directions. Chinese Physics B, 23(10): 109101-1–109101-8.

Zheng W, Xu H Z, Zhong M, Yun M J. 2014b. Precise recovery of the Earth's gravitational field by GRACE Follow-On satellite gravity gradiometry method. Chinese Journal of Geophysics, 57(3): 269–279.

Zheng W, Xu H Z, Zhong M, Yun M J. 2015b. Requirements analysis for future satellite gravity mission Improved-GRACE. Surveys in Geophysics, 36(1): 87–109.

Zheng W, Xu H Z, Zhong M, Yun M J. 2015c. Sensitivity analysis for key payloads and orbital parameters from the next-generation Moon-Gradiometer satellite gravity program. Surveys in Geophysics, 36(1): 111–137.

Zheng W, Xu H Z, Zhong M, Yun M J. 2015d. Improvement in the recovery accuracy of the lunar gravity field based on the future Moon-ILRS spacecraft gravity mission. Surveys in Geophysics, 36(4): 587–619.

Zheng W, Xu H Z, Zhong M, Yun M J. 2015e. A study on the improvement in spatial resolution of the Earth's gravitational field by the next-generation ACR-Cartwheel-A/B twin-satellite formation. Chinese Journal of Geophysics, 58(2): 135–148.

Zheng W, Xu H Z, Zhong M, Yun M J. 2016b. Future dedicated Venus-SGG flight mission: Accuracy assessment and performance analysis. Advances in Space Research, 57(1): 459–476.

Zheng W, Xu H Z, Zhong M, Yun M J, Zhou X H. 2011b. Accurate and rapid determination of GOCE Earth's gravitational field using time-space-wise approach associated with Kaula regularization. Chinese Journal of Geophysics, 54(1): 240–249.

Zheng W, Xu H Z, Zhong M, Yun M J, Zhou X H. 2012e. Effect of different inter-satellite range on measurement precision of Earth's gravitational field from GRACE. Geodesy and Geodynamics, 3(1): 44–51.

Zheng W, Xu H Z, Zhong M, Yun M J, Zhou X H, Peng B B. 2008c. Efficient and rapid estimation of the accuracy of GRACE global gravitational field using the semi-analytical method. Chinese Journal of Geophysics, 51(6): 1143–1150.

Zheng W, Xu H Z, Zhong M, Yun M J, Zhou X H, Peng B B. 2009c. Influence of the adjusted accuracy of center of mass between GRACE satellite and SuperSTAR accelerometer on the accuracy of Earth's gravitational field. Chinese Journal of Geophysics, 52(3): 564–574.

Zheng W, Xu H Z, Zhong M, Yun M J, Zhou X H, Peng B B. 2009d. Effective processing of measured data from GRACE key payloads and accurate determination of Earth's gravitational field. Chinese Journal of Geophysics, 52(4): 772–782.

Zheng W, Xu H Z, Zhong M, Yun M J, Zhou X H, Peng B B. 2009e. Demonstration on the optimal design of resolution indexes of high and low sensitive axes from space-borne accelerometer in the satellite-to-satellite tracking model. Chinese Journal of Geophysics, 52(6): 1200–1209.

Zheng W, Xu H Z, Zhong M, Yun M J, Zhou X H, Peng B B. 2010a. An analysis on requirements of orbital parameters in satellite-to-satellite tracking mode. Chinese Astronomy and Astrophysics, 34(4): 413–423.

Zheng W, Xu H Z, Zhong M, Yun M J, Zhou X H, Peng B B. 2010b. Efficient and rapid estimation of the accuracy of future GRACE Follow-On Earth's gravitational field using the analytic method. Chinese Journal of Geophysics, 53(2): 218–230.

Zhong Z, Li F, Yan J G, Yan P, Dohm J M. 2014. Lunar geophysical parameters inversion based on gravity/topography admittance and particle swarm optimization. Advances in Space Research, 54: 770–779.

Zuber M T, Smith D E, Lehman D H, Hoffman T L, Asmar S W, Watkins M M. 2013. Gravity Recovery and Interior Laboratory(GRAIL): Mapping the lunar interior from crust to core. Space Science Reviews, 178(1): 3–24.

Zuber M T, Smith D E, Neumann G A, Goossens S, Andrews-Hanna J C, Head J W, Kiefer W S, Asmar S W, Konopliv A S, Lemoine F G, Matsuyama I, Melosh H J, McGovern P J, Nimmo F, Phillips R J, Solomon S C, Taylor G J, Watkins M M, Wieczorek M A, Williams J G, Jansen J C, Johnson B C, Keane J T, Mazarico E, Miljkovi K, Park R S, Soderblom J M, Yuan D N. 2016. Gravity field of the Orientale basin from the Gravity Recovery and Interior Laboratory Mission. Science, 354(6311): 438–411.

作者简介

郑 伟 男，1977年生，山西太原人，中共党员，首席研究员，博士生导师，华中科技大学理学博士（导师：罗俊院士），日本京都大学博士后（合作导师：徐培亮教授）。曾工作于中科院测量与地球物理研究所（合作导师：许厚泽院士），现工作于中国航天科技集团钱学森空间技术实验室（合作导师：包为民院士）；主要研究方向为卫星重力反演和天空海一体化导航与探测。现担任中国航天科技集团科技委（惯性技术专业组）成员、中国空间技术研究院科技委（空间科学与空间探测专业组）成员、中国惯性技术学会理事和天空海一体化导航与探测专委会主任委员、中国测绘学会理事和大地测量与导航专委会/海洋测绘专委会委员、中国电子学会传感与微系统技术分会副秘书长和空间与水下应用专委会主任委员、中国指挥与控制学会（空天安全平行系统专委会）副主任委员、中国自动化学会（平行控制与管理专委会）副主任委员、中国惯性技术学会（惯性仪表与元件专委会）委员、中国宇航学会（电推进专委会）委员、中国海洋学会（海洋测绘专委会）委员，*Applied Geophysics*（SCI）等期刊编委，浙江大学兼职研究员、上海交通大学兼职博导、大连理工大学兼职教授、东南大学兼职教授和兼职博导、电子科技大学协议教授和兼职博导、南京航空航天大学兼职教授和兼职博导、西安电子科技大学兼职教授和兼职博导、哈尔滨工程大学兼职教授和兼职硕导、河南理工大学兼职教授和兼职博导、辽宁工程技术大学兼职教授和兼职博导，国家科技重大专项高分辨率对地观测系统重力评审专家组组长、国家863计划评审专家、国家重点研发计划评审专家、国家921载人航天计划评审专家、国家自然科学基金评审专家等。以第一作者在国际权威期刊 *Surveys in Geophysics*、*IEEE Geoscience and Remote Sensing Letters*、*Journal of Geodynamics*、*Astrophysics and Space Science*、*Planetary and Space Science*、*Advances in Space Research* 等发表研究论文70余篇（SCI收录31篇）；以独立作者在科学出版社出版学术专著2部，获国家出版基金、国家科学技术学术著作出版基金资助、入选“十二五”国家重点图书出版规划和“十三五”国家重点出版物出版规划项目；以第一发明人授权国家发明专利16项和受理9项；以排名第一荣获中国测绘科技进步奖一等奖（2项）、中国地球物理科技进步奖二等奖、湖北省自然科学奖二等奖，荣获中科院卢嘉锡青年人才奖（全国每年50名）、傅承义青年科技奖（全国每年5名）、刘光鼎地球物理青年科技奖（全国每年5名）、十佳中国电子学会优秀科技工作者奖（全国每年10名）、中国青年测绘地理信息科技创新人才奖（全国每年30名）、湖北省新世纪高层次人才工程奖、领跑者5000——中国精品科技期刊

顶尖论文奖、中国惯性技术创新优秀论文奖（全国每年 2 篇）等 30 余项；曾主持国防科技创新特区钱学森空间技术实验室创新工作站项目、中央军委科技委前沿科技创新项目、国家自然科学基金青年项目（结题特优）、面上项目和重点项目课题、中科院知识创新工程重要方向青年人才项目、中科院卢嘉锡青年人才和青年创新促进会基金、日本 JSPS 项目课题、国家留学人员科技择优资助基金、中国空间技术研究院杰出青年人才基金等 30 余项；研究成果获测绘、航天、海洋、地震、国防等 15 个部门应用；获奖成果被《中国测绘报》《长江日报》《中国航天》等媒体跟踪报道。